MIMO雷达稳健角度估计技术

王咸鹏　文方青　孟丹丹　黄梦醒　王 涵　著

国防工业出版社
·北京·

内 容 简 介

MIMO 雷达技术是下一代阵列雷达系统最具潜力的发展方向之一，也是学术界、工程界的研究热点。该研究方向不仅有重大的理论和学术意义，而且具有巨大军用价值和潜在的民用价值，在国防（警戒、火控、侦察）、反恐与救援（穿墙、探地）、农林（气象、遥感）、交通运输（导航、实时监测、无人驾驶）、地质勘探等诸多领域应用前景广阔。然而，现有角度估计算法绝大多数都依赖于 MIMO 雷达工作在理想的条件下的假设，如正常收发的天线阵元、“高斯、白”特性的噪声、相互正交的发射波形等。由于雷达系统的复杂性、任务的多样性以及探测背景的特殊性，在实际应用中 MIMO 雷达的工作条件往往是非理想的。本书主要研究非理想条件下 MIMO 雷达目标定位理论与方法，全书共分成 8 章，主要内容涵盖 MIMO 雷达定位技术的研究现状、数学基础知识、MIMO 雷达定位基础、互耦背景下 MIMO 雷达角度估计算法、增益-相位误差背景下 MIMO 雷达角度估计算法、空域有色噪声背景下 MIMO 雷达角度估计、非正交发射波形下 MIMO 雷达的 DOA 估计算法、基于机器学习的 MIMO 雷达稳健角度估计算法。本书将从数学模型、求解方法、理论性能分析、仿真验证等多个角度阐述非理想条件下 MIMO 雷达定位的相关技术方案。

本书可以作为高等院校通信与信息系统、信号与信息处理、控制科学与工程、应用数学等专业的专题阅读材料或研究生选修教材，也可作为从事通信、雷达、电子、导航测绘、航天航空等领域的科学工作者和工程技术人员自学或研究的参考书。

图书在版编目（CIP）数据

MIMO 雷达稳健角度估计技术 / 王咸鹏等著 . -- 北京 :
国防工业出版社, 2025. 3. -- ISBN 978-7-118-13376-9

Ⅰ. TN951

中国国家版本馆 CIP 数据核字第 20258X7V51 号

※

国防工業出版社 出版发行

（北京市海淀区紫竹院南路 23 号　邮政编码 100048）

三河市天利华印刷装订有限公司印刷

新华书店经售

*

开本 710×1000　1/16　**印张** 17　**字数** 302 千字

2025 年 3 月第 1 版第 1 次印刷　**印数** 1—1500 册　**定价** 118.00 元

国防书店：(010) 88540777　　书店传真：(010) 88540776

发行业务：(010) 88540717　　发行传真：(010) 88540762

目　录

第1章 引 言

1.1 MIMO 雷达定位技术概述

早期对雷达的英文（Radar）定义是射电检测与测距（Radio Detection and Ranging）。雷达发射电磁波照射目标，接收回波并从中提取目标的方位、距离、速度、高度和散射特性等参数。作为一种探测手段，雷达不受光照、温度和湿度等条件的影响，已经逐渐成为国防、经济和社会等领域的中坚力量。在国防领域，雷达主要承担着来袭预警、牵引制导、战场监督等任务。此外，其在电子对抗、军事通信等领域也大有发展空间，雷达技术是决定现代战争胜负的关键因素之一；在经济社会领域，雷达在民用导航、交通运输、气象预测、资源勘探等方面发挥着重要作用[1]，对推动人类社会的发展起着积极的作用。

伴随着 MIMO 技术在移动通信领域的不断发展，国内外对 MIMO 雷达技术的研究方兴未艾。MIMO 雷达采用多根发射天线发射相互正交的波形，在接收端对多根天线的接收信号进行匹配滤波处理，利用波形分集的思想实现较大空域的能量覆盖。相比传统相控阵雷达系统，MIMO 雷达在反隐身、抗截获、抗干扰等方面具有天然的优势。MIMO 雷达技术是下一代阵列雷达系统最具潜力的发展方向之一，也是学术界、工程界的研究热点。该研究方向不仅有重大的理论和学术意义，而且具有巨大军用价值和潜在的民用价值，在国防（警戒、火控、侦察）、反恐与救援（穿墙、探地）、农林（气象、遥感）、交通运输（导航、实时监测、无人驾驶）、地质勘探等诸多领域应用前景广阔。正因为如此，美、法、英、日、澳等科技强国均把 MIMO 雷达技术作为未来智能化探测系统中需要重点突破的技术。

MIMO 雷达也是一个复杂的系统性工程，该研究领域涉及诸多研究方向。典型的研究方向有：体制设计（空间分集、频率分集、时间分集、极化分集等）、资源分配（射频隐身、多传感器协同、低副瓣数字波束形成）、波形设计（方向图合成/综合）、阵列设计（流形优化、采样优化）、检测（滤波、空—时自适应信号处理、抗干扰、校准与均衡、积累与补偿）、参数估计（角度、距离、多普勒、极化等）、目标跟踪、成像（识别）等。为了对感兴趣的目标实现进行快速、准确的定位，雷达系统需要具有良好的方位分辨能力。因此，目标角度估计是 MIMO 雷达探测的基本任务，引起国内外学者的广泛兴趣[2-5]。MIMO 雷达角度估计是雷达参数估计的一项重要内容，角度估计算法往往来源于阵列谱估计算法的扩展。但不同于经典的谱估计算法，MIMO 雷达角度估计往往涉及高维信号处理和多维参数估计。经过十余年的发展，涌现出一大批性能优异的角度估计算法。典型的 MIMO 雷达角度估计算法有 Capon 类、MUSIC 类、ESPRIT 类、稀疏表示类、累积量类、张量类等。其中，Capon 类算法利用阵列的自由度在期望方向上形成波束，可以看成一种空域滤波器。MUSIC 类算法基于接收信号的噪声子空间来估计目标的角度，而 ESPRIT 类算法则基于接收信号的信号子空间，可以看成是 MUSIC 类算法的一种互补算法。稀疏表示类算法利用了目标角度在空域内的稀疏特性，在低信噪比和小快拍数情况下具有优异性能。累积量类算法利用对高斯过程的不敏感特性使得角度估计的精度大幅提高。张量类算法利用接收信号本身的多维结构特性来提高目标的参数估计性能。

现有角度估计算法绝大多数依赖于 MIMO 雷达工作在理想条件下的假设，如正常收发的天线阵元、“高斯、白”特性的噪声、相互正交的发射波形等。然而，由于雷达系统的复杂性、任务的多样性以及探测背景的特殊性，在实际应用中 MIMO 雷达的工作条件往往是非理想的。例如，在实际应用中，由于系统不稳定或其他原因，MIMO 雷达的收发天线可能会部分失效[6]；由于具体应用环境的不同，MIMO 雷达阵列天线接收噪声可能是非均匀噪声、脉冲噪声或者空域色噪声[7]；考虑到 MIMO 雷达发射波束有一定的指向性，其发射波形需要具有相关性[8]；在一体化 MIMO 雷达—通信系统中，发射波形也是非正交的[9]。在非理想的条件下，MIMO 雷达信号或者噪声模型与理想模型之间存在一定的偏差，从而导致现有 MIMO 雷达高分辨角度估计算法性能下降，甚至完全失效。正因为如此，非理想条件下的角度估计是 MIMO 雷达目标定位的一个技术难点。

1.2 MIMO 雷达定位技术研究现状

1.2.1 MIMO 雷达系统应用进展

经过最近十多年的发展，MIMO 雷达技术在诸多领域的重要性已逐步被世界各国所认同，特别是在国防领域。根据 MIMO 雷达系统中发射阵列和接收阵列的配置方式，可以将 MIMO 雷达系统分为分布式 MIMO 雷达（又称统计

MIMO 雷达或非相干 MIMO 雷达）和集中式 MIMO 雷达（又称共址 MIMO 雷达或相干 MIMO 雷达）。部分国家对 MIMO 雷达系统的研究进展如图 1.1 所示，其中美国在这方面的研究处于领先地位。美国麻省理工学院林肯实验室自 2003 年 MIMO 雷达的概念提出以来，除了对 MIMO 雷达在波束形成、低截获概率、杂波抑制等方面的优势进行了理论分析，还研制了多套经典 MIMO 雷达系统并进行了实验，如在初期搭建了 L 波段和 X 波段两款 MIMO 雷达实验系

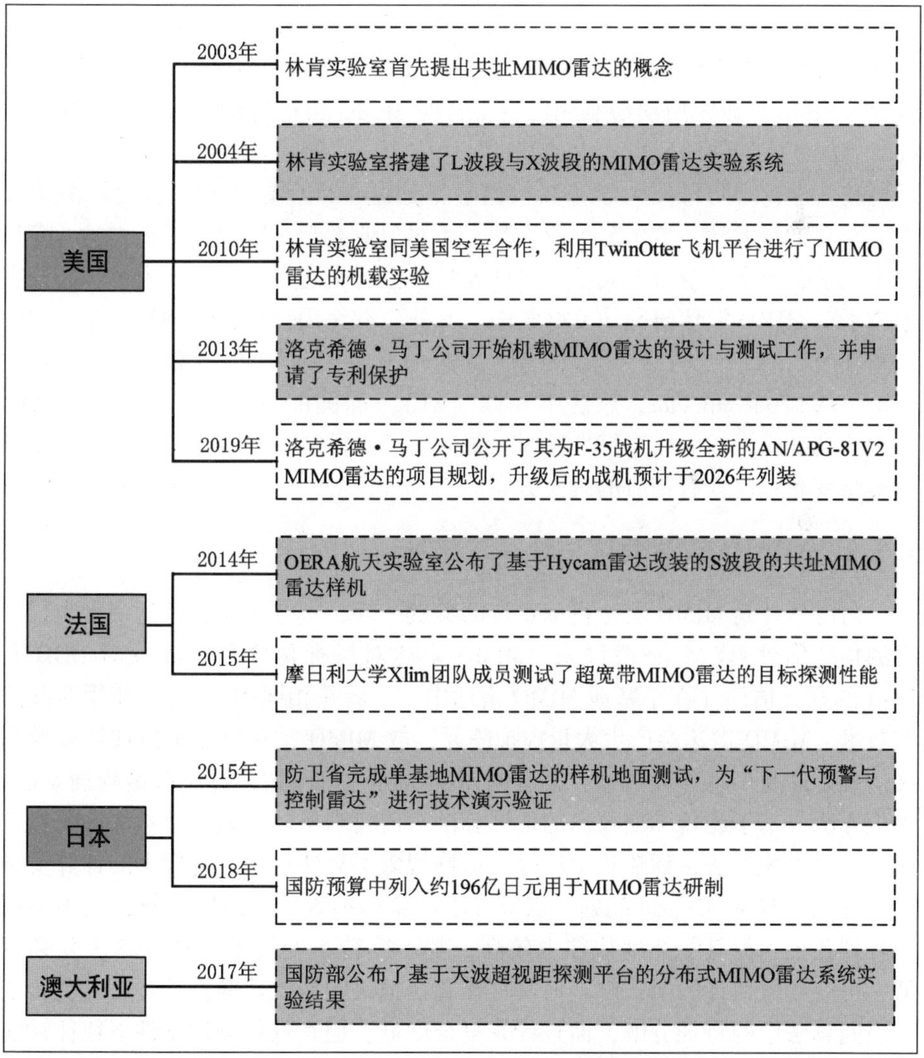

图 1.1　部分国家 MIMO 雷达系统研究的进展

统，通过实验证明了 MIMO 雷达可以获得更好的空间分辨力和更窄的波束图，后来还与美国空军合作进行了 MIMO 雷达的机载实验。法国的 OERA 航天实验室在 2014 年公布了其基于 Hycam 雷达改装设计的 MIMO 雷达样机，摩日利大学也在 2015 年公布了一些 MIMO 雷达的测试结果，证明了超宽带 MIMO 雷达所带来的优越性能。日本、澳大利亚等国也对 MIMO 雷达高度重视，在公布了一些 MIMO 雷达样机测试结果的同时，也增加了 MIMO 雷达研制的国防预算。

国内在 MIMO 雷达的理论研究方面与国外几乎同时起步，但在系统研制方面稍微滞后。国家自然科学基金委员会从 2006 年开始持续立项资助 MIMO 雷达理论与系统方面的研究，中国科学院电子学研究所、中国电子科技集团第 14 所、38 所等研究所纷纷利用已有平台对 MIMO 雷达进行深入研究。国内高校对 MIMO 雷达的研究也如火如荼，如西安电子科技大学、北京理工大学、电子科技大学、国防科技大学等高校已经搭建起 MIMO 雷达实验平台。清华大学、空军工程大学、哈尔滨工业大学、西北工业大学、哈尔滨工程大学、南京理工大学、南京航空航天大学、深圳大学、上海交通大学、浙江大学等高校也形成了对 MIMO 雷达研究的良好氛围。此外，在民用领域，特别是在无人驾驶汽车领域，芯片级的毫米波 MIMO 雷达的发展势头十分迅猛。美国的 TI、ADI、ON Semiconductor，意法半导体（ST），德国的 Infineon，荷兰的 NXP，日本的 Fujitsu，国内的意行半导体、华为、理工雷科、东南大学毫米波国家重点实验室等单位均有相应的解决方案。

1.2.2 MIMO 雷达角度估计算法进展

角度估计是 MIMO 雷达目标定位的关键一环，迄今为止，已涌现出大量优秀的角度估计算法。一般说来，MIMO 雷达对目标角度估计涉及对 DOD 和 DOA 的联合估计（在单基地 MIMO 雷达中，二者是相同的）。由于使用匹配滤波技术，MIMO 雷达会产生大量虚拟阵元，故 MIMO 雷达目标定位往往涉及高维信号处理及多维参数估计。典型的 MIMO 雷达角度估计算法有谱峰搜索法、求根方法、基于旋转不变技术的估计算法、传播算子法、最大似然法、张量方法、高阶累积量法、稀疏表示法等。谱峰搜索类算法往往具有较大的计算复杂度，且无法避免 off-grid 问题；求根方法可获得参数估计的闭式解，且不会损失阵列孔径，但其复杂度往往也较高；基于旋转不变技术的估计算法复杂度低，可获参数估计的闭式解，但其存在孔径损失问题；传播算子法可避免传统子空间算法中的特征分解，而且计算复杂度低，但在低信噪比条件下往往性能较差；最大似然法性能逼近参数估计的 CRB，而且往往无需目标数目的先验信息，但其往往复杂度较高。张量算法通常能挖掘阵列信号的多维结构特性，相比矩阵分析算法，张量算法参数估计的精度通常较高；高阶累积量方法可抑制高斯色噪声的影响，但其对目标特征有额外的要求，且存在复杂度较高的问题。基于优化思想的稀疏表示类算法通常能获得较高的精度，但其也存在复杂度过高的问题。

1.2.3 非理想条件下 MIMO 雷达角度估计进展

现有算法的实际应用还鲜有报道，因为大多数算法的优良性能是在理想的条件下取得的，而 MIMO 雷达系统在实际的应用中是工作在非理想条件下的。MIMO 雷达中的非理想条件主要有阵列误差（阵元位置误差、阵元增益-相位误差、阵元互耦等）、阵元失效、非白高斯噪声和非正交发射波形等。尽管对非理想条件下阵列角度估计问题的研究已有几十年的历史，但这一内容在 MIMO 雷达角度估计领域仍然备受关注。因为 MIMO 雷达往往涉及多维角度估计和高维信号处理，其对估计算法的精度、鲁棒性和计算复杂度有更高的要求。国内西安电子科技大学廖桂生等人在 MIMO 雷达阵列校准、空域色噪声抑制等方面做出了大量开创性的工作。此外，南京航空航天大学的张小飞、李建峰等人，哈尔滨工程大学王伟等人、国防科技大学的张剑云、郑志东等人、空军工程大学的郭艺夺、张永顺、童宁宁、郑桂妹等人、西安电子科技大学的刘宏伟、赵永波等人、南京理工大学的顾红、苏为民等人、深圳大学的廖斌等人、海南大学的王咸鹏等人在非理想条件下 MIMO 雷达角度估计方面做了大量创新性的工作，在国内外产生了较大的影响。目前，对 MIMO 雷达中的阵列误差的研究已较为深入，产生了丰富的研究成果，但对阵元失效、非白高斯噪声、非正交发射波形等问题的研究尚在起步阶段。

增益-相位误差主要由传感器阵元通道增益不一致造成，此外，阵元位置误差通过变换后也可以等效为对阵列相位的扰动。在增益-相位误差背景下，MIMO 雷达角度估计主要有如下几类方法：①辅助校准源法[10-11]，即通过预设方位已知的辅助校准源对收发阵列进行校准，如电子科技大学 C 波段双基地 MIMO 雷达[12]。由于该类校准方法对环境有较为严格的要求，因而并不适合一些运动载体平台，如舰艇、飞机、卫星等；②约束优化法[13-16]，该类方法的前提条件是部分收发阵元已经过严格校准，其将增益-相位误差下的角度估计问题转换为一个二次优化问题，利用优化的思想（如拉格朗日乘子法）对阵列进行校准、误差补偿后再进行角度估计；③特殊阵列法[17]，该方法利用了阵列不同方位的增益-相位误差的一致性特点进行收发误差补偿。但其要求阵列为严格的非线性阵列，因而该方法不具有普适性；④辅助阵元法[18-19]，该类方法适用于具有两个以上的已校准阵元的收发阵列，而且目标定位不需要预先计算增益-相位误差参数。

MIMO 雷达阵元互耦主要体现在收发阵列中相邻的几个阵元存在紧密配合与相互影响。现有互耦校正方法主要有如下几种：①直接测量计算法，即对互耦进行电磁测量，或者利用低频矩量、高频一致性绕射等理论进行互耦计算，然后再进行补偿，但直接测量或者计算的精度往往无法满足实际工程的需求。此外，阵元互耦会随着阵元环境或者电磁参数的变化的影响，因而需要对互耦参数进行不断的测量、计算和修正；②辅助校准源法，即在空间设置方位已知的辅助信源，利用精确的辅助方位信息完成互耦参数的离线计算。同增益-相位误差参数估计一样，该方法不适用于一些移动运载平台；③自校正法[20-34]，如将互耦参数和目标方位参数视为一个联合优化的数学问题，通过迭代的方法完成相关参数的联合估计[20]。在均匀线性阵列的条件下，阵列互耦矩阵可以近似为一个托普利兹（Toeplitz）矩阵，利用 Toeplitz 矩阵和均匀线性阵列的一些性质可以将高维参数估计问题转化为二次优化问题，从而有效降低参数估计的计算规模[21-22]。此外，也可以利用 Toeplitz 矩阵的子矩阵对称结构消除互耦影响[23-24]；④特殊阵列法[40-41]，由于互耦往往存在于相邻的阵元间，相距较远的阵元间的互耦效应可以被忽略，通过稀疏布阵的方式可以有效地消除阵元互耦效应，因而将稀疏阵列与 MIMO 雷达相结合是近年来参数估计的一个研究热点。

上述研究工作均可被视为针对 MIMO 雷达中的阵列单误差（互耦或者增益-相位误差）所开展的，由于实际工程中 MIMO 雷达所处电磁环境的复杂性，互耦误差与增益-相位误差往往同时存在于 MIMO 雷达系统。由于现有的绝大多数自校正算法均假设只存在某一种阵列误差，所以利用这些算法分别对阵列模型误差进行校正将会导致如校准精度、计算复杂度等问题，严重制约了高分辨率目标角度准确、可靠的估计。对该问题的研究。目前仅有少量文献报道阵列联合误差共存于 MIMO 雷达时角度估计算法。文献［42］采用辅助阵元及谱峰搜索的方法估计目标方位信息，在阵元效率及算法计算复杂度方面均存在一定程度的缺陷。文献［43］利用辅助阵元已精确校准的先验，使用平行因子分解+最小二乘技术进行角度估计，尽管该方法复杂度低，但其无法避免阵列孔径损失的缺陷。

当 MIMO 雷达中部分阵元失效时，其数据矩阵会出现整行或者整列的缺失。Zhang 等人提出利用空域平滑和差分技术来获得满秩矩阵[37]，但该方法存在孔径损失的问题。刘建涛等人提出利用 MIMO 雷达数据的冗余性，直接利用已有元素对缺失数据进行替换[38]，但该方案仅适用于单基地 MIMO 雷达。童宁宁等人研究了基于矩阵填充技术的部分阵元缺失时 MIMO 雷达成像问题[39]，考虑到矩阵填充在数据矩阵整行或整列缺失时会失效，其首先将数据矩阵重新堆叠成汉克尔（Hankel）矩阵[40-41]，再通过优化方法还原等效无阵元缺失的数据矩阵。陈金利等人提出将协方差矩阵堆叠成块状 Hankel 矩阵，然后再利用矩阵填充技术对缺失数据进行恢复，最后利用现有算法进行角度估计，该方法适用于双基地 MIMO 雷达接收阵元失效问题，具有一定的普适性。

MIMO 雷达中的非高斯白噪声的典型代表有非均匀噪声、空域色噪声和脉冲噪声。其中，非均匀噪声和空域色噪声会引起噪声协方差矩阵的异常，脉冲噪声会造成 MIMO 雷达部分数据幅值异常。目前，对 MIMO 雷达中的空域色噪声问题研究已有较多成果[44]。典型抑制有色噪声算法主要有预白化法[45]、空域互协方差法[46-47]、时域互协方差法[48-49]、协方差差分法[50]、高阶累积量法[51]和矩阵填充法[52]，各种方法的特点如图 1.2 所示。对于非均匀噪声及脉冲噪声，也有多种抑制策略，如迭代方法[53]、分数阶统计量法[54]、l_p 范数优化法[55]，但上述方法的计算复杂度往往较高。已有文献表明[56-59]，也可以通过矩阵填充技术或者张量填充技术对这两类噪声进行有效的抑制。

方法＼特点	优点	缺点
预白化法	运算复杂度低，无孔径损失	需噪声协方差矩阵的先验知识
空域互协方差法	无需噪声协方差矩阵的先验知识，运算复杂度低	存在孔径损失
时域互协方差法	无需噪声协方差矩阵的先验知识，无孔径损失，运算复杂度低	对回波系数有特殊要求
协方差差分法	无孔径损失	噪声必须为平稳色噪声，且需额外的配对运算
高阶累积量法	无需噪声协方差矩阵的先验知识，无孔径损失	对回波系数有特殊要求，且运算复杂度非常高
矩阵填充法	无需噪声协方差矩阵的先验知识，对回波系数及噪声无额外要求，无孔径损失	运算复杂度较高

图 1.2　色噪声条件下 MIMO 雷达角度估计算法的优缺点比较

当 MIMO 雷达发射非正交波形时，匹配滤波器的输出噪声为空域有色噪声。此外，发射方向矩阵会受波形相关系数矩阵的扰动。针对单基地 MIMO 雷达非正交波形的问题，郑桂妹等人提出一种预白化法抑制空域色噪声[60]，该方法需要波形相关性的先验信息。然而，波形相关系数矩阵在实际应用中往往难以被精确计算，且计算该矩阵的复杂度较高，该缺点在大规模发射天线场景时更加突出。毛陈兴等人提出一种时域互协方差算法抑制空域色噪声[61]，该算法不需要计算波形相关系数矩阵，但该方案对目标回波特性系数有特殊的要求，且其仅适用于均匀线性阵列。文方青等人提出利用空域互协方差算法抑制色噪声[62]，该方案虽然适用于任意的阵列结构，但存在虚拟孔径的损失。此外，他们提出一种基于张量分解的时域互协方差算法[63]，该方法能够获得较高的角度估计精度，但该方法也对目标回波系数有额外的要求。廖斌等人提出了采用矩阵填充技术抑制空域色噪声[64]，该方案不会引起阵列虚拟孔径的损失，且对目标回波系数没有额外的要求，因而具有普适性。

1.3 本书内容结构安排

截至 2022 年 11 月，市面上已有部分 MIMO 雷达参数估计的相关书籍，可为本专业的从业人员提供大量的技术参考，如 *MIMO Radar Signal Processing*、《MIMO 雷达》等。下面首先对部分参考书籍进行简介。

MIMO Radar Signal Processing 本书是全球第一本系统、清晰展现 MIMO 雷达领域的专业书籍。由多位 MIMO 雷达领域的专家编写，系统地介绍了 MIMO 雷达领域的新概念、理论及研究方向，并深入探讨了 MIMO 通信-雷达一体化的新方向。本书主要内容有：自适应 MIMO 雷达、MIMO 雷达的波形分析及优化、MIMO 雷达的目标检测、参数估计-跟踪-关联-识别、时-空编码及波形设计等。

MIMO Radar: Theory and Application 本书提供了对 MIMO 雷达的全面介绍，并演示了 MIMO 雷达在现实应用中的实用性。本书的重点是 MIMO 雷达目标检测和识别，其主要是从优化和自适应的角度出发，阐述 MIMO 雷达信号处理的前提条件，包括雷达信号、正交波形、匹配滤波、多通道波束形成和多普勒处理；讨论了 MIMO 雷达信号模型、天线特性、系统建模和波形选择。此外，还包括计算复杂度、自适应杂波抑制、校准和均衡以及硬件约束。

《MIMO 雷达》 本书是《雷达与探测前沿技术丛书》中的一个分册，系统地介绍了共址 MIMO 雷达和分布式 MIMO 雷达原理及相关的信号处理理论。具体内容包括共址 MIMO 雷达原理、角度估计、波形设计、MIMO 雷达模糊函数及其特性分析、STAP 处理、长时间积累与补偿，分布式 MIMO 雷达中的目标检测与参数估计及一体化等方面的应用。

《频控阵 MIMO 雷达波束形成与参数估计》 本书主要围绕频率分集

MIMO 雷达展开，介绍了频控阵 MIMO 雷达中的波束形成和参数估计问题。具体内容包括 MIMO 雷达的窄带和宽度波束形成、MIMO 雷达的角度和距离估计、频控阵 MIMO 雷达的波束形成、频控阵 MIMO 雷达的参数估计等。

《基于稀疏理论的 MIMO 雷达运动目标三维成像》　本书主要介绍基于稀疏理论的 MIMO 雷达成像技术，深入地论述了基于稀疏理论的 MIMO 雷达成像基本理论和方法，主要内容有：MIMO 雷达成像基本原理，超分辨成像方法，稀疏阵列成像方法，双基地成像以及多快拍成像等。

《MIMO 雷达阵列设计及稀疏稳健信号处理算法研究》　本书主要介绍稀疏阵列在 MIMO 雷达信号处理方面的理论，具体包括嵌套阵 MIMO 雷达稀疏测向算法设计、互质 MIMO 雷达稀疏测向算法设计、MIMO 雷达稳健波束形成算法及稀疏成像算法设计等。

《MIMO 雷达目标定位》　本书为国内最早出版的关于 MIMO 雷达参数估计的书籍，重点阐述了 MIMO 雷达参数估计的相关内容。具体包括 MIMO 雷达角度及多普勒估计、相干目标角度估计和角度跟踪，此外，还部分介绍了 MIMO 雷达阵列校准问题。

《MIMO 雷达参数估计技术》　本书较全面地介绍了有关 MIMO 雷达参数估计的相关技术，具体包括均匀线阵 MIMO 雷达目标参数估计、非圆特征目标参数估计、相干目标参数估计、基于高阶累积量的 MIMO 雷达参数估计、分布式目标参数估计、基于张量分解的 MIMO 雷达参数估计、互耦误差条件下雷达参数估计和 L 型阵列结构 MIMO 雷达目标参数估计等。

《双基地 MIMO 雷达目标多参数联合估计》　本书主要以双基地 MIMO 雷达参数估计为主线，介绍双基地 MIMO 雷达收发方位角估计的波束空间 ESPRIT 算法、未知目标数的双基地 MIMO 雷达多参数联合估计、相干分布式目标收发中心角估计算法、准平稳目标空间定位算法、幅相误差自校正和互耦自校正等。

《复杂电磁环境下 MIMO 雷达目标角度估计》　本书主要针对相干和非相干混合信源、非理想噪声背景、强电子干扰和大虚拟阵元数等突出问题，研究复杂电磁环境下的 MIMO 雷达目标角度估计方法。

可以看出，目前市面上已有越来越多的专业书籍对 MIMO 雷达目标参数估计问题进行介绍，而且对 MIMO 雷达目标参数估计的问题介绍愈加精细。由于 MIMO 雷达是一个急速发展的研究方向，现有书籍还缺乏对有色噪声、非正交发射波形、互耦及增益-相位误差等背景下 MIMO 雷达目标参数估计问题的最新进展进行介绍。针对该问题，本书将主要以上述非理想探测背景为研究对象，以鲁棒性参数估计为目标，介绍 MIMO 雷达目标角度估计问题在相关背景下的研究动态。全书共分 8 章，主要内容涵盖 MIMO 雷达定位技术的研究现状、数学基础知识、MIMO 雷达定位基础、互耦背景下 MIMO 雷达角度估计算法、增益-相位误差背景下 MIMO 雷达角度估计算法、空域有色噪声背景下 MIMO 雷达角度估计、非正交发射波形下 MIMO 雷达的 DOA 估计算法、基于机器学习的 MIMO 雷达稳健角度估计算法，从数学模型、求解方法、理论性能分析、仿真验证等多个角度阐述非理想条件下 MIMO 雷达定位的相关技术方案。

1.4 本章小结

本章主要介绍 MIMO 雷达的应用及研究进展、MIMO 雷达角度估计，特别是非理想条件下 MIMO 雷达估计的研究进展，而且对本书的目的和章节内容进行了简单介绍。

参考文献

[1] 吴曼青. 数字阵列雷达及其进展 [J]. 中国电子科学研究院学报，2006 (01)：11-16.

[2] 张正言，张剑云，郑志东，等. 低信噪比双基地 MIMO 雷达角度跟踪算法 [J]. 电子学报，2019，47 (12)：2480-2487.

[3] 王咸鹏，国月皓，黄梦醒，等. 互耦条件下 MIMO 雷达非圆目标稳健角度估计方法 [J]. 通信学报，2019，40 (7)：144-150.

[4] 徐保庆，赵永波，庞晓娇. 基于实值处理的联合波束域双基地 MIMO 雷达测角算法 [J]. 电子与信息学报，2019，41 (7)：1721-1727.

[5] 郑志东，袁红刚. 非均匀矩形阵列下双基地 MIMO 雷达目标定位方法 [J]. 电子与信息学报，2018，40 (8)：1802-1808.

[6] ZHANG T, CHEN J, CHEN X. Array diagnosis using signal subspace clustering in MIMO radar [J]. Electronics Letters, 2019, 56 (2): 99-102.

[7] MÉRIAUX B, ZHANG X, KORSO M N E, et al. Iterative marginal maximum likelihood DOD and DOA estimation for MIMO radar in the presence of SIRP clutter [J]. Signal Processing, 2019, 155: 384-390.

[8] XU B, ZHAO Y. Transmit beamspace-based DOD and DOA estimation method for bistatic MIMO radar [J]. Signal Processing, 2019, 157: 88-96.

[9] CHENG Z, HAN C, LIAO B, et al, Communication-aware waveform design for MIMO radar with good transmit beampattern [J]. IEEE Transactions on Signal Processing, 2018, 66 (21): 5549-5562.

[10] NG B P, LIE J P, MENG H E, et al. A practical simple geometry and gain/phase calibration technique for antenna array processing [J]. IEEE Transactions on Antennas & Propagation, 2009, 57 (7): 1963-1972.

[11] 徐青, 廖桂生, 张娟, 等. 一种 MIMO 雷达幅相误差估计方法 [J]. 航空学报, 2012, 33 (3): 530-536.

[12] 刘周. 双基地 MIMO 雷达实验系统校正与目标检测实验研究 [D]. 成都: 电子科技大学, 2014.

[13] GUO Y D, ZHANG Y S, TONG N N. ESPRIT-like angle estimation for bistatic MIMO radar with gain and phase uncertainties [J]. Electronics Letters, 2011, 47 (17): 996-997.

[14] CHEN C, ZHANG X. Joint angle and array gain-phase errors estimation using PM-like algorithm for bistatic MIMO radar [J]. Circuits, Systems, and Signal Processing, 2013, 32 (3): 1293-1311.

[15] LI J F, ZHANG X F, GAO X. A joint scheme for angle and array gain-phase error estimation in bistatic MIMO radar [J]. IEEE Geoscience & Remote Sensing Letters, 2013, 10 (6): 1478-1482.

[16] LIAO B, CHAN S C. Direction finding in MIMO radar with unknown transmitter and/or receiver gains and phases [J]. Multidimensional Systems & Signal Processing, 2015: 1-17.

[17] LI J F, ZHANG X F. A method for joint angle and array gain-phase error estimation in bistatic multiple-input multiple-output non-linear arrays [J]. IET Signal Processing, 2014, 8 (2): 131-137.

[18] LI J F, ZHANG X F, CAO R Z, et al. Reduced-dimension MUSIC for angle and array gain-phase error estimation in bistatic MIMO radar [J]. IEEE Communications Letters, 2013, 17 (3): 443-446.

[19] LI J, JIN M, ZHENG Y, et al. Transmit and receive array gain-phase error estimation in bistatic MIMO radar [J]. IEEE Antennas & Wireless Propagation Letters, 2015, 14: 32-35.

[20] 刘晓莉, 廖桂生. 双基地 MIMO 雷达多目标定位及幅相误差估计 [J]. 电子学报, 2011, 39 (3): 596-601.

[21] 刘志国, 廖桂生. 双基地 MIMO 雷达互耦校正 [J]. 电波科学学报, 2010, 25 (4): 663-667.

[22] LIU X L, LIAO G S. Direction finding and mutual coupling estimation for bistatic MIMO radar [J]. Signal Processing, 2012, 92 (2): 517-522.

[23] LI H B, WEI Q, JIANG J, et al. Angle estimation and self-calibration for bistatic MIMO radar with mutual coupling of transmitting and receiving arrays [C]. Electronics, Computer

and Applications, IEEE, 2014: 354-357.

[24] LI J F, CHEN W Y, ZHANG X F. Angle estimation for bistatic MIMO radar with unknown mutual coupling based on improved propagator method [J]. Applied Mechanics & Materials, 2014, 513-517: 3029-3033.

[25] LI J F, ZHANG X F, CHEN W Y. Root-MUSIC based angle estimation for MIMO radar with unknown mutual coupling [J]. International Journal of Antennas & Propagation, 2014: 918964.

[26] ZHENG Z D, ZHANG J, ZHANG J Y. Joint DOD and DOA estimation of bistatic MIMO radar in the presence of unknown mutual coupling [J]. Signal Processing, 2012, 92 (12): 3039-3048.

[27] 郑志东, 张剑云, 康凯, 等. 互耦条件下双基地 MIMO 雷达的收发角度估计 [J]. 中国科学: 信息科学, 2013, 43 (6): 784-797.

[28] ZHENG Z D, ZHANG J Y, WU Y B. Multi-target localization for bistatic MIMO radar in the presence of unknown mutual coupling [J]. Journal of Systems Engineering and Electronics, 2012, 23 (5): 708-714.

[29] WANG X P, WANG W, LIU J, et al. Tensor-based real-valued subspace approach for angle estimation in bistatic MIMO radar with unknown mutual coupling [J]. Signal Processing, 2015, 116: 152-158.

[30] 戴继生, 汪洋, 叶中付. 未知互耦下双基地 MIMO 雷达阵列 DOD 和 DOA 估计算法 [J]. 数据采集与处理, 2016, 31 (4): 713-718.

[31] ZHOU W, LIU J, ZHU P, et al. Noncircular sources-based sparse representation algorithm for direction of arrival estimation in MIMO radar with mutual coupling [J]. Algorithms, 2016, 9 (3): 61.

[32] LIU J, ZHOU W D, WANG X P. Fourth-order cumulants-based sparse representation approach for DOA estimation in MIMO radar with unknown mutual coupling [J]. Signal Processing, 2016, 128: 123-130.

[33] LIU H M, YANG X J, WANG R, et al. Transmit/receive spatial smoothing with improved effective array aperture for angle and mutual coupling estimation in bistatic MIMO radar [J]. International Journal of Antennas and Propagation, 2016, 6271648.

[34] LIU J, WANG X P, ZHOU W D. Covariance vector sparsity-aware DOA estimation for monostatic MIMO radar with unknown mutual coupling [J]. Signal Processing, 2016, 119: 21-27.

[35] 樊劲宇, 顾红, 苏卫民, 等. 基于张量分解的互质阵 MIMO 雷达目标多参数估计方法 [J]. 电子与信息学报, 2015, 37 (4): 933-938.

[36] LI J F, JIANG D, ZHANG X F. DOA estimation based on combined unitary esprit for coprime MIMO radar [J]. IEEE Communications Letters, 2016, 21 (1): 96-99.

[37] ZHANG W, VOROBYOV S A, GUO L. DOA estimation in MIMO radar with broken sensors by difference co-array processing [C]//2015 IEEE 6th International Workshop on Computational Advances in Multi-Sensor Adaptive Processing (CAMSAP). IEEE, 2015: 321-324.

[38] 刘建涛, 任岁玲, 姜永兴, 等. 基于数据协方差矩阵重构的 MIMO 声纳 DOA 估计 [J]. 应用声学, 2017, 36 (2): 162-167.

[39] HU X, TONG N, WANG J, et al. Matrix completion-based MIMO radar imaging with sparse planar array [J]. Signal Processing, 2017, 131: 49-57.

[40] CHEN J, ZHANG T, LI J, et al. Joint sensor failure detection and corrupted covariance matrix recovery in bistatic MIMO radar with impaired arrays [J]. IEEE Sensors Journal, 2019, 19 (14): 5834-5842.

[41] CHEN J, ZHUO Q, LI J, et al. Array diagnosis and angle estimation in bistatic MIMO radar under array antenna failures [J]. IET Radar, Sonar & Navigation, 2019, 13 (7): 1180-1188.

[42] GUO Y D, ZHANG Y S, TONG N N, et al. Angle estimation and self-calibration method for bistatic MIMO radar with transmit and receive array errors [J]. Circuits Systems & Signal Processing, 2016: 1-21.

[43] WEN F, Wu L, CAI C, et al. Joint DOD and DOA estimation for bistatic MIMO radar in the presence of combined array errors [C]//2018 IEEE 10th Sensor Array and Multichannel Signal Processing Workshop (SAM). IEEE, 2018: 174-178.

[44] WEN F, ZHANG X, ZHANG Z. CRBs for direction-of-departure and direction-of-arrival estimation in collocated MIMO radar in the presence of unknown spatially coloured noise [J]. IET Radar, Sonar & Navigation, 2018, 13 (4): 530-537.

[45] 胡彤, 张弓, 李建峰, 等. 非圆实信号 MIMO 雷达中基于实值 ESPRIT 的角度估计 [J]. 航空学报, 2013, 34 (8): 1953-1959.

[46] CHEN J, GU H, SU W. A new method for joint DOD and DOA estimation in bistatic MIMO radar [J]. Signal Processing, 2010, 90 (2): 714-718.

[47] JIANG H, ZHANG J, WONG K M. Joint DOD and DOA estimation for bistatic MIMO radar in unknown correlated noise [J]. IEEE Transactions on Vehicular Technology, 2015, 64 (11): 5113-5125.

[48] 符渭波, 苏涛, 赵永波, 等. 空间色噪声环境下基于时空结构的双基地 MIMO 雷达角度和多普勒频率联合估计方法 [J]. 电子与信息学报, 2011, 33 (7): 1649-1654.

[49] WEN F, XIONG X, SU J, et al. Angle estimation for bistatic MIMO radar in the presence of spatial colored noise [J]. Signal Processing, 2017, 134: 261-267.

[50] WEN F, ZHANG Z, ZHANG G, et al. A tensor-based covariance differencing method for direction estimation in bistatic MIMO radar with unknown spatial colored noise [J]. IEEE Access, 2017, 5: 18451-18458.

[51] 王彩云, 龚珞珞, 吴淑侠. 色噪声下双基地 MIMO 雷达 DOD 和 DOA 联合估计 [J]. 系统工程与电子技术, 2015, 37 (10): 2255-2259.

[52] WEN F, SHI J, ZHANG Z. Direction finding for bistatic MIMO radar with unknown spatially colored noise [J]. Circuits, Systems & Signal Processing, 2020, 39 (5): 2412-2424.

[53] LIAO B, CHAN S C, HUANG L, et al. Iterative methods for subspace and DOA estimation in nonuniform noise [J]. IEEE Transactions on Signal Processing, 2016, 64 (12): 3008-3020.

[54] 李丽, 邱天爽. 脉冲噪声环境下基于宽带模糊函数的双基地 MIMO 雷达目标参数估计新方法 [J]. 电子学报, 2016, 44 (12): 2842-2848.

[55] LIN X, HUANG L, SUN W. ℓp-PARAFAC for joint DOD and DOA estimation in bistatic MIMO radar [C]//2016 CIE International Conference on Radar (RADAR). IEEE, 2016: 1-5.

[56] LIAO B, HUANG L, GUO C, et al. New approaches to direction-of-arrival estimation with sensor arrays in unknown nonuniform noise [J]. IEEE Sensors Journal, 2016, 16 (24): 8982-8989.

[57] WEN J, ZHOU X, LIAO B, et al. Adaptive beamforming in an impulsive noise environment using matrix completion [J]. IEEE Communications Letters, 2018, 22 (4): 768-771.

[58] FU X, CAO R, WEN F. A de-noising 2-D-DOA estimation method for uniform rectangle array [J]. IEEE Communications Letters, 2018, 22 (9): 1854-1857.

[59] 师俊朋, 文方青, 张弓, 等. 空域色噪声背景下双基地 MIMO 雷达角度估计 [J]. 2021, 43 (6): 1477-1485.

[60] ZHENG G. DOA estimation in MIMO radar with non-perfectly orthogonal waveforms [J]. IEEE Communications Letters, 2016, 21 (2): 414-417.

[61] MAO C, WEN F, ZHANG Z, et al. New approach for DOA estimation in MIMO radar with nonorthogonal waveforms [J]. IEEE Sensors Letters, 2019, 3 (7): 7001104.

[62] WEN F. Computationally efficient DOA estimation algorithm for MIMO radar with imperfect waveforms [J]. IEEE Communications Letters, 2019, 23 (6): 1037-1040.

[63] WEN F, MAO C, ZHANG G. Direction finding in MIMO radar with large antenna arrays and nonorthogonal waveforms [J]. Digital Signal Processing, 2019, 94: 75-83.

[64] LIAO B. Fast angle estimation for MIMO radar with nonorthogonal waveforms [J]. IEEE Transactions on Aerospace and Electronic Systems, 2018, 54 (4): 2091-2096.

[65] LI J. MIMO radar signal processing [M]. Boston: Wiley-IEEE Press, 2008.

[66] Jamie B. MIMO Radar: Theory and application [M]. Boston: Artech House, 2018.

[67] 何子述, 李军, 刘红明, 等. MIMO 雷达 [M]. 北京: 国防工业出版社, 2017.

[68] 杨杰. MIMO 雷达阵列设计及稀疏稳健信号处理算法研究 [M]. 西安: 西北工业大学出版社, 2018.

[69] 巩朋成, 李风成, 王文钦, 等. 频控阵 MIMO 雷达波束形成与参数估计 [M]. 北京:

科学出版社, 2017.
[70] 胡晓伟, 童宁宁, 张永顺. 基于稀疏理论的 MIMO 雷达运动目标三维成像 [M]. 北京: 科学出版社, 2020.
[71] 张小飞, 张弓, 李建峰, 等. MIMO 雷达目标定位 [M]. 北京: 国防工业出版社, 2014.
[72] 王伟, 王咸鹏, 李欣, 等. MIMO 雷达参数估计技术 [M]. 北京: 国防工业出版社, 2017.
[73] 郭艺夺, 宫健, 胡晓伟. 双基地 MIMO 雷达目标多参数联合估计 [M]. 西安: 西北工业大学出版社, 2018.
[74] 宫健, 郭艺夺, 冯存前. 复杂电磁环境下 MIMO 雷达目标角度估计 [M]. 西安: 西北工业大学出版社, 2018.

第2章　预备知识

本章主要介绍与MIMO雷达参数估计相关的矩阵分析、阵列信号处理、张量分解等预备知识。

2.1　矩阵分析基础

本节主要介绍与阵列信号处理相关的矩阵基础[1]。

2.1.1　Hermitian 矩阵

在阵列信号的协方差分析中，往往会利用到矩阵的 Hermitian 特性。如果矩阵 $\boldsymbol{A} \in \mathbb{C}^{N \times N}$ 满足：

$$\boldsymbol{A} = \boldsymbol{A}^{\mathrm{H}} \tag{2.1}$$

则 $\boldsymbol{A}$ 被称为 Hermitian 矩阵。Hermitian 矩阵包括以下主要性质：

(1) Hermitian 矩阵的所有特征值都是实数。

(2) Hermitian 矩阵对应于不同特征值的特征向量相互正交。

(3) Hermitian 矩阵可分解为 $\boldsymbol{A} = \boldsymbol{E}\boldsymbol{\Lambda}\boldsymbol{E}^{\mathrm{H}} = \sum_{i=1}^{N} \xi_i \boldsymbol{e}_i \boldsymbol{e}_i^{\mathrm{H}}$ 的形式。这一分解称作谱定理，也就是矩阵 $\boldsymbol{A}$ 的特征分解定理，其中：$\boldsymbol{\Lambda} = \mathrm{diag}(\xi_1, \xi_2, \cdots, \xi_n)$；$\boldsymbol{E} = [\boldsymbol{e}_1, \boldsymbol{e}_2, \cdots, \boldsymbol{e}_n]$ 是由特征向量组成的酉矩阵。

2.1.2　Toeplitz 矩阵

在阵列信号处理中，经常会利用到矩阵的 Toeplitz 特性（如互耦抑制、色噪声抑制等）。对于均匀线性阵列，其阵列流形的协方差矩阵就是 Toeplitz 的，对于均匀线阵中的互耦效应，往往也将其建模为一个对称的 Toeplitz 矩阵。如果矩阵 $\boldsymbol{A} \in \mathbb{C}^{N \times N}$ 满足：

$$A=\begin{bmatrix} a_0 & a_{-1} & a_{-2} & \cdots & a_{-N+1} \\ a_1 & a_0 & a_{-1} & \cdots & a_{-N+2} \\ a_2 & a_1 & a_0 & \cdots & a_{-N+3} \\ \vdots & \vdots & \vdots & & \vdots \\ a_{N-1} & a_{N-2} & a_{N-3} & \cdots & a_0 \end{bmatrix} \tag{2.2}$$

则称其为一个 Toeplitz 矩阵。由上面的结构可知，Toeplitz 矩阵由 $2N-1$ 个元素决定，且平行于对角线的元素相等。

2.1.3 Hankel 矩阵

与 Toeplitz 的形式类似，如果矩阵 $A\in\mathbb{C}^{N\times N}$具有以下形式：

$$A=\begin{bmatrix} a_0 & a_1 & a_2 & \cdots & a_{N-1} \\ a_1 & a_2 & a_3 & \cdots & a_N \\ a_2 & a_3 & a_4 & \cdots & a_{N+1} \\ \vdots & \vdots & \vdots & & \vdots \\ a_{N-1} & a_N & a_{N+1} & \cdots & a_{2N-2} \end{bmatrix} \tag{2.3}$$

称其为 Hankel 矩阵。由上述结构可知，Hankel 矩阵也完全由 $2N+1$ 个元素确定，且平行于反对角线的元素相等。

2.1.4 Vandermonde 矩阵

对于均匀阵列，其响应矩阵（方向矩阵）往往具有范德蒙（Vandermonde）结构。定义具有以下形式的 $m\times n$ 维矩阵为

$$V(a_1,a_2,\cdots,a_n)=\begin{bmatrix} 1 & 1 & 1 & \cdots & 1 \\ a_1 & a_2 & a_3 & \cdots & a_n \\ a_1^2 & a_2^2 & a_3^2 & \cdots & a_n^2 \\ \vdots & \vdots & \vdots & & \vdots \\ a_1^{m-1} & a_2^{m-1} & a_3^{m-1} & \cdots & a_n^{m-1} \end{bmatrix} \tag{2.4}$$

称其为 Vandermonde 矩阵。

2.1.5 Kronecker 积

对于矩阵 $A\in\mathbb{C}^{p\times q}$和矩阵 $B\in\mathbb{C}^{m\times n}$，二者的 Kronecker 积记为 $A\otimes B\in\mathbb{C}^{mp\times nq}$，具体的计算为

$$\boldsymbol{A}\otimes\boldsymbol{B}=\begin{bmatrix} a_{11}\boldsymbol{B} & a_{12}\boldsymbol{B} & \cdots & a_{1q}\boldsymbol{B} \\ a_{21}\boldsymbol{B} & a_{22}\boldsymbol{B} & \cdots & a_{2q}\boldsymbol{B} \\ \vdots & \vdots & & \vdots \\ a_{p1}\boldsymbol{B} & a_{p2}\boldsymbol{B} & \cdots & a_{pq}\boldsymbol{B} \end{bmatrix} \tag{2.5}$$

常用的 Kronecker 积的性质主要有：

$$(\boldsymbol{A}\otimes\boldsymbol{B})^{\mathrm{T}}=\boldsymbol{A}^{\mathrm{T}}\otimes\boldsymbol{B}^{\mathrm{T}} \tag{2.6}$$

$$(\boldsymbol{A}+\boldsymbol{B})\otimes\boldsymbol{C}=\boldsymbol{A}\otimes\boldsymbol{C}+\boldsymbol{B}\otimes\boldsymbol{C} \tag{2.7}$$

$$\boldsymbol{A}\otimes(\boldsymbol{B}\otimes\boldsymbol{C})=(\boldsymbol{A}\otimes\boldsymbol{B})\otimes\boldsymbol{C} \tag{2.8}$$

$$(\boldsymbol{A}\otimes\boldsymbol{B})(\boldsymbol{C}\otimes\boldsymbol{D})=\boldsymbol{AC}\otimes\boldsymbol{BD} \tag{2.9}$$

$$(\boldsymbol{A}\otimes\boldsymbol{B})^{\dagger}=\boldsymbol{A}^{\dagger}\otimes\boldsymbol{B}^{\dagger} \tag{2.10}$$

$$\mathrm{vec}(\boldsymbol{ABC})=(\boldsymbol{C}^{\mathrm{T}}\otimes\boldsymbol{A})\,\mathrm{vec}(\boldsymbol{B}) \tag{2.11}$$

$$\mathrm{tr}(\boldsymbol{A}\otimes\boldsymbol{B})=\mathrm{tr}(\boldsymbol{A})\,\mathrm{tr}(\boldsymbol{B}) \tag{2.12}$$

2.1.6 Khatri-Rao 积

两个列数相同的矩阵 $\boldsymbol{A}\in\mathbb{C}^{I\times K}$ 和 $\boldsymbol{B}\in\mathbb{C}^{J\times K}$，它们的 Khatri-Rao 积记为 $\boldsymbol{A}\odot\boldsymbol{B}\in\mathbb{C}^{IJ\times K}$。Khatri-Rao 积的实质是将两个矩阵对应的列向量分别做 Kronecker 积，具体计算为

$$\begin{aligned}\boldsymbol{A}\odot\boldsymbol{B}&=[\boldsymbol{a}_1\otimes\boldsymbol{b}_1,\boldsymbol{a}_2\otimes\boldsymbol{b}_2\cdots,\boldsymbol{a}_K\otimes\boldsymbol{b}_K]\\&=[\mathrm{vec}(\boldsymbol{b}_1\boldsymbol{a}_1^{\mathrm{T}}),\mathrm{vec}(\boldsymbol{b}_2\boldsymbol{a}_2^{\mathrm{T}}),\cdots,\mathrm{vec}(\boldsymbol{b}_K\boldsymbol{a}_K^{\mathrm{T}})]\end{aligned} \tag{2.13}$$

式中：$\boldsymbol{a}_k$ 为 $\boldsymbol{A}$ 的第 $k(k=1,2,\cdots,K)$ 列；$\boldsymbol{b}_k$ 为 $\boldsymbol{B}$ 的第 k 列。

常用的 Khatri-Rao 积的性质主要有

$$\boldsymbol{A}\odot(\boldsymbol{B}\odot\boldsymbol{C})=(\boldsymbol{A}\odot\boldsymbol{B})\odot\boldsymbol{C} \tag{2.14}$$

$$(\boldsymbol{A}+\boldsymbol{B})\odot\boldsymbol{C}=\boldsymbol{A}\odot\boldsymbol{C}+\boldsymbol{B}\odot\boldsymbol{C} \tag{2.15}$$

$$(\boldsymbol{A}\odot\boldsymbol{B})^{\mathrm{T}}(\boldsymbol{A}\odot\boldsymbol{B})=(\boldsymbol{A}^{\mathrm{T}}\boldsymbol{A})\oplus(\boldsymbol{B}^{\mathrm{T}}\boldsymbol{B}) \tag{2.16}$$

$$(\boldsymbol{A}\otimes\boldsymbol{B})(\boldsymbol{C}\odot\boldsymbol{D})=(\boldsymbol{AC})\odot(\boldsymbol{BD}) \tag{2.17}$$

2.1.7 Hadamard 积

矩阵 $\boldsymbol{A}\in\mathbb{C}^{I\times J}$ 和 $\boldsymbol{B}\in\mathbb{C}^{I\times J}$ 的 Hadamard 积定义为

$$\boldsymbol{A}\oplus\boldsymbol{B}=\begin{bmatrix} a_{11}b_{11} & a_{12}b_{12} & \cdots & a_{1J}b_{1J} \\ a_{21}b_{21} & a_{22}b_{22} & \cdots & a_{2J}b_{2J} \\ \vdots & \vdots & & \vdots \\ a_{I1}b_{I2} & a_{I2}b_{I2} & \cdots & a_{IJ}b_{IJ} \end{bmatrix} \tag{2.18}$$

2.1.8　伪逆（Pseudo-inverse）

对于一个矩阵 $\boldsymbol{A}\in\mathbb{C}^{M\times K}$，如果其是一个列满秩矩阵，即 $K\leqslant M$，则矩阵乘积 $\boldsymbol{A}^{\mathrm{H}}\boldsymbol{A}$ 的逆存在，并记为$(\boldsymbol{A}^{\mathrm{H}}\boldsymbol{A})^{-1}$。易知：

$$\underbrace{(\boldsymbol{A}^{\mathrm{H}}\boldsymbol{A})^{-1}\boldsymbol{A}^{\mathrm{H}}}_{\boldsymbol{A}^{\dagger}}\boldsymbol{A}=\boldsymbol{I}_K \tag{2.19}$$

式中：$\boldsymbol{A}^{\dagger}\triangleq(\boldsymbol{A}^{\mathrm{H}}\boldsymbol{A})^{-1}\boldsymbol{A}^{\mathrm{H}}$ 称为 $\boldsymbol{A}$ 的伪逆（也被称为广义逆、左逆）。否则，如果 $\boldsymbol{A}\in\mathbb{C}^{M\times K}$是一个行满秩矩阵，则矩阵乘积 $\boldsymbol{A}\boldsymbol{A}^{\mathrm{H}}$ 的逆存在，且

$$\boldsymbol{A}\underbrace{\boldsymbol{A}^{\mathrm{H}}(\boldsymbol{A}\boldsymbol{A}^{\mathrm{H}})^{-1}}_{\boldsymbol{A}^{\dagger}}=\boldsymbol{I}_M \tag{2.20}$$

式中：$\boldsymbol{A}^{\dagger}\triangleq\boldsymbol{A}^{\mathrm{H}}(\boldsymbol{A}\boldsymbol{A}^{\mathrm{H}})^{-1}$称为 $\boldsymbol{A}$ 的伪逆（广义逆、右逆）。

2.2　矩阵及张量分解预备知识

2.2.1　SVD 与 EVD[2]

SVD 和 EVD 是现代数值分析（尤其是数值计算）的最基本和最重要的工具之一。本节介绍 SVD 的定义、几何解释以及性质。

令 $\boldsymbol{A}\in\mathbb{R}^{m\times n}$(或$\mathbb{C}^{m\times n}$)，则存在正交（或酉）矩阵 $\boldsymbol{U}\in\mathbb{R}^{m\times m}$(或$\mathbb{C}^{m\times m}$）和 $\boldsymbol{V}\in\mathbb{R}^{n\times n}$(或$\mathbb{C}^{n\times n}$)，使得

$$\boldsymbol{A}=\boldsymbol{U\Sigma V}^{\mathrm{T}}\quad\text{或}\quad\boldsymbol{A}=\boldsymbol{U\Sigma V}^{\mathrm{H}} \tag{2.21}$$

式中：$\boldsymbol{\Sigma}=\begin{bmatrix}\boldsymbol{\Sigma}_1 & \boldsymbol{O}\\ \boldsymbol{O} & \boldsymbol{O}\end{bmatrix}$，且 $\boldsymbol{\Sigma}_1=\mathrm{diag}(\sigma_1,\sigma_2,\cdots,\sigma_r)$，其对角元素按照如下顺序排列

$$\sigma_1\geqslant\sigma_2\geqslant\cdots\geqslant\sigma_r\geqslant 0,\quad r=\mathrm{rank}(\boldsymbol{A}) \tag{2.22}$$

数值 $\sigma_1,\sigma_2,\cdots,\sigma_r$ 连同 $\sigma_{r+1}=\sigma_{r+2}=\cdots=\sigma_n=0$ 为 $\boldsymbol{A}$ 的奇异值。

用 $\boldsymbol{V}$ 右乘式（2.21），可得 $\boldsymbol{AV}=\boldsymbol{U\Sigma}$，其列向量形式为

$$\boldsymbol{A}\boldsymbol{v}_i=\begin{cases}\sigma_i\boldsymbol{u}_i, & i=1,2,\cdots,r\\ 0, & i=r+1,r+2,\cdots,n\end{cases} \tag{2.23}$$

故 $\boldsymbol{V}$ 的列向量 $\boldsymbol{v}_i$ 被称为矩阵 $\boldsymbol{A}$ 的右奇异向量，$\boldsymbol{V}$ 被称为 $\boldsymbol{A}$ 的右奇异向量矩阵。类似地，$\boldsymbol{U}$ 的列向量 $\boldsymbol{u}_i$ 被称为矩阵 $\boldsymbol{A}$ 的左奇异向量，而且称 $\boldsymbol{U}$ 为 $\boldsymbol{A}$ 的左奇异向量矩阵。根据上述关系，$\boldsymbol{A}$ 的奇异值分解式可以改写成向量表达形式：

$$\boldsymbol{A}=\sum_{i=1}^{r}\sigma_i\boldsymbol{u}_i\boldsymbol{v}_i^{\mathrm{H}} \tag{2.24}$$

当$\boldsymbol{A}$的秩$r=\text{rank}(\boldsymbol{A})<\min\{m,n\}$时，由于奇异值$\sigma_{r+1}=\cdots=\sigma_n=0$，故奇异值分解式可以表示为

$$\boldsymbol{A}=\boldsymbol{U}_r\boldsymbol{\Sigma}_r\boldsymbol{V}_r^{\mathrm{H}} \tag{2.25}$$

式中：$\boldsymbol{U}_r=[\boldsymbol{u}_1,\boldsymbol{u}_2,\cdots,\boldsymbol{u}_r]$；$\boldsymbol{V}_r=[\boldsymbol{v}_1,\boldsymbol{v}_2,\cdots,\boldsymbol{v}_r]$；$\boldsymbol{\Sigma}_r=\text{diag}(\sigma_1,\sigma_2,\cdots,\sigma_r)$。式（2.25）也称为矩阵$\boldsymbol{A}$的截短 SVD（Truncated SVD）。根据上述关系，易得

$$\boldsymbol{A}\boldsymbol{A}^{\mathrm{H}}=\boldsymbol{U}\boldsymbol{\Sigma}^2\boldsymbol{U}^{\mathrm{H}} \tag{2.26}$$

式（2.26）也被称为$\boldsymbol{A}\boldsymbol{A}^{\mathrm{H}}$的 EVD。上述关系表明，$m\times n$矩阵$\boldsymbol{A}$的奇异值$\sigma_i$是矩阵乘积$\boldsymbol{A}\boldsymbol{A}^{\mathrm{H}}$的特征值的正平方根。

2.2.2 SVD/EVD 的性质

SVD/EVD 主要有以下性质：

（1）$m\times n$矩阵$\boldsymbol{A}$的共轭转置$\boldsymbol{A}^{\mathrm{H}}$的 SVD 为

$$\boldsymbol{A}^{\mathrm{H}}=\boldsymbol{V}\boldsymbol{\Sigma}^{\mathrm{T}}\boldsymbol{U}^{\mathrm{H}} \tag{2.27}$$

即矩阵$\boldsymbol{A}$和$\boldsymbol{A}^{\mathrm{H}}$具有完全的奇异值。

（2）$\boldsymbol{A}^{\mathrm{H}}\boldsymbol{A}$，$\boldsymbol{A}\boldsymbol{A}^{\mathrm{H}}$的 EVD 分别为

$$\boldsymbol{A}^{\mathrm{H}}\boldsymbol{A}=\boldsymbol{V}\boldsymbol{\Sigma}^{\mathrm{T}}\boldsymbol{\Sigma}\boldsymbol{V}^{\mathrm{H}},\quad \boldsymbol{A}\boldsymbol{A}^{\mathrm{H}}=\boldsymbol{U}\boldsymbol{\Sigma}^{\mathrm{T}}\boldsymbol{\Sigma}\boldsymbol{U}^{\mathrm{H}} \tag{2.28}$$

其中

$$\boldsymbol{\Sigma}^{\mathrm{T}}\boldsymbol{\Sigma}=\text{diag}(\sigma_1^2,\sigma_2^2,\cdots,\sigma_r^2,\overbrace{0,\cdots,0}^{n-r\text{个}}) \tag{2.29}$$

$$\boldsymbol{\Sigma}\boldsymbol{\Sigma}^{\mathrm{T}}=\text{diag}(\sigma_1^2,\sigma_2^2,\cdots,\sigma_r^2,\overbrace{0,\cdots,0}^{m-r\text{个}}) \tag{2.30}$$

（3）$\boldsymbol{P}$和$\boldsymbol{Q}$分别为$m\times m$和$n\times n$酉矩阵时，$\boldsymbol{P}\boldsymbol{A}\boldsymbol{Q}^{\mathrm{H}}$的 SVD 可表示为

$$\boldsymbol{P}\boldsymbol{A}\boldsymbol{Q}^{\mathrm{H}}=\widetilde{\boldsymbol{U}}\boldsymbol{\Sigma}\widetilde{\boldsymbol{V}}^{\mathrm{H}} \tag{2.31}$$

式中：$\widetilde{\boldsymbol{U}}=\boldsymbol{P}\boldsymbol{U}$；$\widetilde{\boldsymbol{V}}=\boldsymbol{Q}\boldsymbol{V}$。从式（2.31）可看出，矩阵$\boldsymbol{P}\boldsymbol{A}\boldsymbol{Q}^{\mathrm{H}}$与$\boldsymbol{A}$具有相同的奇异值。

（4）矩阵$\boldsymbol{A}$的 Frobenius 范数$\|\boldsymbol{A}\|_{\mathrm{F}}$是酉不变范数，即$\|\boldsymbol{U}^{\mathrm{H}}\boldsymbol{A}\boldsymbol{V}\|_{\mathrm{F}}=\|\boldsymbol{A}\|_{\mathrm{F}}$，故有

$$\|\boldsymbol{A}\|_{\mathrm{F}}=\left[\sum_{i=1}^{m}\sum_{j=1}^{n}|a_{ij}|^2\right]^{1/2}=\|\boldsymbol{U}^{\mathrm{H}}\boldsymbol{A}\boldsymbol{V}\|_{\mathrm{F}}=\|\boldsymbol{\Sigma}\|_{\mathrm{F}}=\sqrt{\sigma_1^2+\sigma_2^2+\cdots+\sigma_r^2} \tag{2.32}$$

即任何一个矩阵的 Frobenius 范数等于该矩阵所有非零奇异值平方和的平方根。

（5）设$\boldsymbol{A}$是$n\times n$正方矩阵。由于酉矩阵的行列式的绝对值等于 1，故

$$|\det(\boldsymbol{A})|=|\det\boldsymbol{\Sigma}|=\sigma_1\sigma_2\cdots\sigma_n \tag{2.33}$$

2.3 张量分解基础

随着计算机技术的蓬勃发展，人类处理数据的思维逐步由向量层次和矩阵

层次向张量层次发展，如图 2.1 所示。对于高维数据，张量分析相比矩阵分析具有潜在的优势，相对于传统的一维向量或者二维矩阵，张量能够更好地描述多维数据的结构特性。由于采用波形分集，MIMO 雷达能够分离出不同发射阵元—目标—接收阵元路径的信号，故 MIMO 雷达匹配滤波器组的输出数据具有天然的空域（发射）—时域—空域（接收）结构特性，这种多维结构也称为张量结构。因而，将张量分解同 MIMO 雷达信号处理相结合是 MIMO 雷达参数估计的一个重要的分支。

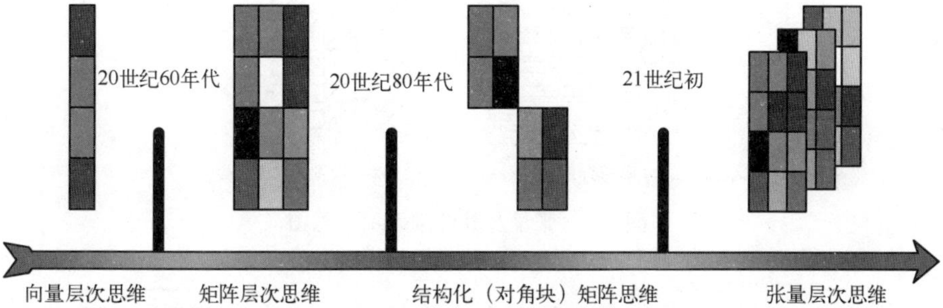

图 2.1　信号处理思维演化过程示意图

2.3.1　张量的基本定义

一个张量就是一个多维数组。对于一个矩阵 $\boldsymbol{A}\in\mathbb{C}^{m\times n}$，其可以被表述为所有元素的集合，记为 $\boldsymbol{A}=[a_{ij}]_{i,j=1}^{m,n}$。类似地，$n$ 阶张量 $\mathcal{A}\in\mathbb{C}^{I_1\times I_2\times\cdots\times I_n}$可表示为 $\mathcal{A}=[a_{i_1,i_2,\cdots,i_n}]_{i_1,i_2,\cdots,i_n=1}^{I_1,I_2,\cdots,I_n}$，其中，$a_{i_1,i_2,\cdots,i_n}$是张量的第$(i_1,i_2,\cdots,i_n)$个元素。最常用的张量为三维数组，也被称为三阶张量（Third-Order Tensor）。对于一个矩阵，常用行、列来标记矩阵中元素的位置，由于张量具有多维结构，使用该方法不再适用。在张量模型中，往往采用纤维（Fiber）来标记张量元素。纤维是只保留张量一个下标可变，固定其他所有下标不变而得到的列向量的集合。实际上，纤维也是张量按照不同的方向（或称之为模）展开获得。对于一个 $I\times J\times K$ 的三阶张量$\boldsymbol{\mathcal{X}}$，可将其表述成竖直（模-1）纤维、水平（模-2）纤维和管（模-3）纤维（Tube Fibers），其表示形式如图 2.2 所示。

此外，高阶张量也可以用矩阵的集合表示，即张量的切片（slice）表示方法[7]。对于上述三阶张量，其切片表示方法如图 2.3 所示。这些矩阵分别为对张量进行水平切片、侧向切片和正面切片。

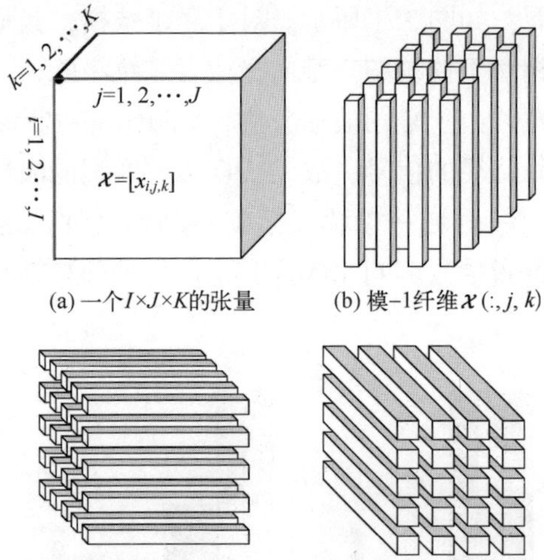

(a) 一个$I\times J\times K$的张量　(b) 模−1纤维$\mathcal{X}(:, j, k)$

(c) 模−2纤维$\mathcal{X}(i, :, k)$　(d) 模−3纤维$\mathcal{X}(i, k, :)$

图 2. 2　张量及其纤维表示示意图

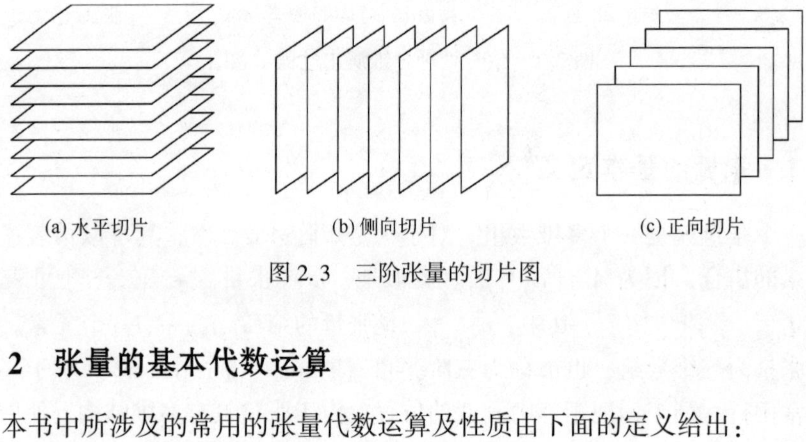

(a) 水平切片　(b) 侧向切片　(c) 正向切片

图 2. 3　三阶张量的切片图

2. 3. 2　张量的基本代数运算

本书中所涉及的常用的张量代数运算及性质由下面的定义给出：

定义 2. 1（张量模−n 展开）：令$\mathcal{X}\in\mathbb{C}^{I_1\times I_2\times\cdots\times I_N}$为一个 N 维张量，$\mathcal{X}$的模−n ($n=1,2,\cdots,N$) 矩阵展开表示为$[\mathcal{X}]_n\in\mathbb{C}^{I_n\times(I_1\times I_2\times\cdots\times I_{n-1}\times I_{n+1}\times\cdots\times I_N)}$，位于张量$\mathcal{X}$的$(i_1,i_2,\cdots,i_N)$位置的元素成为位于矩阵 $[\mathcal{X}]_n$ 的(i_n,j)处的元素，$j=1+\sum_{k=1,k\neq n}^{N}(i_k-1)J_k$ 且 $J_k=\prod_{m=1,m\neq n}^{k-1}I_m$。

定义 2. 2（张量与矩阵模−n 乘积）：定义 N 维张量$\mathcal{X}\in\mathbb{C}^{I_1\times I_2\times\cdots\times I_N}$与矩阵$\boldsymbol{A}\in\mathbb{C}^{J_n\times I_n}$的模−$n$ 乘积为$\mathcal{Y}=\mathcal{X}\times_n\boldsymbol{A}$，其矩阵展开的关系为$[\mathcal{Y}]_n=\boldsymbol{A}[\mathcal{X}]_n$。

定义 2. 3（Tucker 分解）：N 维张量$\mathcal{X}\in\mathbb{C}^{I_1\times I_2\times\cdots\times I_N}$的 Tucker 分解可以表述成如下的形式

$$\mathcal{X}=\mathcal{G}\times_1 \boldsymbol{U}^{(1)}\times_2 \boldsymbol{U}^{(2)}\times_3\cdots \boldsymbol{U}^{(N-1)}\times_N \boldsymbol{U}^{(N)} \tag{2.34}$$

式中：$\mathcal{G}\in\mathbb{C}^{J_1\times J_2\times\cdots J_N}$为核张量；$\boldsymbol{U}^{(n)}\in\mathbb{C}^{I_n\times J_n}(I_n\geqslant J_n)$为张量特征矩阵。式（2.34）的矩阵表示形式可写为

$$[\mathcal{X}]_n=\boldsymbol{U}^{(n)}[\mathcal{G}]_n[\boldsymbol{U}^{(N)}\otimes\cdots\otimes\boldsymbol{U}^{(n+1)}\otimes\boldsymbol{U}^{(n-1)}\otimes\cdots\otimes\boldsymbol{U}^{(1)}]^{\mathrm{T}} \tag{2.35}$$

定义 2.4（PARAFAC 分解）：N 维张量$\mathcal{X}\in\mathbb{C}^{I_1\times I_2\times\cdots\times I_N}$的 PARAFAC 分解可以表述成如下的形式

$$\mathcal{X}=\sum_{k=1}^{K}a_k^{(1)}\circ a_k^{(2)}\circ\cdots\circ a_k^{(N)} \tag{2.36}$$

式中：$a_k^{(n)}\in\mathbb{C}^{I_n\times 1}$；$K$ 为$\mathcal{X}$的 CP 秩。按照式（2.34）中的 Tucker 形式，$\mathcal{X}$可以表示为

$$\mathcal{X}=\mathcal{I}\times_1\boldsymbol{A}^{(1)}\times_2\boldsymbol{A}^{(2)}\times_3\cdots\boldsymbol{A}^{(N)} \tag{2.37}$$

式中：$\mathcal{I}$为对角张量，其$(k,k,\cdots,k)$处的元素为 1，其余位置元素为 0，$\boldsymbol{A}^{(n)}=[a_1^{(n)},a_2^{(n)},\cdots,a_K^{(n)}]\in\mathbb{C}^{I_n\times K}$。对于式（2.37），其模-$n$ 矩阵展开可以表示为

$$[\mathcal{X}]_n=\boldsymbol{A}^{(n)}[\boldsymbol{A}^{(N)}\odot\cdots\odot\boldsymbol{A}^{(n+1)}\odot\boldsymbol{A}^{(n-1)}\odot\cdots\odot\boldsymbol{A}^{(1)}]^{\mathrm{T}} \tag{2.38}$$

定义 2.5（PARAFAC 模型的重排[5]）对于式（2.37）中的 PARAFAC 分解模型，假设因子矩阵的顺序集为$\mathcal{O}=\{1,2,\cdots,N\}$。令集合$\mathcal{O}_j=\{o_{j,1},o_{j,2},\cdots,o_{j,M_j}\}(j=1,2,\cdots,J)$，其中，$o_{j,m}$由$\mathcal{O}$中的若干个元素构成，则根据$\mathcal{O}_j$将$\mathcal{X}$进行重排的 PARAFAC 张量记为$\mathcal{X}_{\mathcal{O}_1,\mathcal{O}_2,\cdots,\mathcal{O}_J}\in\mathbb{C}^{T_1\times T_2\times\cdots\times T_J}$且

$$\mathcal{X}_{\mathcal{O}_1,\mathcal{O}_2,\cdots,\mathcal{O}_J}=\sum_{k=1}^{K}\boldsymbol{b}_k^{(1)}\circ\boldsymbol{b}_k^{(2)}\circ\cdots\circ\boldsymbol{b}_k^{(J)} \tag{2.39}$$

式中：$T_j=\Pi_{m=1}^{M_j}I_{o_{j,m}}$；$\boldsymbol{b}_k^{(j)}=\boldsymbol{a}_k^{(o_{j,M_j})}\otimes\boldsymbol{a}_k^{(o_{j,M_j-1})}\cdots\otimes\boldsymbol{a}_k^{(o_{j,1})}$。

从本质上来说，张量的 Tucker 分解类似矩阵的奇异值分解，即将张量分解为核张量和特征矩阵间乘积的表述形式。张量的 CP 分解将张量分解为秩为 1 的张量外积和的表示形式，也是 Tucker 分解的特殊形式。以一个三维张量的 Tucker 分解和 CP 分解为例，上述分解的示意图如图 2.4 所示。

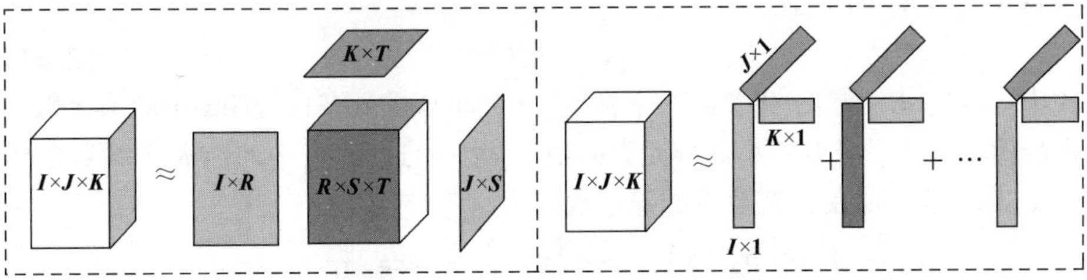

(a) 张量的Tucker分解示意图　　(b) 张量的CP分解示意图

图 2.4　张量分解本质示意图

2.4 机器学习基础

由于 MIMO 雷达探测中，目标相对于探测背景来说往往具备一定的稀疏性，因而往往可以将参数估计问题转化为一个分类问题。借助现有机器学习的思想，可获得对目标参数的高精度估计。机器学习是信号处理中的一个重要的分支，本节将介绍相关的基础，为后文应用奠定一定的基础。

2.4.1 压缩感知与稀疏重构[6]

从数学意义上来说，如果 R^N 空间上的一个子集 $\{\boldsymbol{\varphi}_n\}_{n=1}^N$ 中的向量能张成 R^N，$\{\boldsymbol{\varphi}_n\}_{n=1}^N$ 中的向量线性独立，则 $\{\boldsymbol{\varphi}_n\}_{n=1}^N$ 为 R^N 空间的一组基。定义基矩阵 $\boldsymbol{\Psi}=[\boldsymbol{\varphi}_1,\boldsymbol{\varphi}_2,\cdots,\boldsymbol{\varphi}_N]\in R^{N\times N}$，那么对于 R^N 空间内的任何向量 $\boldsymbol{x}\in R^{N\times 1}$，其均可用基矩阵中的列向量来线性表示

$$\boldsymbol{x}=\boldsymbol{\Psi s} \tag{2.40}$$

式中：$\boldsymbol{s}=[s_1,s_2,\cdots,s_N]\in R^{N\times 1}$ 为 $\boldsymbol{x}$ 在基矩阵 $\boldsymbol{\Psi}$ 下的表示系数。最常见的基为正交基，即

$$\langle \boldsymbol{\varphi}_i,\boldsymbol{\varphi}_j\rangle=\begin{cases}1\ , & i=j\\ 0\ , & i\neq j\end{cases} \tag{2.41}$$

此时，这组系数很容易通过内积的形式表示成 $s_n=\langle \boldsymbol{x},\boldsymbol{\varphi}_n\rangle$ 或者 $\boldsymbol{s}=\langle \boldsymbol{\Psi}^{\mathrm{T}},\boldsymbol{x}\rangle$。特别地，如果 $\boldsymbol{s}$ 中最多有 K 个值不为零的元素，即 $|\mathrm{supp}(\boldsymbol{s})|\leqslant K$，此时称 $\boldsymbol{x}$ 在基 $\boldsymbol{\Psi}$ 下是 K 稀疏的。

实际的现实世界或者工程中，信号自身往往不是稀疏的，而是在某个域上近似稀疏（或者称为可压缩的）。例如，图像信号一般在小波域上近似稀疏，其可以由有限项小波基逼近，信号的这种近似稀疏特性为信号的压缩、去噪等处理提供了理论依据。定义 $|\boldsymbol{s}|_{(n)}$ 为 $\boldsymbol{s}$ 中第 n 个最大元素，即 $|\boldsymbol{s}|_{(N)}\leqslant|\boldsymbol{s}|_{(N-1)}\leqslant\cdots\leqslant|\boldsymbol{s}|_{(1)}$。$\boldsymbol{s}$ 的可压缩性条件为

$$|\boldsymbol{s}|_{(n)}\leqslant C_r n^{-r} \tag{2.42}$$

式中：$r>1$，C_r 为与 r 相关的一个常数。$\boldsymbol{s}$ 的可压缩性条件说明 $\boldsymbol{s}$ 中的大多数元素的值都很小，只有一小部分元素的值较大。通过 $|\boldsymbol{s}|_{(n)}$ 中的前 K 个系数的组合 $\boldsymbol{x}_K$ 逼近 $\boldsymbol{x}$，则在 l_p 范数下的逼近误差为

$$\sigma_K(\boldsymbol{x})_p=\min_{\hat{\boldsymbol{x}}\in\boldsymbol{\Sigma}_K}\|\boldsymbol{x}-\hat{\boldsymbol{x}}\|_p=\|\boldsymbol{x}-\boldsymbol{x}_K\|_p \tag{2.43}$$

式中：$\boldsymbol{\Sigma}_K$ 表示 $R^{N\times 1}$ 维子空间中所有 K 稀疏信号的集合。对于可压缩信号，存在仅与 C_r 和 r 有关常数 C_q 和 $q>1$，使得

$$\sigma_K(\boldsymbol{x})_2 \leqslant C_q K^{-q} \tag{2.44}$$

即在 l_p 范数约束下，逼近误差随着 K 增大呈指数衰减的趋势。在上述假设下，CS 理论指出，可以通过一个随机观测过程获取 $M(K<M<N)$ 维观测数据，然后从这些 M 维数据中高概率地重构出原始稀疏向量 $\boldsymbol{s}$，从而还原出 $\boldsymbol{x}$。CS 中的随机观测过程可表示为

$$\boldsymbol{y}=\boldsymbol{\Phi x}=\boldsymbol{\Phi\Psi s}=\boldsymbol{\Theta s} \tag{2.45}$$

式中：$\boldsymbol{y}\in R^{M\times 1}$ 为测量（压缩）后的信号；$\boldsymbol{\Phi}\in R^{M\times N}$ 为随机测量矩阵；$\boldsymbol{\Theta}=\boldsymbol{\Phi\Psi}$ 为感知矩阵。式（2.45）即为 CS 的数学模型，图 2.5 显示了压缩观测的过程。

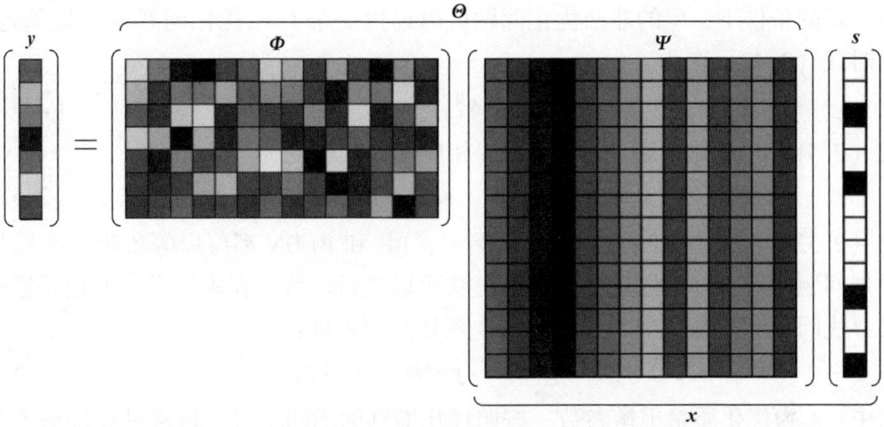

图 2.5　CS 数学模型

对式（2.45）中的逆问题，如果忽略它的欠定背景，经典的方法求解这个逆问题普遍采用 LS 求解 $\boldsymbol{y}=\boldsymbol{\Theta s}$，即

$$\hat{\boldsymbol{s}}=\arg\min_{\boldsymbol{s}}\|\boldsymbol{s}\|_2 \quad \text{s. t.} \quad \boldsymbol{\Theta s}=\boldsymbol{y} \tag{2.46}$$

上述问题往往通过 $\hat{\boldsymbol{s}}=\boldsymbol{\Theta}^{\mathrm{H}}(\boldsymbol{\Theta\Theta}^{\mathrm{H}})^{-1}\boldsymbol{y}$ 获得一个非常方便的闭环解，但是该解往往是非稀疏的，此时的解相当于本章的第 2.2.1 节中使用 2 范数约束求解。由式（2.45）求解稀疏向量的过程可表述为求解一个非凸优化问题，最稀疏的解向量可以通过求解如下优化问题获得

$$\hat{\boldsymbol{s}}=\arg\min_{\boldsymbol{s}}\|\boldsymbol{s}\|_0 \quad \text{s. t.} \quad \boldsymbol{\Theta s}=\boldsymbol{y} \tag{2.47}$$

然而当测量过程混入噪声时，即使 $\boldsymbol{s}$ 是 K 稀疏的，此时优化式（2.47）会导致解向量中有 M 个非零元素而非 K 个。因而在噪声和干扰存在的情况下，为获得一个鲁棒的解，需要将式（2.47）进行微调

$$\hat{\boldsymbol{s}}=\arg\min_{\boldsymbol{s}}\|\boldsymbol{s}\|_0 \quad \text{s. t.} \quad \|\boldsymbol{\Theta s}-\boldsymbol{y}\|_2 \leqslant \varepsilon \tag{2.48}$$

式中：ε 为噪声容限。上述优化表述为已知噪声容限 ε 的条件下进行，在某些条件下，可能是已知稀疏度的容限而未知噪声容限，此时优化表达式应为

$$\hat{\boldsymbol{s}}=\arg\min_{\boldsymbol{s}}\|\boldsymbol{\Theta s}-\boldsymbol{y}\|_2 \quad \text{s. t.} \quad \|\boldsymbol{s}\|_0\leqslant K \tag{2.49}$$

在实际使用数学软件求解上述数学问题时，一般是先将带约束的优化问题转化成如下非约束优化问题来求解

$$\hat{\boldsymbol{s}}=\arg\min_{\boldsymbol{s}}\{\|\boldsymbol{s}\|_0+\lambda\|\boldsymbol{\Theta s}-\boldsymbol{y}\|_2\} \tag{2.50}$$

式中：λ 是一个平衡估计质量的参数。然而由于 $M<N$，该逼近过程为 NP-hard 难题，往往无法获得确定的解。导致这个问题的原因是因为优化函数中存在非凸优化函数项 $\|\boldsymbol{s}\|_0$。因为 $\boldsymbol{s}$ 为稀疏性的，所以可以利用线性规划获得确定解。在一定的条件下，l_0 的非凸优化问题可以通过一个 l_1 凸优化问题来近似逼近，此时式（2.47）变为

$$\hat{\boldsymbol{s}}=\arg\min_{\boldsymbol{s}}\|\boldsymbol{s}\|_1 \quad \text{s. t.} \quad \boldsymbol{\Theta s}=\boldsymbol{y} \tag{2.51}$$

式（2.51）也就是所谓的 BP 问题。相应地，其可变为

$$\hat{\boldsymbol{s}}=\arg\min_{\boldsymbol{s}}\|\boldsymbol{s}\|_1 \quad \text{s. t.} \quad \|\boldsymbol{\Theta s}-\boldsymbol{y}\|_2\leqslant\varepsilon \tag{2.52}$$

式（2.52）也就是 BPDN 问题。实际上，BP 和 BPDN 都可以等价为一个线性规划问题，对于该问题现有很多种算法可以进行求解。在求解时一般也是通过将寻优问题等效为一个带约束的二次规划问题来进行：

$$\hat{\boldsymbol{s}}=\arg\min_{\boldsymbol{s}}\{\|\boldsymbol{y}-\boldsymbol{\Theta s}\|_2^2+\lambda\|\boldsymbol{s}\|_1\} \tag{2.53}$$

式中：λ 为优化质量平衡参数。按照优化准则的不同，可以将常见算法分为凸优化算法、贪婪算法、阈值类算法和贝叶斯算法，现将常见的重构算法名称及优化准则归纳如表 2.1 所列。

表 2.1　CS 重构算法总结

算法类别	典型代表	数学表述
凸优化算法	BP，BPDN，LASSO	$\hat{\boldsymbol{s}}=\arg\min_{\boldsymbol{s}}\|\boldsymbol{s}\|_1$ s. t. $\|\boldsymbol{\Theta s}-\boldsymbol{y}\|_2\leqslant\varepsilon$ 或 $\hat{\boldsymbol{s}}=\arg\min_{\boldsymbol{s}}\{\|\boldsymbol{y}-\boldsymbol{\Theta s}\|_2^2+\lambda\|\boldsymbol{s}\|_1\}$
贪婪算法	OMP，ROMP，CoSaMP	$\hat{\boldsymbol{s}}=\arg\min_{\boldsymbol{s}}\|\boldsymbol{\Theta s}-\boldsymbol{y}\|_2$ s. t. $\|\boldsymbol{s}\|_0<K$
阈值类算法	IHT、IST、CAMP	迭代 $\hat{\boldsymbol{s}}^{l+1}=\eta\{\hat{\boldsymbol{s}}^l-\mu\boldsymbol{\Theta}^{\mathrm{H}}(\boldsymbol{\Theta}\hat{\boldsymbol{s}}^l-\boldsymbol{y})\}$ 其中：η 为阈值函数；μ 为自适应步长
贝叶斯算法	SBL，MSBL	$\hat{\boldsymbol{s}}=\arg\max_{\boldsymbol{s}}[p(\boldsymbol{s}\mid\boldsymbol{y})]$

2.4.2 深度神经网络

从实践的意义上来说，机器学习是一种通过利用数据训练出模型，然后使用模型预测的一种方法。深度神经网络（DNN）是深度学习的基础，下面简单介绍 DNN 的模型。

一个基本的感知模型如图 2.6 所示，其往往由若干个输入和一个输出组成，其中：输入 $x_1, x_2, \cdots, x_M$ 与中间输出 y 之间是一个线性关系，如 $y = \sum_{m=1}^{M} w_m x_m$；$w_m$ 表示对应的权值，再将 y 通过一个符号激活函数 Sig(·)，即可得到预期的二分结果（如±1 的输出）。通过对大量的输入输出数据进行训练，获得最优的权值系数，即可用于对新输入数据的分类测试。

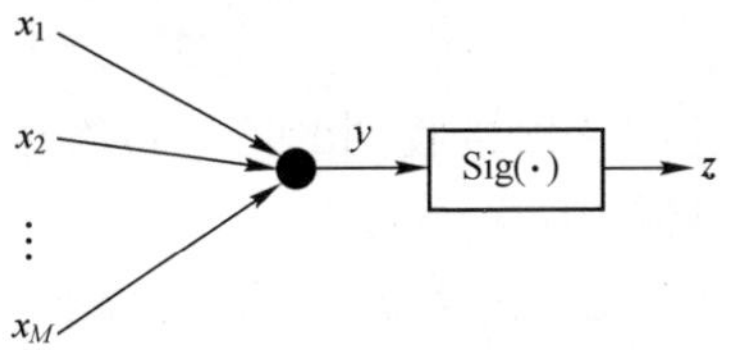

图 2.6 基本的感知模型

上述模型只能用于对类别进行二分，无法学习比较复杂的非线性模型。而神经网络则在上述简单的感知机模型上做了扩展，总结主要有三点：首先是增加了隐藏层（多个），隐藏层增加了模型的复杂度，也增强了模型的表达能力；其次是输入和输出不再是多对一，而是多对多，这样模型可以灵活地应用于分类回归、降维和聚类等；最后是对激活函数进行改变，通过引入更复杂的激活函数（如 Sigmoid 和 ReLU）等，使得输出表达能力进一步提升。一个典型的 DNN 网络结构如图 2.7 所示。本章只对 DNN 的模型进行简介，详细的实际模型可参考后续章节的具体应用部分。

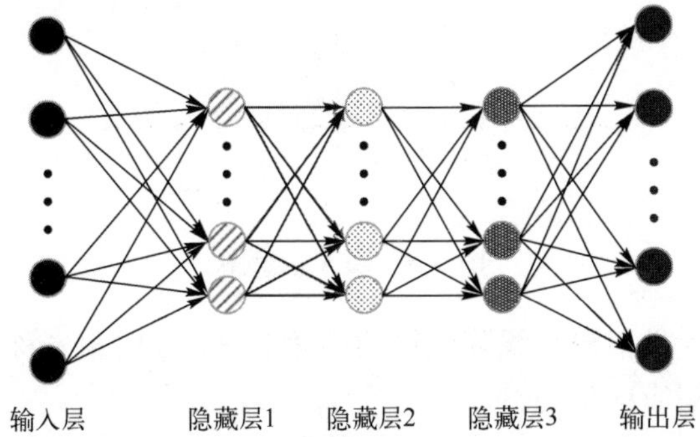

图 2.7 典型的 DNN 模型

2.5 阵列信号处理预备知识

DOA 估计是阵列信号处理的最基本的任务之一，也是 MIMO 雷达信号处理的基础。实际上，现有 MIMO 雷达角度估计算法绝大多数都是从阵列 DOA 估计算法衍生而来的。MIMO 雷达的发射天线和接收天线往往由相距一定距离的阵列天线组成，天线阵元的分布也称为阵列流形。下面介绍常共址雷达中常用的阵列流形及阵列相应的阵列响应（导向）矩阵，包括 ULA、L 型阵列和任意阵列流形。在具体介绍相关流形前，先给定阵列响应的如下假设。

(1) 均匀非散射传播介质：电磁波在空间全向直线传播。

(2) 远场源信号：传感器可视为点状阵元、电磁信号平行入射到阵列天线上。

(3) 窄带源信号：各传感器接收到的信号包络相同，但不同传感器之间接收信号具有时延（反映到相位差上）。

(4) 理想的阵列响应天线：传感器经过精确校准，不存在位置误差、阵元互耦、增益相位误差等。

2.5.1 ULA

M 个阵元的 ULA 的示意图如图 2.8 所示，其中，M 个阵元排列成一条直线，阵元间距为 d。假定接收信号满足窄带条件，即信号经过阵列长度所需要的时间远小于信号的相干时间，信号包络在天线阵元间传播时间变化很小。假定信号源位于远场，即信号到达各阵元的波可以认为是平面波。

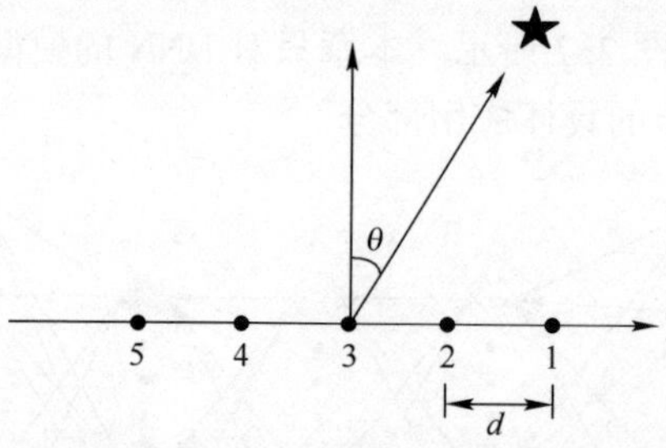

图 2.8 ULA 示意图

图 2.8 中，定义信源与线阵法线的夹角为 θ，方向角 θ 称为波达方向，则均匀线阵的阵列响应向量为

$$\boldsymbol{a}(\theta)=\left[1,\exp\left(-\mathrm{j}\frac{2\pi}{\lambda}d\sin\theta\right),\cdots,\exp\left(-\mathrm{j}\frac{2\pi}{\lambda}\right)d(M-1)\sin\theta\right]^{\mathrm{T}} \tag{2.54}$$

若有 K 个信源，其波达方向分别为 $\theta_i(i=1,2,\cdots,K)$，可以定义方向矩阵为 $\boldsymbol{A}=[a(\theta_1),a(\theta_2),\cdots,a(\theta_K)]\in\mathbb{C}^{M\times K}$，即

$$\boldsymbol{A}=\begin{bmatrix}1 & 1 & \cdots & 1\\ \mathrm{e}^{-\mathrm{j}2\pi d\sin\theta_1/\lambda} & \mathrm{e}^{-\mathrm{j}2\pi d\sin\theta_2/\lambda} & \cdots & \mathrm{e}^{-\mathrm{j}2\pi d\sin\theta_K/\lambda}\\ \vdots & \vdots & & \vdots\\ \mathrm{e}^{-\mathrm{j}2\pi d(M-1)\sin\theta_1/\lambda} & \mathrm{e}^{-\mathrm{j}2\pi d(M-1)\sin\theta_2/\lambda} & \cdots & \mathrm{e}^{-\mathrm{j}2\pi d(M-1)\sin\theta_K/\lambda}\end{bmatrix} \tag{2.55}$$

可以看出，$\boldsymbol{A}$ 为 Vandermonde 矩阵。

2.5.2　L 形阵列

ULA 仅具备 1D-DOA 估计的能力，实际工程中 2D-DOA 能更加真实地描述源信号在三维空间的具体方位，因而 2D-DOA 估计更贴合实际需求。典型用于 2D-DOA 估计的均匀阵列流形有 L 形、圆形、矩形。下面仅以 L 形阵列结构为代表加以说明，如图 2.9 所示。

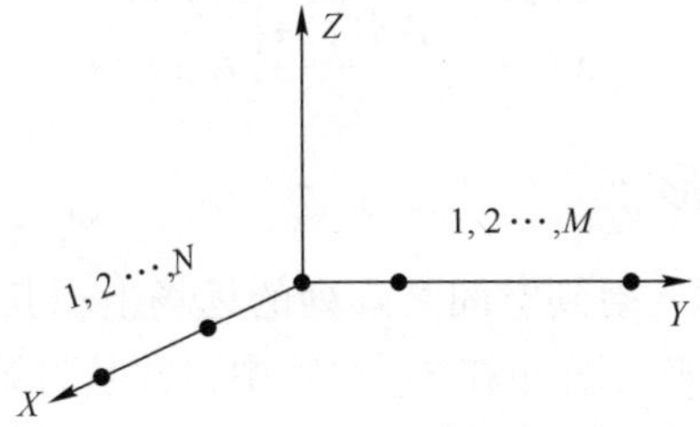

图 2.9　L 形阵列

图 2.9 有 $M+N-1$ 个阵元 L 形阵列，此 L 形阵列由 X 轴上阵元数为 N 的 ULA 和 Y 轴上阵元数为 M 的 ULA 所构成。假设空间有 K 个信源照射到此阵列上，其 2D-DOA 为 (θ_k,ϕ_k)，$k=1,2,\cdots,K$，其中，(θ_k,ϕ_k) 分别代表第 k 个信源的方位角和仰角。

假设入射到此阵列上的信源数为 K，则 X 轴上 N 个阵元接收信号可表示为

$$\boldsymbol{X}(t)=\boldsymbol{A}_x\boldsymbol{S}(t)+\boldsymbol{N}_x(t) \tag{2.56}$$

式中：$\boldsymbol{S}(t)\in\mathbb{C}^{K\times 1}$ 为信源矩阵；$\boldsymbol{N}_x(t)\in\mathbb{C}^{N\times 1}$ 为接收噪声；$\boldsymbol{A}_x\in\mathbb{C}^{N\times K}$ 可表示为

$$A_x=\begin{bmatrix}1 & 1 & \cdots & 1\\ e^{j2\pi d\cos\phi_1\sin\theta_1/\lambda} & e^{j2\pi d\cos\phi_2\sin\theta_2/\lambda} & \cdots & e^{j2\pi d\cos\phi_K\sin\theta_K/\lambda}\\ \vdots & \vdots & & \vdots\\ e^{j2\pi d(N-1)\cos\phi_1\sin\theta_1/\lambda} & e^{j2\pi d(N-1)\cos\phi_2\sin\theta_2/\lambda} & \cdots & e^{j2\pi d(N-1)\cos\phi_K\sin\theta_K/\lambda}\end{bmatrix} \tag{2.57}$$

同理，Y 轴上 M 个阵元接收信号可表示为

$$\boldsymbol{Y}(t)=\boldsymbol{A}_y\boldsymbol{S}(t)+\boldsymbol{N}_y(t) \tag{2.58}$$

式中：$\boldsymbol{N}_y(t)$为接收噪声；$\boldsymbol{A}_y\in\mathbb{C}^{M\times K}$表示为

$$A_y=\begin{bmatrix}1 & 1 & \cdots & 1\\ e^{j2\pi d\sin\theta_1\sin\phi_1/\lambda} & e^{j2\pi d\sin\theta_2\sin\phi_2/\lambda} & \cdots & e^{j2\pi d\sin\theta_K\sin\phi_K/\lambda}\\ \vdots & \vdots & & \vdots\\ e^{j2\pi d(M-1)\sin\theta_1\sin\phi_1/\lambda} & e^{j2\pi d(M-1)\sin\theta_2\sin\phi_2/\lambda} & \cdots & e^{j2\pi d(M-1)\sin\theta_K\sin\phi_K/\lambda}\end{bmatrix} \tag{2.59}$$

显然，$\boldsymbol{A}_x$ 和 $\boldsymbol{A}_y$ 都是 Vandermonde 矩阵，定义

$$\boldsymbol{A}=\begin{bmatrix}\boldsymbol{A}_y\\ \boldsymbol{A}_x\end{bmatrix} \tag{2.60}$$

则有

$$\begin{bmatrix}\boldsymbol{Y}(t)\\ \boldsymbol{X}(t)\end{bmatrix}=\boldsymbol{A}\boldsymbol{S}(t)+\begin{bmatrix}\boldsymbol{N}_y(t)\\ \boldsymbol{N}_x(t)\end{bmatrix} \tag{2.61}$$

2.5.3 任意阵列流形

考虑 K 个不相关源入射到空间某阵列的远场上，其中阵列天线由 M 个阵元组成。理想情况下，阵元分布在 3D 空间中，并且将第 $m(m=1,2,\cdots,M)$个阵元的坐标设置为 $\boldsymbol{p}_m=[x_m,y_m,z_m]^{\mathrm{T}}$。用 $\boldsymbol{\Theta}_k=[\theta_k,\phi_k]^{\mathrm{T}}$ 来表示第 $k(k=1,2,\cdots,K)$个信号源的波达方向，式中 θ_k 和 ϕ_k 分别表示第 k 个俯仰角和第 k 个方位角。接收到的阵列信号可表示为

$$\begin{aligned}\boldsymbol{x}(t)&=\sum_{k=1}^{K}\boldsymbol{a}(\boldsymbol{\Theta}_k)s_k(t)+\boldsymbol{n}(t)\\ &=\boldsymbol{A}\boldsymbol{s}(t)+\boldsymbol{n}(t)\end{aligned} \tag{2.62}$$

式中：$\boldsymbol{a}(\boldsymbol{\Theta}_k)=[e^{-j2\pi\tau_{1,k}/\lambda},e^{-j2\pi\tau_{2,k}/\lambda},\cdots,e^{-j2\pi\tau_{M,k}/\lambda}]^{\mathrm{T}}\in\mathbb{C}^{M\times1}$为第 K 个不相关源的响应向量；$s_k(t)$为第 K 个基带信号；$\boldsymbol{n}(t)$为阵列噪声；$\boldsymbol{A}=[\boldsymbol{a}(\boldsymbol{\Theta}_1),\boldsymbol{a}(\boldsymbol{\Theta}_2),\cdots,\boldsymbol{a}(\boldsymbol{\Theta}_K)]\in\mathbb{C}^{M\times K}$为方向矩阵；$\boldsymbol{s}(t)=[s_1(t),s_2(t),\cdots,s_K(t)]^{\mathrm{T}}$为信号源矩阵。$\tau_{m,k}$具有以下形式

$$\tau_{m,k}=\boldsymbol{p}_m^{\mathrm{T}}\boldsymbol{r}_k \tag{2.63}$$

式中：$\boldsymbol{r}_k\triangleq[\cos(\phi_k)\sin(\theta_k),\cos(\phi_k)\sin(\theta_k),\cos(\theta_k)]^{\mathrm{T}}$。

2.6 本章小结

本章详细讲解了一些矩阵代数相关知识，介绍了常用的收发阵列模型，为后续章节奠定理论基础。

参考文献

[1] 张小飞，张弓，李建峰，等．MIMO 雷达目标定位［M］．北京：国防工业出版社，2014.

[2] 张贤达．矩阵分析与应用［M］．北京：清华大学出版社，2013.

[3] KOLDA T G，BA D B W. Tensor Decompositions and Applications［J］．SIAM Review，2009，51（3）：455-500.

[4] HAARDT M，ROEMER F，GALDO G D，Higher-order SVD-based subspace est-imation to improve the parameter estimation accuracy in multidimensional harmonic retrieval problems［J］．IEEE Transactions on Signal Processing，2008，56（7）：3198-3213.

[5] WEI R，DAN L，JIAN Q Z. A tensor-based approach to L-shaped arrays processing with enhanced degrees of freedom［J］．IEEE Signal Processing Letters，2018，25（2）：234-238.

[6] 文方青．基于压缩感知的雷达信号处理技术［D］．南京：南京航空航天大学，2016.

第 3 章　MIMO 雷达角度估计基础

MIMO 雷达的概念最早在 2003 年左右被提出[1]。一般来说，MIMO 雷达是指具有多根发射天线和多根接收天线的雷达系统的统称。MIMO 雷达发射天线发射互相正交的波形，在接收端对接收信号进行匹配滤波处理。由于匹配滤波器的作用，雷达系统能够收集到从不同的发射阵元—目标—不同的接收阵元通道的信号，从而虚拟出远大于雷达系统物理孔径的虚拟孔径，因而相比传统相控阵雷达具有更高的可辨识性。根据 MIMO 雷达收发天线的配置的不同，MIMO 雷达一般分为两大类：分布式 MIMO 雷达和共址 MIMO 雷达[2-3]。其中分布式 MIMO 雷达也称为统计 MIMO 雷达，其结构示意图如图 3.1 所示，其采用空间广泛分布的收发天线配置，可有效避免目标 RCS 闪烁问题。共址 MIMO 雷达采用集中式阵列天线结构配置，如图 3.2 所示，其可获得超分辨率目标角度估计。本书主要关注共址式 MIMO 雷达的目标定位问题。

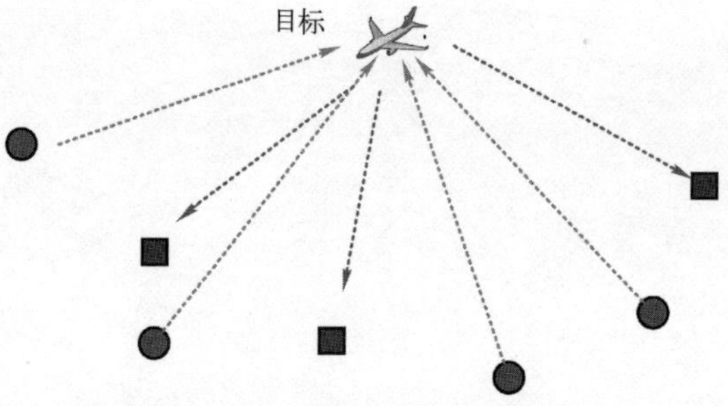

图 3.1　分布式 MIMO 雷达结构示意图

对于共址 MIMO 雷达来说，当获得目标相对收发天线的角度和目标距离阵列天线的距离后，即可很容易对目标进行定位，所以目标角度估计是 MIMO 雷达进行目标定位的重要环节。本章主要介绍本书中涉及的共址 MIMO 雷达目标定位的信号模型，以及相关的估计算法。

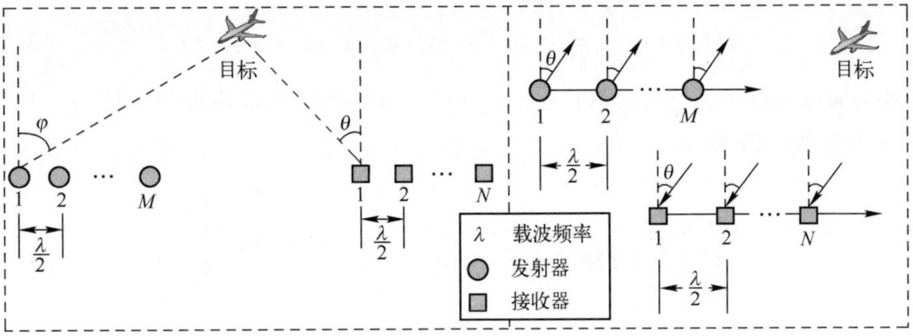

(a) 双基地MIMO雷达示意图　　(b) 单基地MIMO雷达示意图

图 3.2　共址 MIMO 雷达角度估计示意图

3.1　MIMO 雷达信号模型及 CRB

3.1.1　MIMO 雷达信号模型

考虑一个 MIMO 雷达角度估计的阵列模型，其中 MIMO 雷达的天线系统由 M 个发射阵元和 N 个接收阵元构成，为方便表述，假设二者均是 ULA，阵列间距均为发射载频的半波长。假设在阵列远场同一距离单元有 K 个点目标，第 k 个（$k=1,2,\cdots,K$）目标的 DOD 和 DOA 分别为 φ_k 和 θ_k，其是 MIMO 雷达目标定位所需要估计的参数。当 MIMO 雷达为单基地配置时，φ_k 与 θ_k 相同，如图 3.2 所示。本章重点以双基地 MIMO 雷达的相关参数估计问题为主要研究对象，对于单基地 MIMO 雷达相关参数的估计问题，后续章节会详细介绍。

假设发射阵元发射归一化脉冲波形，脉冲持续时间为 T，第 m 个发射阵元发射的波形为 $s_m(t)$，t 是快时间指数。则第 k 个目标回波可表示为

$$\boldsymbol{e}_k(t,\tau)=b_k(\tau)\boldsymbol{a}_t^{\mathrm{T}}(\varphi_k)\boldsymbol{s}(t) \tag{3.1}$$

式中：$b_k(\tau)=\beta_k(\tau)\mathrm{e}^{-\mathrm{j}\pi f_k\tau}$，$\tau$ 为慢时间指数（脉冲指数），假设多普勒频率 f_k 和第 k 个目标的散射系数 $\beta_k(\tau)$ 在一个脉冲持续时间保持不变；$\boldsymbol{s}(t)=[s_1(t),s_2(t),\cdots,s_M(t)]^{\mathrm{T}}$ 为发射信号向量。$\boldsymbol{A}_t=[\boldsymbol{a}_t(\varphi_1),\boldsymbol{a}_t(\varphi_2),\cdots,\boldsymbol{a}_t(\varphi_K)]\in\mathbb{C}^{M\times K}$，$\boldsymbol{a}_t(\varphi_k)=[1,\mathrm{e}^{-\mathrm{j}\pi\sin\varphi_k},\cdots,\mathrm{e}^{-\mathrm{j}\pi(M-1)\sin\varphi_k}]^{\mathrm{T}}\in\mathbb{C}^{M\times 1}$ 分别为发射方向矩阵和第 k 个发射响应向量，$\boldsymbol{A}_r=[\boldsymbol{a}_r(\theta_1),\boldsymbol{a}_r(\theta_2),\cdots,\boldsymbol{a}_r(\theta_K)]\in\mathbb{C}^{M\times K}$，$\boldsymbol{a}_r(\theta_k)=[1,\mathrm{e}^{-\mathrm{j}\pi\sin\theta_k},\cdots,\mathrm{e}^{-\mathrm{j}\pi(N-1)\sin\theta_k}]^{\mathrm{T}}\in\mathbb{C}^{N\times 1}$ 分别为接收方向矩阵和第 k 个接收响应向量。接收天线接收到的回波信号为

$$\boldsymbol{x}(t,\tau)=\sum_{k=1}^{K}b_k(\tau)\boldsymbol{a}_r(\theta_k)\boldsymbol{a}_t^{\mathrm{T}}(\varphi_k)\boldsymbol{s}(t)+\boldsymbol{w}(t,\tau) \tag{3.2}$$

式中：$\boldsymbol{w}(t,\tau)=[w_1(t),w_2(t),\cdots,w_N(t)]^{\mathrm{T}}$ 为阵列接收噪声向量。假设发射波形相关系数矩阵为

$$\boldsymbol{C}=\int_0^T\boldsymbol{s}(t)\boldsymbol{s}^{\mathrm{H}}(t)\mathrm{d}t=\begin{bmatrix}1 & c_{1,2} & \cdots & c_{1,M}\\ c_{2,1} & 1 & \cdots & c_{2,M}\\ \vdots & \vdots & & \vdots\\ c_{M,1} & c_{M,2} & \cdots & 1\end{bmatrix} \tag{3.3}$$

式中：$c_{m,n}=c_{n,m}^*$。对阵列接收数据分别进行匹配滤波处理，则第 m 个（$m=1,2,\cdots,M$）匹配滤波器输出的结果为

$$\begin{aligned}\boldsymbol{y}_m(\tau)&=\int_0^T\boldsymbol{x}(t,\tau)s_m^*(t)\mathrm{d}t\\&=\sum_{k=1}^{K}b_k(\tau)\boldsymbol{a}_r(\theta_k)\,\bar{\alpha}_{t,m}(\varphi_k)+\boldsymbol{n}_m(\tau)\end{aligned} \tag{3.4}$$

式中：$\bar{\alpha}_{t,m}(\varphi_k)=\boldsymbol{a}_t^{\mathrm{T}}(\varphi_k)\int_0^T\boldsymbol{s}(t)s_m^*(t)\mathrm{d}t$；$\boldsymbol{n}_m(\tau)=\int_0^T\boldsymbol{w}(t,\tau)s_m^*(t)\mathrm{d}t$。定义 $\bar{\boldsymbol{a}}_t(\varphi_k)=[\bar{\alpha}_{t,1}(\varphi_k),\bar{\alpha}_{t,2}(\varphi_k),\cdots,\bar{\alpha}_{t,M}(\varphi_k)]^{\mathrm{T}}$，则$\bar{\boldsymbol{a}}_t(\varphi_k)=\boldsymbol{C}^{\mathrm{T}}\boldsymbol{a}_t(\varphi_k)$。类似地，定义 $\boldsymbol{n}(\tau)=[\boldsymbol{n}_1^{\mathrm{T}}(\tau),\boldsymbol{n}_2^{\mathrm{T}}(\tau),\cdots,\boldsymbol{n}_M^{\mathrm{T}}(\tau)]^{\mathrm{T}}$，则 $\boldsymbol{n}(\tau)=\int_0^T\boldsymbol{s}^*(t)\otimes\boldsymbol{w}(t,\tau)\mathrm{d}t$。将所有匹配滤波器的输出堆叠成一个向量 $\boldsymbol{y}(\tau)=[\boldsymbol{y}_1^{\mathrm{T}}(\tau),\boldsymbol{y}_2^{\mathrm{T}}(\tau),\cdots,\boldsymbol{y}_M^{\mathrm{T}}(\tau)]^{\mathrm{T}}\in\mathbb{C}^{MN\times1}$，则 $\boldsymbol{y}(\tau)$可以表示为

$$\begin{aligned}\boldsymbol{y}(\tau)&=\sum_{k=1}^{K}(\bar{\boldsymbol{a}}_t(\varphi_k)\otimes\boldsymbol{a}_r(\theta_k))b_k(\tau)+\boldsymbol{n}(\tau)\\&=[(\boldsymbol{C}^{\mathrm{T}}\boldsymbol{A}_t)\odot\boldsymbol{A}_r]\boldsymbol{b}(\tau)+\boldsymbol{n}(\tau)\end{aligned} \tag{3.5}$$

式中：$\boldsymbol{b}(\tau)=[b_1(\tau),b_2(\tau),\cdots,b_K(\tau)]^{\mathrm{T}}$。假设目标特征向量不相关，且 $\boldsymbol{b}(\tau)$ 与 $\boldsymbol{n}(\tau)$不相关，则 $\boldsymbol{y}(\tau)$的协方差矩阵可以表示为

$$\begin{aligned}\boldsymbol{R}_y&=[(\boldsymbol{C}^{\mathrm{T}}\boldsymbol{A}_t)\odot\boldsymbol{A}_r]E\{\boldsymbol{b}(\tau)\boldsymbol{b}^{\mathrm{H}}(\tau)\}[(\boldsymbol{C}^{\mathrm{T}}\boldsymbol{A}_t)\odot\boldsymbol{A}_r]^{\mathrm{H}}+E\{\boldsymbol{n}(\tau)\boldsymbol{n}^{\mathrm{H}}(\tau)\}\\&=[(\boldsymbol{C}^{\mathrm{T}}\boldsymbol{A}_t)\odot\boldsymbol{A}_r]\boldsymbol{R}_b[(\boldsymbol{C}^{\mathrm{T}}\boldsymbol{A}_t)\odot\boldsymbol{A}_r]^{\mathrm{H}}+\boldsymbol{R}_n\\&=\boldsymbol{R}_s+\boldsymbol{R}_n\end{aligned} \tag{3.6}$$

式中：$\boldsymbol{R}_b=E\{\boldsymbol{b}(\tau)\boldsymbol{b}^{\mathrm{H}}(\tau)\}$ 为目标特征协方差矩阵；$\boldsymbol{R}_n=E\{\boldsymbol{n}(\tau)\boldsymbol{n}^{\mathrm{H}}(\tau)\}$ 为噪声协方差矩阵；$\boldsymbol{R}_s=[(\boldsymbol{C}^{\mathrm{T}}\boldsymbol{A}_t)\odot\boldsymbol{A}_r]\boldsymbol{R}_b[(\boldsymbol{C}^{\mathrm{T}}\boldsymbol{A}_t)\odot\boldsymbol{A}_r]^{\mathrm{H}}$ 为无噪的信号协方差矩阵。

式（3.5）给出了非正交发射波形条件下 MIMO 雷达匹配滤波后的信号模

型。当考虑正交发射波形时，其可以被重新表示为

$$\begin{aligned} \boldsymbol{y}(\tau) &= \sum_{k=1}^{K} [\boldsymbol{a}_t(\varphi_k) \otimes \boldsymbol{a}_r(\theta_k)] b_k(\tau) + \boldsymbol{n}(\tau) \\ &= [\boldsymbol{A}_t \odot \boldsymbol{A}_r] \boldsymbol{b}(\tau) + \boldsymbol{n}(\tau) \\ &= \boldsymbol{A}\boldsymbol{b}(\tau) + \boldsymbol{n}(\tau) \end{aligned} \tag{3.7}$$

式中：$\boldsymbol{A}=\boldsymbol{A}_t \odot \boldsymbol{A}_r$ 为虚拟的方向矩阵。对接收信号进行 L 个快拍的均匀抽样，即 $\tau=1,2,\cdots,L$。令 $\boldsymbol{X}=[\boldsymbol{y}(1),\boldsymbol{y}(2),\cdots,\boldsymbol{y}(L)] \in \mathbb{C}^{MN \times L}$，则匹配滤波后的输出可以重新表述为

$$\boldsymbol{X}=\boldsymbol{A}\boldsymbol{B}^{\mathrm{T}}+\boldsymbol{N} \tag{3.8}$$

式中：$\boldsymbol{B}=[\boldsymbol{b}(1),\boldsymbol{b}(2),\cdots,\boldsymbol{b}(L)]^{\mathrm{T}} \in \mathbb{C}^{L \times K}$；$\boldsymbol{N}=[\boldsymbol{n}(1),\boldsymbol{n}(2),\cdots,\boldsymbol{n}(L)]$。

3.1.2　角度估计的 CRB

在本小节中，将针对双基地 MIMO 雷达的角度估计推导 CRB。为简单起见，式（3.7）中的信号模型整理为

$$\boldsymbol{y}_l=\boldsymbol{A}\boldsymbol{b}_l+\boldsymbol{n}_l \tag{3.9}$$

式中：$\boldsymbol{y}_l \triangleq \boldsymbol{y}(\tau)$；$\boldsymbol{b}_l \triangleq \boldsymbol{b}(\tau)$；$\boldsymbol{n}_l \triangleq \boldsymbol{n}(\tau)$。假设信号 $\boldsymbol{s}_l$ 是确定性的，并且噪声 $\{\boldsymbol{n}_l\}_{l=1}^{L}$ 的方差为 σ^2。然后，接收数据 $\boldsymbol{y}=[\boldsymbol{y}_1^{\mathrm{T}},\boldsymbol{y}_2^{\mathrm{T}},\cdots,\boldsymbol{y}_L^{\mathrm{T}}]^{\mathrm{T}}$ 的均值 $\boldsymbol{\mu} \in \boldsymbol{C}^{MNL \times 1}$ 为

$$\begin{aligned} \boldsymbol{\mu} &= \begin{bmatrix} \boldsymbol{A}\boldsymbol{b}_1 \\ \boldsymbol{A}\boldsymbol{b}_2 \\ \vdots \\ \boldsymbol{A}\boldsymbol{b}_L \end{bmatrix} \\ &= \boldsymbol{H}\boldsymbol{\Gamma} \end{aligned} \tag{3.10}$$

式中：$\boldsymbol{H} \triangleq \boldsymbol{A} \otimes \boldsymbol{I}_L \in \mathbb{C}^{MNL \times LK}$；$\boldsymbol{\Gamma} \triangleq [\boldsymbol{b}_1^{\mathrm{T}},\boldsymbol{b}_2^{\mathrm{T}},\cdots,\boldsymbol{b}_L^{\mathrm{T}}]^{\mathrm{T}} \in \mathbb{C}^{LK \times 1}$。接着定义未知参数向量 $\boldsymbol{\theta} \triangleq [\theta_1,\theta_2,\cdots,\theta_K]^{\mathrm{T}}$，$\boldsymbol{\varphi} \triangleq [\varphi_1,\varphi_2,\cdots,\varphi_K]^{\mathrm{T}}$，$\boldsymbol{\alpha} \triangleq [\boldsymbol{\theta}^{\mathrm{T}},\boldsymbol{\varphi}^{\mathrm{T}}]^{\mathrm{T}} \in \mathbb{R}^{2K \times 1}$ 和 $\boldsymbol{\beta} = [\mathrm{Re}\{\boldsymbol{\Gamma}^{\mathrm{T}}\},\mathrm{Im}\{\boldsymbol{\Gamma}^{\mathrm{T}}\}]^{\mathrm{T}} \in \mathbb{R}^{2LK \times 1}$。整体估计参数向量可以归结为 $\boldsymbol{\zeta}=[\boldsymbol{\alpha}^{\mathrm{T}},\boldsymbol{\beta}]^{\mathrm{T}}$。根据文献［4］，$\boldsymbol{\zeta}$ 的 CRB 公式可以表示为

$$\mathrm{CRB}=\frac{\sigma^2}{2}[\mathrm{Re}\{\boldsymbol{\Psi}^{\mathrm{H}}\boldsymbol{\Psi}\}]^{-1} \tag{3.11}$$

式中：$\boldsymbol{\Psi}=\left[\dfrac{\partial \boldsymbol{\mu}}{\partial \boldsymbol{\alpha}^{\mathrm{T}}},\dfrac{\partial \boldsymbol{\mu}}{\partial \boldsymbol{\beta}^{\mathrm{T}}}\right]$。

可以发现

$$\frac{\partial \boldsymbol{\mu}}{\partial \boldsymbol{\beta}^{\mathrm{T}}}=[\boldsymbol{H},\mathrm{j}\boldsymbol{H}] \in \mathbb{R}^{MNL \times 2LK} \tag{3.12}$$

令 $\boldsymbol{a}_k \triangleq \boldsymbol{a}_t(\varphi_k)\otimes\boldsymbol{a}_r(\theta_k)$、$\boldsymbol{C}_1=\left[\frac{\partial \boldsymbol{a}_1}{\partial \theta_1},\frac{\partial \boldsymbol{a}_2}{\partial \theta_2},\cdots,\frac{\partial \boldsymbol{a}_K}{\partial \theta_K}\right]$，且令 $\boldsymbol{b}_{k,l}$ 表示 $\boldsymbol{b}$ 的第 k 行、第 l 列的元素。有

$$\frac{\partial \boldsymbol{\mu}}{\partial \boldsymbol{\theta}^{\mathrm{T}}}=\begin{bmatrix}\left(\frac{\partial \boldsymbol{a}_1}{\partial \theta_1}\right)\boldsymbol{b}_{1,1} & \cdots & \left(\frac{\partial \boldsymbol{a}_K}{\partial \theta_K}\right)\boldsymbol{b}_{K,1}\\ \vdots & & \vdots \\ \left(\frac{\partial \boldsymbol{a}_1}{\partial \theta_1}\right)\boldsymbol{b}_{1,L} & \cdots & \left(\frac{\partial \boldsymbol{a}_K}{\partial \theta_K}\right)\boldsymbol{b}_{K,L}\end{bmatrix}=\boldsymbol{C}_1\odot\boldsymbol{B} \tag{3.13}$$

同样地，令 $\boldsymbol{C}_2=\left[\frac{\partial \boldsymbol{a}_1}{\partial \varphi_1},\frac{\partial \boldsymbol{a}_2}{\partial \varphi_2},\cdots,\frac{\partial \boldsymbol{a}_K}{\partial \varphi_K}\right]$，可以得到 $\frac{\partial \boldsymbol{\mu}}{\partial \boldsymbol{\varphi}^{\mathrm{T}}}=\boldsymbol{C}_2\odot\boldsymbol{B}$。令

$$\begin{aligned}\boldsymbol{\Delta}&\triangleq\frac{\partial \boldsymbol{\mu}}{\partial \boldsymbol{\alpha}^{\mathrm{T}}}\\&\triangleq[\boldsymbol{C}_1\odot\boldsymbol{B},\boldsymbol{C}_2\odot\boldsymbol{B}]\end{aligned} \tag{3.14}$$

故

$$\begin{aligned}\boldsymbol{J}&=\mathrm{Re}\{\boldsymbol{\Psi}^{\mathrm{H}}\boldsymbol{\Psi}\}\\&=\mathrm{Re}\left\{\begin{bmatrix}\boldsymbol{\Delta}^{\mathrm{H}}\\ \boldsymbol{H}^{\mathrm{H}}\\ -\mathrm{j}\boldsymbol{H}^{\mathrm{H}}\end{bmatrix}[\boldsymbol{\Delta},\boldsymbol{H},\mathrm{j}\boldsymbol{H}]\right\}\end{aligned} \tag{3.15}$$

因为只对角度估计的 CRB 感兴趣，所以定义

$$\boldsymbol{P}_{\Delta}\triangleq(\boldsymbol{H}^{\mathrm{H}}\boldsymbol{H})^{-1}\boldsymbol{H}^{\mathrm{H}}\boldsymbol{\Delta}\in\mathbb{C}^{LK\times 2K} \tag{3.16}$$

因为 $\boldsymbol{H}^{\mathrm{H}}\boldsymbol{H}$ 是非奇异的，所以 $\boldsymbol{P}_{\nabla}^{-1}$ 是存在的。此外定义

$$\boldsymbol{V}=\begin{bmatrix}\boldsymbol{I}_{2K} & 0 & 0\\ -\mathrm{Re}\{\boldsymbol{P}_{\Delta}\} & \boldsymbol{I} & 0\\ -\mathrm{Im}\{\boldsymbol{P}_{\Delta}\} & 0 & \boldsymbol{I}\end{bmatrix} \tag{3.17}$$

容易看出

$$[\Delta,\boldsymbol{H},\mathrm{j}\boldsymbol{H}]\boldsymbol{V}=[(\Delta-\boldsymbol{H}\boldsymbol{P}_{\Delta}),\boldsymbol{H},\mathrm{j}\boldsymbol{H}] \tag{3.18}$$

令 $\boldsymbol{\Pi}_{\boldsymbol{H}}^{\perp}$ 表示 $\boldsymbol{H}^{\mathrm{H}}$ 零空间的正交投影，即

$$\boldsymbol{\Pi}_{\boldsymbol{H}}^{\perp}\triangleq\boldsymbol{I}_{36MNL}-\boldsymbol{H}(\boldsymbol{H}^{\mathrm{H}}\boldsymbol{H})^{-1}\boldsymbol{H}^{\mathrm{H}} \tag{3.19}$$

明显地，$\boldsymbol{H}^{\mathrm{H}}\boldsymbol{\Pi}_{\boldsymbol{H}}^{\perp}=\boldsymbol{0}$。此时得到

$$\boldsymbol{V}^{\mathrm{H}}\boldsymbol{J}\boldsymbol{V}=\mathrm{Re}\left\{\begin{bmatrix}\boldsymbol{\Delta}^{\mathrm{H}}\boldsymbol{\Pi}_{\boldsymbol{H}}^{\perp}\\ \boldsymbol{H}^{\mathrm{H}}\\ -\mathrm{j}\end{bmatrix}[\boldsymbol{\Pi}_{\boldsymbol{H}}^{\perp}\boldsymbol{\Delta},\boldsymbol{H},\mathrm{j}\boldsymbol{H}]\right\}$$

$$=\mathrm{Re}\left\{\begin{bmatrix}\nabla & 0 & 0\\ 0 & \boldsymbol{H}^{\mathrm{H}}\boldsymbol{H} & \mathrm{j}\boldsymbol{H}^{\mathrm{H}}\boldsymbol{H}\\ 0 & -\mathrm{j}\boldsymbol{H}^{\mathrm{H}}\boldsymbol{H} & \boldsymbol{H}^{\mathrm{H}}\boldsymbol{H}\end{bmatrix}\right\} \tag{3.20}$$

式中：$\nabla=\boldsymbol{\Delta}^{\mathrm{H}}\boldsymbol{\Pi}_{\boldsymbol{H}}^{\perp}\boldsymbol{\Delta}$。根据分块矩阵的属性，可以得到

$$\boldsymbol{J}^{-1}=\boldsymbol{V}(\boldsymbol{V}^{\mathrm{H}}\boldsymbol{J}\boldsymbol{V})^{-1}\boldsymbol{V}^{\mathrm{T}}$$

$$=\begin{bmatrix}\boldsymbol{I} & 0\\ \times & \boldsymbol{I}\end{bmatrix}\cdot\begin{bmatrix}\mathrm{Re}\{\nabla\} & 0\\ 0 & \times\end{bmatrix}^{-1}\cdot\begin{bmatrix}\boldsymbol{I} & \times\\ 0 & \boldsymbol{I}\end{bmatrix}$$

$$=\begin{bmatrix}\mathrm{Re}\{\nabla\} & 0\\ 0 & \times\end{bmatrix}^{-1} \tag{3.21}$$

式中：×表示无关的部分。将式（3.21）和式（3.15）插入到式（3.11），接着可以将角度估计的 CRB 表示为

$$\mathrm{CRB}=\frac{\sigma^2}{2}[\mathrm{Re}\{\nabla\}]^{-1} \tag{3.22}$$

应该注意到 $\boldsymbol{H}=\boldsymbol{A}\otimes\boldsymbol{I}_L$，因此 $\boldsymbol{\Pi}_{\boldsymbol{H}}^{\perp}=\boldsymbol{\Pi}_{\boldsymbol{A}}^{\perp}\otimes\boldsymbol{I}_L$。此外，$\boldsymbol{\Delta}$ 可以被表示为

$$\boldsymbol{\Delta}=[\boldsymbol{c}_1\otimes\boldsymbol{b}_1,\cdots,\boldsymbol{c}_{K+1}\otimes\boldsymbol{b}_1,\cdots,\boldsymbol{c}_{2K}\otimes\boldsymbol{b}_K] \tag{3.23}$$

式中：$\boldsymbol{c}_k$ 表示矩阵 $\boldsymbol{C}\triangleq[\boldsymbol{C}_1,\boldsymbol{C}_2]$的第 k 列；$\boldsymbol{b}_k$ 表示矩阵 $\boldsymbol{B}$ 的第 k 列。根据性质$(\boldsymbol{A}\otimes\boldsymbol{B})(\boldsymbol{C}\otimes\boldsymbol{D})=(\boldsymbol{A}\boldsymbol{C})\otimes(\boldsymbol{B}\boldsymbol{D})$，可以得到

$$\boldsymbol{\Pi}_{\boldsymbol{H}}^{\perp}\boldsymbol{\Delta}=[\boldsymbol{\Pi}_{\boldsymbol{A}}^{\perp}\boldsymbol{c}_1\otimes\boldsymbol{b}_1,\cdots,\boldsymbol{\Pi}_{\boldsymbol{A}}^{\perp}\boldsymbol{c}_{2K}\otimes\boldsymbol{b}_K] \tag{3.24}$$

∇可以归结为

$$\nabla=\begin{bmatrix}\boldsymbol{c}_1^{\mathrm{H}}\otimes\boldsymbol{b}_1^{\mathrm{H}}\\ \vdots\\ \boldsymbol{c}_{2K}^{\mathrm{H}}\otimes\boldsymbol{b}_K^{\mathrm{H}}\end{bmatrix}\boldsymbol{\Pi}_{\boldsymbol{H}}^{\perp}\boldsymbol{\Delta}$$

$$=L\cdot\begin{bmatrix}\boldsymbol{c}_1^{\mathrm{H}}\boldsymbol{\Pi}_{\boldsymbol{A}}^{\perp}\boldsymbol{c}_1R_{1,1} & \cdots & \boldsymbol{c}_1^{\mathrm{H}}\boldsymbol{\Pi}_{\boldsymbol{A}}^{\perp}\boldsymbol{c}_{2K}R_{1,K}\\ \vdots & & \vdots\\ \boldsymbol{c}_{2K}^{\mathrm{H}}\boldsymbol{\Pi}_{\boldsymbol{A}}^{\perp}\boldsymbol{c}_1R_{1,1} & \cdots & \boldsymbol{c}_{2K}^{\mathrm{H}}\boldsymbol{\Pi}_{\boldsymbol{A}}^{\perp}\boldsymbol{c}_{2K}R_{K,K}\end{bmatrix}$$

$$=L(\boldsymbol{C}^{\mathrm{H}}\boldsymbol{\Pi}_{\boldsymbol{A}}^{\perp}\boldsymbol{C})\oplus(\boldsymbol{R}_b^{\mathrm{T}}\otimes\boldsymbol{1}_{2\times2}) \tag{3.25}$$

式中：$\oplus$表示哈达玛积；$\boldsymbol{1}_{2\times2}$表示一个 2×2 全为 1 的矩阵；$R_{p,q}$表示协方差矩阵 $R_b=\frac{1}{L}\boldsymbol{B}^{\mathrm{H}}\boldsymbol{B}$ 的第(p,q)个估计值。最终，得到

$$\mathrm{CRB}=\frac{\sigma^2}{2L}[\mathrm{Re}\{(\boldsymbol{C}^{\mathrm{H}}\boldsymbol{\Pi}_{\boldsymbol{A}}^{\perp}\boldsymbol{C})\oplus(\boldsymbol{R}_b^{\mathrm{T}}\otimes\boldsymbol{I}_{2\times 2})\}]^{-1} \tag{3.26}$$

3.2 MUSIC 算法及其改进算法

3.2.1 2D-MUSIC 算法

考虑 3.1 节中的正交发射波形条件下双基地 MIMO 雷达角度估计的信号模型。$\boldsymbol{y}(\tau)$的协方差矩阵 $\boldsymbol{R}$ 可以通过下式进行估计

$$\hat{\boldsymbol{R}}=\sum_{\tau=1}^{L}\boldsymbol{y}(\tau)\boldsymbol{y}^{\mathrm{H}}(\tau) \tag{3.27}$$

对 $\boldsymbol{R}$ 的 EVD 可以表示成如下的形式

$$\begin{aligned}\boldsymbol{R}&=\boldsymbol{U\Sigma U}^{\mathrm{H}}\\&=\boldsymbol{U}_s\boldsymbol{\Sigma}_s\boldsymbol{U}_s^{\mathrm{H}}+\boldsymbol{U}_n\boldsymbol{\Sigma}_n\boldsymbol{U}_n^{\mathrm{H}}\end{aligned} \tag{3.28}$$

式中：$\boldsymbol{\Sigma}=\begin{bmatrix}\boldsymbol{\Sigma}_s & \boldsymbol{O}\\ \boldsymbol{O} & \boldsymbol{\Sigma}_n\end{bmatrix}$，且 $\boldsymbol{\Sigma}_s=\mathrm{diag}(\beta_1,\beta_2,\cdots,\beta_K)$是由 K 个最大的特征值组成的对角矩阵，$\boldsymbol{\Sigma}_n=\mathrm{diag}(\sigma_n^2,\sigma_n^2,\cdots,\sigma_n^2)$由剩余的特征值构成。$\boldsymbol{U}=[\boldsymbol{U}_s,\boldsymbol{U}_n]$。其中，$\boldsymbol{U}_s$ 被称为信号子空间，$\boldsymbol{U}_n$ 被称为噪声子空间，$\boldsymbol{U}_s$ 与 $\boldsymbol{U}_n$ 正交，即

$$\boldsymbol{U}_n^{\mathrm{H}}\boldsymbol{U}_s=\boldsymbol{0} \tag{3.29}$$

同时，信号子空间与 $\boldsymbol{A}$ 张成相同的子空间，即

$$\boldsymbol{U}_s=\boldsymbol{AT} \tag{3.30}$$

通过对$\hat{\boldsymbol{R}}$进行 EVD，可获得噪声子空间 $\boldsymbol{U}_n$ 的估计值，即 EVD 后$(MN-K)$个最小的特征值对应的特征向量。

根据信号子空间和噪声子空间的正交性，理想情况下，应该存在

$$\boldsymbol{U}_n^{\mathrm{H}}[\boldsymbol{a}_t(\varphi_k)\otimes\boldsymbol{a}_r(\theta_k)]=\boldsymbol{0}_{(MN-K)\times 1} \tag{3.31}$$

或者

$$[\boldsymbol{a}_t(\varphi_k)\otimes\boldsymbol{a}_r(\theta_k)]^{\mathrm{H}}\boldsymbol{U}_n\boldsymbol{U}_n^{\mathrm{H}}[\boldsymbol{a}_t(\varphi_k)\otimes\boldsymbol{a}_r(\theta_k)]=0 \tag{3.32}$$

由于估计值与真实值存在一定的差异，因此可构造如下优化函数获得 DOD-DOA 的联合估计，即为

$$(\varphi,\theta)=\arg\min_{\varphi,\theta}[\boldsymbol{a}_t(\varphi)\otimes\boldsymbol{a}_r(\theta)]^{\mathrm{H}}\boldsymbol{U}_n\boldsymbol{U}_n^{\mathrm{H}}[\boldsymbol{a}_t(\varphi)\otimes\boldsymbol{a}_r(\theta)] \tag{3.33}$$

等价地，也可以通过计算下式获得角度对的联合估计，即为

$$(\varphi,\theta)=\arg\max_{\varphi,\theta}\frac{1}{[\boldsymbol{a}_t(\varphi)\otimes\boldsymbol{a}_r(\theta)]^{\mathrm{H}}\boldsymbol{U}_n\boldsymbol{U}_n^{\mathrm{H}}[\boldsymbol{a}_t(\varphi)\otimes\boldsymbol{a}_r(\theta)]} \tag{3.34}$$

通过设置一系列 DOD 和 DOA 可能的搜索网格，再通过寻找式（3.33）中最小的 K 个值，或寻找式（3.34）中最大的 K 个峰值，即可完成 DOD 和 DOA 的联合估计。由于上述搜索涉及 2D 谱峰搜索，因而基于上述搜索过程的 MUSIC 算法也被称为 2D-MUSIC 算法。

一个典型的 2D-MUSIC 算法的仿真结果如图 3.3 所示。可以看出，DOD 和 DOA 可以通过谱峰搜索正确的估计出来，且二者是自动配对的。

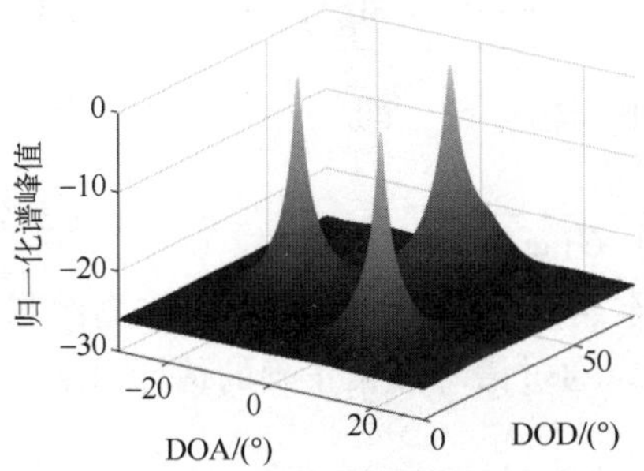

(a) 3D谱峰结果

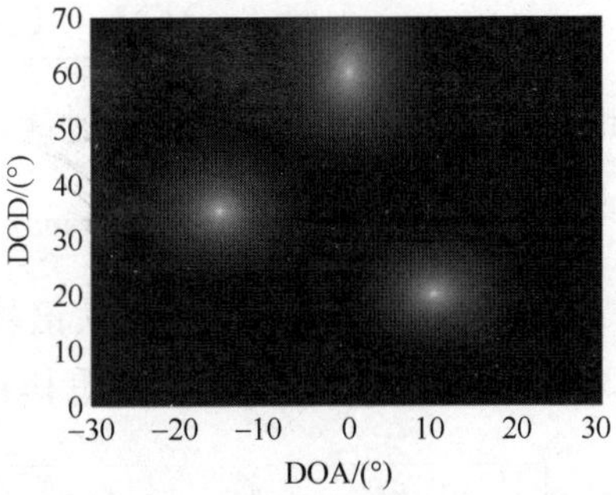

(b) 俯视图

图 3.3　2D-MUSIC 谱峰搜索结果

3.2.2　RD-MUSIC 算法

然而，2D-MUSIC 需要进行高维的峰值搜索，计算复杂度往往较高。本小节介绍一种降维 MUSIC 算法[5]，其仅需要 1D 谱峰搜索。

利用本书 2.1.5 节的性质$(\boldsymbol{A}\otimes\boldsymbol{B})(\boldsymbol{C}\otimes\boldsymbol{D})=\boldsymbol{AC}\otimes\boldsymbol{BD}$，可得：

$$\begin{aligned}\boldsymbol{a}_t(\varphi_k)\otimes\boldsymbol{a}_r(\theta_k)&=[\boldsymbol{I}_M\cdot\boldsymbol{a}_t(\varphi_k)]\otimes[\boldsymbol{a}_r(\theta_k)\times 1]\\&=[\boldsymbol{I}_M\otimes\boldsymbol{a}_r(\theta_k)]\boldsymbol{a}_t(\varphi_k)\end{aligned}\tag{3.35}$$

或者

$$\begin{aligned}\boldsymbol{a}_t(\varphi_k)\otimes\boldsymbol{a}_r(\theta_k)&=[\boldsymbol{a}_t(\varphi_k)\times 1]\otimes[\boldsymbol{I}_N\cdot\boldsymbol{a}_r(\theta_k)]\\&=[\boldsymbol{a}_t(\varphi_k)\otimes\boldsymbol{I}_N]\boldsymbol{a}_r(\theta_k)\end{aligned}\tag{3.36}$$

利用式（3.35）性质，式（3.31）可以改写为

$$\boldsymbol{U}_n^{\mathrm{H}}[\boldsymbol{I}_M\otimes\boldsymbol{a}_r(\theta_k)]\boldsymbol{a}_t(\varphi_k)=\boldsymbol{0}_{(MN-K)\times 1}\tag{3.37}$$

由于 $\boldsymbol{a}_t(\varphi_k)\neq\boldsymbol{0}_{M\times 1}$，所以式（3.37）成立的充要条件是

$$\boldsymbol{U}_n^{\mathrm{H}}[\boldsymbol{I}_M\otimes\boldsymbol{a}_r(\theta_k)]=\boldsymbol{0}_{(MN-K)\times M}\tag{3.38}$$

或者

$$\underbrace{[\boldsymbol{I}_M \otimes \boldsymbol{a}_r(\theta_k)]^{\mathrm{H}} \boldsymbol{U}_n \boldsymbol{U}_n^{\mathrm{H}} [\boldsymbol{I}_M \otimes \boldsymbol{a}_r(\theta_k)]}_{\boldsymbol{Q}(\theta)} = \boldsymbol{0}_{M\times M} \tag{3.39}$$

由于 $\mathrm{rank}(\boldsymbol{U}_n\boldsymbol{U}_n^{\mathrm{H}}) = MN-K$，$\mathrm{rank}([\boldsymbol{I}_M \otimes \boldsymbol{a}_r(\theta_k)]) = M$，当 θ 为真实的 DOA 时，$\boldsymbol{Q}(\theta)$ 会出现秩亏。因此，对 DOA 的估计可以通过优化如下问题进行，即

$$\hat{\theta} = \arg\max_{\theta} \frac{1}{\det\{\boldsymbol{Q}(\theta)\}} \tag{3.40}$$

同样的道理，利用式（3.36）性质可得：

$$\underbrace{[\boldsymbol{a}_t(\varphi_k) \otimes \boldsymbol{I}_N]^{\mathrm{H}} \boldsymbol{U}_n \boldsymbol{U}_n^{\mathrm{H}} [\boldsymbol{a}_t(\varphi_k) \otimes \boldsymbol{I}_N]}_{\boldsymbol{G}(\varphi)} = \boldsymbol{0}_{M\times M} \tag{3.41}$$

因此，对与 DOD 的估计可以通过优化如下问题进行，即

$$\hat{\varphi} = \arg\max_{\varphi} \frac{1}{\det\{\boldsymbol{G}(\varphi)\}} \tag{3.42}$$

一个典型的由上述两个 1D 谱峰搜索构成的 MUSIC 算法的仿真结果如图 3.4 所示。可以看出，DOD 和 DOA 可以通过谱峰搜索正确的估计出来。

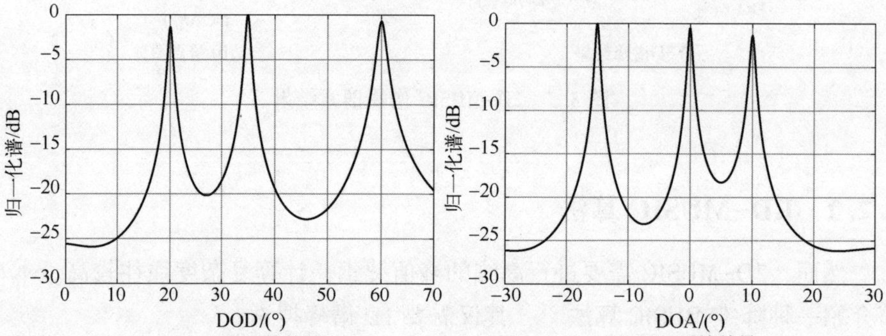

(a) DOD 谱峰结果　　(b) DOA 谱峰结果

图 3.4　谱峰搜索结果

然而，上述谱峰搜索的结果后还需要对所估计的 DOD 和 DOA 进行额外的配对计算，增加了系统额外的工作量。文献［5］提出利用 MUSIC 的一维搜索获得一个角度参数后，再利用 LS 技术进行剩余的角度参数估计，减少计算复杂度。具体地，其将式（3.39）重新表述为

$$(\theta,\varphi) = \arg\min_{\theta,\varphi} \boldsymbol{a}_t^{\mathrm{H}}(\varphi)\boldsymbol{Q}(\theta)\boldsymbol{a}_t(\varphi) \tag{3.43}$$

为了避免平凡解 $\boldsymbol{a}_t(\varphi) = \boldsymbol{0}_{M\times 1}$，增加约束条件 $\boldsymbol{e}^{\mathrm{H}}\boldsymbol{a}_t(\varphi) = 1$，其中：$\boldsymbol{e} = [1,0,\cdots,0]^{\mathrm{T}}$。因此，式（3.43）变成

$$(\theta,\varphi) = \arg\min_{\theta,\varphi} \boldsymbol{a}_t^{\mathrm{H}}(\varphi)\boldsymbol{Q}(\theta)\boldsymbol{a}_t(\varphi),\quad \mathrm{s.t.}\quad \boldsymbol{e}^{\mathrm{H}}\boldsymbol{a}_t(\varphi) = 1 \tag{3.44}$$

于是，构造如下拉格朗日代价函数

$$L(\theta,\varphi)=\boldsymbol{a}_t^{\mathrm{H}}(\varphi)\boldsymbol{Q}(\theta)\boldsymbol{a}_t(\varphi)-\lambda[\boldsymbol{e}^{\mathrm{H}}\boldsymbol{a}_t(\varphi)-1] \tag{3.45}$$

式中：λ 为一个常数。令 $L(\theta,\varphi)$ 对 $\boldsymbol{a}_t(\varphi)$ 求导，并令导数为 0，易得：

$$\boldsymbol{a}_t(\varphi)=\frac{\boldsymbol{Q}^{-1}(\theta)\boldsymbol{e}}{\boldsymbol{e}^{\mathrm{H}}\boldsymbol{Q}^{-1}(\theta)\boldsymbol{e}} \tag{3.46}$$

因此，当 θ 被估计出来后，即可利用式（3.46）还原出 $\boldsymbol{a}_t(\varphi)$，再利用 LS 算法即可估计出 φ，而且所估计的 (θ,φ) 是一一配对的。

3.3　ESPRIT 算法及快速算法

3.3.1　基本的 ESPRIT 算法

本节介绍一种基于 ESPRIT 的 MIMO 角度估计算法[6]，该方法可以获得 DOD 和 DOA 的闭式解，运算复杂度相对较低。

仍然考虑 3.1 节中的正交发射波形条件下双基地 MIMO 雷达角度估计的信号模型。并假设对协方差矩阵进行特征分解，获得信号子空间 $\boldsymbol{U}_s$。显然，信号子空间与 $\boldsymbol{A}$ 张成相同的子空间，即

$$\boldsymbol{U}_s\boldsymbol{T}^{-1}=\boldsymbol{A} \tag{3.47}$$

式中：$\boldsymbol{T}\in\mathbb{C}^{K\times K}$ 为一个非奇异矩阵。

定义 $\boldsymbol{J}_{M1}=[\boldsymbol{I}_{M-1},\boldsymbol{0}_{(M-1)\times 1}]\in\mathbb{R}^{(M-1)\times M}$，$\boldsymbol{J}_{M2}=[\boldsymbol{0}_{(M-1)\times 1},\boldsymbol{I}_{M-1}]\in\mathbb{R}^{(M-1)\times M}$，$\boldsymbol{J}_{N1}=[\boldsymbol{I}_{N-1},\boldsymbol{0}_{(N-1)\times 1}]\in\mathbb{R}^{(N-1)\times N}$，$\boldsymbol{J}_{N2}=[\boldsymbol{0}_{(N-1)\times 1},\boldsymbol{I}_{N-1}]\in\mathbb{R}^{(N-1)\times N}$。显然，存在如下旋转不变特性

$$\begin{cases}\boldsymbol{J}_{M1}\boldsymbol{A}_t=\boldsymbol{J}_{M2}\boldsymbol{A}_t\boldsymbol{\Phi}_t\\ \boldsymbol{J}_{N1}\boldsymbol{A}_r=\boldsymbol{J}_{N2}\boldsymbol{A}_r\boldsymbol{\Phi}_r\end{cases} \tag{3.48}$$

式中：旋转不变因子矩阵分别为 $\boldsymbol{\Phi}_t=\mathrm{diag}(\mathrm{e}^{-\mathrm{j}\pi\sin\varphi_1},\mathrm{e}^{-\mathrm{j}\pi\sin\varphi_2},\cdots,\mathrm{e}^{-\mathrm{j}\pi\sin\varphi_K})\in\mathbb{C}^{K\times K}$ 和 $\boldsymbol{\Phi}_r=\mathrm{diag}(\mathrm{e}^{-\mathrm{j}\pi\sin\theta_1},\mathrm{e}^{-\mathrm{j}\pi\sin\theta_2},\cdots,\mathrm{e}^{-\mathrm{j}\pi\sin\theta_K})\in\mathbb{C}^{K\times K}$。接下来，定义

$$\begin{cases}\boldsymbol{J}_{t1}=\boldsymbol{J}_{M1}\otimes\boldsymbol{I}_N\\ \boldsymbol{J}_{t2}=\boldsymbol{J}_{M2}\otimes\boldsymbol{I}_N\\ \boldsymbol{J}_{r1}=\boldsymbol{I}_M\otimes\boldsymbol{J}_{N1}\\ \boldsymbol{J}_{r2}=\boldsymbol{I}_M\otimes\boldsymbol{J}_{N2}\end{cases} \tag{3.49}$$

利用本书 2.1.5 节的性质 $(\boldsymbol{A}\otimes\boldsymbol{B})(\boldsymbol{C}\otimes\boldsymbol{D})=\boldsymbol{AC}\otimes\boldsymbol{BD}$，可得：

$$\begin{cases} \boldsymbol{J}_{t1}\boldsymbol{A} = \boldsymbol{J}_{t2}\boldsymbol{A}\boldsymbol{\Phi}_t \\ \boldsymbol{J}_{r1}\boldsymbol{A} = \boldsymbol{J}_{r2}\boldsymbol{A}\boldsymbol{\Phi}_r \end{cases} \tag{3.50}$$

将式（3.47）带入上述关系，容易得到：

$$(\boldsymbol{J}_{t2}\boldsymbol{U}_s)^{\dagger}\boldsymbol{J}_{t1}\boldsymbol{U}_s = \boldsymbol{T}^{-1}\boldsymbol{\Phi}_t\boldsymbol{T} \tag{3.51}$$

和

$$T(\boldsymbol{J}_{r2}\boldsymbol{U}_s)^{\dagger}\boldsymbol{J}_{r1}\boldsymbol{U}_s\boldsymbol{T}^{-1} = \boldsymbol{\Phi}_r \tag{3.52}$$

通过对式（3.51）左边部分进行特征分解可获得相应的特征值矩阵和特征向量矩阵，显然，其分别为 $\boldsymbol{\Phi}_t$ 和 $\boldsymbol{T}$ 的估计（分别记为$\hat{\boldsymbol{\Phi}}_t = \mathrm{diag}(\lambda_{t1}, \lambda_{t2}, \cdots, \lambda_{tK})$和$\hat{\boldsymbol{T}}$）。将$\hat{\boldsymbol{T}}$替代式（3.52）左边的 $\boldsymbol{T}$，即可获得对 $\boldsymbol{\Phi}_r$ 的估计$\hat{\boldsymbol{\Phi}}_r = \mathrm{diag}(\lambda_{r1}, \lambda_{r2}, \cdots, \lambda_{rK})$。那么，$\varphi_k$ 和 θ_k 的估计值可以由下式给出

$$\begin{cases} \hat{\varphi}_k = \arcsin\{-\mathrm{angle}(\lambda_{tk}/\pi)\} \\ \hat{\theta}_k = \arcsin\{-\mathrm{angle}(\lambda_{rk}/\pi)\} \end{cases} \tag{3.53}$$

由于矩阵 $\boldsymbol{T}$ 所引起的特征值扰动已经被共同补偿，因此所估计的 DOD 和 DOA 是自动配对的。从上面过程可以看出，ESPRIT 算法可提供联合 DOD 与 DOA 估计的闭式解，因而相比 MUSIC 算法，其计算复杂度更低。

一个典型的 ESPRIT 算法的散点图结果如图 3.5 所示。可以看出，DOD 和 DOA 可以正确的估计出来，且二者是自动配对的。

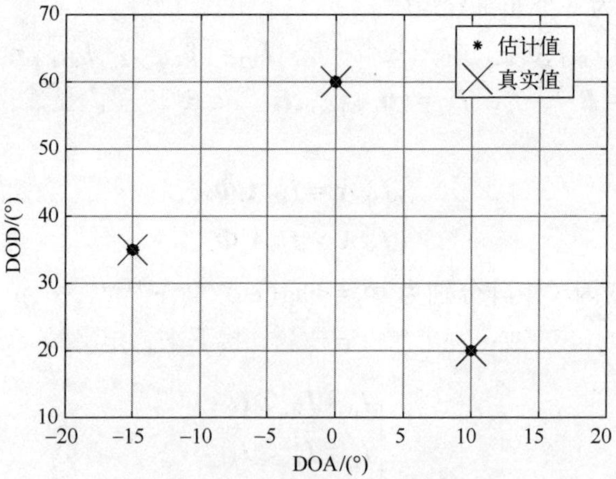

图 3.5　ESPRIT 算法结果的散点图

3.3.2　基于 PM 的快速角度估计算法

应该注意到，MUSIC 算法和 ESPRIT 算法均是基于子空间分解的算法。尽

管 ESPRIT 能获得目标角度估计的闭式解，但是对于维度为 $MN\times MN$ 的协方差矩阵，对其进行特征分解的计算复杂度与其规模的三次方呈比例，即所需复数乘法的次数为 $O\{M^3N^3\}$。当阵列规模较大时，算法的计算复杂度将非常大。引入传播算子（PM）方法[7]，能有效降低算法的计算复杂度。

仍然考虑 3.1 节中的正交发射波形条件下双基地 MIMO 雷达角度估计的信号模型。将虚拟的方向矩阵 $\boldsymbol{A}$ 分成两个子矩阵，如下所示：

$$\boldsymbol{A}=\begin{bmatrix}\boldsymbol{A}_1 & \in\mathbb{C}^{K\times K}\\ \boldsymbol{A}_2 & \in\mathbb{C}^{(MN-K)\times K}\end{bmatrix}\tag{3.54}$$

因为 $\boldsymbol{A}_1$ 是一个非奇异矩阵，则存在一个线性变换矩阵 $\boldsymbol{P}_c$，将 $\boldsymbol{A}_1$ 空间映射到 $\boldsymbol{A}_2$ 空间，即

$$\boldsymbol{A}_2=\boldsymbol{P}_c\boldsymbol{A}_1\tag{3.55}$$

式中：$\boldsymbol{P}_c\in\mathbb{C}^{(MN-K)\times K}$为传播算子。令

$$\boldsymbol{P}=\begin{bmatrix}\boldsymbol{I}_K\\ \boldsymbol{P}_c\end{bmatrix}\tag{3.56}$$

则

$$\boldsymbol{P}\boldsymbol{A}_1=\begin{bmatrix}\boldsymbol{A}_1\\ \boldsymbol{A}_2\end{bmatrix}=\boldsymbol{A}\tag{3.57}$$

类似地，将 $\boldsymbol{R}$ 分成如下所示的两个子矩阵

$$\boldsymbol{R}=[\boldsymbol{G},\boldsymbol{H}]\tag{3.58}$$

式中：$\boldsymbol{G}\in\mathbb{C}^{MN\times K}$；$\boldsymbol{H}\in\mathbb{C}^{MN\times(MN-K)}$，容易得到下式

$$\begin{cases}\boldsymbol{G}=\boldsymbol{A}\boldsymbol{R}_s\boldsymbol{A}_1^{\mathrm{H}}\\ \boldsymbol{H}=\boldsymbol{A}\boldsymbol{R}_s\boldsymbol{A}_2^{\mathrm{H}}\end{cases}\tag{3.59}$$

将式（3.57）带入式（3.59）的两个式子中得

$$\boldsymbol{G}\boldsymbol{P}_c^{\mathrm{H}}=\boldsymbol{H}\tag{3.60}$$

因此，$\boldsymbol{P}_c$ 可以通过下式来估计

$$\min\|\hat{\boldsymbol{H}}-\hat{\boldsymbol{G}}\boldsymbol{P}_c^{\mathrm{H}}\|_F^2\tag{3.61}$$

式中：$\hat{\boldsymbol{H}}$和$\hat{\boldsymbol{G}}$是 $\boldsymbol{H}$ 和 $\boldsymbol{G}$ 相应的估计值，根据式（3.61），我们由下式可以得到 $\boldsymbol{P}_c$ 的 LS 解

$$\hat{\boldsymbol{P}}_c^{\mathrm{H}}=\hat{\boldsymbol{G}}^{\dagger}\hat{\boldsymbol{H}}\tag{3.62}$$

最后，可以通过$\hat{\boldsymbol{P}}=\begin{bmatrix}\boldsymbol{I}_K\\ \hat{\boldsymbol{P}}_c\end{bmatrix}$得到 $\boldsymbol{P}$ 的估计值，即为

$$\hat{\boldsymbol{P}}=\boldsymbol{AT} \tag{3.63}$$

式中：$\boldsymbol{T}$ 是满秩矩阵。显然，$\hat{\boldsymbol{P}}$与 ESPRIT 算法中通过特征值分解得到信号子空间有相同的性质，然而计算$\hat{\boldsymbol{P}}$的算法的效率要比特征值分解高得多。

当获得$\hat{\boldsymbol{P}}$后，即可利用 ESPRIT 算法进行联合角度估计。典型的 PM 算法的散点图结果如图 3.6 所示。可以看出，DOD 和 DOA 可以正确的估计出来，且二者是自动配对的。

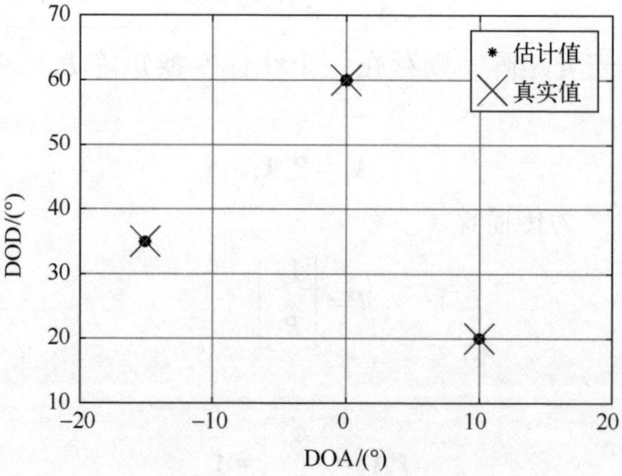

图 3.6　PM 算法结果的散点图

另外，比较了基于 PM 的 ESPRIT 算法和基于特征分解的 ESPRIT 算法所需的平均运算时间。结果如图 3.7 所示，从仿真结果可以看出，PM 算法的运算复杂度要比 ESPRIT 算法低约一个数量级。

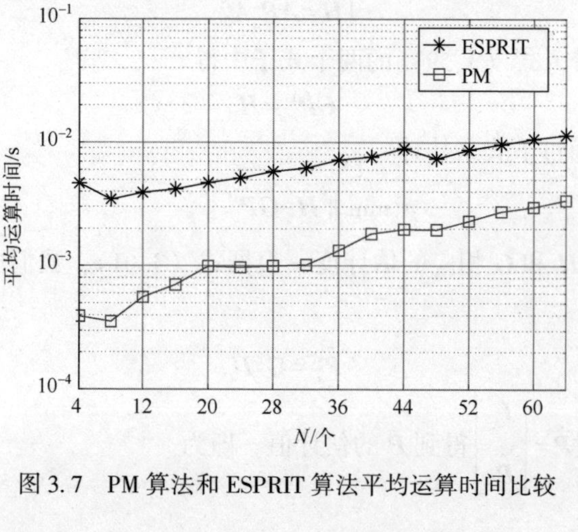

图 3.7　PM 算法和 ESPRIT 算法平均运算时间比较

3.4　基于 PARAFAC 分解的角度估计算法

不管是 MUSIC 算法、ESPRIT 算法还是 PM 算法，其核心仍然是矩阵分解。由于 MIMO 雷达匹配滤波后的数据具有天然的三维结构特性，而传统的矩阵分解算法忽略了这种张量特性，利用张量分解技术可有效挖掘数据的多维结构特性，提升算法估计的精度。本节介绍一种基于 PARAFAC 的算法[8]，该算法的计算复杂度低、精度高。

3.4.1　PARAFAC 模型与 PARAFAC 分解

利用 PARAFAC 分解模型，可将式（3.8）中的接收数据表示为三阶 PARAFAC 张量

$$\boldsymbol{\mathcal{X}}(m,n,l)=\sum_{k=1}^{K}\boldsymbol{A}_t(m,k)\boldsymbol{A}_r(n,k)\boldsymbol{B}(l,k)+\boldsymbol{\mathcal{W}}(m,n,l)$$
$$(m=1,\cdots,M;n=1,\cdots,N;l=1,\cdots,L) \tag{3.64}$$

式中：$\boldsymbol{\mathcal{X}}(m,n,l)$表示三阶张量$\boldsymbol{\mathcal{X}}$的第$(m,n,l)$个元素；$\boldsymbol{A}_t(m,k)$表示$\boldsymbol{A}_t$的第$(m,k)$个元素，其他的类似；$\boldsymbol{\mathcal{W}}(m,n,l)$是重新排列的噪声张量。由第 2 章的预备知识可知，式（3.8）中的模型是 PARAFAC 分解模型的矩阵形式。实际上，它是$\boldsymbol{\mathcal{X}}$的模-3 矩阵展开的转置，即 $\boldsymbol{X}=\boldsymbol{\mathcal{X}}_{(3)}^{\mathrm{T}}$，也可以将其视为数据沿空间方向的三维切片进行堆叠。根据三线性分解的对称性可知，$\boldsymbol{\mathcal{X}}$的模-1 展开为

$$\boldsymbol{Y}=\boldsymbol{\mathcal{X}}_{(1)}^{\mathrm{T}}=[\boldsymbol{A}_r\odot\boldsymbol{B}]\boldsymbol{A}_t^{\mathrm{T}}+\boldsymbol{W}_t \tag{3.65}$$

式中：$\boldsymbol{W}_t$ 表示沿发射阵列方向重新排列的噪声切片；$\boldsymbol{Y}$ 可以看作三维数据沿发射阵列方向的数据切片进行堆叠而成的。同样，$\boldsymbol{\mathcal{X}}$的模-2 矩阵展开为

$$\boldsymbol{Z}=\boldsymbol{\mathcal{X}}_{(2)}^{\mathrm{T}}=[\boldsymbol{B}\odot\boldsymbol{A}_t]\boldsymbol{A}_r^{\mathrm{T}}+\boldsymbol{W}_r \tag{3.66}$$

式中：$\boldsymbol{W}_r$ 表示沿接收阵列方向重新排列的噪声切片；$\boldsymbol{Z}$ 可以看作三维数据沿接收阵列方向的切片数据。

TALS 是解决 PARAFAC 分解问题的有效算法。TALS 的实质可以描述为以下步骤：①使用 LS 拟合切片矩阵 $\boldsymbol{X}$、$\boldsymbol{Y}$ 和 $\boldsymbol{Z}$ 中的一个，并假设相关因子矩阵预先已获得；②用同样的方式拟合其他两个矩阵；③重复①和②，直到算法收敛。用 TALS 算法求解上述 PARAFAC 模型的细节描述如下。

根据式（3.8），$\boldsymbol{X}$ 的 LS 拟合为

$$f_{\boldsymbol{X}}=\min_{\boldsymbol{B}}\|\boldsymbol{X}-[\boldsymbol{A}_t\odot\boldsymbol{A}_r]\boldsymbol{B}^{\mathrm{T}}\|_F \tag{3.67}$$

因此，$\boldsymbol{B}$ 的 LS 估计为

$$\hat{\boldsymbol{B}}^{\mathrm{T}}=[\hat{\boldsymbol{A}}_t\odot\hat{\boldsymbol{A}}_r]^{\dagger}\boldsymbol{X} \tag{3.68}$$

式中：$\hat{\boldsymbol{A}}_r$ 和 $\hat{\boldsymbol{A}}_t$ 分别表示 $\boldsymbol{A}_r$ 和 $\boldsymbol{A}_t$ 的估计。同样，根据式（3.65），$\boldsymbol{Y}$ 的 LS 拟合为

$$f_{\boldsymbol{Y}}=\min_{\boldsymbol{A}_t}\|\boldsymbol{Y}-[\boldsymbol{A}_r\odot\boldsymbol{B}]\boldsymbol{A}_t^{\mathrm{T}}\|_F \tag{3.69}$$

$\boldsymbol{A}_t$ 的 LS 更新为

$$\hat{\boldsymbol{A}}_t^{\mathrm{T}}=[\hat{\boldsymbol{A}}_r\odot\hat{\boldsymbol{B}}]^{\dagger}\boldsymbol{Y} \tag{3.70}$$

式中：$\hat{\boldsymbol{A}}_r$ 和 $\hat{\boldsymbol{B}}$ 分别表示 $\boldsymbol{A}_r$ 和 $\boldsymbol{B}$ 的估计。同样地，根据式（3.66），$\boldsymbol{Z}$ 的 LS 拟合为

$$f_{\boldsymbol{Z}}=\min_{\boldsymbol{A}_r}\|\boldsymbol{Z}-[\boldsymbol{B}\odot\boldsymbol{A}_t]\|_F \tag{3.71}$$

$\boldsymbol{A}_r$ 的 LS 更新为

$$\hat{\boldsymbol{A}}_r^{\mathrm{T}}=[\hat{\boldsymbol{B}}\odot\hat{\boldsymbol{A}}_t]^{\dagger}\boldsymbol{Z} \tag{3.72}$$

式中：$\hat{\boldsymbol{B}}$ 和 $\hat{\boldsymbol{A}}_t$ 分别表示 $\boldsymbol{B}$ 和 $\boldsymbol{A}_t$ 的估计。上述对 $\boldsymbol{B}$、$\boldsymbol{A}_t$ 和 $\boldsymbol{A}_r$ 的 LS 更新交替地进行，迭代将重复，直到算法收敛为止。一般设定 PARAFAC 分解算法收敛条件为 $\epsilon=\|\boldsymbol{X}-[\hat{\boldsymbol{A}}_t\odot\hat{\boldsymbol{A}}_r]\boldsymbol{B}^{\mathrm{T}}\|_F^2\leqslant 10^{-8}$ 或者 $\delta=|\epsilon_{\mathrm{new}}-\epsilon_{\mathrm{old}}|/\epsilon_{\mathrm{old}}\leqslant 10^{-10}$。在实际计算过程中，可以采用 COMFAC 算法，仅需要几次迭代算法即可收敛。

3.4.2 DOD 和 DOA 的估计

对于式（3.64）中的 PARAFAC 模型，其中：$\boldsymbol{A}_t\in\boldsymbol{C}^{M\times K}$、$\boldsymbol{A}_r\in\boldsymbol{C}^{N\times K}$ 和 $\boldsymbol{B}\in\boldsymbol{C}^{L\times K}$。因为所有矩阵均为 k-秩满足不等式：

$$k_{\boldsymbol{A}_t}+k_{\boldsymbol{A}_r}+k_{\boldsymbol{B}}\geqslant 2K+2 \tag{3.73}$$

则 PARAFAC 分解除了列模糊和尺度模糊，它是唯一的，其中，$k_{\boldsymbol{A}_t}$、$k_{\boldsymbol{A}_r}$ 和 $k_{\boldsymbol{B}}$ 分别表示 $\boldsymbol{A}_t$、$\boldsymbol{A}_r$ 和 $\boldsymbol{B}$ 的 k-秩。上述因子矩阵的估计值矩阵 $\hat{\boldsymbol{A}}_t$、$\hat{\boldsymbol{A}}_r$ 和 $\hat{\boldsymbol{B}}$ 的模糊效应分别满足

$$\begin{cases}\hat{\boldsymbol{A}}_t=\boldsymbol{A}_t\boldsymbol{\Pi}\boldsymbol{\Delta}_1+\boldsymbol{N}_1\\ \hat{\boldsymbol{A}}_r=\boldsymbol{A}_r\boldsymbol{\Pi}\boldsymbol{\Delta}_2+\boldsymbol{N}_2\\ \hat{\boldsymbol{B}}=\boldsymbol{B}\boldsymbol{\Pi}\boldsymbol{\Delta}_3+\boldsymbol{N}_3\end{cases} \tag{3.74}$$

式中：$\boldsymbol{\Pi}$ 是置换矩阵；$\boldsymbol{N}_1$、$\boldsymbol{N}_2$ 和 $\boldsymbol{N}_3$ 分别代表对应的估计误差；$\boldsymbol{\Delta}_1$、$\boldsymbol{\Delta}_2$ 和 $\boldsymbol{\Delta}_3$ 代表满足 $\boldsymbol{\Delta}_1\boldsymbol{\Delta}_2\boldsymbol{\Delta}_3=\boldsymbol{I}_K$ 的尺度模糊（对角）矩阵。

令 $\hat{\boldsymbol{a}}_r(\theta_k)$ 和 $\hat{\boldsymbol{a}}_t(\varphi_k)$ 分别表示 $\hat{\boldsymbol{A}}_r$ 和 $\hat{\boldsymbol{A}}_t$ 的第 k 列。由于 $\boldsymbol{a}_r(\theta_k)$ 和 $\boldsymbol{a}_t(\varphi_k)$ 的相位

具有线性特征，因此可将 LS 方法用于 MIMO 雷达角度估计。令

$$\begin{cases}\boldsymbol{h}_{tk}=-\mathrm{angle}(\hat{\boldsymbol{a}}_t(\varphi_k))\\ \boldsymbol{h}_{rk}=-\mathrm{angle}(\hat{\boldsymbol{a}}_r(\theta_k))\end{cases} \tag{3.75}$$

然后构造以下矩阵和向量为

$$\begin{cases}\boldsymbol{P}_1=\begin{bmatrix}1 & 1 & \cdots & 1\\ 0 & \pi & \cdots & (M-1)\pi\end{bmatrix}^{\mathrm{T}}\\ \boldsymbol{P}_2=\begin{bmatrix}1 & 1 & \cdots & 1\\ 0 & \pi & \cdots & (N-1)\pi\end{bmatrix}^{\mathrm{T}}\end{cases} \tag{3.76}$$

然后，计算

$$\begin{cases}\boldsymbol{u}_k=\boldsymbol{P}_1^{\dagger}\boldsymbol{h}_{tk}\\ \boldsymbol{v}_k=\boldsymbol{P}_2^{\dagger}\boldsymbol{h}_{rk}\end{cases} \tag{3.77}$$

第 k 个目标的 DOD 和 DOA 估计为

$$\begin{cases}\hat{\varphi}_k=\arcsin(u_{k,2})\\ \hat{\theta}_k=\arcsin(v_{k,2})\end{cases} \tag{3.78}$$

式中：$u_{k,2}$和 $v_{k,2}$分别表示 $\boldsymbol{u}_k$ 和 $\boldsymbol{v}_k$ 的第二个元素。根据式（3.74），$\boldsymbol{A}_r$ 和 $\boldsymbol{A}_t$ 有相同的列模糊效应（相同的置换矩阵 Π），因此估计的角度将自动配对。

3.4.3　仿真结果

在本节中，将进行 200 次蒙特卡罗试验，以评估所提出的估计算法的性能。考虑到双基地 MIMO 雷达配置有 M 个发射阵元和 N 个接收阵元，快拍数设为 L。预设目标为$(\theta_1,\varphi_1)=(10°,20°)$，$(\theta_2,\varphi_2)=(-15°,35°)$，$(\theta_3,\varphi_3)=(0°,60°)$，多普勒频移为$\{f_k\}_{k=1}^{3}=\{400,500,600\}/2000$。角度估计的性能可用 RMSE 和平均运算时间衡量。对于一个待估计的角度 ϑ_k，其 RMSE 定义为

$$\mathrm{RMSE}_{(a)}=\sqrt{\frac{1}{T}\sum_{t=1}^{T}\{(\hat{\vartheta}_{t,k}-\vartheta_k)^2\}}$$

式中：$\hat{\vartheta}_{t,k}$表示第 t 次蒙特卡罗试验后 ϑ_k 的估计值。

首先，测试了 PARAFAC 算法的散点图效果，结果如图 3.8 所示。其中，$M=8$，$N=9$，$L=300$，SNR=5dB。从结果可以看出，PARAFAC 算法能够准确地估计出 DOD 和 DOA，并能够正确地配对所估计的角度。结果表明，PARAFAC 算法适用于 MIMO 雷达角度估计。

其次，比较了 ESPRIT 算法、PM 算法、PARAFAC 算法在不同 SNR 时的 RMSE 性能，并添加 CRB 的结果对比，结果如图 3.9 所示。其中，$M=6$，$N=8$，

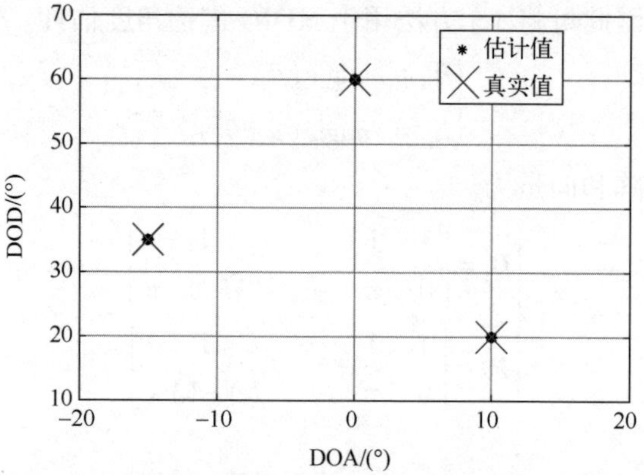

图 3.8 PARAFAC 算法的散点图

$L=300$。从结果可以看出，PM 算法在低 SNR 的背景下估计性能最差，PARAFAC 算法在低 SNR 条件下参数估计的性能也较差。随着 SNR 增加，所有算法的 RMSE 均会有所改善。特别是在高 SNR 时，PM 算法的性能非常逼近 ESPRIT，但二者的 RMSE 性能均劣于 PARAFAC。

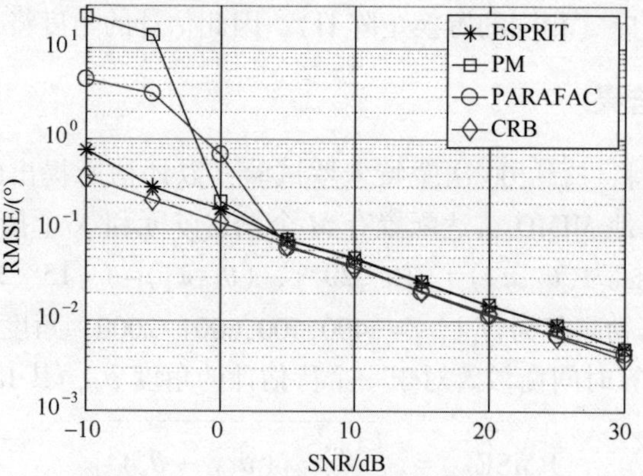

图 3.9 不同算法的 RMSE 性能比较

最后，比较了 ESPRIT 算法、PM 算法、PARAFAC 算法在不同接收阵元数 N 时的平均运算时间，结果如图 3.10 所示。其中，$M=8$，$L=300$，SNR = 5dB。从结果可以看出，PM 算法的运算速率最高，ESPRIT 次之，PARAFAC 运算效率最低。另外，随着 N 增加，PM 和 ESPRIT 的速率都有所下降，但 PARAFAC 的运算速率基本保持不变。

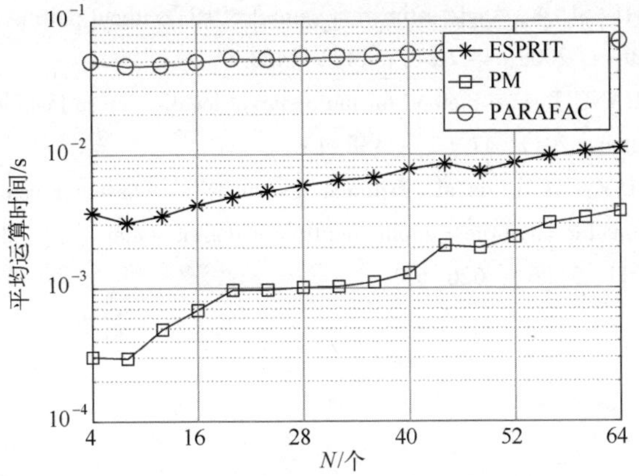

图 3.10 不同算法的平均运算时间比较

3.5 本章小结

本章首先介绍了 MIMO 雷达角度估计的信号模型，并介绍了双基地 MIMO 雷达角度估计的 CRB 推导方法。在此基础上，介绍了 MIMO 雷达角度估计的几种典型算法，如 MUSIC 类算法、ESPRIT 算法、PM 算法和 PARAFAC 算法。本章的相关算法为后续章节算法介绍奠定了理论基础。

参考文献

[1] FISHLER E, HAIMOVICH A, BLUM R, et al. MIMO radar: an idea whose time has come [C]. Proceedings of the 2004 IEEE Radar Conference, Philadelphia, PA, USA, 2004: 71-78.

[2] LI J, STOICA P. MIMO radar with colocated antennas [J]. IEEE Signal Processing Magazine, 2007, 24 (5): 106-114.

[3] HAIMOVICH A M, BLUM R, CIMINI L. MIMO radar with widely separated antennas [J]. IEEE Signal Processing Magazine, 2008, 25 (1): 116-129.

[4] STOICA P, NEHORAI A. Performance study of conditional and unconditional direction-of-arrival estimation [J]. IEEE Transactions on Acoustics Speech and Signal Processing, 1990, 38 (10): 1783-1795.

[5] ZHANG X, XU L Y, XU L, et al. Direction of departure (DOD) and direction of arrival (DOA) estimation in MIMO radar with reduced-dimension MUSIC [J]. IEEE Communications Letters, 2010, 14 (12): 1161-1163.

[6] CHEN J, GU H, SU W. Angle estimation using ESPRIT without pairing in MIMO radar [J]. Electronics Letters, 2008, 44 (24): 1422-1423.

[7] ZHENG Z, ZHANG J. Fast method for multi-target localisation in bistatic MIMO radar [J]. Electronics Letters, 2011, 47 (2): 138-139.

[8] ZHANG X, XU Z, XU L, et al. Trilinear decomposition-based transmit angle and receive angle estimation for multiple - input multiple - output radar [J]. IET Radar Sonar & Navigation, 2011, 5 (6): 626-631.

第4章　互耦背景下 MIMO 雷达角度估计算法

互耦效应普遍存在于阵列传感器中，其是电磁阵列传感器的固有特征。一般来说，阵列传感器除了受自身电流所激发的电磁场影响，还会受到其他传感器阵元电流激发的电磁场影响，这种阵列传感器的相互作用即为互耦效应。传感器阵列间的互耦效应可由互耦矩阵描述，互耦矩阵中的元素为对应位置的阵元间互耦系数。互耦矩阵的存在会导致参数估计中的模型不匹配，从而导致参数估计性能的下降甚至完全失效。由于空间任意一点的电磁场均满足麦克斯韦方程和边界条件，因而求阵列传感器互耦可通过求解一个齐次或非齐次的标量或者向量波动方程获得，即数值法。数值法的求解往往需要通过计算量极大的专业天线仿真软件进行仿真验证，这就严重制约了实际互耦效应的解决。辅助源方法是一类低复杂度的互耦校准方法，其通过在空间放置一个位置已知的源信号进行互耦辅助校准。由于该方案需要额外的硬件/资源开销，且需要源信号参数精确已知，因而并不适合实际应用。

自校准方法是一类实用性非常强的互耦误差校准方法，其利用阵列及互耦效应的特殊特性，在算法层面进行误差校准，无须额外的硬件开销，因而引起广泛关注。传感器间互耦系数的强度与诸多因素有关，但一般来说，其主要受传感器的激发电流强度和传感器间的间距影响。在电流强度均相同的条件下，互耦系数仅与传感器间距相关，即互耦矩阵为一个对称矩阵。研究表明，互耦强度与二者间距是反比关系，两个阵元的间距越大，二者的互耦强度越小。如果阵元间距超过一定的程度，二者间的互耦效应可以忽略不计，即互耦系数可视为0。因此，对于非均匀阵列而言，互耦矩阵可用一个对称矩阵进行描述；而对于 ULA 而言，其互耦效应可以由一个带状对称 Toeplitz 矩阵进行描述，如图4.1所示。

本章将围绕 MIMO 雷达收发阵列同时存在互耦效应的问题进行相关自校准算法的介绍。

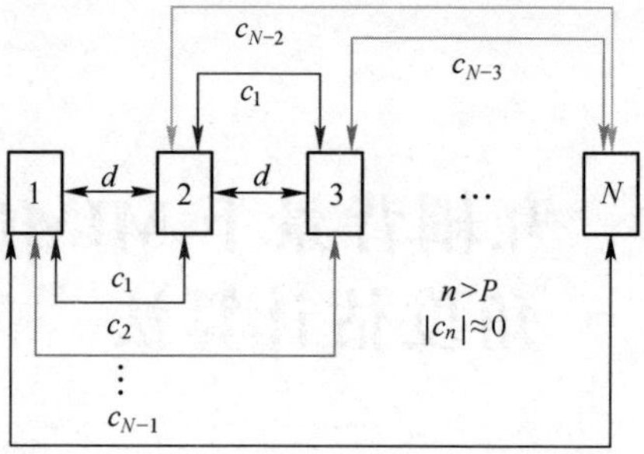

图 4.1　ULA 阵元间互耦系数的示意图

4.1　改进的 RD-MUSIC 估计算法[1]

4.1.1　信号模型

考虑一个双基地 MIMO 雷达角度估计的阵列模型，其中 MIMO 雷达的天线系统由 M 个发射阵元和 N 个接收阵元构成，假设二者均是 ULA，阵列间距均为发射载频的半波长。假设在阵列远场同一距离单元有 K 个点目标，第 k 个 $(k=1,2,\cdots,K)$ 目标的 DOD 和 DOA 分别为 φ_k 和 θ_k。并假设阵列接收噪声为高斯白噪声，噪声功率为 σ_n^2。收发阵元均正常工作，但是均存在互耦效应。假设发射阵列和接收阵列互耦效应仅存在于相邻的 $P+1$ 个阵元中，可以将发射阵列和接收阵列的互耦矩阵 $\boldsymbol{C}_t$ 和 $\boldsymbol{C}_r$ 用如下带状对称 Toeplitz 矩阵描述：

$$\begin{cases}\boldsymbol{C}_r=\text{toeplitz}([\boldsymbol{c}_r^{\mathrm{T}},\boldsymbol{0}_{1\times(N-P-1)}])\in\mathbb{C}^{N\times N}\\ \boldsymbol{C}_t=\text{toeplitz}([\boldsymbol{c}_t^{\mathrm{T}},\boldsymbol{0}_{1\times(M-P-1)}])\in\mathbb{C}^{M\times M}\end{cases}\tag{4.1}$$

式中：$\boldsymbol{c}_r=[c_{r0},c_{r1},\cdots,c_{rP}]^{\mathrm{T}}$；$\boldsymbol{c}_t=[c_{t0},c_{t1},\cdots,c_{tP}]^{\mathrm{T}}$，并且非零互耦系数满足 $0<|c_{rP}|<\cdots<|c_{r1}|<c_{r0}=1$ 和 $0<|c_{tP}|<\cdots<|c_{t1}|<c_{t0}=1$。MIMO 雷达匹配滤波器的输出可以表示为

$$\begin{aligned}\boldsymbol{X}(t)&=[(\boldsymbol{C}_t\boldsymbol{A}_t)\odot(\boldsymbol{C}_r\boldsymbol{A}_r)]\boldsymbol{S}(t)+\boldsymbol{N}(t)\\&=\boldsymbol{A}\boldsymbol{S}(t)+\boldsymbol{N}(t)\end{aligned}\tag{4.2}$$

式中：$\boldsymbol{A}_t=[\boldsymbol{a}_t(\varphi_1),\boldsymbol{a}_t(\varphi_2),\cdots,\boldsymbol{a}_t(\varphi_K)]\in\mathbb{C}^{M\times K}$，$\boldsymbol{a}_t(\varphi_k)=[1,\mathrm{e}^{-\mathrm{j}\pi\sin\varphi_k},\cdots,\mathrm{e}^{-\mathrm{j}\pi(M-1)\sin\varphi_k}]^{\mathrm{T}}\in\mathbb{C}^{M\times 1}$ 分别为发射方向矩阵和第 k 个发射响应向量；$\boldsymbol{A}_r=[\boldsymbol{a}_r(\theta_1),\boldsymbol{a}_r(\theta_2),\cdots,\boldsymbol{a}_r(\theta_K)]\in\mathbb{C}^{N\times K}$，$\boldsymbol{a}_r(\theta_k)=[1,\mathrm{e}^{-\mathrm{j}\pi\sin\theta_k},\cdots,\mathrm{e}^{-\mathrm{j}\pi(N-1)\sin\theta_k}]^{\mathrm{T}}\in\mathbb{C}^{N\times 1}$ 分别为接收方向矩阵和第 k 个接收响应向量；$\boldsymbol{S}(t)$ 为目标特征向量；$\boldsymbol{A}=(\boldsymbol{C}_t\boldsymbol{A}_t)\odot(\boldsymbol{C}_r\boldsymbol{A}_r)$ 为虚拟的方向矩阵。假设目标特征向量不相关，当存在 L 个样本时，$\boldsymbol{X}(t)$ 的

协方差矩阵 $\boldsymbol{R}$ 可以通过下式进行估计，即

$$\hat{\boldsymbol{R}} = \sum_{t=1}^{L} \boldsymbol{X}(t)\boldsymbol{X}^{\mathrm{H}}(t) \tag{4.3}$$

对 $\boldsymbol{R}$ 的 EVD 可以表示成如下的形式：

$$\begin{aligned}\boldsymbol{R} &= \boldsymbol{U\Sigma U}^{\mathrm{H}} \\ &= \boldsymbol{U}_s\boldsymbol{\Sigma}_s\boldsymbol{U}_s^{\mathrm{H}} + \boldsymbol{U}_n\boldsymbol{\Sigma}_n\boldsymbol{U}_n^{\mathrm{H}}\end{aligned} \tag{4.4}$$

式中：$\boldsymbol{\Sigma}=\begin{bmatrix}\boldsymbol{\Sigma}_s & \boldsymbol{O}\\ \boldsymbol{O} & \boldsymbol{\Sigma}_n\end{bmatrix}$；$\boldsymbol{\Sigma}_s=\mathrm{diag}(\beta_1,\beta_2,\cdots,\beta_K)$；$\boldsymbol{\Sigma}_n=\mathrm{diag}(\sigma_n^2,\sigma_n^2,\cdots,\sigma_n^2)$；$\boldsymbol{U}=[\boldsymbol{U}_s,\boldsymbol{U}_n]$。其中：$\boldsymbol{U}_s$ 被称为信号子空间；$\boldsymbol{U}_n$ 被称为噪声子空间；$\boldsymbol{U}_s$ 与 $\boldsymbol{U}_n$ 正交，即

$$\boldsymbol{U}_n^{\mathrm{H}}\boldsymbol{U}_s = \boldsymbol{0} \tag{4.5}$$

同时，信号子空间与 $\boldsymbol{A}$ 张成相同的子空间，即

$$\boldsymbol{U}_s = \boldsymbol{AT} \tag{4.6}$$

通过对 $\hat{\boldsymbol{R}}$ 进行 EVD，可获得噪声子空间 $\boldsymbol{U}_n$ 的估计值 $\hat{\boldsymbol{U}}_n$，即 EVD 后 $(MN-K)$ 个最小的特征值对应的特征向量。

4.1.2 角度估计及互耦校正算法

根据信号子空间和噪声子空间的正交性，可得：

$$\underbrace{(\tilde{\boldsymbol{a}}_t(\varphi)\otimes\tilde{\boldsymbol{a}}_r(\theta))^{\mathrm{H}}\boldsymbol{U}_n\boldsymbol{U}_n^{\mathrm{H}}(\tilde{\boldsymbol{a}}_t(\varphi)\otimes\tilde{\boldsymbol{a}}_r(\theta))}_{\triangleq J(\varphi,\theta,\boldsymbol{C}_t,\boldsymbol{C}_r)} = 0 \tag{4.7}$$

式中：$\tilde{\boldsymbol{a}}_r(\theta)=\boldsymbol{C}_r\boldsymbol{a}_r(\theta)$；$\tilde{\boldsymbol{a}}_t(\varphi)=\boldsymbol{C}_t\boldsymbol{a}_t(\varphi)$。

在存在互耦的影响下，角度估计需要利用到如下的性质。

定理 4.1[2]：对于任何 $M\times1$ 复数向量 $\boldsymbol{b}$ 和任何 $M\times M$ 带状对称 Toeplitz 矩阵 $\boldsymbol{T}=\mathrm{toeplitz}([\boldsymbol{c}^{\mathrm{T}},0,\cdots,0])$，存在：

$$\boldsymbol{Tb} = (\boldsymbol{Q}_1+\boldsymbol{Q}_2)\boldsymbol{c} \tag{4.8}$$

式中：$\boldsymbol{c}=[c_0,c_1,\cdots,c_P]^{\mathrm{T}}$ 是非零系数向量；$\boldsymbol{Q}_1$ 和 $\boldsymbol{Q}_2$ 是两个 $M\times(P+1)$ 矩阵，其第 m 行第 p 列的元素分别为

$$\begin{cases}\boldsymbol{Q}_1(m,p)=\begin{cases}\boldsymbol{b}(m+p-1), & m+p\leqslant M+1\\ 0, & \text{其他}\end{cases}\\ \boldsymbol{Q}_2(m,p)=\begin{cases}\boldsymbol{b}(m-p+1), & m\geqslant p\geqslant 2\\ 0, & \text{其他}\end{cases}\end{cases} \tag{4.9}$$

根据**定理 4.1**，可以得到：

$$\begin{cases}\tilde{\boldsymbol{a}}_t(\varphi)=\boldsymbol{T}_t[\varphi]\boldsymbol{c}_t \\ \tilde{\boldsymbol{a}}_r(\theta)=\boldsymbol{T}_r[\theta]\boldsymbol{c}_r\end{cases} \tag{4.10}$$

式中：$\boldsymbol{T}_t[\varphi]$和$\boldsymbol{T}_r[\theta]$分别为根据定理 4.1 构造的变换矩阵。

综上，式（4.7）可以改写为

$$J(\varphi,\theta,\boldsymbol{c}_t,\boldsymbol{c}_r)=(\boldsymbol{c}_t\otimes\boldsymbol{c}_r)^{\mathrm{H}}\boldsymbol{Q}(\varphi,\theta)(\boldsymbol{c}_t\otimes\boldsymbol{c}_r)=0 \tag{4.11}$$

式中：$\boldsymbol{Q}(\varphi,\theta)=(\boldsymbol{T}_t[\varphi]\otimes\boldsymbol{T}_r[\theta])^{\mathrm{H}}\boldsymbol{U}_n\boldsymbol{U}_n^{\mathrm{H}}(\boldsymbol{T}_t[\varphi]\otimes\boldsymbol{T}_r[\theta])$。需要注意的是，$\boldsymbol{c}_t\otimes\boldsymbol{c}_r\neq\boldsymbol{0}$，则式（4.11）中等号成立的充要条件是$\boldsymbol{Q}(\varphi,\theta)$秩亏。由于$\mathrm{rank}(\boldsymbol{U}_n\boldsymbol{U}_n^{\mathrm{H}})=MN-K$，$\mathrm{rank}(\boldsymbol{T}_t[\varphi]\otimes\boldsymbol{T}_r[\theta])=\mathrm{rank}(\boldsymbol{T}_t[\varphi])\,\mathrm{rank}(\boldsymbol{T}_r[\theta])=(P+1)^2$。所以当$MN-K\geqslant(P+1)^2$，且$\varphi$和$\theta$分别为真实的 DOD 和 DOA 时，$\boldsymbol{Q}(\varphi,\theta)$会出现秩亏。用$\boldsymbol{Q}(\varphi,\theta)$的估计值$\hat{\boldsymbol{Q}}(\varphi,\theta)$替代上述理论值，可以通过优化如下问题进行角度估计

$$(\hat{\varphi},\hat{\theta})=\arg\min_{\varphi,\theta}\det\{\hat{\boldsymbol{Q}}(\varphi,\theta)\} \tag{4.12}$$

然而，式（4.12）进行需要进行二维空域谱搜索，但是二维搜索的计算量过大。利用性质$\tilde{\boldsymbol{a}}_t(\varphi)\otimes(\boldsymbol{T}_r[\theta]\boldsymbol{c}_r)=(\boldsymbol{I}_M\otimes\boldsymbol{T}_r[\theta])(\tilde{\boldsymbol{a}}_t(\varphi)\otimes\boldsymbol{c}_r)$，可将式（4.11）修改为

$$J(\varphi,\theta,\boldsymbol{C}_t,\boldsymbol{C}_r)=(\tilde{\boldsymbol{a}}_t(\varphi)\otimes\boldsymbol{c}_r)^{\mathrm{H}}\boldsymbol{Q}(\theta)(\tilde{\boldsymbol{a}}_t(\varphi)\otimes\boldsymbol{c}_r)=0 \tag{4.13}$$

式中：$\boldsymbol{Q}(\theta)=(\boldsymbol{I}_M\otimes\boldsymbol{T}_r[\theta])^{\mathrm{H}}\boldsymbol{U}_n\boldsymbol{U}_n^{\mathrm{H}}(\boldsymbol{I}_M\otimes\boldsymbol{T}_r[\theta])$。由于$\tilde{\boldsymbol{a}}_t(\varphi)\otimes\boldsymbol{c}_r\neq\boldsymbol{0}$，成立的充要条件是$\boldsymbol{Q}(\theta)$秩亏。此时，DOA 可以通过下式估计，即

$$\hat{\theta}=\arg\min_{\theta}\det\{\hat{\boldsymbol{Q}}(\theta)\} \tag{4.14}$$

式中：$\hat{\boldsymbol{Q}}(\theta)$为$\boldsymbol{Q}(\theta)$的估计值。通过离散化所有可能的 DOA 网格，计算$\det\{\hat{\boldsymbol{Q}}(\theta)\}$的极小值所对应的网格位置即可获得 DOA 的估计值$\hat{\theta}_k$，$k=1,2,\cdots,K$。

同理，定义$\hat{\boldsymbol{Q}}(\varphi)=(\boldsymbol{T}_t[\varphi]\otimes\boldsymbol{I}_N)^{\mathrm{H}}\hat{\boldsymbol{U}}_n\hat{\boldsymbol{U}}_n^{\mathrm{H}}(\boldsymbol{T}_t[\varphi]\otimes\boldsymbol{I}_N)$，则 DOD 可以通过下式进行估计，即

$$\hat{\varphi}=\arg\min_{\varphi}\det\{\hat{\boldsymbol{Q}}(\varphi)\} \tag{4.15}$$

然而，上述过程获得的 DOD 与 DOA 并未一一配对。当存在多个目标时，有必要对同一目标的 DOD 和 DOA 进行匹配。通过列出所有可能的 $K!$ 种 DOD-DOA 组合$(\varphi_{k_1},\theta_{k_2})$，真实的 DOD-DOA 组合$(\hat{\varphi}_k,\hat{\theta}_k)$可以通过计算如下 K 组值获得

$$(\hat{\varphi}_k,\hat{\theta}_k)=\arg\min\{|\hat{Q}(\varphi_{k_1},\theta_{k_2})|\} \tag{4.16}$$

此后互耦系数 $\boldsymbol{c}_{tr}=\boldsymbol{c}_t\otimes\boldsymbol{c}_r$ 可通过如下关系进行求解

$$\begin{cases}\boldsymbol{c}_{tr}=\boldsymbol{e}_{\min}\left(\dfrac{1}{K}\sum\limits_{k=1}^{K}\boldsymbol{Q}(\hat{\varphi}_k,\hat{\theta}_k)\right)\\ \boldsymbol{c}_{tr}(1)=1\end{cases} \tag{4.17}$$

式中：$\boldsymbol{e}_{\min}(\boldsymbol{\Xi})$是通过矩阵 $\boldsymbol{\Xi}$ 的特征分解得到的最小特征向量的运算；$\boldsymbol{c}_{tr}(1)$表示 $\boldsymbol{c}_{tr}$的第一个元素。$\boldsymbol{c}_{tr}$获得后，即可还原 $\boldsymbol{c}_t$ 和 $\boldsymbol{c}_r$。

4.1.3　仿真结果

在本节中，通过计算机仿真说明算法的估计效果。预设双基地 MIMO 雷达的发射天线数为 $M=12$，接收天线数为 $N=12$，二者均是 ULA，且收发互耦系数向量均为 $\boldsymbol{c}=[1,0.8+0.5\mathrm{j},0.2+0.1\mathrm{j}]^{\mathrm{T}}$。假设有 $K=3$ 个不相关的目标，其方向参数对分别为$(\theta_1,\varphi_1)=(15°,25°)$，$(\theta_2,\varphi_2)=(35°,40°)$和$(\theta_3,\varphi_3)=(70°,60°)$。假设目标的 RCS 系数符合 Swerling Ⅱ 模型，并收集了 $L=500$ 个快拍的数据。空域谱搜索范围设置为[-90°,90°]，搜索间隔为 0.1°。用 MATLAB 进行 10 次蒙特卡罗仿真，并将本节算法同传统的 RD-MUSIC 算法[3]进行对比。

图 4.2 给出了角度估计谱峰效果比较，从仿真结果可以看出，受互耦效应的影响，传统 RD-MUSIC 算法估计的角度存在较大的误差（如对 DOD 为 25°的角度进行估计），但改进的 RD-MUSIC 算法能够准确地估计所有的 DOD-DOA。

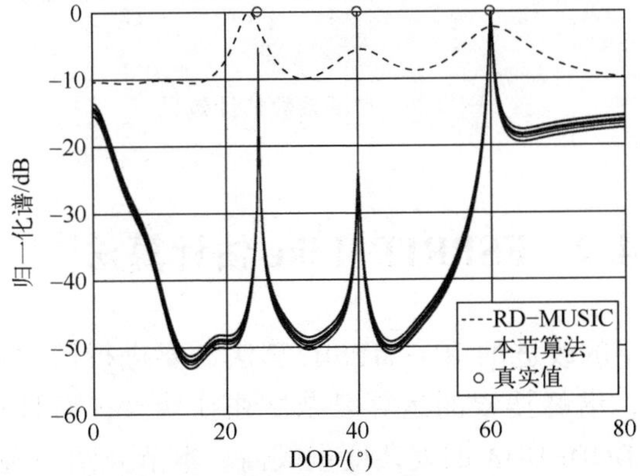

(a) DOD 估计结果对比

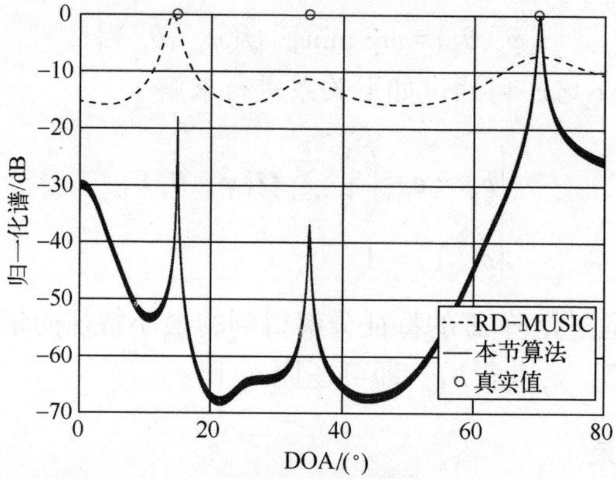

(b) DOA 估计结果对比

图 4.2　角度估计效果对比

图 4.3 给出了互耦系数估计的效果图，从图中可以看出，改进的 RD-MUSIC 算法能够准确地估计出互耦系数。

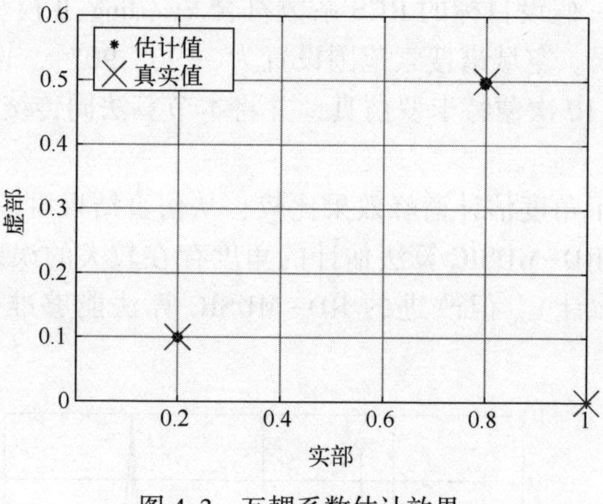

图 4.3　互耦系数估计效果

4.2　ESPRIT-Like 估计算法[4-6]

在 4.1 节介绍的改进的 RD-MUSIC 算法需要进行两次谱峰搜索再进行角度估计。然而，谱峰搜索的运算复杂度往往较大，而且存在 Off-Grid 效应。此外，配对 DOD-DOA 的复杂度也较高。本节介绍一种基于 ESPRIT 的角度估计算法[4]，该方法可以获得 DOD 和 DOA 的闭式解，且运算复杂度相对较低。

4.2.1 信号模型

考虑一个同式（4.1）相同的 MIMO 雷达应用场景。为方便描述，MIMO 雷达对第 q 个脉冲的匹配滤波器的输出表示为如下形式，即

$$\begin{aligned}\boldsymbol{y}_q &= (\boldsymbol{C}_t \otimes \boldsymbol{C}_r)[\boldsymbol{B}(\varphi) \odot \boldsymbol{A}(\theta)]\boldsymbol{\alpha}_q + \widetilde{\boldsymbol{n}}_q \\ &= \boldsymbol{C}\boldsymbol{D}(\varphi,\theta)\boldsymbol{\alpha}_q + \widetilde{\boldsymbol{n}}_q\end{aligned} \tag{4.18}$$

式中：$\boldsymbol{C}_t$ 和 $\boldsymbol{C}_r$ 分别为发射互耦矩阵和接收互耦矩阵，且二者均存在 $P+1$ 个非零的系数；$\boldsymbol{B}(\varphi)=[\boldsymbol{b}(\varphi_1),\boldsymbol{b}(\varphi_2),\cdots,\boldsymbol{b}(\varphi_K)]\in\mathbb{C}^{M\times K}$，$\boldsymbol{b}(\varphi_k)=[1,\mathrm{e}^{-\mathrm{j}\pi\sin\varphi_k},\cdots,\mathrm{e}^{-\mathrm{j}\pi(M-1)\sin\varphi_k}]^{\mathrm{T}}\in\mathbb{C}^{M\times 1}$分别为发射方向矩阵和第 k 个发射响应向量；$\boldsymbol{A}=[\boldsymbol{a}(\theta_1),\boldsymbol{a}(\theta_2),\cdots,\boldsymbol{a}(\theta_K)]\in\mathbb{C}^{N\times K}$，$\boldsymbol{a}(\theta_k)=[1,\mathrm{e}^{-\mathrm{j}\pi\sin\theta_k},\cdots,\mathrm{e}^{-\mathrm{j}\pi(N-1)\sin\theta_k}]^{\mathrm{T}}\in\mathbb{C}^{N\times 1}$分别为接收方向矩阵和第 k 个接收响应向量；$\boldsymbol{\alpha}_q$ 为目标第 q 个脉冲内的 RCS；$\widetilde{\boldsymbol{n}}_q\sim N(0,\sigma^2\boldsymbol{I}_{MN})$是高斯白噪声项；$\boldsymbol{C}=\boldsymbol{C}_t\otimes\boldsymbol{C}_r$；$\boldsymbol{D}(\varphi,\theta)=[\boldsymbol{d}(\varphi_1,\theta_1),\boldsymbol{d}(\varphi_2,\theta_2),\cdots,\boldsymbol{d}(\varphi_K,\theta_K)]\in\mathbb{C}^{MN\times K}$为虚拟阵列的理想方向矩阵，其中：$\boldsymbol{d}(\varphi_k,\theta_k)=\boldsymbol{b}(\varphi_k)\otimes\boldsymbol{a}(\theta_k)$。

考虑 Q 个发射脉冲，式（4.18）可以写成以下形式，即

$$\boldsymbol{Y}=\boldsymbol{C}\boldsymbol{D}(\varphi,\theta)\boldsymbol{H}+\widetilde{\boldsymbol{N}} \tag{4.19}$$

式中：$\boldsymbol{Y}=[\boldsymbol{y}_1,\boldsymbol{y}_2,\cdots,\boldsymbol{y}_Q]$；$\boldsymbol{H}=[\boldsymbol{\alpha}_1,\boldsymbol{\alpha}_2,\cdots,\boldsymbol{\alpha}_Q]$；$\widetilde{\boldsymbol{N}}=[\widetilde{\boldsymbol{n}}_1,\widetilde{\boldsymbol{n}}_2,\cdots,\widetilde{\boldsymbol{n}}_Q]$。对 $MN\times MN$ 维的协方差矩阵 $\hat{\boldsymbol{R}}_Y=1/Q\sum\limits_{q=1}^{Q}\boldsymbol{y}_q\boldsymbol{y}_q^{\mathrm{H}}$ 进行 EVD，可以得到：

$$\hat{\boldsymbol{R}}_Y=\boldsymbol{E}_s\boldsymbol{\Lambda}_s\boldsymbol{E}_s^{\mathrm{H}}+\boldsymbol{E}_n\boldsymbol{\Lambda}_n\boldsymbol{E}_n^{\mathrm{H}} \tag{4.20}$$

式中：$\boldsymbol{E}_s$ 是由最大 K 个特征值对应的特征向量组成的信号子空间；$\boldsymbol{E}_n$ 是包含 $\hat{\boldsymbol{R}}_Y$ 的其余 $MN-K$ 个特征向量的噪声子空间。$\boldsymbol{C}\boldsymbol{D}(\varphi,\theta)$的列张成的空间与 $\boldsymbol{E}_s$ 张成的空间相同，与 $\boldsymbol{E}_{\mathrm{n}}$ 张成的噪声子空间正交。因此，可以得到：

$$\|\boldsymbol{E}_n^{\mathrm{H}}\boldsymbol{C}\boldsymbol{d}(\varphi_k,\theta_k)\|=0,\quad k=1,2,\cdots,K \tag{4.21}$$

如果 $\boldsymbol{C}$ 已知，2D-MUSIC 算法可以用于 DOD 和 DOA 估计。然而，在实际应用中，其相互耦合系数往往是未知的，从而严重影响了 2D-MUSIC 算法的性能。尽管上节改进的 RD-MUSIC 算法可以有效地应对互耦效应，但其复杂度还是较高。在下一节中，介绍一种通过选择性矩阵进行去耦的算法。

4.2.2 基于选择性矩阵的去耦算法

对于发射阵列和接收阵列，选择前 P 个和最后 P 个阵元作为辅助阵元，其余为非辅助阵元，分别编号为 1 到 $M'=M-2P$ 和 1 到 $N'=N-2P$。$\widetilde{\boldsymbol{Y}}$是从 $M'+N'$个非辅助阵元中获取的虚拟接收数据。为了消除相互耦合的影响，在对全

部的接收数据 Y 中只选取 $\widetilde{\boldsymbol{Y}}$，忽略来自 $4P$ 个辅助阵元的数据。

定义 $\boldsymbol{P}_t=[\boldsymbol{0}_{M'\times P},\boldsymbol{I}_{M'},\boldsymbol{0}_{M'\times P}]$，$\boldsymbol{P}_r=[\boldsymbol{0}_{N'\times P},\boldsymbol{I}_{N'},\boldsymbol{0}_{N'\times P}]$，它们分别是 $M'\times M$ 和 $N'\times N$ 维的选择矩阵。通过对式（4.19）两边左乘 $\boldsymbol{P}_t\otimes\boldsymbol{P}_r$ 可以从 $\boldsymbol{Y}$ 中选择接收到的数据 $\widetilde{\boldsymbol{Y}}$，即

$$\begin{aligned}\widetilde{\boldsymbol{Y}}&=(\boldsymbol{P}_t\otimes\boldsymbol{P}_r)\boldsymbol{Y}\\&=[\boldsymbol{P}_t\boldsymbol{C}_t\otimes\boldsymbol{P}_r\boldsymbol{C}_r]\boldsymbol{D}(\varphi,\theta)\boldsymbol{H}+(\boldsymbol{P}_t\otimes\boldsymbol{P}_r)\widetilde{\boldsymbol{N}}\\&=\widetilde{\boldsymbol{C}}\boldsymbol{D}(\varphi,\theta)\boldsymbol{H}+\boldsymbol{N}\end{aligned}\tag{4.22}$$

式中：$\widetilde{\boldsymbol{C}}=\boldsymbol{P}_t\boldsymbol{C}_t\otimes\boldsymbol{P}_r\boldsymbol{C}_r\in C^{M'N'\times MN}$ 是一个新的互耦矩阵；$N\in C^{M'N'\times Q}$ 是一个新的噪声矩阵。$\widetilde{\boldsymbol{C}}$ 可表示成如下的形式：

$$\widetilde{\boldsymbol{C}}=\begin{bmatrix}\widetilde{\boldsymbol{C}}_P & \cdots & \widetilde{\boldsymbol{C}}_1 & \widetilde{\boldsymbol{C}}_0 & \widetilde{\boldsymbol{C}}_1 & \cdots & \widetilde{\boldsymbol{C}}_P & \boldsymbol{0} & \cdots & \boldsymbol{0}\\ \boldsymbol{0} & \widetilde{\boldsymbol{C}}_P & \widetilde{\boldsymbol{C}}_1 & \cdots & \widetilde{\boldsymbol{C}}_0 & \widetilde{\boldsymbol{C}}_1 & \cdots & \widetilde{\boldsymbol{C}}_P & \cdots & \boldsymbol{0}\\ \vdots & \vdots & \ddots & \cdots & \ddots & \ddots & \cdots & \ddots & \ddots & \vdots\\ \boldsymbol{0} & \cdots & \boldsymbol{0} & \widetilde{\boldsymbol{C}}_P & \cdots & \widetilde{\boldsymbol{C}}_1 & \widetilde{\boldsymbol{C}}_0 & \widetilde{\boldsymbol{C}}_1 & \cdots & \widetilde{\boldsymbol{C}}_P\end{bmatrix}\tag{4.23}$$

式中：$\widetilde{\boldsymbol{C}}_p=c_{tp}\boldsymbol{P}_r\boldsymbol{C}_r(p=0,\cdots,K)$ 是一个 $N'\times N$ 维子矩阵，c_{tp} 是 $\boldsymbol{C}_t$ 的第 p 个非零元素。因此，$\widetilde{\boldsymbol{Y}}$ 的协方差矩阵为

$$\begin{aligned}\boldsymbol{R}_{\widetilde{Y}}&=E\{\widetilde{\boldsymbol{Y}}\widetilde{\boldsymbol{Y}}^{\mathrm{H}}\}\\&=\widetilde{\boldsymbol{C}}\boldsymbol{D}(\varphi,\theta)\boldsymbol{R}_H D^{\mathrm{H}}(\varphi,\theta)\widetilde{\boldsymbol{C}}^{\mathrm{H}}+\sigma^2\boldsymbol{I}_{M'N'}\end{aligned}\tag{4.24}$$

式中：$\boldsymbol{R}_{\mathrm{H}}=E\{\widetilde{\boldsymbol{Y}}\widetilde{\boldsymbol{Y}}^{\mathrm{H}}\}$ 为目标 RCS 的协方差矩阵，通过对 $\boldsymbol{R}_{\widetilde{Y}}$ 进行特征分解，可以得到相应的信号子空间 $\widetilde{\boldsymbol{E}}_s$ 和噪声子空间 $\widetilde{\boldsymbol{E}}_n$。

下面将说明 $\widetilde{\boldsymbol{E}}_s$ 对互耦具有鲁棒性，可以直接用于估计 DOD 和 DOA。假设包含非辅助阵元的阵列发射和接收导向向量分别为 $\widetilde{\boldsymbol{b}}(\varphi)=[1,z_t,\cdots,z_t^{M'-1}]^{\mathrm{T}}$ 和 $\widetilde{\boldsymbol{a}}(\theta)=[1,z_r,\cdots,z_r^{N'-1}]^{\mathrm{T}}$，$z_t=\mathrm{e}^{-\mathrm{j}\pi\sin\varphi}$，$z_r=\mathrm{e}^{-\mathrm{j}\pi\sin\theta}$。由于非辅助阵元的导向向量为 $\widetilde{\boldsymbol{C}}\boldsymbol{d}(\varphi,\theta)$，根据 $\widetilde{\boldsymbol{C}}$ 的结构，$\widetilde{\boldsymbol{C}}\boldsymbol{d}(\varphi,\theta)$ 可以被改写成：

$$\begin{aligned}\widetilde{\boldsymbol{C}}\boldsymbol{d}(\varphi,\theta)&=\widetilde{\boldsymbol{C}}[\boldsymbol{a}(\theta),\boldsymbol{a}(\theta)z_t,\cdots,\boldsymbol{a}(\theta)z_t^{M-1}]\\&=\widetilde{\boldsymbol{b}}(\varphi)\otimes\left[\sum_{i=0}^{P}(\widetilde{\boldsymbol{C}}_{P-i}z_t^i+\widetilde{\boldsymbol{C}}_i z_t^{P+i})\boldsymbol{a}(\theta)-\widetilde{\boldsymbol{C}}_0\boldsymbol{a}(\theta)z_t^P\right]\\&=\left[\sum_{i=0}^{P}[(c_{t(K-i)}z_t^i+c_{ti}z_t^{P+i})-z_t^P]\right]\widetilde{\boldsymbol{b}}(\varphi)\otimes[\boldsymbol{P}_r\boldsymbol{C}_r\boldsymbol{a}(\theta)]\\&=d_t(\varphi)\,\widetilde{\boldsymbol{b}}(\varphi)\otimes[\boldsymbol{P}_r\boldsymbol{C}_r\boldsymbol{a}(\theta)]\end{aligned}\tag{4.25}$$

式中：$d_t(\varphi)=\sum_{i=0}^{P}(c_{t(P-i)}z_t^i+c_{ti}z_t^{P+i})-z_t^P$ 是非零标量。由于 $\boldsymbol{P}_r\boldsymbol{C}_r$ 与 $\widetilde{\boldsymbol{C}}$ 相似，可以得到：

$$\begin{aligned}\boldsymbol{P}_r\boldsymbol{C}_r\boldsymbol{a}(\theta)&=\left[\sum_{i=0}^{P}c_{r(P-i)}z_r^i+c_{ri}z_r^{P+i}-z_r^P\right]\widetilde{\boldsymbol{a}}(\theta)\\&=d_r(\theta)\widetilde{\boldsymbol{a}}(\theta)\end{aligned}\tag{4.26}$$

式中：$d_r(\theta)=\sum_{i=0}^{P}c_{r(P-i)}z_r^i+c_{ri}z_r^{P+i}-z_r^P$。将式（4.26）的结果带入式（4.25）中，可得：

$$\begin{aligned}\widetilde{\boldsymbol{C}}\boldsymbol{d}(\varphi,\theta)&=[d_t(\varphi)d_r(\theta)][\widetilde{\boldsymbol{b}}(\varphi)\otimes\widetilde{\boldsymbol{a}}(\theta)]\\&=d_{tr}(\varphi,\theta)\widetilde{\boldsymbol{d}}(\varphi,\theta)\end{aligned}\tag{4.27}$$

式中：$d_{tr}(\varphi,\theta)=d_t(\varphi)d_r(\theta)$是一个非零常数，$\widetilde{\boldsymbol{d}}(\varphi,\theta)=\widetilde{\boldsymbol{b}}(\varphi)\otimes\widetilde{\boldsymbol{a}}(\theta)$是一个$M'N'\times1$维的向量。显然，标量$d_{tr}(\varphi,\theta)$是不会影响到$\widetilde{\boldsymbol{d}}(\varphi,\theta)$与$\widetilde{\boldsymbol{E}}_n$之间的正交性。即

$$\widetilde{\boldsymbol{E}}_n^{\mathrm{H}}\widetilde{\boldsymbol{C}}\boldsymbol{d}(\varphi_k,\theta_k)=0\Rightarrow\widetilde{\boldsymbol{E}}_n^{\mathrm{H}}\widetilde{\boldsymbol{d}}(\varphi_k,\theta_k)=0,\quad k=1,2,\cdots,K\tag{4.28}$$

从式（4.28）可以看出，通过在发射和接收阵列的两侧设置辅助阵元可以有效地对互耦效应进行补偿，使得非辅助阵列与具有M'个发射阵元和N'个接收阵元的理想双基地的 MIMO 雷达具有相同的特性。为了自动匹配估计的 DOD 和 DOA，下面介绍一种低复杂的矩阵分析方法。

4.2.3　低复杂度的角度估计算法

由$\widetilde{\boldsymbol{C}}\boldsymbol{D}(\varphi,\theta)$张成的子空间与由$\widetilde{\boldsymbol{E}}_s$列特征向量张成的向量重合。因此，存在唯一的非奇异矩阵$\boldsymbol{T}$，使得：

$$\begin{aligned}\widetilde{\boldsymbol{E}}_s&=\widetilde{\boldsymbol{C}}\boldsymbol{D}(\varphi,\theta)\boldsymbol{T}\\&=\widetilde{\boldsymbol{D}}(\varphi,\theta)\boldsymbol{\Delta}\boldsymbol{T}\end{aligned}\tag{4.29}$$

式中：$\widetilde{\boldsymbol{D}}(\varphi,\theta)=[\widetilde{\boldsymbol{d}}(\varphi_1,\theta_1),\widetilde{\boldsymbol{d}}(\varphi_2,\theta_2),\cdots,\widetilde{\boldsymbol{d}}(\varphi_K,\theta_K)]$；$\boldsymbol{\Delta}=\mathrm{diag}(d_{tr}(\varphi_1,\theta_1),d_{tr}(\varphi_2,\theta_2),\cdots,d_{tr}(\varphi_K,\theta_K))$。定义$\widetilde{\boldsymbol{E}}_s$的前$(M'-1)N'$行和后$(M'-1)N'$行，分别组成了两个子矩阵$\widetilde{\boldsymbol{E}}_{t1}$和$\widetilde{\boldsymbol{E}}_{t2}$，即

$$\begin{cases}\widetilde{\boldsymbol{E}}_{t1}=[(\boldsymbol{I}_{M'-1},\boldsymbol{0}_{(M'-1)\times1})\otimes\boldsymbol{I}_{N'}]\widetilde{\boldsymbol{E}}_s\\\widetilde{\boldsymbol{E}}_{t2}=[(\boldsymbol{0}_{(M'-1)\times1},\boldsymbol{I}_{M'-1})\otimes\boldsymbol{I}_{N'}]\widetilde{\boldsymbol{E}}_s\end{cases}\tag{4.30}$$

联立式（4.29）和式（4.30），可以得到

$$\widetilde{\boldsymbol{E}}_{t1}=\widetilde{\boldsymbol{D}}_{t1}(\varphi,\theta)\boldsymbol{\Delta}\boldsymbol{T}\tag{4.31}$$

$$\begin{aligned}\widetilde{\boldsymbol{E}}_{t2}&=\widetilde{\boldsymbol{D}}_{t2}(\varphi,\theta)\boldsymbol{\Delta}\boldsymbol{T}\\&=\widetilde{\boldsymbol{D}}_{t1}(\varphi,\theta)\boldsymbol{\Delta}\boldsymbol{\Phi}_t\boldsymbol{T}\end{aligned}\tag{4.32}$$

式中：$\widetilde{\boldsymbol{D}}_{t1}(\varphi,\theta)$和$\widetilde{\boldsymbol{D}}_{t2}(\varphi,\theta)$是$(M'-1)N'\times K$维的子矩阵；$\boldsymbol{\Phi}_t=\mathrm{diag}(z_{t1},z_{t2},\cdots,z_{tK})$为发射旋转不变矩阵。根据上述关系容易得到：

$$\widetilde{\boldsymbol{E}}_{t2}=\widetilde{\boldsymbol{E}}_{t1}\boldsymbol{\Psi}_t \tag{4.33}$$

式中：$\boldsymbol{\Psi}_t=\boldsymbol{T}^{-1}\boldsymbol{\Phi}_t\boldsymbol{T}$。同样，重新排列$\widetilde{\boldsymbol{D}}(\varphi,\theta)$的行，构建$\widetilde{\boldsymbol{D}}'(\varphi,\theta)=[\widetilde{\boldsymbol{d}}'(\varphi_1,\theta_1),\widetilde{\boldsymbol{d}}'(\varphi_2,\theta_2),\cdots,\widetilde{\boldsymbol{d}}'(\varphi_K,\theta_K)]$，其中：$\widetilde{\boldsymbol{d}}'(\varphi_k,\theta_k)=\widetilde{\boldsymbol{a}}(\theta_k)\otimes\widetilde{\boldsymbol{b}}(\varphi_k)$。定义一个置换矩阵$\boldsymbol{\Gamma}=\sum_{h=1}^{M'}\sum_{l=1}^{N'}\boldsymbol{\Gamma}_{h,l}^{M'\times N'}\otimes\boldsymbol{\Gamma}_{l,h}^{N'\times M'}$，其中：初等矩阵$\boldsymbol{\Gamma}_{h,l}^{M'\times N'}$是一个$M'\times N'$维矩阵，$(h,l)$位置的值为1，其他位置的值为0。易得：

$$\boldsymbol{\Gamma}\widetilde{\boldsymbol{D}}(\varphi,\theta)=\widetilde{\boldsymbol{D}}'(\varphi,\theta) \tag{4.34}$$

接着，构造

$$\boldsymbol{E}_s'=\boldsymbol{\Gamma}\widetilde{\boldsymbol{E}}_s \tag{4.35}$$

定义两个矩阵$\widetilde{\boldsymbol{E}}_{r1}$和$\widetilde{\boldsymbol{E}}_{r2}$，分别对应于$\widetilde{\boldsymbol{E}}_s'$的前$(N'-1)M'$行和后$(N'-1)M'$行。

$$\begin{cases}\widetilde{\boldsymbol{E}}_{r1}=[(\boldsymbol{I}_{N-1},\boldsymbol{0}_{(N'-1)\times1})\otimes\boldsymbol{I}_M]\boldsymbol{E}_s'\\ \widetilde{\boldsymbol{E}}_{r2}=[(\boldsymbol{0}_{(N-1)\times1},\boldsymbol{I}_{N'-1})\otimes\boldsymbol{I}_M]\boldsymbol{E}_s'\end{cases} \tag{4.36}$$

类似地，可得：

$$\widetilde{\boldsymbol{E}}_{r2}=\widetilde{\boldsymbol{E}}_{r1}\boldsymbol{\Psi}_r \tag{4.37}$$

式中：$\boldsymbol{\Psi}_r=\boldsymbol{T}^{-1}\boldsymbol{\Phi}_rT$，$\boldsymbol{\Phi}_r=\mathrm{diag}(z_{r1},z_{r2},\cdots,z_{rK})$为接收旋转不变矩阵。

由于$\boldsymbol{\Phi}_t$和$\boldsymbol{\Phi}_r$中包含了DOD和DOA的信息，角估计问题变成了基于ESPRIT的参数估计问题。此外，在多目标情况下，需要确定$\hat{\varphi}$和$\hat{\theta}$的正确配对。将移位不变性矩阵重写为$\boldsymbol{\Phi}_i=\mathrm{diag}(\mathrm{e}^{\mathrm{j}w_{i1}},\mathrm{e}^{\mathrm{j}w_{i2}},\cdots,\mathrm{e}^{\mathrm{j}w_{iK}})$，其中：$\omega_{ip}=\pi\sin\phi_p$；$i=\{t,r\}$；$\phi=\{\varphi,\theta\}$。构造一个复矩阵

$$\boldsymbol{\Xi}_i=(\boldsymbol{\Psi}_i+\boldsymbol{\Psi}_0)^{-1}(\boldsymbol{\Psi}_i-\boldsymbol{\Psi}_0) \tag{4.38}$$

式中：$\boldsymbol{\Psi}_i=\boldsymbol{T}^{-1}\boldsymbol{\Phi}_i\boldsymbol{T}$；$\boldsymbol{\Psi}_0=\boldsymbol{T}^{-1}\boldsymbol{\Phi}_0\boldsymbol{T}$并且$\boldsymbol{\Phi}_0$是一个$K\times K$的单位矩阵。进一步推导可以得出

$$\begin{aligned}\boldsymbol{\Xi}_i&=(\boldsymbol{\Psi}_i+\boldsymbol{\Psi}_0)^{-1}(\boldsymbol{\Psi}_i-\boldsymbol{\Psi}_0)\\&=(\boldsymbol{T}^{-1}\boldsymbol{\Phi}_i\boldsymbol{T}+\boldsymbol{T}^{-1}\boldsymbol{\Phi}_0\boldsymbol{T})^{-1}(\boldsymbol{T}^{-1}\boldsymbol{\Phi}_i\boldsymbol{T}-\boldsymbol{T}^{-1}\boldsymbol{\Phi}_0\boldsymbol{T})\\&=[\boldsymbol{T}^{-1}(\boldsymbol{\Phi}_i+\boldsymbol{\Phi}_0)\boldsymbol{T}]^{-1}[\boldsymbol{T}^{-1}(\boldsymbol{\Phi}_i-\boldsymbol{\Phi}_0)\boldsymbol{T}]\\&=\boldsymbol{T}^{-1}(\boldsymbol{\Phi}_i+\boldsymbol{\Phi}_0)^{-1}\boldsymbol{T}\boldsymbol{T}^{-1}(\boldsymbol{\Phi}_i-\boldsymbol{\Phi}_0)\boldsymbol{T}\\&=\boldsymbol{T}^{-1}(\boldsymbol{\Phi}_i+\boldsymbol{\Phi}_0)^{-1}(\boldsymbol{\Phi}_i-\boldsymbol{\Phi}_0)\boldsymbol{T}\end{aligned} \tag{4.39}$$

因此，$\boldsymbol{\Xi}_i$的特征值可以写成

$$(\boldsymbol{\Phi}_i+\boldsymbol{\Phi}_0)^{-1}(\boldsymbol{\Phi}_i-\boldsymbol{\Phi}_0)=\mathrm{diag}\left(\mathrm{j}\tan\frac{w_{i1}}{2},\cdots,\mathrm{j}\tan\frac{w_{iP}}{2}\right) \tag{4.40}$$

将$\boldsymbol{\Psi}_t$和$\boldsymbol{\Psi}_r$联合在一起，构造一个匹配矩阵$\boldsymbol{\Xi}_t+\mathrm{j}\boldsymbol{\Xi}_r$，它的特征值可以通过如下的方式获得

$$(\boldsymbol{\Phi}_t+\boldsymbol{\Phi}_0)^{-1}(\boldsymbol{\Phi}_t-\boldsymbol{\Phi}_0)+\mathrm{j}(\boldsymbol{\Phi}_r+\boldsymbol{\Phi}_0)^{-1}(\boldsymbol{\Phi}_r-\boldsymbol{\Phi}_0)$$
$$=\mathrm{diag}\left\{\tan\frac{\omega_{r1}}{2}+\mathrm{j}\tan\frac{\omega_{t1}}{2},\tan\frac{\omega_{r2}}{2}+\mathrm{j}\tan\frac{\omega_{r2}}{2},\cdots,\tan\frac{\omega_{rK}}{2}+\mathrm{j}\tan\frac{\omega_{rK}}{2}\right\} \tag{4.41}$$

由上述关系可知，第 k 个特征值的实部和虚部分别与参数 z_{rk} 和 z_{tk} 是一一映射关系。因此，可以通过特征值的实部和虚部自动给出正确的配对。假设 $\hat{\delta}_k$ 是 $\boldsymbol{\Xi}_t+\mathrm{j}\boldsymbol{\Xi}_r$ 的特征值估计，那么 $\hat{\varphi}_k$ 和 $\hat{\theta}_k$ 的估计值可以由下式给出

$$\begin{cases}\hat{\varphi}_k=\arcsin\{2\arctan[\mathrm{Re}(\hat{\delta}_k)]/\pi\}\\ \hat{\theta}_k=\arcsin\{2\arctan[\mathrm{Im}(\hat{\delta}_k)]/\pi\}\end{cases} \tag{4.42}$$

在获得 DOD-DOA 角度对后，可进一步利用式（4.2）中的方法进行互耦系数的估计，在此不再赘述。

4.2.4　仿真结果

在本节中，通过计算机仿真说明算法的估计效果。假设双基地 MIMO 雷达的发射天线数 M 为 8，接收天线数 N 为 10，二者均是 ULA。发射互耦系数为 $\boldsymbol{c}_t=[1, 0.8+0.5\mathrm{j}, 0.2+0.1\mathrm{j}]^{\mathrm{T}}$，接收互耦系数为 $\boldsymbol{c}_r=[1, 0.6+0.4\mathrm{j}, 0.1-0.3\mathrm{j}]^{\mathrm{T}}$。假设有 $K=3$ 个不相关的目标位于 $(\theta_1,\varphi_1)=(-20°,-50°)$，$(\theta_2,\varphi_2)=(20°,50°)$ 和 $(\theta_3,\varphi_3)=(40°,10°)$。RCS 系数符合 Swerling I 模型，目标的多普勒频移分别为 0.1，0.2 和 0.425，并收集了 $L=100$ 个快拍的数据。用 MATLAB 进行 100 次蒙特卡罗仿真，仿真中信噪比设置为 20dB。

图 4.4 和图 4.5 分别给出了本节算法角度估计的散点图和互耦系数估计的

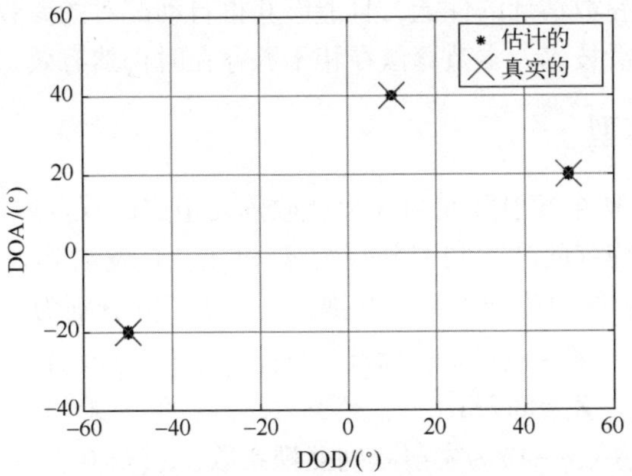

图 4.4　角度估计散点图

散点图。从仿真结果可以看出，角度和互耦系数均能被准确地估计出来，并能够被正确地配对。因此，本节的算法能够应用于双基地 MIMO 雷达角度估计及互耦自校准。

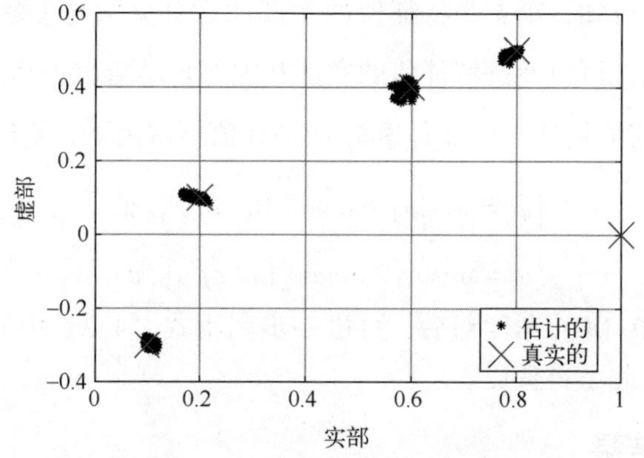

图 4.5　互耦系数估计的散点图

4.3　一种基于 HOSVD 的估计算法[7]

应该注意，上述 ESPRIT-Like 算法能够获得 DOD-DOA 估计的闭式解，但由于采用选择性矩阵进行去耦，因而 ESPRIT-Like 算法存在孔径损失，算法在低信噪比、小孔径、小快拍等场景下性能较差。此外，配对 DOD-DOA 也需要额外的运算量。本节介绍一种基于 HOSVD 的算法，其能利用阵列数据的多维结构信息提升参数估计的性能，且能够获得自动配对的参数估计。此外，由于利用了前后平滑技术，本节算法在相干源存在时仍然有效。

4.3.1　信号模型

考虑一个由 M 个发射阵元和 N 个接收阵元组成的双基地 MIMO 雷达系统，发射阵列和接收阵列的阵元间距分别为 d_t 和 d_r，且发射阵列和接收阵列均为 ULA。发射阵列和接收阵列均存在互耦，其互耦矩阵分别为

$$\boldsymbol{Z}_t=\text{toeplitz}([z_{t0},z_{t1},\cdots,z_{t(q_t-1)},0,\cdots,0]) \tag{4.43}$$

$$\boldsymbol{Z}_r=\text{toeplitz}([z_{r0},z_{r1},\cdots,z_{r(q_r-1)},0,\cdots,0]) \tag{4.44}$$

式中：$z_{ti}(i=0,1,\cdots,q_t-1)$ 为发射阵列互耦系数；$z_{rj}(j=0,1,\cdots,q_r-1)$ 为接收阵列互耦系数。MIMO 雷达发射端利用 M 个发射阵元发射 M 组相互正交的窄带波形 $\boldsymbol{H}=[\boldsymbol{h}_1,\boldsymbol{h}_2,\cdots,\boldsymbol{h}_M]^{\mathrm{T}}$，其中，$\boldsymbol{h}_m$ 为第 m 个发射阵元发射的 $K\times1$ 维波形，

即满足

$$\boldsymbol{h}_i\boldsymbol{h}_j^{\mathrm{H}}=\begin{cases}1, & i=j\\ 0, & i\neq j\end{cases} \tag{4.45}$$

假设存在 P 个远场相互独立的目标，其中，第 $p(p=1,2,\cdots,P)$ 个目标分别相对于发射阵列和接收阵列的 DOD 角和 DOA 分别为 φ_p 和 θ_p，那么接收端接收的信号可表示为

$$\overline{\boldsymbol{X}}(l)=\sum_{p=1}^{P}\alpha_p e^{\mathrm{j}2\pi f_p(l)}\boldsymbol{Z}_r\boldsymbol{a}_r(\theta_p)\boldsymbol{a}_t^{\mathrm{T}}\boldsymbol{Z}_t^{\mathrm{T}}(\varphi_p)\boldsymbol{H}+\boldsymbol{W}(l),\quad l=1,2,\cdots,L \tag{4.46}$$

式中：$\boldsymbol{a}_r(\theta_p)=[1,\mathrm{e}^{\mathrm{j}(2\pi/\lambda)d_r\sin\theta_p},\cdots,\mathrm{e}^{\mathrm{j}(2\pi/\lambda)(N-1)d_r\sin\theta_p}]^{\mathrm{T}}$ 为接收导向向量；$\boldsymbol{a}_t(\varphi_p)=[1,\mathrm{e}^{\mathrm{j}(2\pi/\lambda)d_t\sin\varphi_p},\cdots,\mathrm{e}^{\mathrm{j}(2\pi/\lambda)(M-1)d_t\sin\varphi_p}]^{\mathrm{T}}$ 为发射导向向量；$\alpha_p(t)$ 和 $f_p(l)$ 分别为第 $p(p=1,2,\cdots,P)$ 个目标的发射系数和多普勒频率；λ 为信号的波长；$\boldsymbol{W}(l)$ 为零均值且方差为 $\sigma^2\boldsymbol{I}_N$ 的高斯白噪声。利用发射波形的正交特性，利用匹配滤波器对 $\overline{\boldsymbol{X}}(l)$ 进行匹配滤波，则有

$$\boldsymbol{X}(l)=\sum_{p=1}^{P}\alpha_p\mathrm{e}^{\mathrm{j}2\pi f_p(l)}\boldsymbol{Z}_r\boldsymbol{a}_r(\theta_p)\boldsymbol{a}_t^{\mathrm{T}}\boldsymbol{Z}_t^{\mathrm{T}}(\varphi_p)+\frac{1}{K}\boldsymbol{W}(l)\boldsymbol{H},\quad l=1,2,\cdots,L \tag{4.47}$$

采用矩阵的表述模型，可表示为

$$\boldsymbol{X}(l)=\boldsymbol{Z}_r\boldsymbol{A}_r\boldsymbol{D}_s(l)\boldsymbol{A}_t^{\mathrm{T}}\boldsymbol{Z}_t^{\mathrm{T}}+\overline{\boldsymbol{W}}(l),\quad l=1,2,\cdots,L \tag{4.48}$$

式中：$\boldsymbol{A}_r=[\boldsymbol{a}_r(\theta_1),\cdots,\boldsymbol{a}_r(\theta_P)]$ 和 $\boldsymbol{A}_t=[\boldsymbol{a}_t(\theta_1),\cdots,\boldsymbol{a}_t(\theta_P)]$ 分别为接收导向矩阵和发射导向矩阵；$\boldsymbol{D}_s(l)=\mathrm{diag}(\boldsymbol{d}(l))$，其中，$\boldsymbol{d}(l)=[\alpha_1\mathrm{e}^{\mathrm{j}2\pi f_1(l)},\cdots,\alpha_P\mathrm{e}^{\mathrm{j}2\pi f_P(l)}]^{\mathrm{T}}$；$\overline{\boldsymbol{W}}(l)$ 为匹配滤波后的噪声矩阵。对每个脉冲的接收信号进行列堆栈处理，则 L 个脉冲的接收信号可表示为

$$\begin{aligned}\boldsymbol{Y}&=[\mathrm{vec}(\boldsymbol{X}(1)),\mathrm{vec}(\boldsymbol{X}(2)),\cdots,\mathrm{vec}(\boldsymbol{X}(L))]\\&=[\boldsymbol{Z}_t\otimes\boldsymbol{Z}_r][\boldsymbol{A}_t\odot\boldsymbol{A}_r]\boldsymbol{S}+\boldsymbol{N}\end{aligned} \tag{4.49}$$

式中：$\boldsymbol{S}=[\boldsymbol{d}^{\mathrm{T}}(1),\boldsymbol{d}^{\mathrm{T}}(2),\cdots,\boldsymbol{d}^{\mathrm{T}}(L)]$；$\boldsymbol{N}=[\mathrm{vec}(\overline{\boldsymbol{W}}(1)),\cdots,\mathrm{vec}(\overline{\boldsymbol{W}}(L))]$。

4.3.2　基于 HOSVD 参数联合估计

根据发射阵列和接收阵列互耦矩阵的特殊结构，定义两个选择矩阵如下

$$\begin{cases}\boldsymbol{P}_t=[\boldsymbol{0}_{\overline{M}\times\overline{q}_t},\boldsymbol{I}_{\overline{M}\times\overline{M}},\boldsymbol{0}_{\overline{M}\times\overline{q}_t}]\\ \boldsymbol{P}_r=[\boldsymbol{0}_{\overline{N}\times\overline{q}_r},\boldsymbol{I}_{\overline{N}\times\overline{N}},\boldsymbol{0}_{\overline{N}\times\overline{q}_r}]\end{cases} \tag{4.50}$$

式中：$\overline{M}=M-2q_t$；$\overline{N}=N-2q_r$。利用选择矩阵对单拍接收数据进行操作，则有

$$\overline{\boldsymbol{X}}(l)=\boldsymbol{P}_r\boldsymbol{Z}_r\boldsymbol{A}_r\boldsymbol{D}_s(l)\boldsymbol{A}_t^{\mathrm{T}}(\boldsymbol{P}_t\boldsymbol{Z}_t)^{\mathrm{T}}+\boldsymbol{P}_r\overline{\boldsymbol{W}}(l)\boldsymbol{P}_r^{\mathrm{T}},\quad l=1,2,\cdots,L \tag{4.51}$$

根据选择矩阵的特性，式（4.51）中的接收数据不受到互耦误差的影响，

即对互耦误差具有稳健性。利用张量信号模型概念和表示方法，可将互耦条件下 MIMO 雷达的张量信号表述为$\mathcal{Y}\in^{M\times N\times L}$，且满足以下关系

$$[\mathcal{Y}]_{(3)}^{\mathrm{T}}=[\boldsymbol{Z}_t\otimes\boldsymbol{Z}_r][\boldsymbol{A}_t\odot\boldsymbol{A}_r]\boldsymbol{S}+\boldsymbol{N} \tag{4.52}$$

为了得到对于互耦误差稳健的接收数据，将式（4.52）中的矩阵运算扩展到张量运算，则有

$$\hat{\mathcal{Y}}=\mathcal{Y}\times_1\boldsymbol{P}_t\times_2\boldsymbol{P}_r \tag{4.53}$$

基于张量子空间的方法可知，通过酉变换的实数张量分解可以获得更高精度的张量子空间。因此，构造

$$\overline{\mathcal{Y}}=[\hat{\mathcal{Y}}\perp_N(\hat{\mathcal{Y}}^*\times_1\boldsymbol{\Pi}_{\overline{M}}\times_2\boldsymbol{\Pi}_{\overline{N}}\times_3\boldsymbol{\Pi}_L)]\times_1\boldsymbol{U}_{\overline{M}}^{\mathrm{H}}\times_2\boldsymbol{U}_{\overline{N}}^{\mathrm{H}}\cdots\times_3\boldsymbol{U}_{2L}^{\mathrm{H}} \tag{4.54}$$

式中：$\perp_N$ 表示为模-N 连接两个张量；$\boldsymbol{\Pi}_M$ 表示 $M\times M$ 的反对角矩阵；$\boldsymbol{U}_{\overline{M}}$表述维数为$\overline{M}\times\overline{M}$的酉变换矩，其具体形式如下：

$$\boldsymbol{U}_{\overline{M}}=\begin{cases}\dfrac{1}{\sqrt{2}}\begin{bmatrix}\boldsymbol{I}_h & 0 & \mathrm{j}\boldsymbol{I}_h\\ \boldsymbol{0} & \sqrt{2} & \boldsymbol{0}\\ \boldsymbol{\Pi}_h & 0 & -\boldsymbol{\Pi}_h\end{bmatrix}, & \overline{M}=2h+1\\[2ex] \dfrac{1}{\sqrt{2}}\begin{bmatrix}\boldsymbol{I}_h & \mathrm{j}\boldsymbol{I}_h\\ \boldsymbol{\Pi}_h & -\mathrm{j}\boldsymbol{\Pi}_h\end{bmatrix}, & \overline{M}=2h\end{cases} \tag{4.55}$$

以$\overline{M}=2h+1$ 为例，有

$$\boldsymbol{U}_{\overline{M}}^{\mathrm{H}}\overline{\boldsymbol{a}}_t(\varphi_k)=\sqrt{2}\left[\cos\{\pi h\sin\varphi_k\},\cdots,\cos\{\pi\sin\varphi_k\},\frac{1}{\sqrt{2}},\sin\{\pi\sin\varphi_k\},\cdots,\sin\{\pi h\sin\varphi_k\}\right]^{\mathrm{T}} \tag{4.56}$$

对子张量$\overline{\mathcal{Y}}$进行 HOSVD，则有

$$\overline{\mathcal{Y}}=\mathcal{G}\times_1\boldsymbol{E}_1\times_2\boldsymbol{E}_2\times_3\boldsymbol{E}_3 \tag{4.57}$$

式中：$\mathcal{G}$为核张量；$\boldsymbol{E}_i(i=1,2,3)$为张量$\overline{\mathcal{Y}}$的模-$i$ 展开矩阵的左奇异值矩阵。定义如下张量子空间

$$\overline{\mathcal{Y}}_s=\mathcal{G}_s\times_1\boldsymbol{E}_{s1}\times_2\boldsymbol{E}_{s2} \tag{4.58}$$

式中：$\mathcal{G}_s$ 为核张量的子分量；$\boldsymbol{E}_{si}(i=1,2,3)$由 $\boldsymbol{U}_i$ 中与 $\boldsymbol{P}$ 个大奇异值对应的左特征向量构成。根据 HOSVD 的特性，子核张量$\mathcal{G}_s$ 为

$$\mathcal{G}_s=\overline{\mathcal{Y}}\times_1\boldsymbol{E}_{s1}^{\mathrm{H}}\times_2\boldsymbol{E}_{s2}^{\mathrm{H}}\times_3\boldsymbol{E}_{s3}^{\mathrm{H}} \tag{4.59}$$

将式（4.59）代入到式（4.58）中，则有

$$\overline{\mathcal{Y}}_s=\overline{\mathcal{Y}}\times_1\boldsymbol{E}_{s1}\boldsymbol{E}_{s1}^{\mathrm{H}}\times_2\boldsymbol{E}_{s2}\boldsymbol{E}_{s2}^{\mathrm{H}}\times_3\boldsymbol{E}_{s3}^{\mathrm{H}} \tag{4.60}$$

利用张量代数的模展开性质，得到基于 HOSVD 的信号子空间为

$$\bar{\boldsymbol{E}}_s=[\bar{\boldsymbol{\mathcal{Y}}}_s]_{(3)}^{\mathrm{T}}=(\boldsymbol{E}_{s1}\boldsymbol{E}_{s1}^{\mathrm{H}}\otimes\boldsymbol{E}_{s2}\boldsymbol{E}_{s2}^{\mathrm{H}})[\bar{\boldsymbol{\mathcal{Y}}}]_{(3)}^{\mathrm{T}}\boldsymbol{E}_{s3}^{*} \tag{4.61}$$

根据 HOSVD 的理论可知，该信号子空间为信号子空间 $\boldsymbol{E}_s$ 在$(\boldsymbol{E}_{s1}\boldsymbol{E}_{s1}^{\mathrm{H}})$张成的空间和$(\boldsymbol{E}_{s2}\boldsymbol{E}_{s2}^{\mathrm{H}})$张成的空间的 Kronecker 乘积上的投影。因此利用式（4.61）中所示的信号子空间，再利用 Unitary-MUSIC 算法或者 Unitary-ESPRIT 算法估计出目标的 DOD 和 DOA。

4.3.3　基于实值子空间的参数估计

（1）Unitary-MUSIC 算法。

通过酉变换后，原来的复值噪声子空间变成实值噪声子空间。实值导向向量和复值导向向量的关系具体如下：

$$\tilde{\boldsymbol{a}}(\varphi,\theta)=\boldsymbol{U}_{\overline{M}\overline{N}}\bar{\boldsymbol{a}}(\varphi,\theta) \tag{4.62}$$

式中：$\bar{\boldsymbol{a}}(\varphi,\theta)$表示去耦后的阵列虚拟方向矩阵，根据 MUSIC 算法的基本原理，即实值导向向量$\tilde{\boldsymbol{a}}(\varphi,\theta)$和实值噪声子空间的正交性，构造如下实值空间谱函数

$$f(\theta,\varphi)=\frac{1}{\tilde{\boldsymbol{a}}^{\mathrm{H}}(\varphi,\theta)\bar{\boldsymbol{E}}_n\bar{\boldsymbol{E}}_n^{\mathrm{H}}\tilde{\boldsymbol{a}}(\varphi,\theta)} \tag{4.63}$$

式中：$\bar{\boldsymbol{E}}_n$ 为$\bar{\boldsymbol{E}}_s$ 的正交补。上述空间谱涉及二维空间谱搜索，可以采用类似于 RD-MUSIC 算法的降维技术，将二维实值空间谱搜索转换成为一维空间谱搜索，进一步降低运算复杂度。

（2）Unitary-ESPRIT 算法。

根据复值旋转不变特性，在实数域里面可以将信息子空间表示为

$$\begin{cases}\bar{\boldsymbol{\Gamma}}_2\boldsymbol{a}_{\mathrm{real}}(\varphi,\theta)=\bar{\boldsymbol{\Gamma}}_1\boldsymbol{a}_{\mathrm{real}}(\varphi,\theta)\tan\left(\dfrac{\pi d_t\sin\varphi}{\lambda}\right)\\ \bar{\boldsymbol{\Gamma}}_4\boldsymbol{a}_{\mathrm{real}}(\varphi,\theta)=\bar{\boldsymbol{\Gamma}}_3\boldsymbol{a}_{\mathrm{real}}(\varphi,\theta)\tan\left(\dfrac{\pi d_r\sin\theta}{\lambda}\right)\end{cases} \tag{4.64}$$

式中：$\bar{\boldsymbol{\Gamma}}_1=\mathrm{Re}\{\boldsymbol{U}_{MN}\boldsymbol{\Gamma}_2\}$，$\bar{\boldsymbol{\Gamma}}_2=\mathrm{Im}\{\boldsymbol{U}_{MN}\boldsymbol{\Gamma}_2\}$，$\bar{\boldsymbol{\Gamma}}_3=\mathrm{Re}\{\boldsymbol{U}_{MN}\boldsymbol{\Gamma}_4\}$和$\bar{\boldsymbol{\Gamma}}_4=\mathrm{Im}\{\boldsymbol{U}_{MN}\boldsymbol{\Gamma}_4\}$均为实值选择矩阵，将式（4.64）扩展到实值导向矩阵中，可得：

$$\begin{cases}\bar{\boldsymbol{\Gamma}}_2\boldsymbol{A}=\bar{\boldsymbol{\Gamma}}_1\boldsymbol{A}\bar{\boldsymbol{\Phi}}_t\\ \bar{\boldsymbol{\Gamma}}_4\boldsymbol{A}=\bar{\boldsymbol{\Gamma}}_3\boldsymbol{A}\bar{\boldsymbol{\Phi}}_t\end{cases} \tag{4.65}$$

式中：$\bar{\boldsymbol{\Phi}}_t=\mathrm{diag}(\tan(\pi d_t\sin\varphi_1/\lambda),\tan(\pi d_t\sin\varphi_2/\lambda),\cdots,\tan(\pi d_t\sin\varphi_p/\lambda))$和$\bar{\boldsymbol{\Phi}}_r=\mathrm{diag}(\tan(\pi d_r\sin\theta_1/\lambda),\tan(\pi d_r\sin\theta_2/\lambda),\cdots,\tan(\pi d_r\sin\theta_p/\lambda))$。根据式（4.65）可知，在实数域里面，发射-接收联合导向矩阵的旋转不变特性矩阵$\bar{\boldsymbol{\Phi}}_t$ 和$\bar{\boldsymbol{\Phi}}_r$ 分别包含着目标发射角度和接收角度信息。因此，对目标的发射角

度和接收角度联合估计问题转化成为求解对角矩阵$\overline{\boldsymbol{\Phi}}_t$ 和$\overline{\boldsymbol{\Phi}}_r$ 的问题。根据实值信号子空间与实值导向矩阵的关系 $\boldsymbol{E}_s=\boldsymbol{A}_{\text{real}}\Theta$，代入式（4.65）则有

$$\begin{cases}\overline{\boldsymbol{\Gamma}}_2\boldsymbol{E}_s=\overline{\boldsymbol{\Gamma}}_1\boldsymbol{E}_s\boldsymbol{\Psi}_t\\ \overline{\boldsymbol{\Gamma}}_4\boldsymbol{E}_s=\overline{\boldsymbol{\Gamma}}_3\boldsymbol{E}_s\boldsymbol{\Psi}_r\end{cases}\tag{4.66}$$

式中：$\boldsymbol{\Psi}_t=\overline{\boldsymbol{T}}^{-1}\overline{\boldsymbol{\Phi}}_t\overline{\boldsymbol{T}}$；$\boldsymbol{\Psi}_r=\overline{\boldsymbol{T}}^{-1}\overline{\boldsymbol{\Phi}}_r\overline{\boldsymbol{T}}$，矩阵 $\boldsymbol{\Psi}_t$ 和 $\boldsymbol{\Psi}_r$ 的特征值包含着目标的发射角度和接收角度信息。注意到矩阵 $\boldsymbol{\Psi}_t$ 和 $\boldsymbol{\Psi}_r$ 均为实值矩阵，构造一个实值矩阵 $\boldsymbol{\Delta}=\boldsymbol{\Psi}_t+\text{j}\boldsymbol{\Psi}_r$，然后对其进行特征值分解，可得：

$$\boldsymbol{\Delta}=\widetilde{\boldsymbol{T}}^{-1}(\widetilde{\boldsymbol{\Phi}}_t+\text{j}\widetilde{\boldsymbol{\Phi}}_r)\widetilde{\boldsymbol{T}}\tag{4.67}$$

式中，$\widetilde{\boldsymbol{T}}$为特征向量组成的矩阵；$\widetilde{\boldsymbol{\Phi}}_t$、$\widetilde{\boldsymbol{\Phi}}_r$ 分别为特征值组成的对角矩阵的实部和虚部。根据谱分解的特性，在实值对角矩阵$\widetilde{\boldsymbol{\Phi}}_t$ 和$\widetilde{\boldsymbol{\Phi}}_r$ 同一位置的对角线元素对应的是同一个目标的角度信息，即目标的发射角度和接收角度自动配对。第 $p(p=1,2,\cdots,P)$ 个目标的发射角度和接收角度为

$$\begin{cases}\varphi_p=\arcsin(\arctan(\gamma_{tp})\lambda/(2\pi d_t))\\ \theta_p=\arcsin(\arctan(\gamma_{rp})\lambda/(2\pi d_r))\end{cases}\tag{4.68}$$

式中：γ_{tp}和 γ_{rp}分别为对角矩阵$\widetilde{\boldsymbol{\Phi}}_t$ 和$\widetilde{\boldsymbol{\Phi}}_r$ 第 p 个对角线元素。

根据所获得的目标的 DOD 和 DOA，对互耦参数进行估计，代价函数为

$$J=(z_t\otimes z_r)^{\text{H}}\boldsymbol{\Pi}(z_t\otimes z_r)\tag{4.69}$$

式中：$\boldsymbol{\Pi}=\sum_{p=1}^{P}\boldsymbol{T}^{\text{H}}(\varphi_p,\theta_p)\boldsymbol{E}_{nn}\boldsymbol{T}(\varphi_p,\theta_p)$，其中 $\boldsymbol{E}_{nn}=\boldsymbol{I}_{MN}-\overline{\boldsymbol{U}}_s\overline{\boldsymbol{U}}_s^{\text{H}}$，张量信号子空间 $\overline{\boldsymbol{U}}_s$ 为对张量$\boldsymbol{\mathcal{Y}}$进行 HOSVD 获得。然后将式（4.69）转换成二次约束优化处理，得到发射阵列和接收阵列互耦系数的闭式解，最后重构发射阵列和接收阵列的互耦矩阵。

4.3.4 仿真验证与分析

通过仿真实验验证基于张量分解的目标参数估计算法的有效性。考虑 MIMO 雷达配置发射阵元为 8 个，接收阵元为 10 个，互耦误差参数为 $\boldsymbol{Z}_t=\text{toeplitz}([1,\ 0.1174+\text{j}0.0577,0,\cdots,0])$，$\boldsymbol{Z}_r=\text{toeplitz}([1,-0.01215-\text{j}0.1029,0,\cdots,0])$。发射端发射相互正交的波形，每个匹配滤波区间的相位编码数为 256 个。假设存在三个目标$(\varphi_1,\theta_1)=(-15°,25°)$，$(\varphi_2,\theta_2)=(0°,5°)$和$(\varphi_3,\theta_3)=(20°,-20°)$。

仿真实验一：接收数据快拍数为 50，图 4.6 为基于张量分解的 Unitary-MUSIC 算法和 Unitary-ESPRIT 算法（记为 Proposed-MUSIC 和 Proposed-ESPRIT）、本章第一小节的 MUSIC-Like 和本章第二小结的 ESPRIT-Like 算法的角度 RMSE 和信噪比关系图。从图中可知，Proposed-MUSIC 和 Proposed-

ESPRIT 比 MUSIC-Like 和 ESPRIT-Like 算法均具有更好的角度估计性能，这是由于基于张量分解的子空间估计技术考虑了 MIMO 雷达信号本身的多维结构特性，改善了子空间的估计精度。

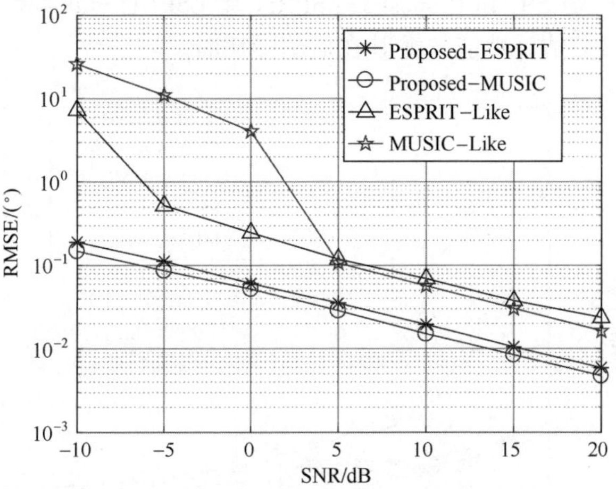

图 4.6　RMSE 与信噪比关系图

仿真实验二：接收数据快拍数为 50，图 4.7 为 Proposed-MUSIC、Proposed-ESPRIT、MUSIC-Like 和 ESPRIT-Like 算法的分辨成功概率（PSD）和信噪比关系图。从图中可知，Proposed-MUSIC 和 Proposed-ESPRIT 比 MUSIC-Like 和 ESPRIT-Like 具有更低的信噪比门限。

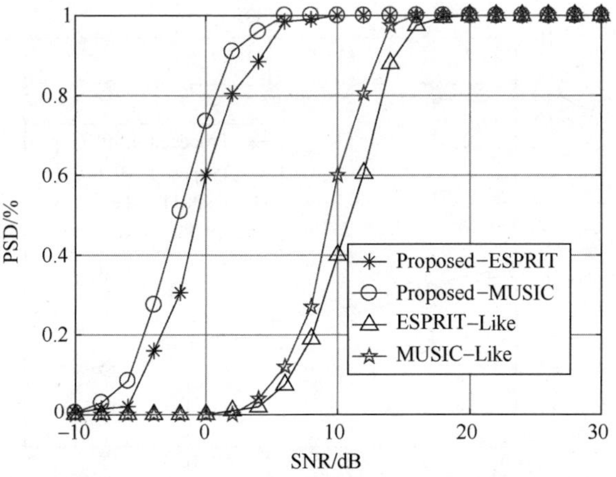

图 4.7　分辨成功概率与信噪比关系图

仿真实验三：所有目标的信噪比均为 5dB，图 4.8 为 Proposed-MUSIC、Proposed-ESPRIT、MUSIC-Like 和 ESPRIT-Like 算法的均方根误差和快拍数关系图。由图可知，随着采样快拍数的增加，所有算法的估计性能均有所改善，其中，Proposed-MUSIC 和 Proposed-ESPRIT 比 ESPRIT-Like 和 MUSIC-Like 算法具有更好的参数估计性能，尤其在低信噪比时。

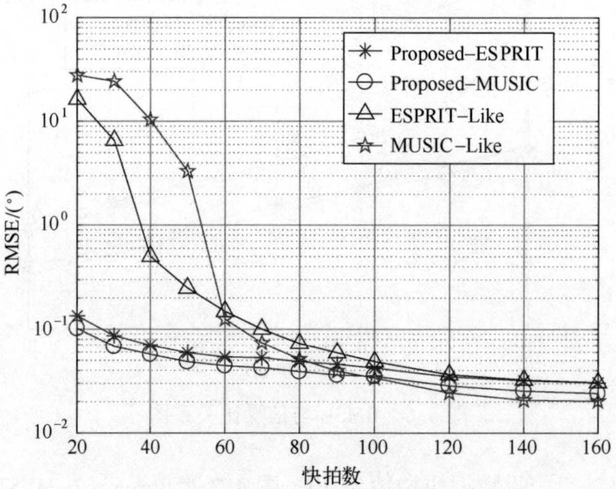

图 4.8 均方根误差与快拍数关系图

仿真实验四：考虑两个相干目标，采样快拍数为 50。图 4.9 为 Proposed-MUSIC、Proposed-ESPRIT、MUSIC-Like 和 ESPRIT-Like 算法对两个相干目标

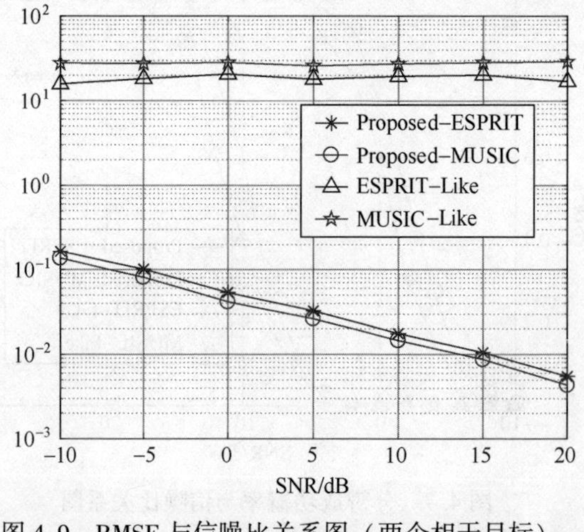

图 4.9 RMSE 与信噪比关系图（两个相干目标）

的均方根误差与信噪比的关系图。由图可知，ESPRIT-Like 和 MUSIC-Like 对两个相干目标失效，而 Proposed-MUSIC 和 Proposed-ESPRIT 对两个相干目标有效，且具有良好的参数估计性能。这是由于 Proposed-MUSIC 和 Proposed-ESPRIT 利用了前后向空间平滑技术，因此对两个相干目标有效。

4.4　基于 PARAFAC 分解的估计算法[8]

由于 N 阶张量的 HOSVD 相对于其对应的矩阵 SVD 来说，计算复杂度增加了 N 倍。因此 HOSVD 算法虽然精度较高，但是其需要多次 SVD/EVD 运算，计算复杂度较大。本节介绍一种基于 PARAFAC 的算法，该算法的复杂度低、精度高。

4.4.1　信号模型

现考虑一个配备有 M 元发射阵列和 N 元接收阵列的双基地 MIMO 雷达系统，二者均是半波长分布的 ULA。假设有 K 个相干点目标出现在天线的远场中，并且所有目标都在同一距离元内。第 k 个目标的 DOD 和 DOA 分别设为 φ_k 和 θ_k。另外假设发射天线发射具有相同载频的正交窄带波形。目标反射回波由接收天线阵列收集，并将接收信号通过一组匹配滤波器组。第 n 个接收天线中匹配滤波器的无噪声输出可以表示为

$$\boldsymbol{r}_n(t)=\sum_{k=1}^{K}\bar{\boldsymbol{a}}_t(\varphi_k)\,\bar{a}_r^n(\theta_k)s_k(t) \tag{4.70}$$

式中：$\bar{\boldsymbol{a}}_t(\varphi_k)=[\bar{a}_t^1(\varphi_k),\cdots,\bar{a}_t^M(\varphi_k)]^{\mathrm{T}}$ 和 $\bar{\boldsymbol{a}}_r(\theta_k)=[\bar{a}_r^1(\theta_k),\cdots,\bar{a}_r^N(\theta_k)]^{\mathrm{T}}$ 分别代表第 k 个目标的发射导向矩阵和接收导向矩阵；$\bar{a}_r^n(\theta_k)=\exp\{-\mathrm{j}\pi(n-1)\sin\theta_k\}$，$\bar{a}_t^m(\varphi_k)=\exp\{-\mathrm{j}\pi(m-1)\sin\varphi_k\}$，$m=1,2,\cdots,M$，$n=1,2,\cdots,N$。第 k 个目标的特征向量为 $s_k(t)=\alpha_k\exp\{\mathrm{j}2\pi f_k t/f_s\}$，$\alpha_k$ 是第 k 个目标的 RCS，f_k 表示多普勒频率，f_s 表示脉冲重复频率。令 $\bar{\boldsymbol{x}}(t)=[\boldsymbol{r}_1(t),\cdots,\boldsymbol{r}_N(t)]^{\mathrm{T}}$，可以得到：

$$\bar{\boldsymbol{x}}(t)=[\bar{\boldsymbol{a}}_r(\theta_1)\otimes\bar{\boldsymbol{a}}_t(\varphi_1),\cdots,\bar{\boldsymbol{a}}_r(\theta_K)\otimes\bar{\boldsymbol{a}}_t(\varphi_K)]\boldsymbol{s}(t) \tag{4.71}$$

式中：$\boldsymbol{s}(t)=[s_1(t),\cdots,s_K(t)]^{\mathrm{T}}$。令发射方向矩阵 $\bar{\boldsymbol{A}}_t=[\bar{\boldsymbol{a}}_t(\varphi_1),\cdots,\bar{\boldsymbol{a}}_t(\varphi_K)]\in\mathbb{C}^{M\times K}$，接收方向矩阵为 $\bar{\boldsymbol{A}}_r=[\bar{\boldsymbol{a}}_r(\theta_1),\cdots,\bar{\boldsymbol{a}}_r(\theta_K)]\in\mathbb{C}^{N\times K}$。假设目标特征系数不相关，在接收了 L 次快拍之后，接收数据 $\bar{\boldsymbol{X}}=[\bar{\boldsymbol{x}}(1),\cdots,\bar{\boldsymbol{x}}(L)]\in\mathbb{C}^{MN\times L}$ 可以表示为

$$\begin{aligned}\bar{\boldsymbol{X}}&=[\bar{\boldsymbol{A}}_r\odot\bar{\boldsymbol{A}}_t]\boldsymbol{S}^{\mathrm{T}}\\&=\bar{\boldsymbol{A}}\boldsymbol{S}^{\mathrm{T}}\end{aligned} \tag{4.72}$$

式中：$\boldsymbol{S}=[\boldsymbol{s}_1,\cdots,\boldsymbol{s}_L]^{\mathrm{T}}\in\mathbb{C}^{L\times K}$是目标特征矩阵。$\overline{\boldsymbol{A}}=[\overline{\boldsymbol{a}}(\theta_1,\varphi_1),\cdots,\overline{\boldsymbol{a}}(\theta_K,\varphi_K)]$，其第 k 列为$\overline{\boldsymbol{a}}(\theta_k,\varphi_k)=\overline{\boldsymbol{a}}_r(\theta_k)\otimes\overline{\boldsymbol{a}}_t(\varphi_k)$，被称为虚拟阵列响应向量。

假设在发射阵列和接收阵列中都存在互耦，非零的互耦系数均为 $P+1$，且 $\min\{M,N\}>2P$。可以将发射阵列 $\boldsymbol{C}_t$ 和接收阵列 $\boldsymbol{C}_r$ 的互耦矩阵用带状对称 Toeplitz 矩阵进行描述：

$$\begin{cases}\boldsymbol{C}_t=\mathrm{toeplitz}[\boldsymbol{c}_t,0,\cdots,0]\\ \boldsymbol{C}_r=\mathrm{toeplitz}[\boldsymbol{c}_r,0,\cdots,0]\end{cases}\tag{4.73}$$

式中：$\boldsymbol{c}_t=[c_{t0},\cdots,c_{tP}]$和$\boldsymbol{c}_r=[c_{r0},\cdots,c_{rP}]$代表 $P+1$ 个非零互耦系数，且互耦系数满足 $0<|c_{tP}|<\cdots<|c_{t1}|<c_{t0}=1$ 和 $0<|c_{rP}|<\cdots<|c_{r1}|<c_{r0}=1$。考虑含噪声的应用场景，存在互耦效应的双基地 MIMO 雷达系统的输出可以表示为

$$\begin{aligned}\boldsymbol{X}&=[(\boldsymbol{C}_r\overline{\boldsymbol{A}}_r)\odot(\boldsymbol{C}_t\overline{\boldsymbol{A}}_t)]\boldsymbol{S}^{\mathrm{T}}+\boldsymbol{W}_S\\&=\boldsymbol{A}\boldsymbol{S}^{\mathrm{T}}+\boldsymbol{W}_S\end{aligned}\tag{4.74}$$

式中：$\boldsymbol{A}=\boldsymbol{A}_r\odot\boldsymbol{A}_t=[\boldsymbol{a}(\theta_1,\varphi_1),\cdots,\boldsymbol{a}(\theta_K,\varphi_K)]\in\mathbb{C}^{MN\times K}$是耦合的虚拟方向矩阵；$\boldsymbol{A}_r=\boldsymbol{C}_r\overline{\boldsymbol{A}}_r$ 是耦合的接收方向矩阵；$\boldsymbol{A}_t=\boldsymbol{C}_t\overline{\boldsymbol{A}}_t$ 是耦合的发射方向矩阵；$\boldsymbol{W}_s\in\boldsymbol{C}^{MN\times L}$代表独立零均值的高斯白噪声。

利用 PARAFAC 分解模型，可将式（4.74）中的接收数据也可以表示为三阶 PARAFAC 张量：

$$\boldsymbol{\mathcal{X}}(m,n,l)=\sum_{k=1}^{K}\boldsymbol{A}_t(m,k)\boldsymbol{A}_r(n,k)\boldsymbol{S}(l,k)+\boldsymbol{\mathcal{W}}(m,n,l)$$
$$(m=1,\cdots,M;n=1,\cdots,N;l=1,\cdots,L)\tag{4.75}$$

式中：$\boldsymbol{\mathcal{X}}(m,n,l)$表示三阶张量$\boldsymbol{\mathcal{X}}$的第$(m,n,l)$个元素；$\boldsymbol{A}_t(m,k)$表示 $\boldsymbol{A}_t$ 的第(m,k)个元素，其他的类似；$\boldsymbol{\mathcal{W}}(m,n,l)$是重新排列的噪声张量。利用前面的预备知识可知，式（4.75）是 PARAFAC 分解模型的矩阵形式。实际上，它是$\boldsymbol{\mathcal{X}}$的模-3 矩阵展开的转置，即 $\boldsymbol{X}=\boldsymbol{\mathcal{X}}_{(3)}^{\mathrm{T}}$，也可以将其视为数据沿空间方向的三维切片进行堆叠。根据三线性分解的对称性可知，$\boldsymbol{\mathcal{X}}$的模-1 展开为

$$\boldsymbol{Y}=\boldsymbol{\mathcal{X}}_{(1)}^{\mathrm{T}}=[\boldsymbol{S}\odot\boldsymbol{A}_r]\boldsymbol{A}_t^{\mathrm{T}}+\boldsymbol{W}_t\tag{4.76}$$

式中：$\boldsymbol{W}_t$ 表示沿发射阵列方向重新排列的噪声切片；$\boldsymbol{Y}$ 可以看作三维数据沿发射阵列方向的数据切片进行堆叠而成的。同样，$\boldsymbol{\mathcal{X}}$的模-2 矩阵展开为

$$\boldsymbol{Z}=\boldsymbol{\mathcal{X}}_{(2)}^{\mathrm{T}}=[\boldsymbol{A}_t\odot\boldsymbol{S}]\boldsymbol{A}_r^{\mathrm{T}}+\boldsymbol{W}_r\tag{4.77}$$

式中：$\boldsymbol{W}_r$ 表示沿接收阵列方向重新排列的噪声切片；$\boldsymbol{Z}$ 可以看作三维数据沿接收阵列方向的切片数据。

4.4.2 含耦合的方向矩阵估计

TALS 是求解 PARAFAC 分解问题的一种有效算法。对于本节的 PARAFAC

模型，使用 TALS 进行求解的过程可以描述为以下步骤：①使用 LS 拟合切片矩阵 $\boldsymbol{X}$、$\boldsymbol{Y}$ 和 $\boldsymbol{Z}$ 中的一个，并假设相应的因子矩阵预先已获得；②用同样的方式拟合其他两个矩阵；③重复①和②，直到算法收敛。用 TALS 算法求解上述 PARAFAC 模型的具体细节描述如下。

根据式（4.74），将 $\boldsymbol{X}$ 的 LS 拟合为

$$f_X=\min_{\boldsymbol{A}_r,\boldsymbol{A}_t,\boldsymbol{S}}\quad\|\boldsymbol{X}-[\boldsymbol{A}_r\odot\boldsymbol{A}_t]\boldsymbol{S}^{\mathrm{T}}\|_F \tag{4.78}$$

因此，$\boldsymbol{S}$ 的 LS 估计为

$$\hat{\boldsymbol{S}}^{\mathrm{T}}=[\hat{\boldsymbol{A}}_r\odot\hat{\boldsymbol{A}}_t]^{\dagger}\boldsymbol{X} \tag{4.79}$$

式中：$\hat{\boldsymbol{A}}_r$ 和 $\hat{\boldsymbol{A}}_t$ 分别表示 $\boldsymbol{A}_r$ 和 $\boldsymbol{A}_t$ 的估计。同样，根据式（4.76），$\boldsymbol{Y}$ 的最小二乘拟合为

$$f_Y=\min_{\boldsymbol{A}_r,\boldsymbol{A}_t,\boldsymbol{S}}\quad\|\boldsymbol{Y}-[\boldsymbol{S}\odot\boldsymbol{A}_r]\boldsymbol{A}_t^{\mathrm{T}}\|_F \tag{4.80}$$

$\boldsymbol{A}_t$ 的 LS 更新为

$$\hat{\boldsymbol{A}}_t^{\mathrm{T}}=[\hat{\boldsymbol{S}}\odot\hat{\boldsymbol{A}}_r]^{\dagger}\boldsymbol{Y} \tag{4.81}$$

式中：$\hat{\boldsymbol{S}}$和$\hat{\boldsymbol{A}}_r$ 分别表示 $\boldsymbol{S}$ 和 $\boldsymbol{A}_r$ 的估计。同样地，根据式（4.77），$\boldsymbol{Z}$ 的最小二乘拟合为

$$f_Z=\min_{\boldsymbol{A}_r,\boldsymbol{A}_t,\boldsymbol{S}}\quad\|\boldsymbol{Z}-[\boldsymbol{A}_t\odot\boldsymbol{S}]\boldsymbol{A}_r^{\mathrm{T}}\|_F \tag{4.82}$$

$\boldsymbol{A}_r$ 的 LS 更新为

$$\hat{\boldsymbol{A}}_r^{\mathrm{T}}=[\hat{\boldsymbol{A}}_t\odot\hat{\boldsymbol{S}}]^{\dagger}\boldsymbol{Z} \tag{4.83}$$

式中：$\hat{\boldsymbol{A}}_t$ 和$\hat{\boldsymbol{S}}$分别代表 $\boldsymbol{A}_t$ 和 $\boldsymbol{S}$ 的估计。上述对 $\boldsymbol{S}$、$\boldsymbol{A}_t$ 和 $\boldsymbol{A}_r$ 的 LS 更新将交替地进行迭代，直到算法收敛为止。本文中，收敛条件设定为 $\epsilon=\|\boldsymbol{X}-[\hat{\boldsymbol{A}}_r\odot\hat{\boldsymbol{A}}_t]\hat{\boldsymbol{S}}^{\mathrm{T}}\|_F^2\leqslant 10^{-8}$或者 $\delta=|\epsilon_{\mathrm{new}}-\epsilon_{\mathrm{old}}|/\epsilon_{\mathrm{old}}\leqslant 10^{-10}$。

TALS 算法易于实现，并且保证会收敛。初始化矩阵 $\boldsymbol{A}_t$、$\boldsymbol{A}_r$ 和 $\boldsymbol{S}$ 可以随机生成，也可由 ESPRIT 算法产生，以加快收敛速度。在实际计算过程中，可以采用 COMFAC 算法。COMFAC 算法首先将高维三阶张量压缩为较小的三阶张量。然后，在低维空间内进行 TALS，此时仅需要几次迭代即可收敛。最后，将解恢复到原始张量空间。

4.4.3　DOD 和 DOA 联合估计

和矩阵分解不一样，张量分解往往具有唯一性。PARAFAC 分解的唯一性由以下定理描述。

定理 4.2：对于式（4.75）中的 PARAFAC 模型，其中，$\boldsymbol{A}_t \in \mathbb{C}^{M\times K}$、$\boldsymbol{A}_r \in \mathbb{C}^{N\times K}$ 和 $\boldsymbol{S} \in \mathbb{C}^{L\times K}$。如果所有矩阵均为 k-秩（Kruskal 秩）满足不等式：

$$k_{\boldsymbol{A}_t}+k_{\boldsymbol{A}_r}+k_S \geqslant 2K+2 \tag{4.84}$$

则 PARAFAC 分解除了列模糊和尺度模糊，它是唯一的，其中，$k_{\boldsymbol{A}_t}$，$k_{\boldsymbol{A}_r}$ 和 k_S 分别表示 $\boldsymbol{A}_t$，$\boldsymbol{A}_r$ 的 k-秩。上述因子矩阵的估计值矩阵 $\hat{\boldsymbol{A}}_t$、$\hat{\boldsymbol{A}}_r$ 和 $\hat{\boldsymbol{S}}$ 的模糊效应可以分别表示为 $\hat{\boldsymbol{A}}_t=\boldsymbol{A}_t\boldsymbol{\Pi}\boldsymbol{\Delta}_1+\boldsymbol{N}_1$、$\hat{\boldsymbol{A}}_r=\boldsymbol{A}_r\boldsymbol{\Pi}\boldsymbol{\Delta}_2+\boldsymbol{N}_2$ 和 $\hat{\boldsymbol{S}}=\boldsymbol{S}\boldsymbol{\Pi}\boldsymbol{\Delta}_3+\boldsymbol{N}_3$，其中，$\boldsymbol{\Pi}$ 是置换矩阵，$\boldsymbol{N}_1$、$\boldsymbol{N}_2$ 和 $\boldsymbol{N}_3$ 分别代表对应的估计误差，$\boldsymbol{\Delta}_1$、$\boldsymbol{\Delta}_2$ 和 $\boldsymbol{\Delta}_3$ 为尺度模糊（对角）矩阵，其满足 $\boldsymbol{\Delta}_1\boldsymbol{\Delta}_2\boldsymbol{\Delta}_3=\boldsymbol{I}_K$。

为了消除相互耦效应，定义以下两个选择矩阵：

$$\begin{cases}\boldsymbol{P}_r=[\boldsymbol{0}_{\bar{N}\times P},\boldsymbol{I}_{\bar{N}},\boldsymbol{0}_{\bar{N}\times P}]\in\mathbb{C}^{\bar{N}\times N}\\ \boldsymbol{P}_t=[\boldsymbol{0}_{\bar{M}\times P},\boldsymbol{I}_{\bar{M}},\boldsymbol{0}_{\bar{M}\times P}]\in\mathbb{C}^{\bar{M}\times M}\end{cases} \tag{4.85}$$

式中：$\bar{N}=N-2P$，$\bar{M}=M-2P$。用选择矩阵左乘互耦矩阵可得：

$$\boldsymbol{P}_r\boldsymbol{C}_r=\begin{bmatrix} c_{rP} & \cdots & c_{r0} & \cdots & c_{rP} & 0 & \cdots & 0\\ 0 & c_{rP} & \cdots & c_{r0} & \cdots & c_{rP} & 0 & \cdots\\ 0 & \ddots & \ddots & \ddots & \ddots & \ddots & \ddots & 0\\ 0 & \cdots & 0 & c_{rP} & \cdots & c_{r0} & \cdots & c_{rP}\end{bmatrix}\in\mathbb{C}^{\bar{N}\times N} \tag{4.86}$$

这里 $\boldsymbol{P}_r\boldsymbol{C}_r$ 中的第 m 行是第 $m-1$ 行的循环移位。通过将 $\boldsymbol{P}_r$ 和 $\boldsymbol{P}_t$ 左乘 $\boldsymbol{A}_r$ 和 $\boldsymbol{A}_t$，可以获得：

$$\begin{cases}\boldsymbol{A}_r'=\boldsymbol{P}_r\boldsymbol{A}_r=\boldsymbol{P}_r\boldsymbol{C}_r\bar{\boldsymbol{A}}_r=\widetilde{\boldsymbol{A}}_r\boldsymbol{D}_r\in\mathbb{C}^{\bar{N}\times K}\\ \boldsymbol{A}_t'=\boldsymbol{P}_t\boldsymbol{A}_t=\boldsymbol{P}_t\boldsymbol{C}_t\bar{\boldsymbol{A}}_t=\widetilde{\boldsymbol{A}}_t\boldsymbol{D}_t\in\mathbb{C}^{\bar{M}\times K}\end{cases} \tag{4.87}$$

可以很容易地发现 $\widetilde{\boldsymbol{A}}_r$ 和 $\widetilde{\boldsymbol{A}}_t$ 分别由 $\bar{\boldsymbol{A}}_r$ 和 $\bar{\boldsymbol{A}}_t$ 的前 $\bar{N}$ 行和前 $\bar{M}$ 行组成。其中 $\boldsymbol{D}_r=\mathrm{diag}(d_r(\theta_1),\cdots,d_r(\theta_K))\in\mathbb{C}^{K\times K}$，$d_r(\theta_k)=\left[\sum_{p=0}^{P}c_{r(P-p)}z_{rk}^p+c_{rp}z_{rk}^{P+p}-z_{rk}^P\right]$，并且 $z_{rk}=\exp\{-\mathrm{j}\pi\sin\theta_k\}$。同样地，$\boldsymbol{D}_t=\mathrm{diag}(d_t(\varphi_1),\cdots,d_t(\varphi_K))\in\mathbb{C}^{K\times K}$，$d_t(\varphi_k)=\left[\sum_{p=0}^{P}c_{t(P-p)}z_{tk}^p+c_{tp}z_{tk}^{P+p}-z_{tk}^P\right]$，并且 $z_{tk}=\exp\{-\mathrm{j}\pi\sin\varphi_k\}$。令 $\widetilde{\boldsymbol{a}}_r(\theta_k)$ 和 $\widetilde{\boldsymbol{a}}_t(\varphi_k)$ 分别表示 $\boldsymbol{A}_r'$ 和 $\boldsymbol{A}_t'$ 的第 k 列。显然，$\widetilde{\boldsymbol{a}}_r(\theta_k)$ 和 $\widetilde{\boldsymbol{a}}_t(\varphi_k)$ 的相位具有线性特征，因此可将 LS 方法用于角度估计。令

$$\begin{cases}\boldsymbol{h}_{tk}=-\mathrm{angle}(\hat{\boldsymbol{a}}_t(\varphi_k))\\ \boldsymbol{h}_{rk}=-\mathrm{angle}(\hat{\boldsymbol{a}}_r(\theta_k))\end{cases} \tag{4.88}$$

式中：$\hat{\boldsymbol{a}}_r(\theta_k)$ 和 $\hat{\boldsymbol{a}}_t(\varphi_k)$ 是 $\widetilde{\boldsymbol{a}}_r(\theta_k)$ 和 $\widetilde{\boldsymbol{a}}_t(\varphi_k)$ 的估计。PARAFAC 分解的尺度模糊可

以通过对估计的相位进行归一化来解决。然后构造以下矩阵和向量

$$\begin{cases}\boldsymbol{P}_1=\begin{bmatrix}1 & 1 & \cdots & 1\\ 0 & \pi & \cdots & (\overline{M}-1)\pi\end{bmatrix}^{\mathrm{T}}, & \boldsymbol{u}_k=\begin{bmatrix}u_{k1}\\ u_{k2}\end{bmatrix}\\ \boldsymbol{P}_2=\begin{bmatrix}1 & 1 & \cdots & 1\\ 0 & \pi & \cdots & (\overline{N}-1)\pi\end{bmatrix}^{\mathrm{T}}, & \boldsymbol{v}_k=\begin{bmatrix}v_{k1}\\ v_{k2}\end{bmatrix}\end{cases} \tag{4.89}$$

$\boldsymbol{u}_k$ 和 $\boldsymbol{v}_k$ 的最小二乘拟合的解为 $\boldsymbol{u}_k=\boldsymbol{P}_1^{\dagger}\boldsymbol{h}_{tk}$ 和 $\boldsymbol{v}_k=\boldsymbol{P}_2^{\dagger}\boldsymbol{h}_{rk}$。此后，第 k 个目标的 DOD 和 DOA 估计为

$$\begin{cases}\hat{\varphi}_k=\arcsin(u_{k,2})\\ \hat{\theta}_k=\arcsin(v_{k,2})\end{cases} \tag{4.90}$$

根据定理 4.2，$\boldsymbol{A}_r$ 和 $\boldsymbol{A}_t$ 有相同的列模糊效应（相同的置换矩阵 Π），因此估计的角度将自动配对。此外，在 PARAFAC 分解完成后获得矩阵 $\boldsymbol{S}$ 的估计值。由于 $\boldsymbol{S}$ 包含目标的多普勒频率信息，也可以通过利用 LS 方法来实现多普勒频率估计。

4.4.4　互耦系数估计

根据定理 4.1，有

$$\begin{cases}\boldsymbol{a}_t(\varphi_k)=\boldsymbol{C}_t\,\bar{\boldsymbol{a}}_t(\varphi_k)=[\boldsymbol{Q}_{t1}(\varphi_k)+\boldsymbol{Q}_{t2}(\varphi_k)]\boldsymbol{c}_t\\ \boldsymbol{a}_r(\theta_k)=\boldsymbol{C}_r\,\bar{\boldsymbol{a}}_r(\theta_k)=[\boldsymbol{Q}_{r1}(\theta_k)+\boldsymbol{Q}_{r2}(\theta_k)]\boldsymbol{c}_r\end{cases} \tag{4.91}$$

式中：$\boldsymbol{Q}_{t1}(\varphi_k)$、$\boldsymbol{Q}_{t2}(\varphi_k)$、$\boldsymbol{Q}_{r1}(\theta_k)$ 和 $\boldsymbol{Q}_{r2}(\theta_k)$ 分别由定理 4.1 的方法构造，定义 $\boldsymbol{Q}_{tk}=\boldsymbol{Q}_{t1}(\varphi_k)+\boldsymbol{Q}_{t2}(\varphi_k)$ 和 $\boldsymbol{Q}_{rk}=\boldsymbol{Q}_{r1}(\theta_k)+\boldsymbol{Q}_{r2}(\theta_k)$，根据 Kronecker 积性质，第 k 个耦合导向向量可以表示为

$$\boldsymbol{a}(\theta_k,\varphi_k)=(\boldsymbol{Q}_{rk}\otimes\boldsymbol{Q}_{tk})(\boldsymbol{c}_r\otimes\boldsymbol{c}_t)=\boldsymbol{Q}_k\boldsymbol{c} \tag{4.92}$$

式中：$\boldsymbol{c}=\boldsymbol{c}_r\otimes\boldsymbol{c}_t$。$\boldsymbol{Q}_k=\boldsymbol{Q}_{rk}\otimes\boldsymbol{Q}_{tk}$ 是一个列满秩矩阵，与 $\boldsymbol{c}$ 不相关。设 $\boldsymbol{E}_s=\hat{\boldsymbol{A}}_R\odot\hat{\boldsymbol{A}}_T$，并且 $\boldsymbol{E}_n=\boldsymbol{I}-\boldsymbol{U}_0\boldsymbol{U}_0$，其中 $\boldsymbol{U}_0$ 是 $\boldsymbol{E}_s$ 的正交基。根据 MUSIC 算法，$\boldsymbol{A}$ 与 $\boldsymbol{E}_n$ 张成的空间正交，即 $\boldsymbol{E}_n^{\mathrm{H}}\boldsymbol{A}=\boldsymbol{0}$。因此，可以通过求解下式获得对 $\boldsymbol{c}$ 的估计：

$$\begin{aligned}\arg\min_{\boldsymbol{c}}\sum_{k=1}^{K}\|\boldsymbol{E}_n\boldsymbol{a}(\theta_k,\varphi_k)\|^2&=\arg\min_{\boldsymbol{c}}\sum_{k=1}^{K}\|\boldsymbol{E}_n^{\mathrm{H}}\boldsymbol{Q}_k\boldsymbol{c}\|^2\\&=\arg\min_{\boldsymbol{c}}\boldsymbol{c}^{\mathrm{H}}\boldsymbol{Q}_n\boldsymbol{c}\end{aligned} \tag{4.93}$$

式中：$\boldsymbol{Q}_n=\sum_{k=1}^{K}\boldsymbol{Q}_k^{\mathrm{H}}\boldsymbol{E}_n\boldsymbol{E}_n^{\mathrm{H}}\boldsymbol{Q}_k$。根据上述关系，可以从对应于 $\boldsymbol{Q}_n$ 最小特征值的特征向量获得 $\boldsymbol{c}$ 的估计值 $\hat{\boldsymbol{c}}$。将 $\hat{\boldsymbol{c}}(1)=1$ 归一化后，有

$$\begin{cases} c_{tp}=\boldsymbol{c}(p+1) \\ c_{rp}=\boldsymbol{c}(pP+p+1) \end{cases}, \quad p=0,1,\cdots,P \tag{4.94}$$

4.4.5 CRB

在本节中，将针对双基地 MIMO 雷达推导角度和互耦估计的 CRB。为简单起见，将式（4.72）中的信号模型整理为

$$\boldsymbol{y}_l=[(\boldsymbol{c}_r\bar{\boldsymbol{A}}_r)\odot(\boldsymbol{C}_t\bar{\boldsymbol{A}}_t)]\boldsymbol{s}_l+\boldsymbol{w}_l=\boldsymbol{C}\bar{\boldsymbol{A}}\boldsymbol{s}_l+\boldsymbol{w}_l \tag{4.95}$$

式中：$\boldsymbol{C}=\boldsymbol{C}_r\otimes\boldsymbol{C}_t$。假设信号 $\boldsymbol{s}_l$ 是确定性的，噪声$\{\boldsymbol{w}_l\}_{l=1}^{L}$的方差为 σ^2。接收数据 $\boldsymbol{y}=[\boldsymbol{y}_1^{\mathrm{T}},\cdots,\boldsymbol{y}_L^{\mathrm{T}}]^{\mathrm{T}}$ 的均值$\boldsymbol{\mu}\in\mathbb{C}^{MNL\times1}$和协方差矩阵 $\boldsymbol{\Gamma}\in\mathbb{C}^{MNL\times MNL}$分别为

$$\boldsymbol{\mu}=\begin{bmatrix}\boldsymbol{A}\boldsymbol{s}_1\\ \vdots \\ \boldsymbol{A}\boldsymbol{s}_L\end{bmatrix}=\boldsymbol{H}\boldsymbol{R}, \quad \boldsymbol{\Gamma}=\text{blkdiag}\{\underbrace{\boldsymbol{\sigma}^2\boldsymbol{I}_{MN},\cdots,\boldsymbol{\sigma}^2\boldsymbol{I}_{MN}}_{L}\} \tag{4.96}$$

式中：$\boldsymbol{H}=\text{blkdiag}\ \{\underbrace{\boldsymbol{A},\cdots,\boldsymbol{A}}_{L}\}\in\mathbb{C}^{MNL\times LK}$；$\boldsymbol{R}=[\boldsymbol{s}_1^{\mathrm{T}},\cdots,\boldsymbol{s}_L^{\mathrm{T}}]^{\mathrm{T}}\in\mathbb{C}^{LK\times1}$。

定义参数向量 $\boldsymbol{\theta}=[\theta_1,\cdots,\theta_K]$，$\boldsymbol{\varphi}=[\varphi_1,\cdots,\varphi_K]$，$\boldsymbol{\alpha}=[\boldsymbol{\theta},\boldsymbol{\varphi}]\in\boldsymbol{R}^{1\times2K}$，$\boldsymbol{\beta}=[\mathrm{Re}\{\boldsymbol{c}_r\},\mathrm{Re}\{\boldsymbol{c}_t\},\mathrm{Im}\{\boldsymbol{c}_r\},\mathrm{Im}\{\boldsymbol{c}_t\}]\in\boldsymbol{R}^{1\times4P}$ 和 $\boldsymbol{\gamma}=[\mathrm{Re}\{\boldsymbol{R}^{\mathrm{T}}\},\mathrm{Im}\{\boldsymbol{R}^{\mathrm{T}}\}]\in\boldsymbol{R}^{1\times2LK}$。待估计参数向量为$\boldsymbol{\zeta}=[\boldsymbol{\alpha},\boldsymbol{\beta},\boldsymbol{\gamma},\sigma^2]^{\mathrm{T}}$。$\boldsymbol{\zeta}$ 的 CRB 矩阵由 Fisher 信息矩阵的逆给出，即

$$\text{CRB}=\frac{\sigma^2}{2}[\mathrm{Re}\{\boldsymbol{\Theta}^{\mathrm{H}}\boldsymbol{\Theta}\}]^{-1} \tag{4.97}$$

式中：$\boldsymbol{\Theta}=[\frac{\partial\boldsymbol{\mu}}{\partial\boldsymbol{\alpha}},\frac{\partial\boldsymbol{\mu}}{\partial\boldsymbol{\beta}},\frac{\partial\boldsymbol{\mu}}{\partial\boldsymbol{\gamma}},\frac{\partial\boldsymbol{\mu}}{\partial\sigma^2}]$，$\frac{\partial\boldsymbol{\mu}}{\partial\boldsymbol{\alpha}}$为 $\boldsymbol{\mu}$ 对 $\boldsymbol{\alpha}$ 的偏导。易得$\frac{\partial\boldsymbol{\mu}}{\partial\boldsymbol{\gamma}}=[\boldsymbol{H},\mathrm{j}\boldsymbol{H}]\in\mathbb{C}^{MNL\times2LK}$，且$\frac{\partial\boldsymbol{\mu}}{\partial\sigma^2}=0$。定义$\frac{\partial\boldsymbol{a}(\theta_k,\varphi_k)}{\partial\boldsymbol{\theta}_k}=\boldsymbol{C}\left(\frac{\partial\bar{\boldsymbol{a}}_r(\theta_k)}{\partial\boldsymbol{\theta}_k}\otimes\bar{\boldsymbol{a}}_t(\varphi_k)\right)$，$k=1,2,\cdots,K$。类似的，定义$\frac{\partial\boldsymbol{a}(\theta_k,\varphi_k)}{\partial\boldsymbol{\varphi}_k}=\boldsymbol{C}\left(\bar{\boldsymbol{a}}_r(\theta_k)\otimes\frac{\bar{\boldsymbol{a}}_t(\varphi_k)}{\partial\boldsymbol{\varphi}_k}\right)$。因此，$\frac{\partial\boldsymbol{\mu}}{\partial\boldsymbol{\alpha}}=[\frac{\partial\boldsymbol{\mu}}{\partial\boldsymbol{\theta}},\frac{\partial\boldsymbol{\mu}}{\partial\boldsymbol{\varphi}}]=[\boldsymbol{\Delta}_1,\boldsymbol{\Delta}_2]$，其中：

$$\boldsymbol{\Delta}_1=\begin{bmatrix}\left(\frac{\partial\boldsymbol{a}(\theta_1,\varphi_1)}{\partial\boldsymbol{\theta}_1}\right)s_{1,1} & \cdots & \left(\frac{\partial\boldsymbol{a}(\theta_K,\varphi_K)}{\partial\boldsymbol{\theta}_K}\right)s_{K,1}\\ \vdots & & \vdots \\ \left(\frac{\partial\boldsymbol{a}(\theta_1,\varphi_1)}{\partial\boldsymbol{\theta}_1}\right)s_{1,L} & \cdots & \left(\frac{\partial\boldsymbol{a}(\theta_K,\varphi_K)}{\partial\boldsymbol{\theta}_K}\right)s_{K,L}\end{bmatrix}\in\mathbb{C}^{MNL\times K} \tag{4.98}$$

$$\boldsymbol{\Delta}_2=\begin{bmatrix}\left(\frac{\partial \boldsymbol{a}(\theta_1,\varphi_1)}{\partial \boldsymbol{\varphi}_1}\right)s_{1,1} & \cdots & \left(\frac{\partial \boldsymbol{a}(\theta_K,\varphi_K)}{\partial \boldsymbol{\varphi}_K}\right)s_{K,1} \\ \vdots & & \vdots \\ \left(\frac{\partial \boldsymbol{a}(\theta_1,\varphi_1)}{\partial \boldsymbol{\varphi}_1}\right)s_{1,L} & \cdots & \left(\frac{\partial \boldsymbol{a}(\theta_K,\varphi_K)}{\partial \boldsymbol{\varphi}_K}\right)s_{K,L}\end{bmatrix}\in\mathbb{C}^{MNL\times K} \tag{4.99}$$

式中：$s_{k,l}$表示 s_l 的第 k 个元素；$\boldsymbol{\mu}$ 对 $\boldsymbol{\beta}$ 的梯度为$\frac{\partial \boldsymbol{\mu}}{\partial \boldsymbol{\beta}}=\nabla$，也可以进一步表示为：

$$\nabla=\begin{bmatrix}\frac{\partial \boldsymbol{C}}{\partial \boldsymbol{c}_{r1}}\boldsymbol{Z}_1 & \cdots & \frac{\partial \boldsymbol{C}}{\partial \boldsymbol{c}_{rP}}\boldsymbol{Z}_1, & \frac{\partial \boldsymbol{C}}{\partial \boldsymbol{c}_{t1}}\boldsymbol{Z}_1 & \cdots & \frac{\partial \boldsymbol{C}}{\partial \boldsymbol{c}_{tP}}\boldsymbol{Z}_1 \\ \vdots & & \vdots & \vdots & & \vdots \\ \frac{\partial \boldsymbol{C}}{\partial \boldsymbol{c}_{r1}}\boldsymbol{Z}_L & \cdots & \frac{\partial \boldsymbol{C}}{\partial \boldsymbol{c}_{rP}}\boldsymbol{Z}_L, & \frac{\partial \boldsymbol{C}}{\partial \boldsymbol{c}_{t1}}\boldsymbol{Z}_L & \cdots & \frac{\partial \boldsymbol{C}}{\partial \boldsymbol{c}_{tP}}\boldsymbol{Z}_L\end{bmatrix}\otimes[1,\mathrm{j}]\in\mathbb{C}^{MNL\times 4P} \tag{4.100}$$

其中 $\boldsymbol{Z}_l=\bar{\boldsymbol{A}}\boldsymbol{s}_l$，$\frac{\partial \boldsymbol{C}}{\partial \boldsymbol{c}_{rp}}=\frac{\partial \boldsymbol{C}_r}{\partial \boldsymbol{c}_{rp}}\otimes\boldsymbol{C}_t$ 且$\frac{\partial \boldsymbol{C}}{\partial \boldsymbol{c}_{tp}}=\boldsymbol{C}_r\otimes\frac{\partial \boldsymbol{C}_t}{\partial \boldsymbol{c}_p}$。令 $\boldsymbol{\Delta}=[\boldsymbol{\Delta}_1,\boldsymbol{\Delta}_2]\in\mathbb{C}^{MNL\times 2K}$，我们有$\frac{\partial \boldsymbol{\mu}}{\partial \boldsymbol{\zeta}^{\mathrm{T}}}=[\boldsymbol{\Delta},\nabla,\boldsymbol{H},\mathrm{j}\boldsymbol{H},\boldsymbol{0}]$，可以得到

$$\mathrm{Re}\{\boldsymbol{\Theta}^{\mathrm{H}}\boldsymbol{\Theta}\}=\begin{bmatrix}\boldsymbol{J} & \boldsymbol{0}\\ \boldsymbol{0} & \boldsymbol{0}\end{bmatrix} \tag{4.101}$$

其中：$\boldsymbol{J}$ 可以表示为

$$\boldsymbol{J}=\mathrm{Re}\left\{\begin{bmatrix}\boldsymbol{\Delta}^{\mathrm{H}}\\ \nabla^{\mathrm{H}}\\ \boldsymbol{H}^{\mathrm{H}}\\ -\mathrm{j}\boldsymbol{H}^{\mathrm{H}}\end{bmatrix}[\boldsymbol{\Delta},\nabla,\boldsymbol{H},\mathrm{j}\boldsymbol{H}]\right\} \tag{4.102}$$

令 $\mathrm{CRB}_{a,c}$表示对应于角度和互耦系数估计部分的 CRB。在后续步骤中，通过对角化从 $\boldsymbol{J}$ 中提取 $\mathrm{CRB}_{a,c}$。令 $\boldsymbol{P}_{\boldsymbol{\Delta}}=(\boldsymbol{H}^{\mathrm{H}}\boldsymbol{H})^{-1}\boldsymbol{H}^{\mathrm{H}}\boldsymbol{\Delta}\in\mathbb{C}^{LK\times 2K}$和 $\boldsymbol{P}_{\nabla}=(\boldsymbol{H}^{\mathrm{H}}\boldsymbol{H})^{-1}\boldsymbol{H}^{\mathrm{H}}\nabla\in\boldsymbol{C}^{LK\times 4P}$。由于 $\boldsymbol{H}^{\mathrm{H}}\boldsymbol{H}$ 是一个非奇异矩阵，因而 $\boldsymbol{P}_{\boldsymbol{\Delta}}^{-1}$和 $\boldsymbol{P}_{\nabla}^{-1}$均存在。此外，定义如下变换矩阵

$$\boldsymbol{V}=\begin{bmatrix}\boldsymbol{I} & \boldsymbol{0} & \boldsymbol{0} & \boldsymbol{0}\\ \boldsymbol{0} & \boldsymbol{I} & \boldsymbol{0} & \boldsymbol{0}\\ -\mathrm{Re}\{\boldsymbol{P}_{\boldsymbol{\Delta}}\} & -\mathrm{Re}\{\boldsymbol{P}_{\nabla}\} & \boldsymbol{I} & \boldsymbol{0}\\ -\mathrm{Im}\{\boldsymbol{P}_{\boldsymbol{\Delta}}\} & -\mathrm{Im}\{\boldsymbol{P}_{\nabla}\} & \boldsymbol{0} & \boldsymbol{I}\end{bmatrix} \tag{4.103}$$

因此，$[\boldsymbol{\Delta},\nabla,\boldsymbol{H},\mathrm{j}\boldsymbol{H}]\boldsymbol{V}=[(\boldsymbol{\Delta}-\boldsymbol{HP}_{\Delta}),(\nabla-\boldsymbol{HP}_{\nabla}),\boldsymbol{H},\mathrm{j}\boldsymbol{H}]$。令 $\Pi_{\mathrm{H}}^{\perp}$ 表示 $\boldsymbol{H}^{\mathrm{H}}$ 零空间的正交投影，即 $\Pi_{\boldsymbol{H}}^{\perp}=\boldsymbol{I}-\boldsymbol{H}(\boldsymbol{H}^{\mathrm{H}}\boldsymbol{H})^{-1}\boldsymbol{H}^{\mathrm{H}}$ 且 $\boldsymbol{H}^{\mathrm{H}}\Pi_{\boldsymbol{H}}^{\perp}=\boldsymbol{0}$。显然，

$$\begin{aligned}\boldsymbol{V}^{\mathrm{H}}\boldsymbol{J}\boldsymbol{V}&=\mathrm{Re}\left\{\begin{bmatrix}\boldsymbol{\Delta}^{\mathrm{H}}\boldsymbol{\Pi}_{\boldsymbol{H}}^{\perp}\\ \nabla^{\mathrm{H}}\boldsymbol{\Pi}_{\boldsymbol{H}}^{\perp}\\ \boldsymbol{H}^{\mathrm{H}}\\ -\mathrm{j}\boldsymbol{H}^{\mathrm{H}}\end{bmatrix}[\Pi_{\boldsymbol{H}}^{\perp}\boldsymbol{\Delta},\Pi_{\boldsymbol{H}}^{\perp}\nabla,\boldsymbol{H},\mathrm{j}\boldsymbol{H}]\right\}\\&=\mathrm{Re}\left\{\begin{bmatrix}\boldsymbol{\Delta}^{\mathrm{H}}\boldsymbol{\Pi}_{\boldsymbol{H}}^{\perp}\boldsymbol{\Delta}&\boldsymbol{\Delta}^{\mathrm{H}}\Pi_{\boldsymbol{H}}^{\perp}\nabla&\boldsymbol{0}&\boldsymbol{0}\\ \nabla^{\mathrm{H}}\boldsymbol{\Pi}_{\boldsymbol{H}}^{\perp}\boldsymbol{\Delta}&\nabla^{\mathrm{H}}\Pi_{\boldsymbol{H}}^{\perp}\nabla&\boldsymbol{0}&\boldsymbol{0}\\ \boldsymbol{0}&\boldsymbol{0}&\boldsymbol{H}^{\mathrm{H}}\boldsymbol{H}&\mathrm{j}\boldsymbol{H}^{\mathrm{H}}\boldsymbol{H}\\ \boldsymbol{0}&\boldsymbol{0}&-\mathrm{j}\boldsymbol{H}^{\mathrm{H}}\boldsymbol{H}&\boldsymbol{H}^{\mathrm{H}}\boldsymbol{H}\end{bmatrix}\right\}\end{aligned}\tag{4.104}$$

根据对角矩阵逆的特性，有

$$\begin{aligned}\boldsymbol{J}^{-1}&=\boldsymbol{V}(\boldsymbol{V}^{\mathrm{H}}\boldsymbol{J}\boldsymbol{V})^{-1}\boldsymbol{V}^{\mathrm{T}}\\&=\begin{bmatrix}\boldsymbol{I}&\boldsymbol{0}&\boldsymbol{0}\\ \boldsymbol{0}&\boldsymbol{I}&\boldsymbol{0}\\ \times&\times&\boldsymbol{I}\end{bmatrix}\cdot\begin{bmatrix}\mathrm{Re}\{\boldsymbol{\Delta}^{\mathrm{H}}\Pi_{\boldsymbol{H}}^{\perp}\boldsymbol{\Delta}\}&\mathrm{Re}\{\boldsymbol{\Delta}^{\mathrm{H}}\Pi_{\boldsymbol{H}}^{\perp}\nabla\}&\boldsymbol{0}\\ \mathrm{Re}\{\nabla^{\mathrm{H}}\Pi_{\boldsymbol{H}}^{\perp}\boldsymbol{\Delta}\}&\mathrm{Re}\{\nabla^{\mathrm{H}}\Pi_{\boldsymbol{H}}^{\perp}\nabla\}&\boldsymbol{0}\\ \boldsymbol{0}&\boldsymbol{0}&\times\end{bmatrix}^{-1}\cdot\begin{bmatrix}\boldsymbol{I}&\boldsymbol{0}&\times\\ \boldsymbol{0}&\boldsymbol{I}&\times\\ \boldsymbol{0}&\boldsymbol{0}&\boldsymbol{I}\end{bmatrix}\\&=\begin{bmatrix}\mathrm{Re}\{\boldsymbol{\Delta}^{\mathrm{H}}\Pi_{\boldsymbol{H}}^{\perp}\boldsymbol{\Delta}\}&\mathrm{Re}\{\Delta^{\mathrm{H}}\Pi_{\boldsymbol{H}}^{\perp}\nabla\}&\times\\ \mathrm{Re}\{\nabla^{\mathrm{H}}\Pi_{\boldsymbol{H}}^{\perp}\boldsymbol{\Delta}\}&\mathrm{Re}\{\nabla^{\mathrm{H}}\Pi_{\boldsymbol{H}}^{\perp}\nabla\}&\times\\ \times&\times&\times\end{bmatrix}^{-1}\end{aligned}\tag{4.105}$$

其中：×表示推导中对所感兴趣的参数不重要的部分。将式（4.105）和式（4.102）代入到式（4.97）中，得到

$$\mathrm{CRB}_{a,c}=\frac{\sigma^2}{2}\begin{bmatrix}\mathrm{Re}\{\boldsymbol{\Delta}^{\mathrm{H}}\Pi_{\boldsymbol{H}}^{\perp}\boldsymbol{\Delta}\}&\mathrm{Re}\{\boldsymbol{\Delta}^{\mathrm{H}}\Pi_{\boldsymbol{H}}^{\perp}\nabla\}\\ \mathrm{Re}\{\nabla^{\mathrm{H}}\Pi_{\boldsymbol{H}}^{\perp}\boldsymbol{\Delta}\}&\mathrm{Re}\{\nabla^{\mathrm{H}}\Pi_{\boldsymbol{H}}^{\perp}\nabla\}\end{bmatrix}^{-1}\tag{4.106}$$

通过分块矩阵的逆的性质可以获得角度估计的 CRB（记为 CRB_a）和互耦参数估计的 CRB（记为CRB_c），即为

$$\begin{aligned}\mathrm{CRB}_a&=[\mathrm{Re}\{\boldsymbol{\Delta}^{\mathrm{H}}\Pi_{\boldsymbol{H}}^{\perp}\boldsymbol{\Delta}\}-\mathrm{Re}\{\boldsymbol{\Delta}^{\mathrm{H}}\Pi_{\boldsymbol{H}}^{\perp}\nabla\}\mathrm{Re}^{-1}\{\nabla^{\mathrm{H}}\Pi_{\boldsymbol{H}}^{\perp}\nabla\}\mathrm{Re}\{\nabla^{\mathrm{H}}\Pi_{\boldsymbol{H}}^{\perp}\boldsymbol{\Delta}\}]^{-1}\\ \mathrm{CRB}_c&=[\mathrm{Re}\{\nabla^{\mathrm{H}}\Pi_{\boldsymbol{H}}^{\perp}\nabla\}-\mathrm{Re}\{\nabla^{\mathrm{H}}\Pi_{\boldsymbol{H}}^{\perp}\boldsymbol{\Delta}\}\mathrm{Re}^{-1}\{\boldsymbol{\Delta}^{\mathrm{H}}\Pi_{\boldsymbol{H}}^{\perp}\boldsymbol{\Delta}\}\mathrm{Re}\{\boldsymbol{\Delta}^{\mathrm{H}}\Pi_{\boldsymbol{H}}^{\perp}\nabla\}]^{-1}\end{aligned}\tag{4.107}$$

4.4.6　算法分析

1. 可辨识性分析

定理 4.3：提供了本节的 PARAFAC 算法的可辨识性的上限。假设最大可估计目标条件下 $\boldsymbol{A}_r$ 和 $\boldsymbol{A}_t$ 为行满秩矩阵，则 $k_{\boldsymbol{A}_r}=N$ 和 $k_{\boldsymbol{A}_t}=M$。当 $K\leqslant L$ 时，可辨识性条件可以改写为 $M+N\leqslant K+2$，这意味着本算法可以识别的最大目标数为 $M+N-2$；在 $K>L$ 的条件下，该算法的可识别上限为 $(M+N+L-2)/2$。

2. 计算复杂度

所提出的方法的计算复杂度分析如下。本节的算法的复杂度主要集中在 TALS，它共计需要 $l[3K^3+3MNLK+(2K^2+K)(ML+NL+MN)]$ 复数乘法，其中，l 表示迭代次数。角度估计的计算复杂度是 $2K\overline{M}+2K\overline{N}$。计算 $\boldsymbol{Q}_n$ 的复杂度为 $2M^2N^2(P+1)^2+M^3N^3$，其特征值分解复杂度为 $O(P+1)^3$。

表 4.1 中总结了所本节 PARAFAC 算法同 ESPRIT-Like 和 HOSVD 的计算复杂度。可以看出，所提出方法的复杂度可能高于 ESPRIT-Like 和 HOSVD。但是，当天线数量非常多时，所提出的方法应比 ESPRIT-Like 和 HOSVD 更有效，这将在仿真部分中展示。

表 4.1　复杂度对比

算法	角度估计的计算复杂度
ESPRIT	$\overline{M}^2\,\overline{N}^2L+2(\overline{M}-1)\overline{N}K^2+2(\overline{N}-1)\overline{M}K^2+3O(K^3)+O(\overline{M}^3\,\overline{N}^3)$
HOSVD	$\overline{M}^2\,\overline{N}^2K+0.5(\overline{M}-1)\overline{N}K^2+0.5(\overline{N}-1)\overline{M}K^2+O(K^3)+0.75O(\overline{M}^3\,\overline{N}^3)$
本节算法	$l[3K^3+3MNLK+(2K^2+K)(ML+NL+MN)]+2KM+2K\overline{N}$

4.4.7　仿真结果

在本节中，采用 1000 次蒙特卡罗试验对本节算法的估计算法的性能进行评估。考虑到双基地 MIMO 雷达配置有 M 个发射元素和 N 个接收元素，快拍数设为 L。预设目标为 $(\theta_1,\varphi_1)=(-50°,-20°)$，$(\theta_2,\varphi_2)=(50°,20°)$，$(\theta_3,\varphi_3)=(10°,40°)$，多普勒频率分别为 $\{f_k\}_{k=1}^{3}=\{200,400,850\}$。角度估计的 RMSE 和互耦系数估计的 RMSE 定义分别为

$$\begin{cases}\text{RMSE}_{(a)}=\dfrac{1}{K}\displaystyle\sum_{k=1}^{K}\sqrt{\dfrac{1}{1000}\sum_{i=1}^{1000}\left\{(\hat{\theta}_{i,k}-\theta_k)^2+(\hat{\varphi}_{i,k}-\varphi_k)^2\right\}}\\[2ex]\text{RMSE}_{(c)}=\dfrac{1}{P}\sqrt{\dfrac{1}{1000}\displaystyle\sum_{i=1}^{1000}\left\{\dfrac{\|\hat{\boldsymbol{c}}_{ti}-\boldsymbol{c}_t\|_2^2}{\|\boldsymbol{c}_t\|_2^2}+\dfrac{\|\hat{\boldsymbol{c}}_{ri}-\boldsymbol{c}_r\|_2^2}{\|\boldsymbol{c}_r\|_2^2}\right\}}\end{cases}$$

式中：$\hat{\theta}_{i,k}$和$\hat{\varphi}_{i,k}$分别表示第 i 次蒙特卡罗试验的 θ_k 和 φ_k 的估计，$\hat{\boldsymbol{c}}_{ri}$和$\hat{\boldsymbol{c}}_{ti}$是第 i 次蒙特卡罗试验的观察到的 $\boldsymbol{c}_r$ 和 $\boldsymbol{c}_t$ 的估计。考虑如下两种场景，场景一：$P=1$，$\boldsymbol{c}_t=[1,0.1174+j0.0577]$和$\boldsymbol{c}_r=[1,-0.0121-j0.1029]$，场景二：$P=2$，$\boldsymbol{c}_t=[1,0.8+j0.5,0.2+j0.1]$和$\boldsymbol{c}_r=[1,0.6+j0.4,0.1-j0.3]$。

图 4.10 描述了在场景一中 SNR=10dB 的计算复杂度的数值结果。图 4.10（a）表明 COMFAC 算法可以快速收敛，而传统 TALS 算法在收敛之前需要更多的迭代次数。图 4.10（b）表明 ESPRIT 和 HOSVD 的计算量随着天线数量的增加而迅速增加，而本节算法（标记为“Proposed”）的计算时间几乎没有变化，这意味着该方法适用于大规模 MIMO 阵列。

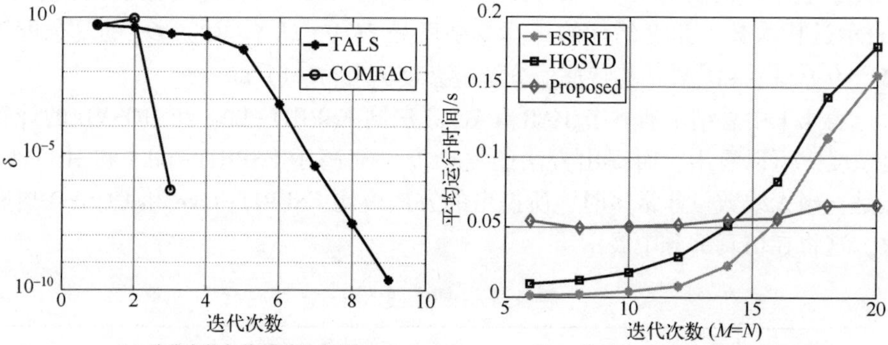

(a) 迭代次数与收敛系数曲线（$M=10, N=8, L=200$）

(b) 平均运行时间与天线数量的关系（$M=N, L=200$）

图 4.10 计算复杂度的数值结果

图 4.11 表示了在场景二，$M=10$，$N=8$，$L=200$，$SNR=10$dB 的情况下本节算法的散点图。估计值和真实值分别表示为实点和十字符号标记。从结果可以看出，本小节算法能够准确地估计出角度和互耦系数，并能够正确的配对所估计的参数。

图 4.12 给出了场景一条件下不同算法的 $\mathrm{RMSE}_{(a)}$ 和 $\mathrm{RMSE}_{(c)}$ 的随 SNR 性能变化，图 4.13 给出了场景二条件下不同算法 $\mathrm{RMSE}_{(a)}$ 和 $\mathrm{RMSE}_{(c)}$ 随 SNR 性能变化。将本节算法与前文所述的 ESPRIT 方法，HOSVD 算法，传统的 PARAFAC 方法（仅利用校准阵元之外的天线所对应的数据）及 CRB 进行比较。仿真结果可以看出，随着 SNR 的提高，所有算法的性能均逐渐改善。显然，本小节的 PARAFAC 分解算法提供了比其他算法更好的角度估计性能，尤其是在低 SNR 环境下。本小节算法的互耦系数估计性能比 PARAFAC 方法稍好，这种改进得益于以下事实：本小节的算法可以实现更稳定且准确的方向矩阵估计，由于角度估计的改进，该算法具有更好的互耦系数估计性能。

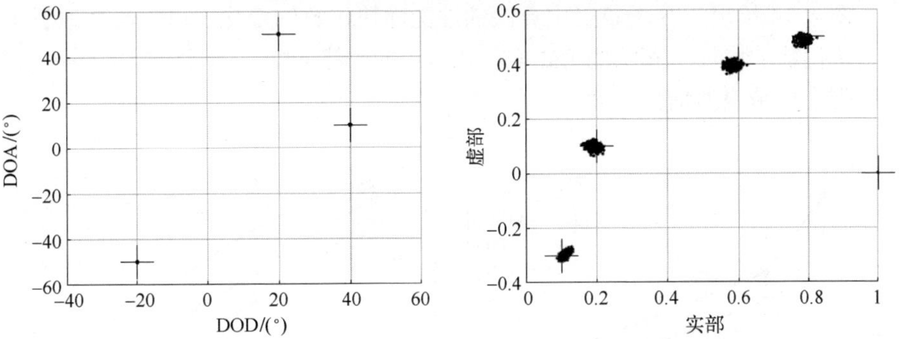

(a) 角度估计结果　　(b) 互耦系数估计结果

图 4.11　本节算法散点图

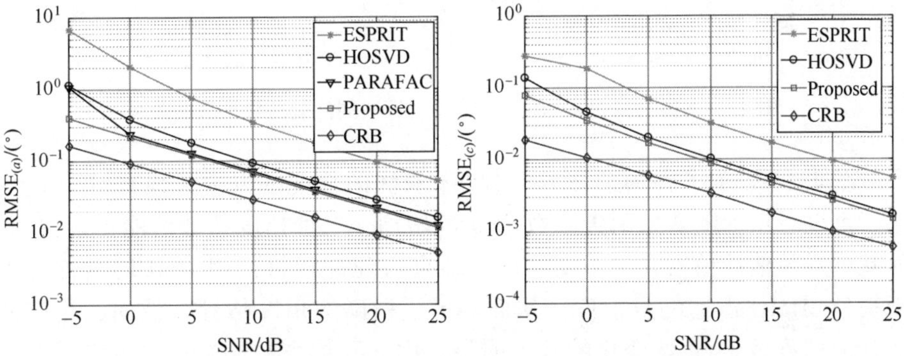

(a) $RMSE_{(a)}$与SNR的关系　　(b) $RMSE_{(c)}$与SNR的关系

图 4.12　场景一、$M=10$，$N=8$，$L=200$ 下，算法性能与 SNR 的关系

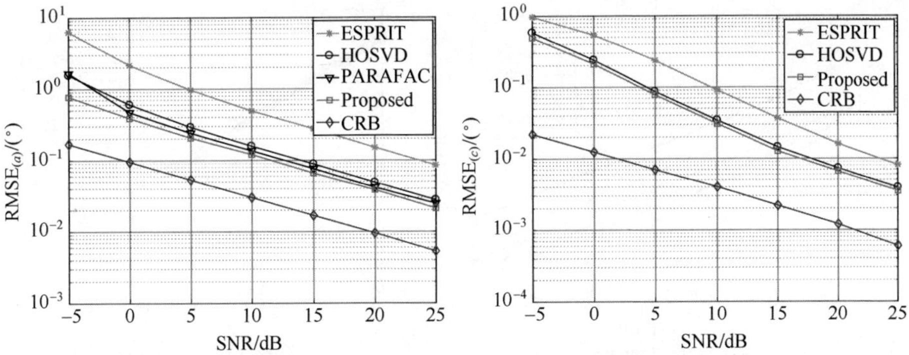

(a) $RMSE_{(a)}$与SNR的关系　　(b) $RMSE_{(c)}$与SNR的关系

图 4.13　场景二、$M=10$，$N=8$，$L=200$ 下，算法性能与 SNR 的关系

图 4.14 给出了在场景二中算法的性能随快拍数的变化。可以清楚地看出，随着快拍数的增加，算法的 $RMSE_{(a)}$ 和 $RMSE_{(c)}$ 都下降。因此，较大的快拍数可以带来更精确地估计角度。

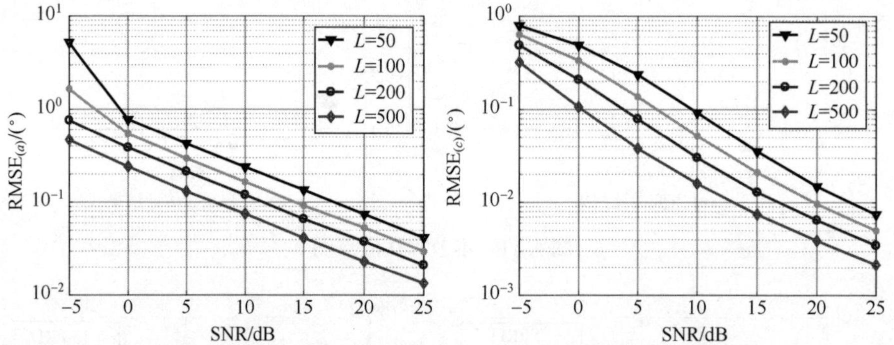

(a) $RMSE_{(a)}$与SNR的关系　　(b) $RMSE_{(c)}$与SNR的关系

图 4.14　场景二、$M=10$，$N=8$ 下，算法的性能与快拍数的关系

图 4.15 表示了在场景二下，本小节算法的性能随发射天线数量 M 的变化。可以看出，随着发射天线数量 M 的增加，二维角度估计性能得以提高，而互耦系数估计精度几乎不变。这一结果与理论相符，因为 M 的增加有助于提升 MIMO 雷达的自由度，从而实现了精确的角度估计。然而，子空间估计的精度改进随 M 变化的并不明显，因此互耦系数的估计精度提升并不明显。

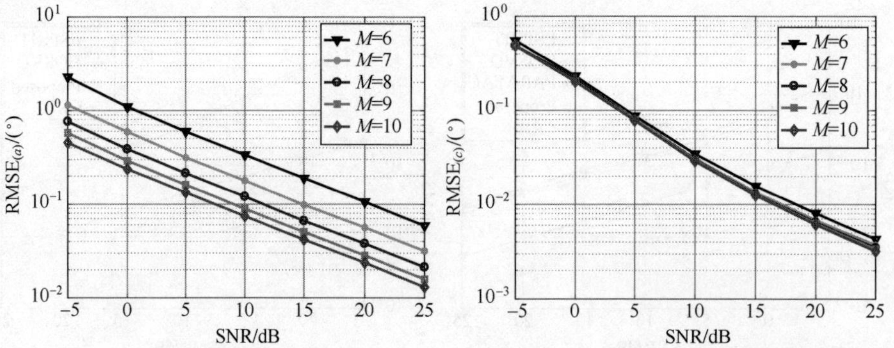

(a) $RMSE_{(a)}$与SNR的关系　　(b) $RMSE_{(c)}$与SNR的关系

图 4.15　场景二、$N=8$，$L=200$ 下，本小节算法的性能随信噪比的关系

4.5　一种改进的 PARAFAC 估计算法[9]

虽然上述 PARAFAC 算法能够获得较高的参数估计精度，但是应该注意到该算法仍然存在孔径损失，因而参数估计的性能还可以进一步提升。本节提出一种改进的 PARAFAC 算法，其可以通过粗估计和精确估计两个步骤，提升参数估计的精度。

4.5.1　信号模型

现在考虑一个具有 M 个发射天线和 N 个接收天线的双基地 MIMO 雷达系统，二者都是具有半波长间隔的 ULA。假设发射阵列和接收阵列的非零系数数量均为 $P+1$，且满足 $\min\{M,N\}>2P+1$。发射阵列和接收阵列的互耦矩阵 $\boldsymbol{C}_t$、$\boldsymbol{C}_r$ 具有带状对称 Toeplitz 结构：

$$\begin{cases}\boldsymbol{C}_r=\text{toeplitz}([\boldsymbol{c}_r^{\mathrm{T}},\boldsymbol{0}_{1\times(N-P-1)}])\in\mathbb{C}^{N\times N}\\ \boldsymbol{C}_t=\text{toeplitz}([\boldsymbol{c}_t^{\mathrm{T}},\boldsymbol{0}_{1\times(M-P-1)}])\in\mathbb{C}^{M\times M}\end{cases}\tag{4.108}$$

式中：$\boldsymbol{c}_r=[c_{r0},c_{r1},\cdots,c_{rP}]^{\mathrm{T}}$；$\boldsymbol{c}_t=[c_{t0},c_{t1},\cdots,c_{tP}]^{\mathrm{T}}$。非零互耦系数满足 $0<|c_{rP}|<\cdots<|c_{r1}|<c_{r0}=1$ 和 $0<|c_{tP}|<\cdots<|c_{t1}|<c_{t0}=1$。假设在相同距离元内有 K 个远场不相关目标，第 K 个目标的 DOD 和 DOA 分别记为 φ_k 和 θ_k，发射天线发射相互正交的波形，在接收阵列中反射与发射波形相匹配的回波。经过匹配滤波后雷达输出数据可以表示为

$$\boldsymbol{X}_s=[(\boldsymbol{C}_r\boldsymbol{A}_r)\odot(\boldsymbol{C}_t\boldsymbol{A}_t)]\boldsymbol{S}^{\mathrm{T}}+\boldsymbol{N}_s\tag{4.109}$$

式中：接收方向矩阵可以表示为 $\boldsymbol{A}_r=[\boldsymbol{a}_r(\theta_1),\boldsymbol{a}_r(\theta_2),\cdots,\boldsymbol{a}_r(\theta_K)]\in\mathbb{C}^{N\times K}$，第 k 个接收导向向量为 $\boldsymbol{a}_r(\theta_k)=[1,\mathrm{e}^{-\mathrm{j}\pi\sin\theta_k},\cdots,\mathrm{e}^{-\mathrm{j}(N-1)\pi\sin\theta_k}]^{\mathrm{T}}$；发射阵列可以表示为 $\boldsymbol{A}_t=[\boldsymbol{a}_t(\varphi_1),\boldsymbol{a}_t(\varphi_2),\cdots,\boldsymbol{a}_t(\varphi_K)]\in\mathbb{C}^{M\times K}$，第 k 个发射导向向量为 $\boldsymbol{a}_t(\varphi_k)=[1,\mathrm{e}^{-\mathrm{j}\pi\sin\varphi_k},\cdots,\mathrm{e}^{-\mathrm{j}(M-1)\pi\sin\varphi_k}]^{\mathrm{T}}$；$\boldsymbol{S}=[\boldsymbol{s}(f_1),\boldsymbol{s}(f_2),\cdots,\boldsymbol{s}(f_K)]^{\mathrm{T}}\in\mathbb{C}^{L\times K}$是快拍方向矩阵，$L$ 是快拍数，$\boldsymbol{s}(f_k)=[\alpha_{k1},\alpha_{k2}\mathrm{e}^{\mathrm{j}2\pi f_k},\cdots,\alpha_{kL}\mathrm{e}^{\mathrm{j}2(L-1)\pi f_k}]^{\mathrm{T}}$ 是第 k 个快拍导向向量，$\alpha_{kl}(l=1,2,\cdots,L)$ 和 f_k 分别代表雷达横截面幅度和多普勒频移，$\boldsymbol{N}_s$ 代表均匀高斯白噪声矩阵。

令$\widetilde{\boldsymbol{A}}_t=\boldsymbol{C}_t\boldsymbol{A}_t$、$\widetilde{\boldsymbol{A}}_r=\boldsymbol{C}_r\boldsymbol{A}_r$，可以将数组数据表示为三线性模型，即

$$\boldsymbol{\mathcal{X}}=\sum_{k=1}^{K}\widetilde{\boldsymbol{a}}_t(\varphi_k)\circ\widetilde{\boldsymbol{a}}_r(\theta_k)\circ\boldsymbol{s}(f_k)+\boldsymbol{\mathcal{N}}\tag{4.110}$$

式中：$\widetilde{\boldsymbol{a}}_t(\varphi_k)=\boldsymbol{C}_t\boldsymbol{a}_t(\varphi_k)$；$\widetilde{\boldsymbol{a}}_r(\theta_k)=\boldsymbol{C}_r\boldsymbol{a}_r(\theta_k)$；$\boldsymbol{\mathcal{N}}\in\mathbb{C}^{M\times N\times L}$是噪声张量，且有 $\boldsymbol{X}_s=[\boldsymbol{\mathcal{X}}]_{(3)}^{\mathrm{T}}$ 和 $\boldsymbol{N}_s=[\boldsymbol{\mathcal{N}}]_{(3)}^{\mathrm{T}}$。一般来说，$\boldsymbol{\mathcal{X}}$可以采用张量–矩阵乘积形式表示为

$$\mathcal{X}=\mathcal{I}_{\times 1}\widetilde{\boldsymbol{A}}_{t\times 2}\widetilde{\boldsymbol{A}}_{r\times 3}\boldsymbol{S}+\mathcal{N} \tag{4.111}$$

式中：$\mathcal{I}$ 是 $K\times K\times K$ 维的单位张量。

4.5.2 PARAFAC 分解

将阵列数据堆叠成三线性模型后，对因子矩阵 $\widetilde{\boldsymbol{A}}_t$ 和 $\widetilde{\boldsymbol{A}}_r$ 的估计可通过优化如下约束问题获得：

$$\min_{\mathcal{X}}\|\hat{\mathcal{X}}-\mathcal{X}\|\ \text{s.t.}\ \hat{\mathcal{X}}=\sum_{k=1}^{K}\hat{\boldsymbol{a}}_t(\varphi_k)\circ\hat{\boldsymbol{a}}_r(\theta_k)\circ\hat{\boldsymbol{s}}(f_k) \tag{4.112}$$

TALS 是一种用于计算上述分解问题的有效技术手段。根据第 2 章的预备知识，可以通过 $\mathcal{X}$ 的模式-1 和模式-2 展开获得另外两个数据矩阵，即

$$\begin{cases}\boldsymbol{X}_t=[\mathcal{X}]_{(1)}^{\mathrm{T}}=[\boldsymbol{S}\odot\widetilde{\boldsymbol{A}}_r]\widetilde{\boldsymbol{A}}_t^{\mathrm{T}}+\boldsymbol{N}_t\\ \boldsymbol{X}_r=[\mathcal{X}]_{(2)}^{\mathrm{T}}=[\widetilde{\boldsymbol{A}}_t\odot\boldsymbol{S}]\widetilde{\boldsymbol{A}}_r^{\mathrm{T}}+\boldsymbol{N}_r\end{cases} \tag{4.113}$$

式中：$\boldsymbol{N}_t=[\mathcal{X}]_{(1)}^{\mathrm{T}}$；$\boldsymbol{N}_r=[\mathcal{X}]_{(2)}^{\mathrm{T}}$。

TALS 方法的本质是迭代地拟合因子矩阵，其核心是联合解决如下三个 LS 问题：

$$\begin{cases}\min_{\widetilde{A}_t}\|\boldsymbol{X}_t-[\boldsymbol{S}\odot\widetilde{\boldsymbol{A}}_r]\widetilde{\boldsymbol{A}}_t^{\mathrm{T}}\|_F\\ \min_{\widetilde{A}_r}\|\boldsymbol{X}_r-[\widetilde{\boldsymbol{A}}_t\odot\boldsymbol{S}]\widetilde{\boldsymbol{A}}_r^{\mathrm{T}}\|_F\\ \min_s\|\boldsymbol{X}_s-[\widetilde{\boldsymbol{A}}_r\odot\widetilde{\boldsymbol{A}}_t]\boldsymbol{S}^{\mathrm{T}}\|_F\end{cases} \tag{4.114}$$

上述问题的最优解为

$$\begin{cases}\hat{\boldsymbol{A}}_t^{\mathrm{T}}=[\boldsymbol{S}\odot\widetilde{\boldsymbol{A}}_r]^{\dagger}\boldsymbol{X}_t\\ \hat{\boldsymbol{A}}_r^{\mathrm{T}}=[\widetilde{\boldsymbol{A}}_t\odot\boldsymbol{S}]^{\dagger}\boldsymbol{X}_r\\ \hat{\boldsymbol{S}}^{\mathrm{T}}=[\widetilde{\boldsymbol{A}}_r\odot\widetilde{\boldsymbol{A}}_t]^{\dagger}\boldsymbol{X}_s\end{cases} \tag{4.115}$$

TALS 固定 $\boldsymbol{S}$ 和 $\widetilde{\boldsymbol{A}}_r$ 求解 $\widetilde{\boldsymbol{A}}_t$，然后固定 $\widetilde{\boldsymbol{A}}_t$ 和 $\boldsymbol{S}$ 求解 $\widetilde{\boldsymbol{A}}_r$，最后固定 $\widetilde{\boldsymbol{A}}_r$ 和 $\widetilde{\boldsymbol{A}}_t$ 求解 $\boldsymbol{S}$。迭代将重复，直到收敛为止。在本算法中，采用 COMFAC 算法来加速 TALS。

4.5.3 角度粗估

在满足根据定理 4.2 时，PARAFAC 分解是唯一的。其中，PARAFAC 分解的置换和尺度效应可以表示为

$$\begin{cases}\hat{\boldsymbol{A}}_t=\widetilde{\boldsymbol{A}}_t\Pi\boldsymbol{\Delta}_t+\boldsymbol{N}_1\\ \hat{\boldsymbol{A}}_r=\widetilde{\boldsymbol{A}}_r\Pi\boldsymbol{\Delta}_r+\boldsymbol{N}_2\\ \hat{\boldsymbol{S}}=\boldsymbol{S}\Pi\boldsymbol{\Delta}_s+\boldsymbol{N}_3\end{cases} \tag{4.116}$$

式中：Π 表示置换矩阵；$\boldsymbol{N}_1$，$\boldsymbol{N}_2$ 和 $\boldsymbol{N}_3$ 表示拟合误差；$\boldsymbol{\Delta}_t$，$\boldsymbol{\Delta}_r$ 和 $\boldsymbol{\Delta}_s$ 表示满足 $\boldsymbol{\Delta}_t\boldsymbol{\Delta}_r\boldsymbol{\Delta}_s=\mathbf{I}_K$ 的列模糊矩阵，其均为对角矩阵。

在 $\widetilde{\boldsymbol{A}}_t$ 和 $\widetilde{\boldsymbol{A}}_r$ 中，$\boldsymbol{A}_t$ 和 $\boldsymbol{A}_r$ 的范德蒙德结构分别被 $\boldsymbol{C}_t$ 和 $\boldsymbol{C}_r$ 破坏。这里使用上一章节所述的子矩阵方法来粗估角度。由于互耦矩阵是带状对称 Toeplitz 矩阵，可以利用选择性矩阵进行去耦。令 $\overline{N}=N-2P$、$\overline{M}=M-2P$，并定义 $\boldsymbol{J}_r=[\mathbf{0}_{\overline{N}\times \mathbf{P}},\boldsymbol{I}_{\overline{N}},\mathbf{0}_{N\times P}]$ 和 $\boldsymbol{J}_t=[\mathbf{0}_{\overline{M}\times \mathbf{P}},\boldsymbol{I}_{\overline{M}},\mathbf{0}_{\overline{M}\times P}]$。很容易获得

$$\begin{cases}\boldsymbol{J}_t\boldsymbol{C}_t\boldsymbol{a}_t(\varphi_k)=\beta_{tk}\overline{\boldsymbol{a}}_t(\varphi_k)\\ \boldsymbol{J}_r\boldsymbol{C}_r\boldsymbol{a}_r(\theta_k)=\beta_{rk}\overline{\boldsymbol{a}}_r(\theta_k)\end{cases}\tag{4.117}$$

式中：β_{tk} 和 β_{rk} 是两个常数，且 $\beta_{tk}=1+\sum\limits_{p=1}^{P}2c_{tp}\cos(p\pi\sin\varphi_k)$ 和 $\beta_{rk}=1+\sum\limits_{p=1}^{P}2c_{rp}\cos(p\pi\sin\theta_k)$；$\overline{\boldsymbol{a}}_t(\varphi_k)$ 和 $\overline{\boldsymbol{a}}_r(\theta_k)$ 是两个向量，分别由 $\boldsymbol{a}_t(\varphi_k)$ 和 $\boldsymbol{a}_r(\theta_k)$ 的中间 $\overline{M}$ 个元素和 $\overline{N}$ 个元素组成。显然 $\overline{\boldsymbol{a}}_t(\varphi_k)$ 和 $\overline{\boldsymbol{a}}_r(\theta_k)$ 的相位仍具有线性特征。因此 LS 原理可用于拟合 DOD 和 DOA，构造以下矩阵和向量：

$$\begin{cases}\boldsymbol{P}_1=\begin{bmatrix}1 & 1 & \cdots & 1\\ 0 & \pi & \cdots & (\overline{M}-1)\pi\end{bmatrix}^{\mathrm{T}}\\ \boldsymbol{P}_2=\begin{bmatrix}1 & 1 & \cdots & 1\\ 0 & \pi & \cdots & (\overline{N}-1)\pi\end{bmatrix}^{\mathrm{T}}\end{cases}\tag{4.118}$$

$$\begin{cases}\boldsymbol{h}_{tk}=-\mathrm{angle}(\boldsymbol{J}_t\,\hat{\boldsymbol{a}}_t(\varphi_k))\\ \boldsymbol{h}_{rk}=-\mathrm{angle}(\boldsymbol{J}_r\,\hat{\boldsymbol{a}}_r(\theta_k))\end{cases}$$

式中：$\hat{\boldsymbol{a}}_t(\varphi_k)$ 和 $\hat{\boldsymbol{a}}_r(\theta_k)$ 分别是 $\hat{\boldsymbol{A}}_t$ 和 $\hat{\boldsymbol{A}}_r$ 的第 k 列，然后计算：

$$\begin{cases}\boldsymbol{u}_k=\boldsymbol{P}_1^{\dagger}\boldsymbol{h}_{tk}\\ \boldsymbol{v}_k=\boldsymbol{P}_2^{\dagger}\boldsymbol{h}_{rk}\end{cases}\tag{4.119}$$

令 u_{k2} 和 v_{k2} 分别是 $\boldsymbol{u}_k$ 和 $\boldsymbol{v}_k$ 中的第二个元素。容易发现 u_{k2} 和 v_{k2} 分别是 $\sin\varphi_k$ 和 $\sin\theta_k$ 的 LS 解。因此，可以通过以下方式估算第 k 个目标的 DOD 和 DOA，即

$$\begin{cases}\hat{\varphi}_k=\arcsin(u_{k2})\\ \hat{\theta}_k=\arcsin(v_{k2})\end{cases}\tag{4.120}$$

由于 $\hat{\boldsymbol{A}}_t$ 和 $\hat{\boldsymbol{A}}_r$ 具有相同列置换模糊性，因此粗估的 DOD 和 DOA 是自动配对的。

4.5.4　精化角度估算

在角度粗估计中，阵列阵元中只有来自中间 $\overline{M}$ 个发射阵元和 $\overline{N}$ 个接收阵元

的数据被用于角度拟合，收发阵列的首尾 P 个阵元都可以看作是辅助元素，在角度粗估中忽略了这部分数据的信息。通过利用整个阵列数据，势必可以进一步提高角度估计性能。

根据定理 4.1，可得：

$$\begin{cases} \boldsymbol{C}_t\boldsymbol{a}_t(\varphi)=[\boldsymbol{Q}_{t1}(\varphi)+\boldsymbol{Q}_{t2}(\varphi)]\boldsymbol{c}_t=\boldsymbol{Q}_t(\varphi)\boldsymbol{c}_t \\ \boldsymbol{C}_r\boldsymbol{a}_r(\theta)=[\boldsymbol{Q}_{r1}(\theta)+\boldsymbol{Q}_{r2}(\theta)]\boldsymbol{c}_r=\boldsymbol{Q}_r(\theta)\boldsymbol{c}_r \end{cases} \tag{4.121}$$

式中：$\boldsymbol{Q}_{t1}(\varphi)$，$\boldsymbol{Q}_{t2}(\varphi)$，$\boldsymbol{Q}_{r1}(\theta)$ 和 $\boldsymbol{Q}_{r2}(\theta)$ 是根据定理 4.1 构造的变换矩阵，$\boldsymbol{Q}_t(\varphi)=\boldsymbol{Q}_{t1}(\varphi)+\boldsymbol{Q}_{t2}(\varphi)$，$\boldsymbol{Q}_r(\theta)=\boldsymbol{Q}_{r1}(\theta)+\boldsymbol{Q}_{r2}(\theta)$。与 MUSIC 方法类似，可以通过以下峰值搜索获得精确的 DOD 和 DOA 估计，即

$$\begin{cases} F(\varphi,\boldsymbol{C}_t)=[\boldsymbol{C}_t\boldsymbol{a}_t(\varphi)]^{\mathrm{H}}\boldsymbol{F}_t[\boldsymbol{C}_t\boldsymbol{a}_t(\varphi)] \\ F(\theta,\boldsymbol{C}_r)=[\boldsymbol{C}_r\boldsymbol{a}_r(\theta)]^{\mathrm{H}}\boldsymbol{F}_r[\boldsymbol{C}_r\boldsymbol{a}_r(\theta)] \end{cases} \tag{4.122}$$

式中：$\boldsymbol{F}_t=\boldsymbol{I}_M-\hat{\boldsymbol{A}}_{t0}\hat{\boldsymbol{A}}_{t0}^{\mathrm{H}}$；$\boldsymbol{F}_r=\boldsymbol{I}_N-\hat{\boldsymbol{A}}_{r0}\hat{\boldsymbol{A}}_{r0}^{\mathrm{H}}$，$\hat{\boldsymbol{A}}_{t0}$ 和 $\hat{\boldsymbol{A}}_{r0}$ 分别是 $\hat{\boldsymbol{A}}_t$ 和 $\hat{\boldsymbol{A}}_r$ 的正交基。由于 $\boldsymbol{C}_t$ 和 $\boldsymbol{C}_r$ 是未知的，不可能直接利用式（4.122）估算 DOD 和 DOA，将式（4.121）带入到式（4.122）中可得：

$$\begin{cases} F(\varphi,\boldsymbol{C}_t)=\boldsymbol{c}_t^{\mathrm{H}}\boldsymbol{V}_t(\varphi)\boldsymbol{c}_t \\ F(\theta,\boldsymbol{C}_r)=\boldsymbol{c}_r^{\mathrm{H}}\boldsymbol{V}_r(\theta)\boldsymbol{c}_r \end{cases} \tag{4.123}$$

式中：$\boldsymbol{V}_t(\varphi)=\boldsymbol{Q}_t^{\mathrm{H}}(\varphi)\boldsymbol{F}_t\boldsymbol{Q}_t(\varphi)$；$\boldsymbol{V}_r(\theta)=\boldsymbol{Q}_r^{\mathrm{H}}(\theta)\boldsymbol{F}_r\boldsymbol{Q}_r(\theta)$。注意到，$\mathrm{rank}(\boldsymbol{F}_t)=M-K$ 和 $\mathrm{rank}(\boldsymbol{F}_r)=N-K$，当 $\min\{M-K,N-K\}\geqslant(P+1)$，且当 φ 和 θ 分别等于实际的 DOD 和 DOA 时，$\boldsymbol{V}_t(\varphi)$ 和 $\boldsymbol{V}_r(\theta)$ 将会出现秩亏。因此，可以通过如下优化问题得到 DOD 和 DOA，即

$$\begin{cases} \hat{\varphi}=\arg\min\limits_{\varphi}\quad \det(\boldsymbol{V}_t(\varphi)) \\ \hat{\theta}=\arg\min\limits_{\theta}\quad \det(\boldsymbol{V}_r(\theta)) \end{cases} \tag{4.124}$$

精确的 DOD 和 DOA 估计可以通过两个 1D 空间峰值搜索来完成。由于前面已经获得了粗略的角度估计，因此可以对粗估角度附近的网格搜索来获得精确的角度估计，从而节省计算开销。

4.5.5 互耦系数估计

根据定理 4.1，可以通过求解第 k 个目标估计的 DOD 和 DOA 轻松恢复互耦向量，即

$$\begin{cases} \min_{\boldsymbol{c}_t}\|\hat{\boldsymbol{a}}_t(\varphi_k)-\boldsymbol{Q}_t(\hat{\varphi}_k)\boldsymbol{c}_t\|_F \\ \min_{\boldsymbol{c}_r}\|\hat{\boldsymbol{a}}_r(\theta_k)-\boldsymbol{Q}_r(\hat{\theta}_k)\boldsymbol{c}_r\|_F \end{cases} \tag{4.125}$$

与$\hat{\varphi}_k$ 和$\hat{\theta}_k$ 相对应的 $\boldsymbol{c}_t$ 和 $\boldsymbol{c}_r$ 的最佳解为

$$\begin{cases}\hat{\boldsymbol{c}}_{tk}=\boldsymbol{Q}_t\ (\hat{\varphi}_k)^{\dagger}\ \hat{\boldsymbol{a}}_t(\varphi_k)\\ \hat{\boldsymbol{c}}_{rk}=\boldsymbol{Q}_r\ (\hat{\theta}_k)^{\dagger}\ \hat{\boldsymbol{a}}_r(\theta_k)\end{cases} \tag{4.126}$$

通过将所估计的互耦向量除以向量中的第一个元素，可以消除三线性分解的尺度模糊效应。最后，可以通过平均所有估计结果来实现对互耦系数的估计。

4.5.6　算法分析

1. 复杂度分析

TALS 的计算量为 $l_1[3K^3+6MNLK+2K^2(ML+NL+MN)]$，其中，$l_1$ 表示迭代次数。去耦的计算复杂度为 $2K\overline{M}+2K\overline{N}$，精细化角度估计复杂度为 $l_2K[(P+1)(M^2+N^2)+(P+1)^2(M+N)+2O(P+1)^3]$，其中，$l_2$ 是迭代次数。表 4.2 总结了本小节所提出方法的总计算复杂度同前文所提的算法复杂度的比较，其中，l_3 为谱峰搜索的次数。结果表明，本节所提方法的复杂度比上节的 PARAFAC 略大。由于 TALS 在高维数值计算中比奇异值分解更有效，所提方案比 MUSIC、ESPRIT、HOSVD 具有更低的复杂度。

表 4.2　角度估计复杂度对比

方法	计算复杂度
MUSIC	$M^2N^2L+O(M^3N^3)+l_3KM^2N^2[2(P+1)(M+N)$ $+O[(P+1)^3(M^3+N^3)]]$
ESPRIT	$\overline{M}^2\ \overline{N}^2L+2(\overline{M}-1)\overline{N}K^2+2(\overline{N}-1)\overline{M}K^2+3O(K^3)+O(\overline{M}^3\ \overline{N}^3)$
HOSVD	$\overline{M}^2\ \overline{N}^2K+0.5(\overline{M}-1)\overline{N}K^2+0.5(\overline{N}-1)\overline{M}K^2+O(K^3)$ $+0.75O(\overline{M}^3\ \overline{N}^3)$
PARAFAC	$l_1[3K^3+6MNLK+2K^2(ML+NL+MN)]+2K\overline{M}+2K\overline{N}$
本节算法	$l_1[3K^3+6MNLK+2K^2(ML+NL+MN)]+2K\overline{M}+2K\overline{N}+$ $l_2K[(P+1)(M^2+N^2)+(P+1)^2(M+N)+2O((P+1)^3)]$

2. 互耦估计的复杂度

在本节所提的算法中，互耦向量$\hat{\boldsymbol{c}}_{tk}$和$\hat{\boldsymbol{c}}_{rk}$的估计复杂度为 $2(P+1)^2(M+N)+2O(P+1)^3+(P+1)(M+N)$。然而，MUSIC、ESPRIT 和 PARAFAC 的互耦系数估计的复杂度为 $2(P+1)^2M^2N^2+O[(P+1)]^5$。此外，在 ESPRIT 和 PARAFAC 中，需要额外的计算复杂度来估计噪声子空间。因此，本节的方案中的互耦估

计比现有方法更有效。

4.5.7 仿真结果

在本节中，比较了 MUSIC，ESPRIT，HOSVD，PARAFAC 和本节方法参数估计的 RMSE 性能。其中，MUSIC 中的搜索范围设置为[−90°,90°]，间隔为0.1°。在本小节所提的算法中，将搜索区域设置为粗估角度的±2°，间隔为0.01°。用 MATLAB 进行 500 次蒙特卡罗仿真，角度估计的 RMSE 和互耦估计的 RMSE 分别标识为 RMSE_a 和 RMSE_c，其定义为详见前面章节。预设双基地 MIMO 雷达的发射天线数 M 为 12，接收天线数 N 为 10。假设有 $K=3$ 个不相关的目标位于$(\theta_1,\varphi_1)=(-50°,-20°)$，$(\theta_2,\varphi_2)=(50°,20°)$和$(\theta_3,\varphi_3)=(10°,40°)$，多普勒频域分别为 200Hz，400Hz 和 850Hz。RCS 系数符合 Swerling I 模型，并收集了 $L=100$ 个快拍的数据。仿真中的信噪比定义为 $\text{SNR}=10\lg\|\boldsymbol{X}_s-\boldsymbol{N}_s\|^2/\|\boldsymbol{N}_s\|^2[\text{dB}]$。考虑了两种互耦的情况：场景一，$c_t=[1,0.1174+\text{j}0.0577]$，$c_r=[1,-0.0121-\text{j}0.1029]$；场景二，$c_t=[1,0.8+\text{j}0.5,0.2+\text{j}0.1]$，$c_r=[1,0.6+\text{j}0.4,0.1-\text{j}0.3]$。

图 4.16 描绘了在场景一下各种方法的 RMSE_a 和 RMSE_c 性能与 SNR 的关系。显然，所有算法的性能都随着 SNR 的提高而逐渐提高。本小节算法具有比 MUSIC 和 PARAFAC 更好的性能。另外，MUSIC 和 PARAFAC 的 RMSE_a 性能要比 HOSVD 更好，且他们具有几乎相同的 RMSE_c 表现。相比之下，本小节的算法在 RMSE_c 性能上有显著的提高。这种改进部分得益于整个虚拟阵列孔径被利用的事实。此外，阵列数据的多维结构有助于获得更准确参数估计。

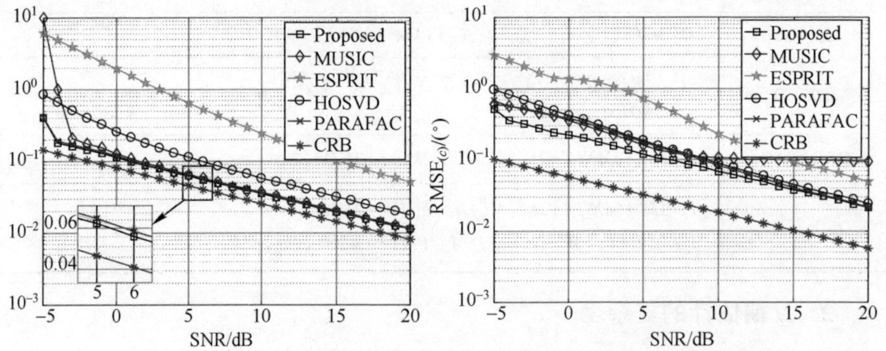

(a) RMSE(a)与SNR的关系　　(b) RMSE(c)与SNR的关系

图 4.16　场景一下，算法性能与 SNR 的关系

图 4.17 显示出了场景二下各种方法的 RMSE_a 和 RMSE_c 曲线与 SNR 的关

系。显然，与 ESPRIT，HOSVD 和 PARAFAC 相比，本小节的方法具有更好的估计性能。结果表明，在这种场景下，MUSIC 方法在强互耦下无法正常工作。在现有的方法中，角度估计性能的改善只会引起互耦估计精度微弱的提高。正如预期的那样，本节算法可以实现更好的互耦估计性能。

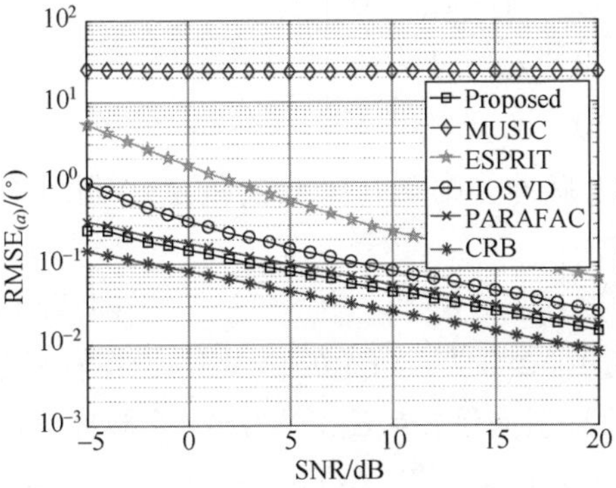

(a) RMSE$_{(a)}$与SNR的关系

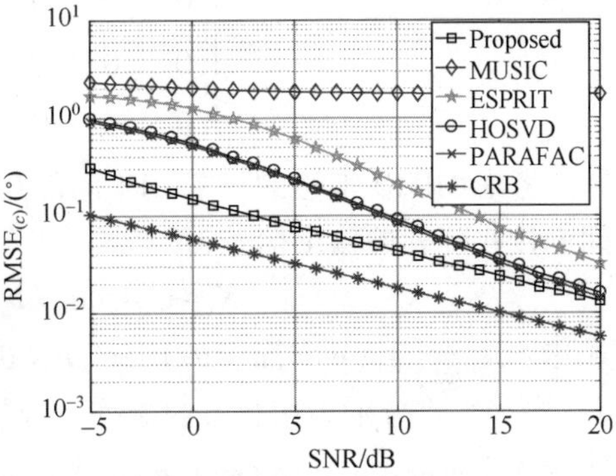

(b) RMSE$_{(c)}$与SNR的关系

图 4.17　场景二下，算法性能与 SNR 的关系

4.6　基于实值三线性分解的估计算法[10]

4.6.1　信号模型

仍然考虑如 4.5 节中的互耦背景下双基地 MIMO 雷达的阵列模型。其中 MIMO 雷达的天线系统由 M 个发射阵元和 N 个接收阵元构成，二者均是半波长分布的 ULA。假设发射天线发射的基带信号为相互正交的编码波形，其中第 $m(m=1,2,\cdots,M)$ 路基带信号为 $\boldsymbol{s}_m\in\mathbb{C}^{Q\times 1}$，且满足

$$\boldsymbol{s}_m^{\mathrm{H}}\boldsymbol{s}_n=\begin{cases}Q & ,m=n\\0 & ,m\neq n\end{cases}\tag{4.127}$$

式中：Q 为编码码长。假设在雷达远场处于同一个距离元内具有 K 个目标，第 $k(1\leqslant k\leqslant K)$ 个目标的方位为 (φ_k,θ_k)，其中，φ_k 为目标的 DOD，θ_k 为目标的 DOA。假设收、发阵列相邻的 $P+1$ 个阵元间存在互耦效应，互耦系数分别为 $\boldsymbol{c}_r=[1,c_{r1},\cdots,c_{rP}]^{\mathrm{T}}$ 和 $\boldsymbol{c}_t=[1,c_{t1},\cdots,c_{tP}]^{\mathrm{T}}$，其中，$0<|c_{rP}|<\cdots<c_{r1}<1$，$0<|c_{tP}|<\cdots<c_{t1}<1$。收、发阵列互耦矩阵可以分别用 $\boldsymbol{C}_r$ 和 $\boldsymbol{C}_t$ 表示，其分别为对称 Toeplitz 矩阵。以 $P=1$ 为例，$\boldsymbol{C}_r$ 具体形式如下：

$$
\boldsymbol{C}_r=\begin{bmatrix}1 & c_{r1} & 0 & 0 & 0 & 0 & 0\\ c_{r1} & 1 & c_{r1} & 0 & 0 & 0 & 0\\ 0 & c_{r1} & 1 & c_{r1} & 0 & 0 & 0\\ 0 & \ddots & \ddots & \ddots & \ddots & \ddots & 0\\ 0 & 0 & 0 & c_{r1} & 1 & c_{r1} & 0\\ 0 & 0 & 0 & 0 & c_{r1} & 1 & c_{r1}\\ 0 & 0 & 0 & 0 & 0 & c_{r1} & 1\end{bmatrix}
$$

考虑 MIMO 雷达的一个 CPI 包含 L 个脉冲，则第 $l(l=1,2,\cdots,L)$ 个脉冲时间的接收阵列的输出信号为

$$
\boldsymbol{X}_l=\boldsymbol{C}_r\boldsymbol{A}_r\operatorname{diag}(\boldsymbol{b}_l)(\boldsymbol{C}_t\boldsymbol{A}_t)^{\mathrm{T}}\boldsymbol{S}+\boldsymbol{W}_l \tag{4.128}
$$

式中：$\boldsymbol{A}_r=[\boldsymbol{a}_r(\theta_1),\boldsymbol{a}_r(\theta_2),\cdots,\boldsymbol{a}_r(\theta_K)]\in\mathbb{C}^{N\times K}$，$\boldsymbol{a}_r(\theta_k)=[1,\mathrm{e}^{-\mathrm{j}\pi\sin\theta_k},\cdots,\mathrm{e}^{-\mathrm{j}\pi(N-1)\sin\theta_k}]^{\mathrm{T}}$ 分别为接收方向矩阵、接收导引向量；$\boldsymbol{b}_l\in\mathbb{C}^{K\times 1}$ 为第 l 个脉冲目标回波特性向量；$\boldsymbol{A}_t=[\boldsymbol{a}_t(\varphi_1),\boldsymbol{a}_t(\varphi_2)\cdots,\boldsymbol{a}_t(\varphi_K)]\in\mathbb{C}^{M\times K}$，$\boldsymbol{a}_t(\varphi_k)=[1,\mathrm{e}^{-\mathrm{j}\pi\sin\varphi_k},\cdots,\mathrm{e}^{-\mathrm{j}\pi(M-1)\sin\varphi_k}]^{\mathrm{T}}$ 分别为发射方向矩阵和发射导引向量；$\boldsymbol{S}=[\boldsymbol{s}_1,\boldsymbol{s}_2,\cdots,\boldsymbol{s}_M]\in\mathbb{C}^{M\times Q}$ 为发射信号矩阵；$\boldsymbol{W}_l\in\mathbb{C}^{N\times Q}$ 为接收阵列天线接收的噪声矩阵，在本文中被假设为均匀白噪声。对每个接收天线的接收数据分别用 $\boldsymbol{s}_m^{\mathrm{H}}/Q(m=1,2,\cdots,M)$ 进行匹配滤波处理，则匹配滤波器输出的 L 个 CPI 的结果为

$$
\boldsymbol{Y}=[\widetilde{\boldsymbol{A}}_r\odot\widetilde{\boldsymbol{A}}_t]\boldsymbol{B}^{\mathrm{T}}+\boldsymbol{E} \tag{4.129}
$$

式中：$\boldsymbol{B}=[\boldsymbol{b}_1,\boldsymbol{b}_2,\cdots,\boldsymbol{b}_L]^{\mathrm{T}}$ 为目标特性矩阵。$\boldsymbol{E}=[\boldsymbol{e}_1,\boldsymbol{e}_2,\cdots,\boldsymbol{e}_L]\in\mathbb{C}^{MN\times L}$ 为匹配滤波后的噪声矩阵，$\boldsymbol{e}_l=\operatorname{vec}(\boldsymbol{W}_l\boldsymbol{S}^{\mathrm{H}})/Q$。$\widetilde{\boldsymbol{A}}_r=\boldsymbol{C}_r\boldsymbol{A}_r$ 与 $\widetilde{\boldsymbol{A}}_t=\boldsymbol{C}_t\boldsymbol{A}_t$ 分别表示受互耦影响的方向矩阵。利用 Tucker 张量模型，式（4.129）可以重新表述成一个阶数为 3、秩为 K 的张量：

$$
\boldsymbol{\mathcal{Y}}=\boldsymbol{\mathcal{I}}_{K\times 1}\widetilde{\boldsymbol{A}}_{t\times 2}\widetilde{\boldsymbol{A}}_{r\times 3}\boldsymbol{B}+\boldsymbol{\mathcal{E}} \tag{4.130}
$$

式中：$\boldsymbol{\mathcal{I}}_K$ 表述维数为 $K\times K\times K$ 的单位张量；$\boldsymbol{\mathcal{E}}$ 表述噪声张量。可以看出 $\boldsymbol{Y}=[\boldsymbol{\mathcal{Y}}]_{(3)}^{\mathrm{T}}$，$\boldsymbol{E}=[\boldsymbol{\mathcal{E}}]_{(3)}^{\mathrm{T}}$，即式（4.129）中的矩阵为式（4.130）中的张量的模-3 展开。注意，由于收发阵列均受到互耦的影响，此时 $\widetilde{\boldsymbol{A}}_r$、$\widetilde{\boldsymbol{A}}_t$ 不再为 Vandermonde 矩阵，因而互耦影响下已有的高分辨估计算法会失效。

4.6.2 实值 PARAFAC 分解模型

通过分析互耦矩阵可知，互耦矩阵的部分子矩阵的行元素具有循环移位特性（仍以 $P=1$ 时的 $\boldsymbol{C}_r$ 为例，虚线框内的子矩阵，其每一行均是上一行向右移一位的结果）。假设互耦阶数 P 已知，否则算法无法正常工作。令 $\overline{M}=M-2P$，$\overline{N}=N-2P$，考虑到互耦矩阵的这种特性，构造如下去耦矩阵

$$\begin{cases}\boldsymbol{J}_r=[\boldsymbol{0}_{\overline{N}\times P},\boldsymbol{I}_{\overline{N}},\boldsymbol{0}_{\overline{N}\times P}]\in\mathbb{R}^{\overline{N}\times N}\\ \boldsymbol{J}_t=[\boldsymbol{0}_{\overline{M}\times P},\boldsymbol{I}_{\overline{M}},\boldsymbol{0}_{\overline{M}\times P}]\in\mathbb{R}^{\overline{M}\times M}\end{cases}$$

容易得知：

$$\begin{cases}\boldsymbol{J}_r\boldsymbol{C}_r\boldsymbol{a}_r(\theta_k)=d_r^k\,\overline{\boldsymbol{a}}_r(\theta_k)\\ \boldsymbol{J}_t\boldsymbol{C}_t\boldsymbol{a}_t(\varphi_k)=d_t^k\,\overline{\boldsymbol{a}}_t(\varphi_k)\end{cases}\tag{4.131}$$

式（4.131）中 d_r^k、d_t^k 分别为仅与 θ_k、φ_k 有关的系数，其可被视为尺度变换因子。$\overline{\boldsymbol{a}}_r(\theta_k)$、$\overline{\boldsymbol{a}}_t(\varphi_k)$分别为 $\boldsymbol{a}_r(\theta_k)$、$\boldsymbol{a}_t(\varphi_k)$的前$\overline{N}$行、$\overline{M}$行元素构成的中心对称向量（例如$\overline{M}=2h+1$，则$\overline{\boldsymbol{a}}_t(\varphi_k)=[\mathrm{e}^{\mathrm{j}\pi(h-1)\sin\varphi_k},\cdots,1,\cdots,\mathrm{e}^{-\mathrm{j}\pi(h-1)\sin\varphi_k}]^{\mathrm{T}}$）。结合张量模乘的定义，可将去耦的方式表述成张量运算的形式

$$\mathcal{Z}=\mathcal{Y}_{\times 1}\cdot\boldsymbol{J}_{t\times 2}\cdot\boldsymbol{J}_r=\mathcal{I}_{K\times 1}\overline{\boldsymbol{A}}_{t\times 2}\overline{\boldsymbol{A}}_{r\times 3}(\boldsymbol{BD})+\widetilde{\boldsymbol{\varepsilon}}\tag{4.132}$$

式中：$\overline{\boldsymbol{A}}_t=[\overline{\boldsymbol{a}}_t(\varphi_1),\overline{\boldsymbol{a}}_t(\varphi_2),\cdots,\overline{\boldsymbol{a}}_t(\varphi_K)]$；$\overline{\boldsymbol{A}}_r=[\overline{\boldsymbol{a}}_r(\theta_1),\overline{\boldsymbol{a}}_r(\theta_2),\cdots,\overline{\boldsymbol{a}}_r(\theta_K)]$；$\boldsymbol{D}=\mathrm{diag}(\boldsymbol{d}_t)\cdot\mathrm{diag}(\boldsymbol{d}_r)$；$\boldsymbol{d}_t=[d_t^1,d_t^2,\cdots,d_t^K]^{\mathrm{T}}$；$\boldsymbol{d}_r=[d_r^1,d_r^2,\cdots,d_r^K]^{\mathrm{T}}$；$\overline{\boldsymbol{\varepsilon}}=\boldsymbol{\varepsilon}_{\times 1}\boldsymbol{J}_{t\times 2}\cdot\boldsymbol{J}_r$。上述过程可以看作是去耦合过程，经过该过程后，阵列方向矩阵$\overline{\boldsymbol{A}}_r$、$\overline{\boldsymbol{A}}_t$ 重新获得旋转不变特性（d_r^k、d_t^k 对阵列旋转不变特性没有影响，故与 $\boldsymbol{B}$ 矩阵表述在一起）。

式（4.132）中的张量$\mathcal{Z}$为复数张量，考虑到$\overline{\boldsymbol{A}}_t$、$\overline{\boldsymbol{A}}_r$ 中导引向量的中心对称特性，可以利用前后平滑技术和酉变换计算进一步降低参数估计的复杂度。$\overline{\boldsymbol{A}}_t$、$\overline{\boldsymbol{A}}_r$ 的中心对称特性可以表述成

$$\begin{cases}\overline{\boldsymbol{A}}_t=\boldsymbol{\Pi}_{\overline{M}}\overline{\boldsymbol{A}}_t^*\\ \overline{\boldsymbol{A}}_r=\boldsymbol{\Pi}_{\overline{N}}\overline{\boldsymbol{A}}_r^*\end{cases}\tag{4.133}$$

式中：$\boldsymbol{\Pi}_{\overline{M}}$表示维数为$\overline{M}\times\overline{M}$的反向交换矩阵，其反对角线元素为 1，其余元素为 0；令 $\boldsymbol{Z}^{fb}=\boldsymbol{Z}^*_{\times 1}\boldsymbol{\Pi}_{\overline{M}\times 2}\boldsymbol{\Pi}_{\overline{N}\times 3}\boldsymbol{\Pi}_L$，结合式（4.132）、式（4.133）有

$$\boldsymbol{Z}^{fb}=\boldsymbol{I}_{K\times 1}\overline{\boldsymbol{A}}_{t\times 2}\overline{\boldsymbol{A}}_{r\times 3}(\boldsymbol{\Pi}_L\boldsymbol{B}^*\boldsymbol{D}^*)+\boldsymbol{E}^{fb}\tag{4.134}$$

式中：$\boldsymbol{E}^{fb}=\overline{\mathbf{E}}^*_{\times 1}\boldsymbol{\Pi}_{\overline{M}\times 2}\boldsymbol{\Pi}_{\overline{N}\times 3}\boldsymbol{\Pi}_L$ 为相应的噪声张量。张量数据的前后平滑可以表述成如下形式

$$\boldsymbol{Z}^c=[\mathbf{Z}\cup_3\boldsymbol{Z}^{fb}]=\mathbf{I}_{K\times 1}\overline{\boldsymbol{A}}_{t\times 2}\overline{\boldsymbol{A}}_{r\times 3}\begin{bmatrix}\boldsymbol{BD}\\ \boldsymbol{\Pi}_L\boldsymbol{B}^*\boldsymbol{D}^*\end{bmatrix}+\boldsymbol{E}^c\tag{4.135}$$

式中：$\cup_3$ 表示将两个数据张量按照模-3 方向进行堆叠；$\boldsymbol{E}^c=[\overline{\boldsymbol{E}}\cup_3\boldsymbol{E}^{fb}]$。通过上述张量平滑过程后，$\boldsymbol{Z}^c\in\mathbb{C}^{\overline{M}\times\overline{N}\times 2L}$具有中心对称结构。通过酉变换技术，可以将上述复数张量变换为实值张量，具体过程可表述为

$$\boldsymbol{Z}^r=\boldsymbol{Z}^c_{\times 1}\boldsymbol{U}^{\mathrm{H}}_{\overline{M}\times 2}\boldsymbol{U}^{\mathrm{H}}_{\overline{N}\times 3}\boldsymbol{U}^{\mathrm{H}}_{2L}\tag{4.136}$$

结合式（4.135）和式（4.136）有

$$\boldsymbol{Z}^r=\mathbf{I}_{K\times1}(\boldsymbol{U}_M^{\mathrm{H}}\overline{\boldsymbol{A}}_t)_{\times2}(\boldsymbol{U}_N^{\mathrm{H}}\overline{\boldsymbol{A}}_r)_{\times3}(\boldsymbol{U}_{2L}^{\mathrm{H}}\boldsymbol{B}^c)+\boldsymbol{E}^r \tag{4.137}$$

式中：$\boldsymbol{B}^c=\begin{bmatrix}\boldsymbol{BD}\\ \boldsymbol{\Pi}_L\boldsymbol{B}^*\boldsymbol{D}^*\end{bmatrix}$；$\boldsymbol{E}^r$ 为经过酉变换后的实值张量。

上述变换后的方向矩阵中含有目标相关信息，如果能获得这些矩阵的估计，则可进一步获得目标参数的相关估计。本节采用 TALS 进行张量分解，具体过程如下节所述。

4.6.3 实值 TALS

令 $\boldsymbol{A}_{tr}=\boldsymbol{U}_M^{\mathrm{H}}\overline{\boldsymbol{A}}_t$，$\boldsymbol{A}_{rr}=\boldsymbol{U}_N^{\mathrm{H}}\overline{\boldsymbol{A}}_r$ 和 $\boldsymbol{B}_r=\boldsymbol{U}_{2L}^{\mathrm{H}}\boldsymbol{B}^c$，根据张量模-$n$ 展开的定义，式（4.137）中的张量可以展开成如下矩阵的形式：

$$\begin{cases}\boldsymbol{Z}_1=[\boldsymbol{Z}^r]_1^{\mathrm{T}}=[\boldsymbol{B}_r\odot\boldsymbol{A}_{rr}]\boldsymbol{A}_{tr}^{\mathrm{T}}+\boldsymbol{E}_1\\ \boldsymbol{Z}_2=[\boldsymbol{Z}^r]_2^{\mathrm{T}}=[\boldsymbol{A}_{tr}\odot\boldsymbol{B}_r]\boldsymbol{A}_{rr}^{\mathrm{T}}+\boldsymbol{E}_2\\ \boldsymbol{Z}_3=[\boldsymbol{Z}^r]_3^{\mathrm{T}}=[\boldsymbol{A}_{rr}\odot\boldsymbol{A}_{tr}]\boldsymbol{B}_r^{\mathrm{T}}+\boldsymbol{E}_3\end{cases} \tag{4.138}$$

式（4.138）即为三线性分解模型的矩阵表达形式，由于 $\boldsymbol{Z}^r$ 中每个索引位置的元素是由三个矩阵的元素的乘积构成，因此可认为 $\boldsymbol{Z}^r$ 具有三个方向。相应地，$\boldsymbol{Z}_1$、$\boldsymbol{Z}_2$ 和 $\boldsymbol{Z}_3$ 分别可被视为将张量数据 Z^r 沿着发射方向、接收方向和脉冲方向展开而获得的矩阵。传统的子空间分解法往往仅利用了张量数据的某一个方向展开的信息。

TALS 算法是一种高效的三线性分解模算法，其采用最小二乘（Least Squares，LS）代价函数依次交替的拟合三个矩阵，当拟合误差达到预期范围内时算法终止。其处理本文所述三线性模型的具体步骤包括：①假设 $\boldsymbol{Z}_1$、$\boldsymbol{Z}_2$ 和 $\boldsymbol{Z}_3$ 中的两个矩阵已知，采用 LS 的方法拟合其中的任何一个矩阵；②采用 LS 的方法拟合剩下的两个矩阵；③重复①和②直到迭代次数达到预设值或拟合误差达到预设阈值。现以某次具体的迭代过程说明 TALS 的迭代过程，根据式（4.138）可知，对 $\boldsymbol{A}_{tr}$ 拟合的代价函数为

$$f_t=\min_{\boldsymbol{B}_r,\boldsymbol{A}_{rr},\boldsymbol{A}_{tr}}\|\boldsymbol{Z}_1-[\boldsymbol{B}_r\odot\boldsymbol{A}_{rr}]\boldsymbol{A}_{tr}^{\mathrm{T}}\|_F \tag{4.139}$$

式中：$\|\cdot\|_F$ 表示矩阵的 Frobenius 范数。根据式（4.139）易知，$\boldsymbol{A}_{tr}$ 的 LS 估计值为

$$\hat{\boldsymbol{A}}_{tr}^{\mathrm{T}}=[\hat{\boldsymbol{B}}_r\odot\hat{\boldsymbol{A}}_{rr}]^{\dagger}\boldsymbol{Z}_1 \tag{4.140}$$

式中：$\hat{\boldsymbol{B}}_r$ 和 $\hat{\boldsymbol{A}}_{rr}$ 分别是在上一次迭代后所获得的 $\boldsymbol{B}_r$ 和 $\boldsymbol{A}_{rr}$ 的估计值。类似的，可以构造 $\boldsymbol{A}_{rr}$ 拟合函数和其 LS 估计

$$\begin{cases} f_r = \min\limits_{\boldsymbol{A}_{tr},\boldsymbol{B}_r,\boldsymbol{A}_{rr}} \| \boldsymbol{Z}_2 - [\boldsymbol{A}_{tr} \odot \boldsymbol{B}_r] \boldsymbol{A}_{rr}^{\mathrm{T}} \|_F \\ \hat{\boldsymbol{A}}_{rr}^{\mathrm{T}} = [\hat{\boldsymbol{A}}_{tr} \odot \hat{\boldsymbol{B}}_r]^{\dagger} \boldsymbol{Z}_2 \end{cases} \tag{4.141}$$

式中：$\hat{\boldsymbol{A}}_{tr}$为在本轮迭代过程中获得的$\boldsymbol{A}_{tr}$的估计值；$\hat{\boldsymbol{B}}_r$ 为上一轮迭代后获得的 $\boldsymbol{B}_r$ 的估计值。同理，可以构造 $\boldsymbol{B}_r$ 的拟合代价函数和其 LS 估计

$$\begin{cases} f_r = \min\limits_{\boldsymbol{A}_{rr},\boldsymbol{A}_{tr},\boldsymbol{B}_r} \| \boldsymbol{Z}_3 - [\boldsymbol{A}_{rr} \odot \boldsymbol{A}_{tr}] \boldsymbol{B}_r^{\mathrm{T}} \|_F \\ \hat{\boldsymbol{B}}_r^{\mathrm{T}} = [\hat{\boldsymbol{A}}_{rr} \odot \hat{\boldsymbol{A}}_{tr}]^{\dagger} \boldsymbol{Z}_3 \end{cases} \tag{4.142}$$

式中：$\hat{\boldsymbol{A}}_{rr}$、$\hat{\boldsymbol{A}}_{tr}$分别是本轮迭代过程中获得的 $\boldsymbol{A}_{rr}$、$\boldsymbol{A}_{tr}$的估计值。重复上述过程，直到达到算法收敛条件即可获得对相关矩阵的估计。

由于 TALS 算法在更新过程中 $\boldsymbol{A}_{rr}$、$\boldsymbol{A}_{tr}$及 $\boldsymbol{B}_r$ 的误差将得到改善或者保持不变，但是不可能增大，因而 TALS 总是会收敛的。TALS 的收敛速度与相关矩阵的初始化优劣密切相关，一般使用随机初始化矩阵将获得较慢的收敛速度，而使用 ESPRIT 算法可加快算法收敛。此外，使用一些压缩算法可以进一步加快算法收敛。本节算法在实际仿真中使用 COMFAC 算法进行 TALS，其主要是通过张量压缩的方法降低迭代计算的复杂度，一般仅需若干次迭代算法便可快速收敛。

4.6.4　联合 DOD 与 DOA 估计

唯一性是三线性分解的重要特征之一。根据三线性分解的唯一性条件，假设 $\boldsymbol{A}_{tr} \in \mathbb{C}^{\overline{M} \times K}$，$\boldsymbol{A}_{rr} \in \mathbb{C}^{\overline{N} \times K}$和 $\boldsymbol{B}_r \in \mathbb{C}^{2L \times K}$的 k-秩分别为 $k_{\mathrm{A}_{tr}}$，$k_{\mathrm{A}_{rr}}$和 k_{B_r}，若其满足

$$k_{\mathrm{A}_{tr}} + k_{\mathrm{A}_{rr}} + k_{B_r} \geqslant 2K + 2 \tag{4.143}$$

则除了列模糊和尺度模糊，通过三线性分解获得的 $\boldsymbol{A}_{tr}$，$\boldsymbol{A}_{rr}$和 $\boldsymbol{B}_r$ 是唯一的。若 $\hat{\boldsymbol{A}}_{tr}$，$\hat{\boldsymbol{A}}_{rr}$和$\hat{\boldsymbol{B}}_r$ 分别为 $\boldsymbol{A}_{tr}$，$\boldsymbol{A}_{rr}$和 $\boldsymbol{B}_r$ 的估计值，则定理中的列模糊和尺度模糊可以表示为

$$\begin{cases} \hat{\boldsymbol{A}}_{tr} = \boldsymbol{A}_{tr} \boldsymbol{\Omega} \boldsymbol{\Delta}_1 + \boldsymbol{N}_1 \\ \hat{\boldsymbol{A}}_{rr} = \boldsymbol{A}_{rr} \boldsymbol{\Omega} \boldsymbol{\Delta}_2 + \boldsymbol{N}_2 \\ \hat{\boldsymbol{B}}_r = \boldsymbol{B}_r \boldsymbol{\Omega} \boldsymbol{\Delta}_3 + \boldsymbol{N}_3 \end{cases} \tag{4.144}$$

式中：$\boldsymbol{\Omega}$ 是一个列置换矩阵；$\boldsymbol{N}_1$，$\boldsymbol{N}_2$ 和 $\boldsymbol{N}_3$ 分别对应的估计误差矩阵；$\boldsymbol{\Delta}_1$，$\boldsymbol{\Delta}_2$ 和 $\boldsymbol{\Delta}_3$ 为三个对角矩阵，其对角元素分别表示相应的尺度因子，且满足 $\boldsymbol{\Delta}_1 \boldsymbol{\Delta}_2 \boldsymbol{\Delta}_3 = \boldsymbol{I}_K$。

经过 TALS 过程，可获得 $\boldsymbol{A}_{tr}$和 $\boldsymbol{A}_{rr}$的估计值$\hat{\boldsymbol{A}}_{tr}$和$\hat{\boldsymbol{A}}_{rr}$。由于 $\boldsymbol{A}_{tr} = \boldsymbol{U}_{\overline{M}}^{\mathrm{H}} \overline{\boldsymbol{A}}_t$，$\boldsymbol{A}_{rr} =$

$U_{\bar{N}}^{H}\bar{A}_r$，因此可利用酉变换后阵列的旋转不变特性来还原目标角度的相关信息，可表述为如下的形式：

$$\begin{cases} J_{t2}A_{tr}=J_{t1}A_{tr}\Psi_t \\ J_{r2}A_{rr}=J_{r1}A_{rr}\Psi_r \end{cases} \tag{4.145}$$

式中：$\Psi_t=\mathrm{diag}(g_t)$；$\Psi_r=\mathrm{diag}(g_r)$；$g_t=[g_{t1},g_{t2},\cdots,g_{tK}]^{\mathrm{T}}$；$g_r=[g_{r1},g_{r2},\cdots,g_{rK}]^{\mathrm{T}}$；$g_{tk}=\tan(\pi\sin\varphi_k/2)$；$g_{rk}=\tan(\pi\sin\theta_k/2)$；$k=1,2,\cdots,K$。其他旋转不变性矩阵分别为：

$$\begin{cases} J_{t1}=\mathrm{Re}\{U_{\bar{M}-1}\cdot[\mathbf{0}_{(\bar{M}-1)\times1},I_{\bar{M}-1}]\cdot U_{\bar{M}}\} \\ J_{t2}=\mathrm{Im}\{U_{\bar{M}-1}\cdot[\mathbf{0}_{(\bar{M}-1)\times1},I_{\bar{M}-1}]\cdot U_{\bar{M}}\} \\ J_{r1}=\mathrm{Re}\{U_{\bar{N}-1}\cdot[\mathbf{0}_{(\bar{N}-1)\times1},I_{\bar{N}-1}]\cdot U_{\bar{N}}\} \\ J_{r2}=\mathrm{Im}\{U_{\bar{N}-1}\cdot[\mathbf{0}_{(\bar{N}-1)\times1},I_{\bar{N}-1}]\cdot U_{\bar{N}}\} \end{cases} \tag{4.146}$$

根据式（4.145），Ψ_t 与 Ψ_r 中第 k（$k=1,2,\cdots,K$）个对角元素 g_{tk}、g_{rk} 的 LS 估计值 $\hat{g}_{tk}$、$\hat{g}_{rk}$ 分别为

$$\begin{cases} \hat{g}_{tk}=(J_{t1}\hat{a}_{trk})^{\dagger}J_{t2}\hat{a}_{trk} \\ \hat{g}_{rk}=(J_{r1}\hat{a}_{rrk})^{\dagger}J_{r2}\hat{a}_{rrk} \end{cases} \tag{4.147}$$

式中：$\hat{a}_{trk}$ 与 $\hat{a}_{rrk}$ 分别为 $\hat{A}_{tr}$ 和 $\hat{A}_{rr}$ 的第 k 列。进一步，第 k 个目标的 DOD 与 DOA 的估计分别为

$$\begin{cases} \hat{\varphi}_k=\arcsin(2\arctan(\hat{g}_{tk})/\pi) \\ \hat{\theta}_k=\arcsin(2\arctan(\hat{g}_{rk})/\pi) \end{cases} \tag{4.148}$$

根据式（4.144）与式（4.145）可知，$\hat{A}_{tr}$ 与 $\hat{A}_{rr}$ 具有同步的列置换运算，因而 $\hat{\varphi}_k$ 与 $\hat{\theta}_k$ 是自动配对的。

4.6.5 算法分析

1. 复杂度分析

算法的计算复杂度主要是以算法所需的复数乘法运算的次数为统计指标，在具体分析时仅考虑算法主要复杂度。本小节算法的主要复杂度是 TALS 计算，由于实数运算复杂度为复数运算复杂度的 1/4，因而 TALS 的运算量为 $O[3K^3+6\bar{M}\bar{N}LK+4\bar{M}LK^2+2\bar{N}LK^2+\bar{M}\bar{N}K^2+2\bar{M}LK+2\bar{N}LK+\bar{M}\bar{N}K]/4$。为进一步对比本小节算法与本章的 MUSIC（标记为 MUSIC）、ESPRIT（标记为 ESPRIT）、HOSVD（标记为 HOSVD）及 3.4 节的 PARAFAC（标记为 PARAFAC）复杂度，对比了这几种算法的主要复杂度，具体如表 4.3 所列。可以看出 MUSIC

算法的运算量最大，其主要运算量主要集中在谱峰搜索；ESPRIT 和 HOSVD 的复杂度主要集中在特征值分解，其复杂度的最高阶数均为 $O(\overline{M}^3\overline{N}^3)$，故计算过程仍然较为复杂。本文算法复杂度的最高阶数远小于 $O(\overline{M}^3\overline{N}^3)$，且由于采用实数运算，本小节算法的迭代运算量小于 PARAFAC 方法。

表 4.3　各种算法复杂度的比较

算法	主要复杂度
MUSIC	$O(M^3N^3)+O[M^2NP(MN-K)+N^2MP(MN-K)+M^2P(MN-K)$ $+N^2P(MN-K)+2(MP)]$
ESPRIT	$O(\overline{M}^3\overline{N}^3)$
HOSVD	$1.75O(\overline{M}^2\overline{N}^2)$
PARAFAC	$O[3K^3+6\overline{M}\overline{N}LK+4\overline{M}LK^2+2\overline{N}LK^2+\overline{M}\overline{N}K^2+2\overline{M}LK+2\overline{N}LK+\overline{M}\overline{N}K]$
本节算法	$0.25O[3K^3+6\overline{M}\overline{N}LK+4\overline{M}LK^2+2\overline{N}LK^2+\overline{M}\overline{N}K^2+2\overline{M}LK+2\overline{N}LK+\overline{M}\overline{N}K]$

2. 可辨识度分析

式（4.143）给出了本节算法的可辨识度条件，即目标数目辨识的上限。一般来说，$k_{A_{tr}}=\overline{M}$，$k_{A_{rr}}=\overline{N}$，$k_{B_r}=2L$，因而本节算的最多可辨识$(\overline{M}+\overline{N}+2L)/2$个目标，而 PARAFAC 算法最多可辨识$(\overline{M}+\overline{N}+L)/2$个目标。因而在相同的条件下本节算法可以识别更多的目标，或者说本节算法在相同的阵列配置下，支持更低的快拍数目。由于本节算法在最终估计 DOD 与 DOA 时无法采用 LS 方法，因此相对 PARAFAC 算法，所提算法有孔径损失，最终估计精度可能劣于 PARAFAC 算法。但本节算法可应对相干源场景，而 PARAFAC 算法对相干源并不适用。

4.6.6　仿真结果及分析

采用蒙特卡罗手段对所提算法的有效性进行验证。仿真中假设 $K=3$ 个点目标处于雷达收发阵列远场，其 DOA 和 DOD 分别为$(\theta_1,\varphi_1)=(-50°,-20°)$，$(\theta_2,\varphi_2)=(50°,20°)$和$(\theta_3,\varphi_3)=(10°,40°)$，其多普勒频率分别为 200Hz，400Hz 和 850Hz。目标在 $L=100$ 个 CPI 内的雷达截面系数满足 Swerling I 模型。MIMO 雷达配置有 $M=12$ 个发射阵元和 $N=10$ 个接收阵元。发射的基带编码波形为 $S=(1+\mathrm{j})/\sqrt{2}\boldsymbol{H}_M$，$\boldsymbol{H}_M$ 表示由 $Q\times Q$ 维的哈达码矩阵的前 M 行构成。一个 CPI 内的编码码长为 $Q=128$，脉冲重复频率为 20kHz。所模拟的互耦仿真场景有两个，分别如下。

场景一： 收发阵元弱互耦干扰背景，$P=1$，互耦系数分别为 $\boldsymbol{c}_t=[1,$

0. 1174+j0. 0577]，c_r =[1,-0. 0121-j0. 1029]；

场景二：收发阵元强互耦干扰背景，$P=2$，互耦系数分别为 c_t =[1,0. 8+j0. 5,0. 2+j0. 1]，c_r =[1,0. 6+j0. 4,0. 1-j0. 3]。

图 4. 18 分布给出了在 SNR=-15dB、场景一、非相干源条件下本节算法进行 200 次蒙特卡罗仿真的散点图和在 SNR=-10dB、场景二、相干源（目标一和目标二的相干度为 0. 99）条件下本节算法 200 次蒙特卡罗实验的散点图。可以看出，两种仿真条件下三个目标可以被准确地估计出来，并且被正确配对，因而本节算法对非相干源和相干源均适用。

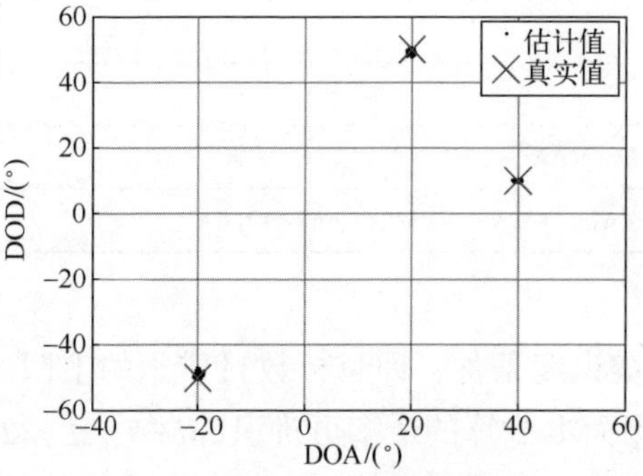

(a) 场景一、非相干源背景下

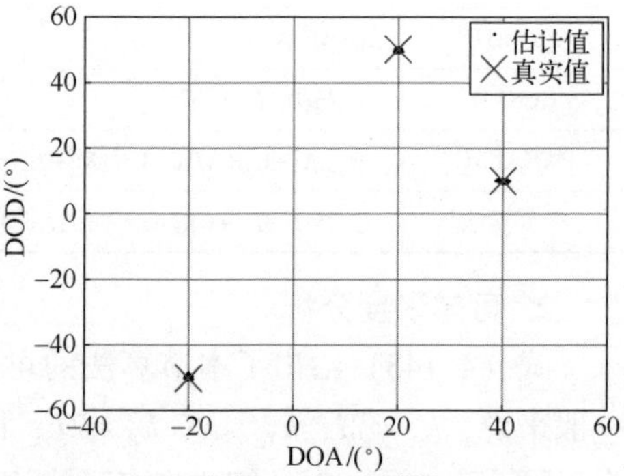

(b) 场景二、相干源背景下

图 4. 18　本文算法估计的散点图

为进一步比较本节算法与其他算法性能，将所有算法进行 200 次独立的蒙特卡罗仿真，所对比的算法有 ESPRIT 算法、HOSVD 算法和 PARAFAC 算法。由于 MUSIC 算法需要进行谱峰搜索，而本节所对比的几种算法的结果均是闭式解所得到的，因而并未对 MUSIC 算法进行仿真。仿真中的信噪比定义为 $10\lg(\|\boldsymbol{X}_l-\boldsymbol{W}_l\|_F^2/\|\boldsymbol{W}_l\|_F^2)$ [dB]，联合 DOD 与 DOA 估计的精度采用 RMSE 和 PSD 两种标准评价。PSD 定义为成功检测的次数占总实验次数的百分比，其中，若所有估计角度的绝对误差之和小于 0. 5°，则定义该次仿真成功检测。

图 4. 19 分别为所有算法在场景一、非相干源、不同信噪比条件下所提算法 RMSE 和 PSD 性能的对比。由图 4. 19（a）可知，在低信噪条件下，张量算法性能较为接近，但性能均优于 ESPRIT 算法。随着信噪比增加，所有算法的性能均有所提高，但本节算法在信噪比较低时性能优于 HOSVD 算法，在高信噪比条件下性能接近 HOSVD。同时，所提算法性能会劣于 PARAFAC，这是由于本节算法在最后估计过程中存在孔径损失造成的。由图 4. 19（b）可知，所有算法的 PSD 在高信噪比时都会达到 100%。随着信噪比的降低，PSD 会下

降，其开始下降所对应的信噪比位置被称为信噪比阈值。可以看出，张量类算法信噪比阈值要低于 ESPRIT。此外，所提算法的 PSD 性能在信噪比低于阈值时优于 HOSVD 但劣于 PARAFAC。

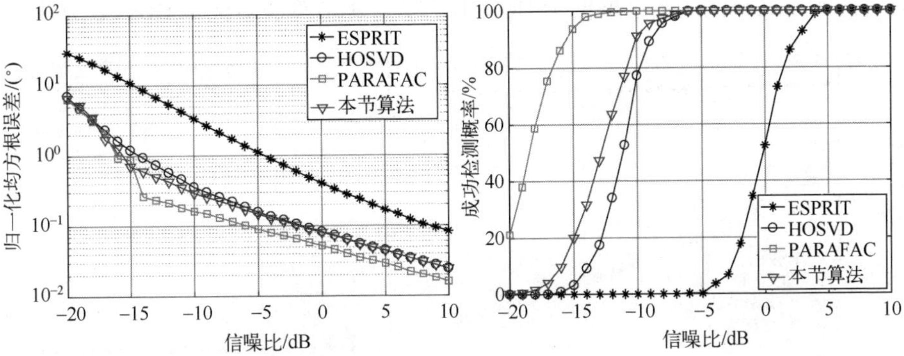

(a) RMSE　(b) PSD

图 4.19　场景一、非相干源条件下性能比较

图 4.20 分别为所有算法在场景二、非相干源、不同信噪比条件下所提算法 RMSE 和 PSD 性能的对比。对比图 4.19 中的相关曲线可知，强互耦环境下相关算法的性能均有所下降。但是本节算法的 RMSE 性能与 PSD 性能仍处于 HOSVD 与 PARAFAC 之间，但仍然远优于 ESPRIT 算法。考虑到本节算法在计算复杂度方面具有很大的优势，因而该算法可实现估计精度和估计复杂度方面的折中。

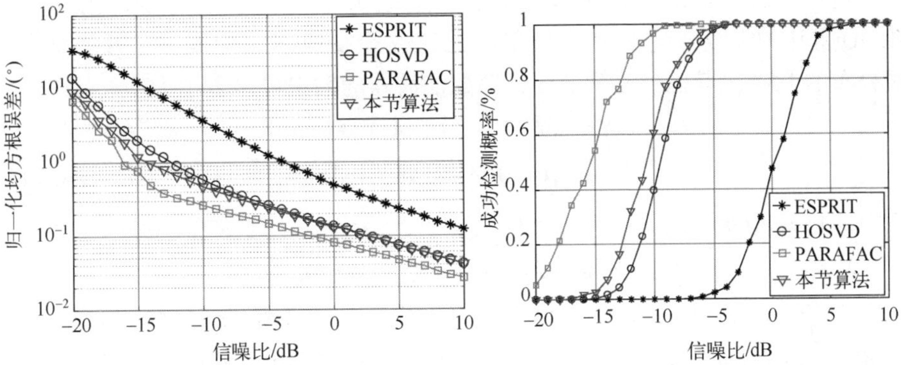

(a) RMSE　(b) PSD

图 4.20　场景二、非相干源条件下性能比较

图 4.21 分别为所有算法在场景二、相干源、不同信噪比条件下所提算法 RMSE 和 PSD 性能的对比，其中，第一个目标和第二个目标的相干度为 0.99。

可以看出，ESPRIT 算法和 PARAFAC 算法均不能有效的分辨出相干源，而 HOSVD 算法和本节算法此时均能够有效工作。此外，本节算法在低信噪比条件下性能优于 HOSVD 算法，在高信噪比条件下性能与 HOSVD 方法非常接近。综合考虑到本文算法的复杂度低于 HOSVD 方法，本节算法要优于 HOSVD 方法。

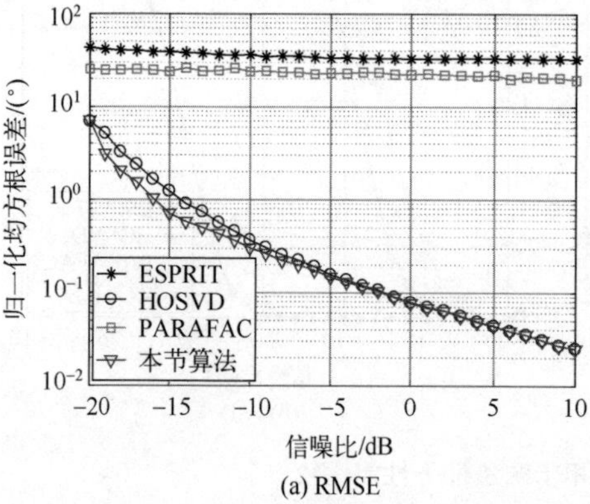

(a) RMSE

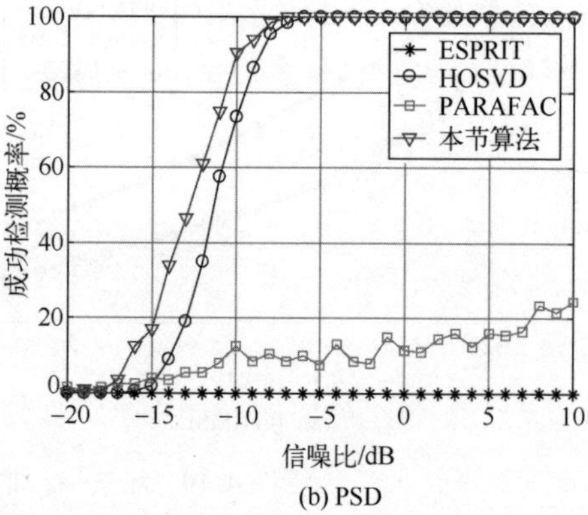

(b) PSD

图 4.21　场景二、相干源条件下性能比较

4.7　基于三维压缩感知的 PARAFAC 估计算法[11]

4.7.1　信号模型

仍然考虑如 4.5 中的互耦背景下双基地 MIMO 雷达的阵列模型。其中，MIMO 雷达的天线系统由 M 个发射阵元和 N 个接收阵元构成，二者均是半波长分布的 ULA，考虑到互耦效应，匹配滤波器的输出可以表示为

$$\begin{aligned}\boldsymbol{X}&=[(\boldsymbol{C}_r\boldsymbol{A}_r)\odot(\boldsymbol{C}_t\boldsymbol{A}_t)]\boldsymbol{S}^{\mathrm{T}}+\boldsymbol{N}\\&=[\boldsymbol{B}_r\odot\boldsymbol{B}_t]\boldsymbol{S}^{\mathrm{T}}+\boldsymbol{N}\end{aligned}\tag{4.149}$$

式中：$\boldsymbol{A}_r=[\boldsymbol{a}_r(\theta_1),\boldsymbol{a}_r(\theta_2),\cdots,\boldsymbol{a}_r(\theta_K)]\in\mathbb{C}^{N\times K}$，$\boldsymbol{a}_r(\theta_k)=[1,\mathrm{e}^{-\mathrm{j}\mu_k},\cdots,\mathrm{e}^{-\mathrm{j}(N-1)\mu_k}]^{\mathrm{T}}\in\mathbb{C}^{N\times 1}$表示第 k 个$(k=1,2,\cdots,K)$接收导向向量。$\boldsymbol{A}_t=[\boldsymbol{a}_t(\varphi_1),\boldsymbol{a}_t(\varphi_2),\cdots,\boldsymbol{a}_t(\varphi_K)]\in\mathbb{C}^{M\times K}$，$\boldsymbol{a}_t(\varphi_k)=[1,\mathrm{e}^{-\mathrm{j}v_k},\cdots,\mathrm{e}^{-\mathrm{j}(M-1)v_k}]^{\mathrm{T}}\in\mathbb{C}^{M\times 1}$是第 k 个发射导向向量，$\mu_k=\pi\sin\theta_k$，$v_k=\pi\sin\varphi_k$。$\boldsymbol{S}=[\boldsymbol{s}_1,\boldsymbol{s}_2,\cdots,\boldsymbol{s}_L]^{\mathrm{T}}\in\mathbb{C}^{L\times K}$为目标 RCS 矩阵。$\boldsymbol{s}_l\in\mathbb{C}^{K\times 1}$是第 l 个$(l=1,2,\cdots,L)$快拍的 RCS 样本，L 是快拍总数。$\boldsymbol{N}=[\boldsymbol{n}_1,\boldsymbol{n}_2,\cdots,\boldsymbol{n}_L]\in\mathbb{C}^{MN\times L}$表示加性高斯白噪声矩阵。$\boldsymbol{B}_r=\boldsymbol{C}_r\boldsymbol{A}_r$ 和 $\boldsymbol{B}_t=\boldsymbol{C}_t\boldsymbol{A}_t$ 分别代表耦合的接收方向矩阵和耦合的发射方向矩阵。数据矩阵 $\boldsymbol{X}$ 也可以重新排列为三阶张量 $\boldsymbol{\mathcal{X}}\in\mathbb{C}^{M\times N\times L}$，其中，第$(m,n,l)$个元素为

$$\{\boldsymbol{X}\}_{m,n,l} = \sum_{k=1}^{K} \boldsymbol{B}_t(m,k)\boldsymbol{B}_r(n,k)\boldsymbol{S}(l,k) + \{\mathbf{N}\}_{m,n,l}$$

$$(m = 1,\cdots,M;n = 1,\cdots,N;l = 1,\cdots,L) \tag{4.150}$$

式中：$\boldsymbol{B}_t(m,k)$代表$\boldsymbol{B}_t$的第(m,k)个元素，其他的表述方法类似。$\boldsymbol{N}$是噪声张量。根据张量的基础知识可知，$\boldsymbol{X}=[\boldsymbol{X}]_{(3)}^{\mathrm{T}}$和$\boldsymbol{N}=[\boldsymbol{N}]_{(3)}^{\mathrm{T}}$。基于张量的算法考虑了阵列数据的多维结构，从而能获得更好的估计精度。

4.7.2　互耦抑制

根据前面的知识，由于$\boldsymbol{C}_r$和$\boldsymbol{C}_t$具有带状对称Toeplitz结构，因此可以使用以下两个选择矩阵进行去耦

$$\begin{cases}\boldsymbol{J}_r=[\mathbf{0}_{(N-2P)\times P},\boldsymbol{I}_{N-2P},\mathbf{0}_{(N-2P)\times P}]\in\mathbb{R}^{(N-2P)\times N}\\ \boldsymbol{J}_t=[\mathbf{0}_{(M-2P)\times P},\boldsymbol{I}_{M-2P},\mathbf{0}_{(M-2P)\times P}]\in\mathbb{R}^{(M-2P)\times M}\end{cases} \tag{4.151}$$

具体地说，$\boldsymbol{J}_r\boldsymbol{C}_r$的第$n$行$(n=2,3,\cdots N-2P)$是第一行的循环移位。因此，我们有

$$\begin{cases}\boldsymbol{J}_r\boldsymbol{C}_r\boldsymbol{a}_r(\theta_k)=d_r(\theta_k)\bar{\boldsymbol{a}}_r(\theta_k)\\ \boldsymbol{J}_t\boldsymbol{C}_t\boldsymbol{a}_t(\varphi_k)=d_t(\varphi_k)\bar{\boldsymbol{a}}_t(\varphi_k)\end{cases} \tag{4.152}$$

式中：$d_r(\theta_k)$，$d_t(\varphi_k)$为与θ_k和φ_k相关的常数；$\bar{\boldsymbol{a}}_r(\theta_k)$和$\bar{\boldsymbol{a}}_t(\varphi_k)$分别是$\boldsymbol{a}_r(\theta_k)$和$\boldsymbol{a}_t(\varphi_k)$第$N-2P$行和第$M-2P$行。利用张量与矩阵模乘的定义，去耦操作可以通过以下方式完成

$$\boldsymbol{Y}=\boldsymbol{X}_{\times 1}\cdot\boldsymbol{J}_{t\times 2}\cdot\boldsymbol{J}_r \tag{4.153}$$

显然，$\boldsymbol{Y}$对互耦具有鲁棒性。令$\overline{M}=M-2P$和$\overline{N}=N-2P$，张量$\boldsymbol{Y}$的第(m,n,l)个元素可以表示为

$$\{\boldsymbol{Y}\}_{m,n,l} = \sum_{k=1}^{K} \boldsymbol{F}_t(m,k)\boldsymbol{F}_r(n,k)\boldsymbol{S}(l,k) + \{\boldsymbol{W}\}_{m,n,l}$$

$$(m = 1,\cdots,\overline{M};n = 1,\cdots,\overline{N};l = 1,\cdots,L) \tag{4.154}$$

式中：$\boldsymbol{F}_t=\boldsymbol{J}_t\boldsymbol{B}_t$；$\boldsymbol{F}_r=\boldsymbol{J}_r\boldsymbol{B}_r$；$\boldsymbol{W}=\boldsymbol{N}_{\times 1}\cdot\boldsymbol{J}_{t\times 2}\cdot\boldsymbol{J}_r$表示对应的噪声张量。

式（4.154）中的模型可以看作是PARAFAC模型（或三线性模型），通过PARAFAC分解技术，可以估计耦合的方向矩阵，从而可以获得自动配对的DOD和DOA。然而，PARAFAC算法的计算量很大，特别是在面对大规模天线系统时。为降低计算复杂度，本节提出一种压缩的PARAFAC算法。

4.7.3　三维压缩感知

$\boldsymbol{Y}$可以表述成如下HOSVD的形式：

$$\boldsymbol{Y}=\boldsymbol{G}_{\times 1}\cdot \boldsymbol{U}_{\times 2}\cdot \boldsymbol{V}_{\times 3}\cdot \boldsymbol{W} \tag{4.155}$$

式中：$\boldsymbol{G}\in\mathbb{C}^{\overline{M}\times\overline{N}\times L}$为核张量。$\boldsymbol{U}\in\mathbb{C}^{\overline{M}\times\overline{M}}$，$\boldsymbol{V}\in\mathbb{C}^{\overline{N}\times\overline{N}}$和 $\boldsymbol{W}\in\mathbb{C}^{L\times L}$分别是模-1，模-2和模-3 展开的左奇异矩阵。由于 $\boldsymbol{Y}$ 的秩为 K，子空间张量 $\boldsymbol{Z}$ 可以通过下式获得

$$\boldsymbol{Z}=\boldsymbol{Y}_{\times 1}\cdot \boldsymbol{U}^{\mathrm{H}}_{s\times 2}\cdot \boldsymbol{V}^{\mathrm{H}}_{s\times 3}\cdot \boldsymbol{W}^{\mathrm{H}}_{s} \tag{4.156}$$

式中：$\boldsymbol{U}_s\in\mathbb{C}^{\overline{M}\times K}$，$\boldsymbol{V}_s\in\mathbb{C}^{\overline{N}\times K}$和 $\boldsymbol{W}_s\in\mathbb{C}^{L\times K}$由 K 个主导向量组成，我们有

$$\begin{aligned}\mathrm{vec}(\boldsymbol{Z})&=(\boldsymbol{W}^{\mathrm{H}}\otimes\boldsymbol{V}^{\mathrm{H}}\otimes\boldsymbol{U}^{\mathrm{H}})\mathrm{vec}(\boldsymbol{Y})\\&=(\boldsymbol{W}^{\mathrm{H}}\otimes\boldsymbol{V}^{\mathrm{H}}\otimes\boldsymbol{U}^{\mathrm{H}})(\boldsymbol{S}\odot\boldsymbol{F}_r\odot\boldsymbol{F}_t)+\mathrm{vec}(\boldsymbol{E})\\&=(\boldsymbol{W}^{\mathrm{H}}\boldsymbol{S})\odot(\boldsymbol{V}^{\mathrm{H}}\boldsymbol{F}_r)\odot(\boldsymbol{U}^{\mathrm{H}}\boldsymbol{F}_t)+\mathrm{vec}(\boldsymbol{E})\\&=\overline{\boldsymbol{S}}\odot\overline{\boldsymbol{F}}_r\odot\overline{\boldsymbol{F}}_t+\mathrm{vec}(\boldsymbol{E})\end{aligned} \tag{4.157}$$

式中：$\overline{\boldsymbol{S}}=\boldsymbol{W}^{\mathrm{H}}\boldsymbol{S}$；$\overline{\boldsymbol{F}}_r=\boldsymbol{V}^{\mathrm{H}}\boldsymbol{F}_r$；$\overline{\boldsymbol{F}}_t=\boldsymbol{U}^{\mathrm{H}}\boldsymbol{F}_t$；$\boldsymbol{E}=\boldsymbol{W}_{\times 1}\cdot \boldsymbol{U}^{\mathrm{H}}_{s\times 2}\cdot \boldsymbol{V}^{\mathrm{H}}_{s\times 3}\cdot \boldsymbol{W}^{\mathrm{H}}_{s}$是变换后的噪声张量。从式（4.157）可以看出，式（4.156）中过程可以被视为一个多维压缩感知过程，其中，$\boldsymbol{U}_s$，$\boldsymbol{V}_s$和 $\boldsymbol{W}_s$将高维张量 $\boldsymbol{Y}$ 压缩为低维张量 $\boldsymbol{Z}$，上述压缩过程如图 4.22 所示。如果$\overline{\boldsymbol{F}}_r$和$\overline{\boldsymbol{F}}_t$已知，则可获得 $\boldsymbol{F}_r$和 $\boldsymbol{F}_t$，从而获得联合 DOD 和 DOA 估计。

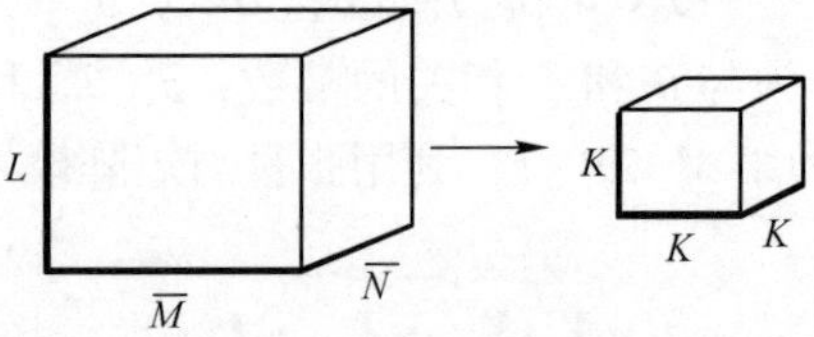

图 4.22　张量压缩的示意图

张量 $\boldsymbol{Z}$ 可以被表述成如下矩阵形式：

$$\boldsymbol{Z}_S=[\boldsymbol{Z}]^{\mathrm{T}}_{(3)}=[\overline{\boldsymbol{F}}_r\odot\overline{\boldsymbol{F}}_t]\overline{\boldsymbol{S}}^{\mathrm{T}}+\boldsymbol{E}_S \tag{4.158}$$

式中：$\boldsymbol{E}_S=[\boldsymbol{E}]^{\mathrm{T}}_{(3)}$。式（4.158）可以看作沿目标特征方向对多维数据集 $\boldsymbol{Z}$ 进行切片。根据 PARAFAC 模型的对称性，可以通过沿其他方向对张量进行切片获得另外两个数据矩阵。沿着传输方向切片 $\boldsymbol{Z}$ 可以得到：

$$\boldsymbol{Z}_T=[\boldsymbol{Z}]^{\mathrm{T}}_{(1)}=[\overline{\boldsymbol{S}}\odot\overline{\boldsymbol{F}}_r]\overline{\boldsymbol{F}}_t^{\mathrm{T}}+\boldsymbol{E}_T \tag{4.159}$$

式中：$\boldsymbol{E}_T=[\boldsymbol{E}]^{\mathrm{T}}_{(1)}$表示沿发射方向的切分噪声。类似的，$\boldsymbol{Z}$ 沿着接收方向切片为

$$\boldsymbol{Z}_R=[\boldsymbol{Z}]^{\mathrm{T}}_{(2)}=[\overline{\boldsymbol{F}}_t\odot\overline{\boldsymbol{S}}]\overline{\boldsymbol{F}}_r^{\mathrm{T}}+\boldsymbol{E}_R \tag{4.160}$$

式中：$\boldsymbol{E}_R=[\boldsymbol{E}]^{\mathrm{T}}_{(2)}$是沿接收方向切分的噪声。

4.7.4　角度估计

TALS 是解决 PARAFAC 模型的有效技术。对于本节的 PARAFAC 模型，可以通过 TALS 算法获得$\bar{\boldsymbol{F}}_r$和$\bar{\boldsymbol{F}}_t$的估计值，记为$\hat{\boldsymbol{F}}_r$和$\hat{\boldsymbol{F}}_t$。具体算法过程在前面章节已有介绍，在此不再赘述。根据 PARAFAC 分解的唯一性，矩阵$\hat{\boldsymbol{F}}_r$，$\hat{\boldsymbol{F}}_t$满足置换效应和尺度效应，具体可以表述为$\hat{\boldsymbol{F}}_r=\bar{\boldsymbol{F}}_r\boldsymbol{\Pi}\boldsymbol{\Delta}_1+\boldsymbol{N}_1$，$\hat{\boldsymbol{F}}_t=\bar{\boldsymbol{F}}_t\boldsymbol{\Pi}\boldsymbol{\Delta}_2+\boldsymbol{N}_2$，其中，$\boldsymbol{\Pi}$ 是置换矩阵，$\boldsymbol{N}_1$和 $\boldsymbol{N}_2$分别表示对应的拟合误差，$\boldsymbol{\Delta}_1$和 $\boldsymbol{\Delta}_2$表示对角线缩放矩阵。

由于使用了压缩矩阵，$\hat{\boldsymbol{F}}_r$和$\hat{\boldsymbol{F}}_t$的相位不再满足线性特性，无法利用 LS 算法进行角度估计。在本节中，联合 DOA 和 DOA 估计可采用稀疏重构的方法完成。通过将可能的 DOD 离散化为 G_1个网格，并将可能的 DOA 划分为 G_2个网格，可以获得以下两个超完备字典：

$$\begin{cases}\boldsymbol{D}_t=[\boldsymbol{d}_t(\varphi_1),\boldsymbol{d}_t(\varphi_2),\cdots,\boldsymbol{d}_t(\varphi_{G_1})]\in\mathbb{C}^{M_1\times G_1}\\ \boldsymbol{D}_r=[\boldsymbol{d}_r(\theta_1),\boldsymbol{d}_r(\theta_2),\cdots,\boldsymbol{d}_r(\theta_{G_2})]\in\mathbb{C}^{N_1\times G_2}\end{cases}\tag{4.161}$$

式中：$\boldsymbol{d}_t(\varphi_{g1})=[1,\mathrm{e}^{-\mathrm{j}\pi\sin\varphi_{g1}},\cdots,\mathrm{e}^{-\mathrm{j}(\bar{M}-1)\pi\sin\varphi_{g1}}]^{\mathrm{T}}$，$(g1=1,2,\cdots,G_1)$，$\boldsymbol{d}_r(\theta_{g2})=[1,\mathrm{e}^{-\mathrm{j}\pi\sin\theta_{g2}},\cdots,\mathrm{e}^{-\mathrm{j}(\bar{N}-1)\pi\sin\theta_{g2}}]^{\mathrm{T}}$，$(g2=1,2,\cdots,G_2)$。当第 k 个目标位于网格$(\varphi_{g_1},\theta_{g_2})$中时，即 $\varphi_k=\varphi_{g_1}$和 $\theta_k=\theta_{g2}$，此时有$\bar{\boldsymbol{f}}_t(\varphi_k)=\boldsymbol{U}^{\mathrm{H}}\boldsymbol{d}_t(\varphi_{g1})$和$\bar{\boldsymbol{f}}_r(\theta_k)=\boldsymbol{V}^{\mathrm{H}}\boldsymbol{d}_r(\theta_{g2})$，其中，$\bar{\boldsymbol{f}}_t(\varphi_k)$和$\bar{\boldsymbol{f}}_r(\theta_k)$分别代表$\bar{\boldsymbol{F}}_t$和$\bar{\boldsymbol{F}}_r$的第 k 列。因此，有

$$\begin{cases}\hat{\boldsymbol{f}}_t(\varphi_k)=\boldsymbol{U}^{\mathrm{H}}\boldsymbol{D}_t\boldsymbol{\eta}_1+\boldsymbol{n}_{t,k}\\ \hat{\boldsymbol{f}}_r(\theta_k)=\boldsymbol{V}^{\mathrm{H}}\boldsymbol{D}_r\boldsymbol{\eta}_2+\boldsymbol{n}_{r,k}\end{cases}\tag{4.162}$$

式中：$\boldsymbol{n}_{t,k}$和 $\boldsymbol{n}_{\mathrm{r},k}$是压缩噪声向量。$\boldsymbol{\eta}_1\in\mathbb{C}^{G_1\times 1}$，$\boldsymbol{\eta}_2\in\mathbb{C}^{G_2\times 1}$是稀疏向量，它们具有相同的稀疏度，且非零索引位置$\boldsymbol{\eta}_1$和$\boldsymbol{\eta}_2$对应第 k 个目标的 DOD 和 DOA。最后，可以通过以下优化获得联合的 DOD 和 DOA 估计，即

$$\begin{cases}\hat{\varphi}_k=\min\|\hat{\boldsymbol{f}}_t(\varphi_k)-\boldsymbol{U}^{\mathrm{H}}\boldsymbol{D}_t\boldsymbol{\eta}_1\|_2^2\quad \text{s. t.}\quad \|\boldsymbol{\eta}_1\|_0=1\\ \hat{\theta}_k=\min\|\hat{\boldsymbol{f}}_r(\theta_k)-\boldsymbol{V}^{\mathrm{H}}\boldsymbol{D}_r\boldsymbol{\eta}_2\|_2^2\quad \text{s. t.}\quad \|\boldsymbol{\eta}_2\|_0=1\end{cases}\tag{4.163}$$

由于$\hat{\boldsymbol{F}}_t$和$\hat{\boldsymbol{F}}_r$具有相同的置换效应，因此式（4.163）中的估计 DOD 和 DOA 是自动配对的。此外，互耦系数的估计可以采用前面章节的相关方法进行估计。

4.7.5　复杂度分析

本节方法的复杂性总结如下：去耦运算需要$(M-2P)(N-2P)MNL$次复数

乘法运算。HOSVD 的计算量为 $O((M-2P)^3(N-2P)^3)$；TALS 的复杂度为 $O(nK^4)$，其中 n 表示达到收敛所需的迭代次数；式（4.163）中的 DOD 和 DOA 估计的计算需要复杂的乘法为 $2mK^2$，其中，m 是离散网格的数量。因此，本节算法的总复杂度为 $(M-2P)(N-2P)MNL+O((M-2P)^3(N-2P)^3)+O(nK^4)+2mK^2$。表 4.4 列出了该方法与其他算法的复杂度比较。根据对比结果可知，本节算法的计算量比 MUSIC-Like 方法和 ESPRIT-Like 算法低。此外，它比基于 PARAFAC 的算法具有更低的复杂度，尤其是在大规模天线阵列的情况下。

表 4.4　计算复杂度比较

方　法	计算复杂度
MUSIC	$M^2N^2L+O(M^3N^3)+l[M^2NP(MN-K)+N^2MP(MN-K)+M^2P(MN-K)$ $+N^2P(MN-K)+2(MP)]+K^2MNP^2+K^2(MNP^2+P^4)(MN-K)+K^2P^4!$
ESPRIT-Like	$(M-2P)(N-2P)MNL+O((M-2P)^3(N-2P)^3)+O((M-2P)^2(N-2P)^2K)$ $+O((M-2P)(N-2P)K)$
PARAFAC	$O(n(M-2P)(N-2P)LK)+O(nK^2(M-2P)(N-2P))+O(nK^2(M-2P)L)$ $+O(nK^2(N-2P)L)+2(N-2P)K+2(M-2P)+O(K^6)$
本节算法	$(M-2P)(N-2P)MNL+O((M-2P)^3(N-2P)^3)+O(nK^4)+2mK^2$

4.7.6　仿真结果

采用 1000 次蒙特卡罗仿真用于评估本节算法的估计性能。角度估计的性能用 RMSE 评估。仿真中，M，N，L 和 K 分别表示发射天线，接收天线，快拍和目标的数量。假设 $K=3$，目标非标位于$(\theta_1,\varphi_1)=(-50°,-20°)$，$(\theta_2,\varphi_2)=(50°,20°)$和$(\theta_3,\varphi_3)=(10°,40°)$处。超完备字典的搜索间隔设置为 0.01°。

图 4.23 给出了本节算法的角度估计的散点图，其中，$SNR=5\text{dB}$，$M=20$，$N=32$，$L=16$，互耦系数分别为 $\boldsymbol{c}_t=[1,0.8+\text{j}0.5,0.2+\text{j}0.1]$，$\boldsymbol{c}_r=[1,0.6+\text{j}0.4,0.1-\text{j}0.3]$。图中的“×”和“.”分别表示实际角度和估算角度。可以看出，本节算法能够准确估计目标的 DOD 和 DOA，并能将之正确配对。

图 4.24 给出本节算法，ESPRIT-Like 算法，基于 HOSVD 的算法，基于 PARAFAC 的算法以及 CRB 与 SNR 的 RMSE 性能比较，其中，$M=20$，$N=32$，$L=16$，$\boldsymbol{c}_t=[1,0.1174+\text{j}0.0577]$，$\boldsymbol{c}_r=[1,-0.0121-\text{j}0.1029]$。根据图 4.24，随着 SNR 的增加，所有算法都将获得更好的 RMSE 性能。显然，基于张量的算法（HOSVD，PARAFAC 和本节算法）的性能优于 ESPRIT-Like 方法。另

外，在高 SNR 条件下，本节算法与基于 PARAFAC 的算法具有非常接近的角度估计性能。由于张量压缩过程可以抑制噪声，本节算法在低 SNR 区域优于所有比较算法。然而，在压缩操作之后会丢失一些有用的信息，因此在高 SNR 情况下角度估计性能会有部分损失。

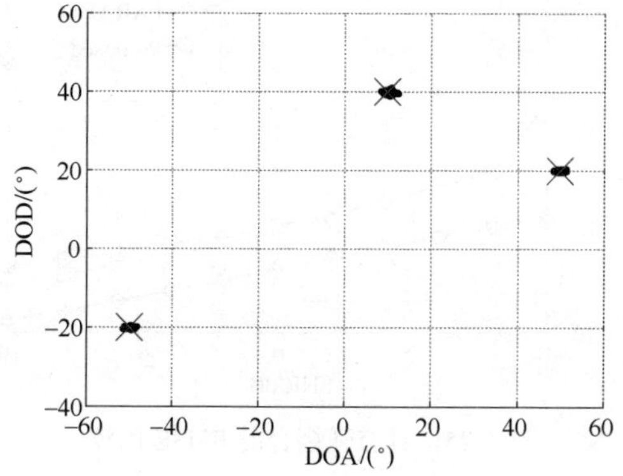

图 4.23　本节算法的散点图

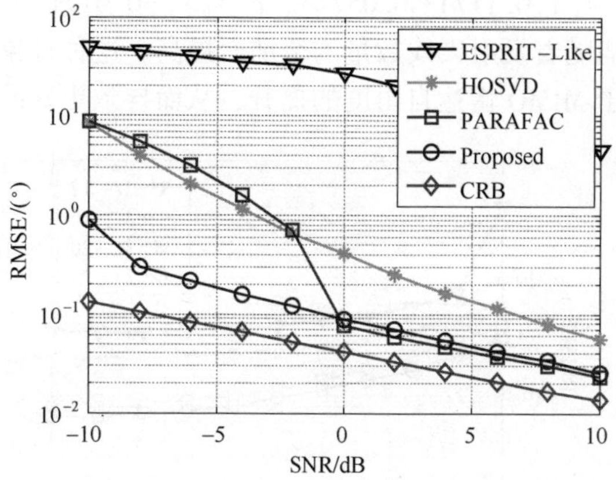

图 4.24　RMSE 与 SNR 的关系比较

图 4.25 给出在强互耦条件下各种算法的 RMSE 性能比较。其中，互耦系数分别 $\boldsymbol{c}_t = [1, 0.8 + \mathrm{j}0.5, 0.2 + \mathrm{j}0.1]$，$\boldsymbol{c}_r = [1, 0.6 + \mathrm{j}0.4, 0.1 - \mathrm{j}0.3]$，$M=20$，$N=32$，$L=16$。显然，本节算法在低 SNR 情况下性能优于其他算法。这种优势受益于以下两个原因：首先，张量模型利用了阵列数据中固有的多维结构。其次，子空间张量提供了更鲁棒的方向矩阵和噪声子空间估计，这种改进在低 SNR 情况下尤其明显。但是，这种改进在高 SNR 区域并不明显，因为强互耦会加剧阵列虚拟孔径的损失，特别是在高 SNR 情况下。

尽管如此，由于具有利用多维结构的能力，本节算法在高 SNR 区域仍然优于 ESPRIT-Like 算法。

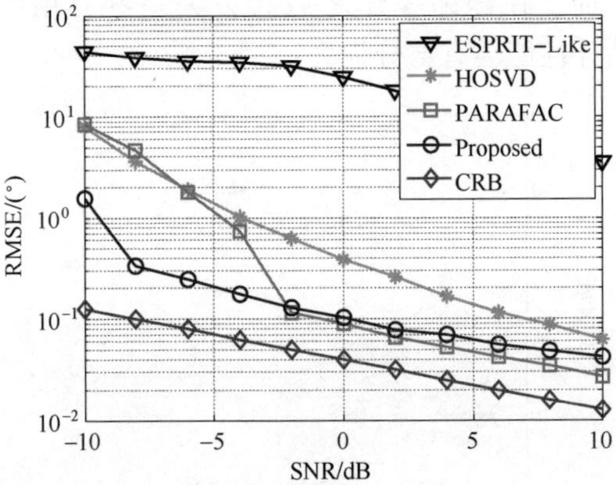

图 4.25　具有强耦合的 RMSE 比较

图 4.26 给出不同发射天线数目 M 下本节算法的 RMSE 性能，其中，$N=32$，$L=16$，$\boldsymbol{c}_t=[1,0.1174+\mathrm{j}0.0577]$，$\boldsymbol{c}_r=[1,-0.0121-\mathrm{j}0.1029]$。可以看出，角度估计性能随着发射天线数量的增加而提高。这种现象是因为发射天线数目的增加有助于 MIMO 雷达自由度的提升，从而导致更好的角度性能。

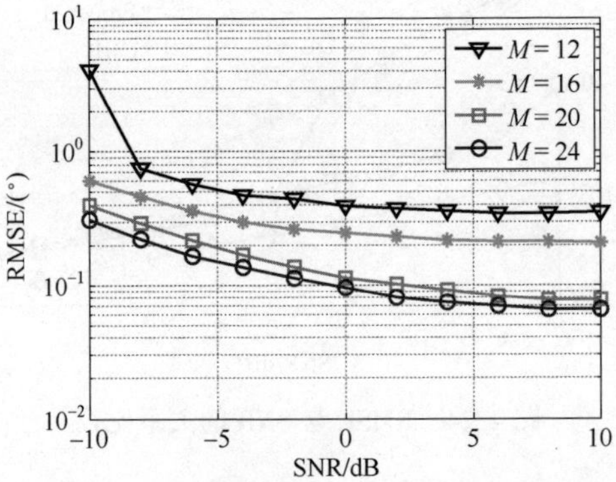

图 4.26　本节算法在不同 M 的估计性能

图 4.27 给出本节算法在不同快拍数 L 时的 RMSE 性能，其中，$M=20$，$N=32$，$\boldsymbol{c}_t=[1,0.1174+\mathrm{j}0.0577]$，$\boldsymbol{c}_r=[1,-0.0121-\mathrm{j}0.1029]$。从结果可以看出，估计性能随着 L 增加而提高。产生这个结果的原因是快拍数量更大，会带来更精确的子空间估计（更优秀的压缩矩阵），从而算法具有更好的抑噪能力。

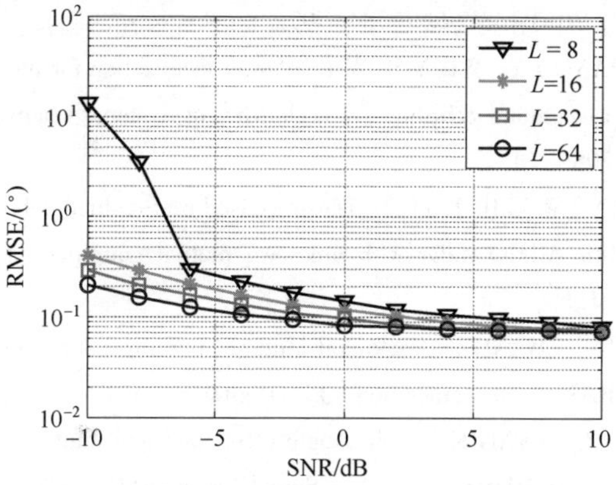

图 4.27　不同 L 的估计性能

4.8　本章小结

本章围绕 MIMO 雷达中的收发阵元互耦问题，介绍了典型的参数估计方法，如 MUSIC 类、ESPRIT 类、张量类等。由仿真结果可知，使用张量分解计算的参数估计算法一般更具精度方面的优势。应该注意到，上述互耦校正算法大多数均关注 ULA 配置的场景，而实际工程中，平面阵甚至任意阵列场景可能应用更为广泛。未来，基于任意阵列流形的 MIMO 雷达中的互耦问题可能更具挑战性，也将是我们未来的研究方向之一。

参考文献

[1] LIU X L, LIAO G S. Direction finding and mutual coupling estimation for bistatic MIMO radar [J]. Signal Processing, 2012, 92 (2): 517-522.

[2] FRIEDLANDER B, WEISS A J. Direction finding in the presence of mutual coupling [J]. IEEE Transactions on Antennas and Propagation, 1991, 39 (3): 273-284.

[3] ZHANG X, XU L, XU D. Direction of departure (DOD) and direction of arrival (DOA) estimation in MIMO radar with reduced-dimension MUSIC [J]. IEEE Communications Letters, 2010, 14 (12): 1161-1163.

[4] ZHENG Z D, ZHANG J, ZHANG J Y. Joint DOD and DOA estimation of bistatic MIMO radar in the presence of unknown mutual coupling [J]. Signal Processing, 2012, 92 (12): 3039-3048.

[5] 郑志东, 张剑云, 康凯, 等. 互耦条件下双基地 MIMO 雷达的收发角度估计 [J]. 中国

科学：信息科学，2013，43（6）：784-797.

[6] ZHENG Z D, ZHANG J Y, WU Y B. Multi-target localization for bistatic MIMO radar in the presence of unknown mutual coupling [J]. Journal of Systems Engineering and Electronics, 2012, 23 (5): 708-714.

[7] WANG X P, WANG W, LIU J, et al. Tensor-based real-valued subspace approach for angle estimation in bistatic MIMO radar with unknown mutual coupling [J]. Signal Processing, 2015, 116: 152-158.

[8] WEN F, XIONG X, ZHANG Z. Angle and Mutual Coupling Estimation in Bistatic MIMO Radar Based on PARAFAC Decomposition [J]. Digital Signal Processing, 2017, 65, 1-10.

[9] WEN F, ZHANG Z, WANG K, et al. Angle estimation and mutual coupling self-calibration for ULA-based bistatic MIMO radar [J], Signal Processing, 2018, 144, 61-67.

[10] 杨康，文方青，黄冬梅，等．基于实值三线性分解的互耦条件下双基地 MIMO 雷达角度估计算法 [J]．系统工程与电子技术，2018，40（2）：232-239.

[11] 文方青，张弓，王鑫海，等．基于三维压缩感知的 MIMO 雷达角度估计算法 [J]．数据采集与处理，2018，33（2）：231-239.

第 5 章　增益-相位误差下 MIMO 雷达角度估计

一般而言，MIMO 雷达目标定位算法需要收发阵列具有理想的响应。但在实际雷达系统中，受限于加工工艺、实际工作环境中的温度、湿度等条件，阵列平台的震动与形变，有源器件的老化与损耗，天线单元间的相互耦合等种种非理想因素，阵列导向向量通常存在各种误差。除了第 4 章所介绍的阵列互耦，另外一类典型的误差为阵列 GPE（亦称为幅相误差）。同互耦误差校准一样，按照是否存在已知校正信源，对于阵列 GPE 的校准可以分为两类，即有源校正技术和自校准技术。由于自校准技术不需要额外的硬件开销，因而更具优势。本章主要介绍 GPE 条件下 MIMO 雷达阵列自校准技术与角度估计的相关内容。

5.1　基于 ESPRIT-Like 的估计算法

本小节介绍一种 ESPRIT-Like 估计算法[1]，其无需谱峰搜索和迭代计算，且可提供联合 DOD-DOA 估计算法的闭式解。

5.1.1　信号模型

考虑一个双基地 MIMO 雷达角度估计的阵列模型，其中，MIMO 雷达的天线系统由 M 个发射阵元和 N 个接收阵元构成，假设二者均是 ULA，阵列间距均为发射载频的半波长。假设在阵列远场同一距离单元有 K 个点目标，第 k 个 $(k=1,2,\cdots,K)$ 目标的 DOD 和 DOA 分别为 φ_k 和 θ_k。假设发射天线发射相互正交的窄带波形，在无阵列误差的情况下，MIMO 雷达匹配滤波器的输出可以表示为

$$\boldsymbol{X}(t)=[\boldsymbol{A}_t\odot\boldsymbol{A}_r]\boldsymbol{S}(t)+\boldsymbol{N}(t) \tag{5.1}$$

式中：$\boldsymbol{A}_t=[\boldsymbol{a}_t(\varphi_1),\boldsymbol{a}_t(\varphi_2),\cdots,\boldsymbol{a}_t(\varphi_K)]\in\mathbb{C}^{M\times K}$ 和 $\boldsymbol{a}_t(\varphi_k)=[1,\mathrm{e}^{-\mathrm{j}\pi\sin\varphi_k},\cdots,\mathrm{e}^{-\mathrm{j}\pi(M-1)\sin\varphi_k}]^{\mathrm{T}}\in\mathbb{C}^{M\times 1}$ 分别为发射方向矩阵和第 k 个发射响应向量，$\boldsymbol{A}_r=[\boldsymbol{a}_r(\theta_1),\boldsymbol{a}_r(\theta_2),\cdots,\boldsymbol{a}_r(\theta_K)]\in\mathbb{C}^{N\times K}$ 和 $\boldsymbol{a}_r(\theta_k)=[1,\mathrm{e}^{-\mathrm{j}\pi\sin\theta_k},\cdots,\mathrm{e}^{-\mathrm{j}\pi(N-1)\sin\theta_k}]^{\mathrm{T}}\in\mathbb{C}^{N\times 1}$ 分别

为接收方向矩阵和第 k 个接收响应向量。$\boldsymbol{S}(t)$ 为目标特征向量，t 为快拍索引。$\boldsymbol{N}(t)$ 为阵列噪声向量，并假设阵列接收噪声为高斯白噪声，噪声功率为 σ_n^2。

现假设收发阵元均存在 GPE，但前 M_1 个发射阵元和前 N_1 个接收阵元已被精确校准，如图 5.1 所示。

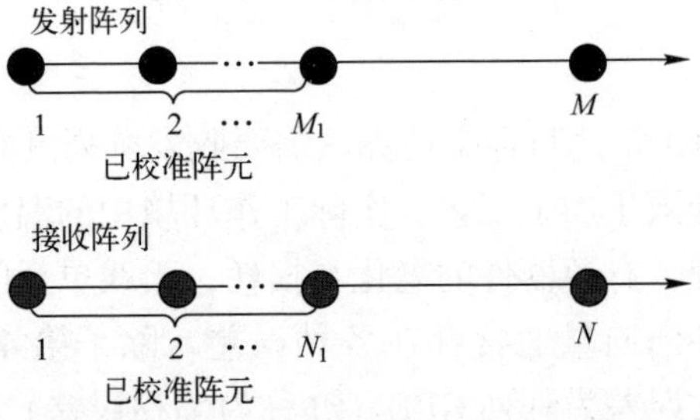

图 5.1　部分校准的发射和接收阵列示意图

当收发阵列同时存在 GPE 时，式（5.1）中的模型将会失效。此时，其可以改写成

$$
\begin{aligned}
\boldsymbol{X}(t) &= [(\boldsymbol{C}_t\boldsymbol{A}_t)\odot(\boldsymbol{C}_r\boldsymbol{A}_r)]\boldsymbol{S}(t)+\boldsymbol{N}(t) \\
&= \boldsymbol{A}\boldsymbol{S}(t)+\boldsymbol{N}(t)
\end{aligned} \tag{5.2}
$$

式中：$\boldsymbol{C}_r=\mathrm{diag}(\boldsymbol{\rho}_t)\in\mathbb{C}^{N\times N}$ 和 $\boldsymbol{C}_t=\mathrm{diag}(\boldsymbol{\rho}_r)\in\mathbb{C}^{M\times M}$ 分别表示发射阵列的 GPE 矩阵和接收阵列的 GPE 矩阵；$\boldsymbol{A}=(\boldsymbol{C}_t\boldsymbol{A}_t)\odot(\boldsymbol{C}_r\boldsymbol{A}_r)$ 为虚拟的方向矩阵。$\boldsymbol{\rho}_t$ 和 $\boldsymbol{\rho}_r$ 具体为

$$
\begin{cases}
\boldsymbol{\rho}_t=[\overbrace{1,1,\cdots,1}^{M_1},\rho_{t,1},\cdots,\rho_{t,M_2}]^{\mathrm{T}} \\
\boldsymbol{\rho}_r=[\overbrace{1,1,\cdots,1}^{N_1},\rho_{r,1},\cdots,\rho_{r,N_2}]^{\mathrm{T}}
\end{cases} \tag{5.3}
$$

式中：$\rho_{t,m}=g_{t,m}\mathrm{e}^{\mathrm{j}\psi_{t,m}}$（$m=1,2,\cdots,M_2$）；$\rho_{r,m}=g_{r,n}\mathrm{e}^{\mathrm{j}\psi_{r,n}}$（$n=1,2,\cdots,N_2$）；$M_2=M-M_1$；$N_2=N-N_1$；$g_{t,m}$ 和 $g_{r,n}$ 分别表示第 m 个发射天线的增益误差和第 n 个接收天线的增益误差；$\psi_{t,m}$ 和 $\psi_{r,n}$ 分别表示第 m 个发射天线的相位误差和第 n 个接收天线的相位误差。假设目标特征向量不相关，当存在 L 个样本时，$\boldsymbol{X}(t)$ 的协方差矩阵 $\boldsymbol{R}$ 可以通过下式进行估计

$$
\hat{\boldsymbol{R}}=\sum_{t=1}^{L}\boldsymbol{X}(t)\boldsymbol{X}^{\mathrm{H}}(t) \tag{5.4}
$$

对 $\boldsymbol{R}$ 的 EVD 可以表示成如下的形式：

$$\begin{aligned} \boldsymbol{R} &= \boldsymbol{U}\boldsymbol{\Sigma}\boldsymbol{U}^{\mathrm{H}} \\ &= \boldsymbol{U}_s\boldsymbol{\Sigma}_s\boldsymbol{U}_s^{\mathrm{H}} + \boldsymbol{U}_n\boldsymbol{\Sigma}_n\boldsymbol{U}_n^{\mathrm{H}} \end{aligned} \tag{5.5}$$

式中：$\boldsymbol{\Sigma} = \begin{bmatrix} \boldsymbol{\Sigma}_s & O \\ O & \boldsymbol{\Sigma}_n \end{bmatrix}$，且 $\boldsymbol{\Sigma}_s = \mathrm{diag}(\beta_1, \beta_2, \cdots, \beta_K)$，$\boldsymbol{\Sigma}_n = \mathrm{diag}(\sigma_n^2, \sigma_n^2, \cdots, \sigma_n^2)$。$\boldsymbol{U} = [\boldsymbol{U}_s, \boldsymbol{U}_n]$。其中，$\boldsymbol{U}_s$为信号子空间，$\boldsymbol{U}_n$为噪声子空间，$\boldsymbol{U}_s$与 $\boldsymbol{U}_n$正交，即

$$\boldsymbol{U}_n^{\mathrm{H}}\boldsymbol{U}_s = \boldsymbol{0} \tag{5.6}$$

同时，信号子空间与 $\boldsymbol{A}$ 张成相同的子空间，即

$$\boldsymbol{U}_s = \boldsymbol{A}\boldsymbol{T} \tag{5.7}$$

通过对$\hat{\boldsymbol{R}}$进行 EVD，即可获得噪声子空间 $\boldsymbol{U}_n$的估计值$\hat{\boldsymbol{U}}_n$，其是 EVD 后$(MN-K)$个最小的特征值对应的特征向量。

5.1.2　ESPRIT-Like 算法

考虑均匀线性阵列的旋转不变特性，可利用阵列的特殊结构进行角度估计。令 $\boldsymbol{A}_{t1}$和 $\boldsymbol{A}_{t2}$分别代表 $\boldsymbol{A}_t$的前 $M-1$ 行与后 $M-1$ 行，$\boldsymbol{A}_{r1}$和 $\boldsymbol{A}_{r2}$分别代表 $\boldsymbol{A}_r$的前 $N-1$ 行与后 $N-1$ 行。定义 $\boldsymbol{B}_{t1} = \boldsymbol{A}_{t1} \odot (\boldsymbol{C}_r\boldsymbol{A}_r)$，$\boldsymbol{B}_{t2} = \boldsymbol{A}_{t2} \odot (\boldsymbol{C}_r\boldsymbol{A}_r)$，$\boldsymbol{B}_{r1} = (\boldsymbol{C}_t\boldsymbol{A}_t) \odot \boldsymbol{A}_{r1}$和 $\boldsymbol{B}_{r2} = (\boldsymbol{C}_t\boldsymbol{A}_t) \odot \boldsymbol{A}_{r2}$，由 ESPRIT 的原理可知，阵列存在如下的旋转不变特性：

$$\begin{cases} \boldsymbol{B}_{t1} = \boldsymbol{B}_{t2}\boldsymbol{\Phi}_t \\ \boldsymbol{B}_{r1} = \boldsymbol{B}_{r2}\boldsymbol{\Phi}_r \end{cases} \tag{5.8}$$

式中：$\boldsymbol{\Phi}_t = \mathrm{diag}(\mathrm{e}^{\mathrm{j}\pi\sin\varphi_1}, \cdots, \mathrm{e}^{\mathrm{j}\pi\sin\varphi_K})$；$\boldsymbol{\Phi}_r = \mathrm{diag}(\mathrm{e}^{\mathrm{j}\pi\sin\theta_1}, \cdots, \mathrm{e}^{\mathrm{j}\pi\sin\theta_K})$。同理，令 $\boldsymbol{E}_{t1}$、$\boldsymbol{E}_{t2}$、$\boldsymbol{E}_{r1}$和 $\boldsymbol{E}_{r2}$分别为采用类似 $\boldsymbol{B}_{t1}$、$\boldsymbol{B}_{t2}$、$\boldsymbol{B}_{r1}$及 $\boldsymbol{B}_{r2}$的方法从 $\boldsymbol{U}_s$中提取的矩阵，则其满足如下关系：

$$\begin{cases} \boldsymbol{E}_{t1} = (\boldsymbol{C}_{t1} \otimes \boldsymbol{I}_N)\boldsymbol{B}_{t1}\boldsymbol{T}, \quad \boldsymbol{E}_{t2} = (\boldsymbol{C}_{t2} \otimes \boldsymbol{I}_N)\boldsymbol{B}_{t2}\boldsymbol{T} \\ \boldsymbol{E}_{r1} = (\boldsymbol{I}_M \otimes \boldsymbol{C}_{r1})\boldsymbol{B}_{r1}\boldsymbol{T}, \quad \boldsymbol{E}_{r2} = (\boldsymbol{I}_M \otimes \boldsymbol{C}_{r2})\boldsymbol{B}_{r1}\boldsymbol{T} \end{cases} \tag{5.9}$$

式中：$\boldsymbol{C}_{t1} = \mathrm{diag}(\boldsymbol{c}_{t1})$，$\boldsymbol{C}_{t2} = \mathrm{diag}(\boldsymbol{c}_{t2})$，$\boldsymbol{C}_{r1} = \mathrm{diag}(\boldsymbol{c}_{r1})$，$\boldsymbol{C}_{r2} = \mathrm{diag}(\boldsymbol{c}_{r2})$，其中，$\boldsymbol{c}_{t1}$、$\boldsymbol{c}_{t2}$分别为$\boldsymbol{\rho}_t$的前 $M-1$ 行与后 $M-1$ 行，$\boldsymbol{c}_{r1}$、$\boldsymbol{c}_{r2}$分别为$\boldsymbol{\rho}_r$的前 $N-1$ 行与后 $N-1$行，$\boldsymbol{I}_N$表示维数为 $N \times N$ 维单位矩阵。类似于 $\boldsymbol{B}_{t1}$与 $\boldsymbol{B}_{t2}$、$\boldsymbol{B}_{r1}$与 $\boldsymbol{B}_{r2}$的旋转不变关系，可以获得 $\boldsymbol{E}_{t1}$与 $\boldsymbol{E}_{t2}$、$\boldsymbol{E}_{r1}$与 $\boldsymbol{E}_{r2}$的旋转不变关系

$$\begin{cases} \boldsymbol{C}_{t12}\boldsymbol{E}_{t1} = \boldsymbol{E}_{t2}\boldsymbol{T}^{-1}\boldsymbol{\Phi}_t\boldsymbol{T} \\ \qquad\qquad = \boldsymbol{E}_{t2}\boldsymbol{\Psi}_t \\ \boldsymbol{C}_{r12}\boldsymbol{E}_{r1} = \boldsymbol{E}_{r2}\boldsymbol{T}^{-1}\boldsymbol{\Phi}_r\boldsymbol{T} \\ \qquad\qquad = \boldsymbol{E}_{r2}\boldsymbol{\Psi}_r \end{cases} \tag{5.10}$$

式中：$\boldsymbol{C}_{t12}=(\boldsymbol{C}_{t1}\otimes\boldsymbol{I}_N)(\boldsymbol{C}_{t2}\otimes\boldsymbol{I}_N)^{-1}=\text{diag}(\boldsymbol{p}_t)$；$\boldsymbol{C}_{r12}=(\boldsymbol{I}_M\otimes\boldsymbol{C}_{r1})(\boldsymbol{I}_M\otimes\boldsymbol{C}_{r2})^{-1}=\text{diag}(\boldsymbol{p}_r)$；$\boldsymbol{\Psi}_t=\boldsymbol{T}^{-1}\boldsymbol{\Phi}_t\boldsymbol{T}$；$\boldsymbol{\Psi}_r=\boldsymbol{T}^{-1}\boldsymbol{\Phi}_r\boldsymbol{T}$；$\boldsymbol{p}_t=(\boldsymbol{c}_{t1}\oplus\boldsymbol{c}_{t2}\oplus\boldsymbol{f}_t)\otimes\boldsymbol{I}_N$；$\boldsymbol{p}_r=(\boldsymbol{c}_{r1}\oplus\boldsymbol{c}_{r2}\oplus\boldsymbol{f}_r)\otimes\boldsymbol{I}_M$；且

$$\begin{cases}\boldsymbol{f}_t=\left[\overbrace{1,1,\cdots,1}^{M_1-1},\dfrac{1}{\rho_{t,1}^2},\cdots,\dfrac{1}{\rho_{t,M_2}^2}\right]^{\mathrm{T}}\\ \boldsymbol{f}_r=\left[\overbrace{1,1,\cdots,1}^{N_1-1},\dfrac{1}{\rho_{r,1}^2},\cdots,\dfrac{1}{\rho_{r,N_2}^2}\right]^{\mathrm{T}}\end{cases}\tag{5.11}$$

尽管 $\boldsymbol{\Psi}_t$ 与 $\boldsymbol{\Psi}_r$ 分别含有目标的 DOD 与 DOA 信息，但由于式（5.10）中 $\boldsymbol{C}_{t12}$，$\boldsymbol{C}_{r12}$，$\boldsymbol{\Psi}_t$ 与 $\boldsymbol{\Psi}_r$ 均未知，因而式（5.10）无具体的解。但可以将式（5.10）问题的求解转化为如下一个约束优化问题：

$$\begin{cases}\{\hat{\boldsymbol{p}}_t,\hat{\boldsymbol{\Psi}}_t\}=\underset{\boldsymbol{p}_t,\boldsymbol{\Psi}_t}{\text{argmin}}\|\text{diag}(\boldsymbol{p}_t)\boldsymbol{E}_{t1}-\boldsymbol{E}_{t2}\boldsymbol{\Psi}_t\|_F^2\quad \text{s. t.}\quad \boldsymbol{e}_1^{\mathrm{T}}\boldsymbol{p}_t=1\\ \{\hat{\boldsymbol{p}}_r,\hat{\boldsymbol{\Psi}}_r\}=\underset{\boldsymbol{p}_r,\boldsymbol{\Psi}_r}{\text{argmin}}\|\text{diag}(\boldsymbol{p}_r)\boldsymbol{E}_{r1}-\boldsymbol{E}_{r2}\boldsymbol{\Psi}_r\|_F^2\quad \text{s. t.}\quad \boldsymbol{e}_2^{\mathrm{T}}\boldsymbol{p}_r=1\end{cases}\tag{5.12}$$

式中：$\boldsymbol{e}_1=[1,\boldsymbol{0}_{1\times(M-1)N}]^{\mathrm{T}}$；$\boldsymbol{e}_2=[1,\boldsymbol{0}_{1\times M(N-1)}]^{\mathrm{T}}$；$\boldsymbol{0}_{1\times(M-1)N}$为维数为 $1\times(M-1)N$ 维的列向量。式（5.10）的最小二乘解为

$$\begin{cases}\hat{\boldsymbol{\Psi}}_t=\boldsymbol{E}_{t2}^{\dagger}\text{diag}(\boldsymbol{p}_t)\boldsymbol{E}_{t1}\\ \hat{\boldsymbol{\Psi}}_r=\boldsymbol{E}_{r2}^{\dagger}\text{diag}(\boldsymbol{p}_r)\boldsymbol{E}_{r1}\end{cases}\tag{5.13}$$

将式（5.13）带入式（5.12），可分别获得 $\boldsymbol{p}_t$ 和 $\boldsymbol{p}_r$ 的估计，即

$$\begin{cases}\hat{\boldsymbol{p}}_t=\underset{\boldsymbol{p}_t}{\text{argmin}}\|\boldsymbol{Q}_t\text{diag}(\boldsymbol{p}_t)\boldsymbol{E}_{t1}\|_F^2\quad \text{s. t.}\quad \boldsymbol{e}_1^{\mathrm{T}}\boldsymbol{p}_t=1\\ \hat{\boldsymbol{p}}_r=\underset{\boldsymbol{p}_r}{\text{argmin}}\|\boldsymbol{Q}_r\text{diag}(\boldsymbol{p}_r)\boldsymbol{E}_{r1}\|_F^2\quad \text{s. t.}\quad \boldsymbol{e}_2^{\mathrm{T}}\boldsymbol{p}_r=1\end{cases}\tag{5.14}$$

式中：$\boldsymbol{Q}_t=\boldsymbol{I}_{(M-1)N}-\boldsymbol{E}_{t2}\boldsymbol{E}_{t2}^{\dagger}$；$\boldsymbol{Q}_r=\boldsymbol{I}_{M(N-1)}-\boldsymbol{E}_{r2}\boldsymbol{E}_{r2}^{\dagger}$。由于

$$\begin{cases}\|\boldsymbol{Q}_t\text{diag}(\boldsymbol{p}_t)\boldsymbol{E}_{t1}\|_F^2=\text{tr}\{\boldsymbol{E}_{t1}^{\mathrm{H}}\text{diag}(\boldsymbol{p}_t)\boldsymbol{Q}_t\text{diag}(\boldsymbol{p}_t)\boldsymbol{E}_{t1}\}\\ \qquad\qquad=\boldsymbol{p}_t^{\mathrm{H}}[\boldsymbol{Q}_t\oplus(\boldsymbol{E}_{t1}\boldsymbol{E}_{t1}^{\mathrm{H}})^{\mathrm{T}}]\boldsymbol{p}_t\\ \|\boldsymbol{Q}_r\text{diag}(\boldsymbol{p}_r)\boldsymbol{E}_{r1}\|_F^2=\text{tr}\{\boldsymbol{E}_{r1}^{\mathrm{H}}\text{diag}(\boldsymbol{p}_r)\boldsymbol{Q}_r\text{diag}(\boldsymbol{p}_r)\boldsymbol{E}_{r1}\}\\ \qquad\qquad=\boldsymbol{p}_r^{\mathrm{H}}[\boldsymbol{Q}_r\oplus(\boldsymbol{E}_{r1}\boldsymbol{E}_{r1}^{\mathrm{H}})^{\mathrm{T}}]\boldsymbol{p}_r\end{cases}\tag{5.15}$$

式中：$\text{tr}\{\cdot\}$为求迹运算。令 $\boldsymbol{W}_t=\boldsymbol{Q}_t\oplus(\boldsymbol{E}_{t1}\boldsymbol{E}_{t1}^{\mathrm{H}})^{\mathrm{T}}$，$\boldsymbol{W}_r=\boldsymbol{Q}_r\oplus(\boldsymbol{E}_{r1}\boldsymbol{E}_{r1}^{\mathrm{H}})^{\mathrm{T}}$，并将式（5.15）带入式（5.14），可得

$$\begin{cases}\hat{\boldsymbol{p}}_t=\underset{\boldsymbol{p}_t}{\operatorname{argmin}}\boldsymbol{p}_t^{\mathrm{H}}\boldsymbol{W}_t\boldsymbol{p}_t \quad \text{s.t.} \quad \boldsymbol{e}_1^{\mathrm{T}}\boldsymbol{p}_t=1\\ \hat{\boldsymbol{p}}_r=\underset{\boldsymbol{p}_r}{\operatorname{argmin}}\boldsymbol{p}_r^{\mathrm{H}}\boldsymbol{W}_r\boldsymbol{p}_r \quad \text{s.t.} \quad \boldsymbol{e}_2^{\mathrm{T}}\boldsymbol{p}_r=1\end{cases} \tag{5.16}$$

利用拉格朗日乘子法，可得

$$\begin{cases}\hat{\boldsymbol{p}}_t=\boldsymbol{W}_t^{-1}\boldsymbol{e}_1/\boldsymbol{e}_1^{\mathrm{T}}\boldsymbol{W}_t^{-1}\boldsymbol{e}_1\\ \hat{\boldsymbol{p}}_r=\boldsymbol{W}_r^{-1}\boldsymbol{e}_2/\boldsymbol{e}_2^{\mathrm{T}}\boldsymbol{W}_r^{-1}\boldsymbol{e}_2\end{cases} \tag{5.17}$$

当 $\boldsymbol{p}_t$ 和 $\boldsymbol{p}_r$ 被估计出来后，将其代入式（5.13），即可获得 $\boldsymbol{\Psi}_t$ 和 $\boldsymbol{\Psi}_r$ 的估计。由于 $\boldsymbol{\Psi}_t$ 和 $\boldsymbol{\Psi}_r$ 是对角矩阵，因此，通过对其进行特征值分解，对特征值取相位，并求反正弦，即可获得目标的 DOD 与 DOA。由于 $\boldsymbol{\Psi}_t$ 和 $\boldsymbol{\Psi}_r$ 有相同的特征向量，因此所获得的 DOD 与 DOA 是自动配对的。

此外，也可使用 PM 算法替代 ESPRIT 中的特征分解过程，进一步降低算法的复杂度[2]，在此不再赘述。

5.2　基于 RD-MUSIC 的估计算法

由于 ESPRIT 采用先估计 GPE 向量，再估计角度的策略，其具有误差累计效应，且 ESPRIT 存在阵列孔径损失，因此算法性能还有较大的提升空间。本小节介绍一种 RD-MUSIC 算法[3]，其可通过两个一维谱峰搜索过程获得自动配对的 DOD-DOA 估计算法。

5.2.1　RD-MUSIC 算法

考虑 5.1.1 小节中式（5.2）的 MIMO 雷达匹配滤波后的信号模型，并假设已经经过特征分解，获得较小特征值所对应的噪声子空间 $\boldsymbol{U}_n$。令 $\boldsymbol{a}_r'(\theta_k)=\boldsymbol{C}_r\boldsymbol{a}_r(\theta_k)$，$\boldsymbol{a}_t'(\varphi_k)=\boldsymbol{C}_t\boldsymbol{a}_t(\varphi_k)$。根据 MUSIC 方法的原理，对 DOD 和 DOA 的估计可通过寻找以下谱峰搜索函数的极大值点进行

$$F(\theta,\varphi,\boldsymbol{C}_r,\boldsymbol{C}_t)=\frac{1}{[\boldsymbol{a}_r'(\theta)\otimes\boldsymbol{a}_t'(\varphi)]^{\mathrm{H}}\boldsymbol{U}_n\boldsymbol{U}_n^{\mathrm{H}}[\boldsymbol{a}_r'(\theta)\otimes\boldsymbol{a}_t'(\varphi)]} \tag{5.18}$$

然而，由于 $\boldsymbol{C}_r$ 和 $\boldsymbol{C}_t$ 是未知的，所以上述方法不可行。注意到

$$\begin{aligned}\boldsymbol{a}_t'(\varphi)&=\boldsymbol{C}_t\boldsymbol{a}_t(\varphi)\\ &=\underbrace{\begin{bmatrix}\boldsymbol{a}_{t1}(\varphi) & \boldsymbol{0}_{M_1\times M_2}\\ \boldsymbol{0}_{M_2\times 1} & \operatorname{diag}(\boldsymbol{a}_{t2}(\varphi))\end{bmatrix}}_{\boldsymbol{P}_t(\varphi)}\boldsymbol{\rho}_{t2}\end{aligned} \tag{5.19}$$

$$\boldsymbol{a}_r'(\theta)=\boldsymbol{C}_r\boldsymbol{a}_r(\theta)=\underbrace{\begin{bmatrix}\boldsymbol{a}_{r1}(\theta) & \boldsymbol{0}_{N_1\times N_2}\\ \boldsymbol{0}_{N_2\times 1} & \mathrm{diag}(\boldsymbol{a}_{t2}(\theta))\end{bmatrix}}_{\boldsymbol{P}_r(\theta)}\boldsymbol{\rho}_{r2} \tag{5.20}$$

式中：$\boldsymbol{a}_{t1}(\varphi)\in\mathbb{C}^{M_1\times 1}$，$\boldsymbol{a}_{t2}(\varphi)\in\mathbb{C}^{M_2\times 1}$分别表示$\boldsymbol{a}_t(\varphi)$的前$M_1$个元素和后$M_2$个元素；$\boldsymbol{a}_{r1}(\theta)\in\mathbb{C}^{N_1\times 1}$，$\boldsymbol{a}_{r2}(\theta)\in\mathbb{C}^{N_2\times 1}$分别表示$\boldsymbol{a}_r(\theta)$的前$N_1$个元素和后$N_2$个元素；令$u=(M_2+1)$以及$v=(N_2+1)$，则$\boldsymbol{\rho}_{t2}\in\mathbb{C}^{(M_2+1)\times 1}$由$\boldsymbol{\rho}_t$的后$u$个元素组成，而$\boldsymbol{\rho}_{r2}\in\mathbb{C}^{(N_2+1)\times 1}$是由$\boldsymbol{\rho}_r$的后$v$个元素组成。

定义$\boldsymbol{Q}(\theta,\varphi,\boldsymbol{C}_r,\boldsymbol{C}_t)=[\boldsymbol{a}_r'(\theta)\otimes\boldsymbol{a}_t'(\varphi)]^{\mathrm{H}}\boldsymbol{U}_n\boldsymbol{U}_n^{\mathrm{H}}[\boldsymbol{a}_r'(\theta)\otimes\boldsymbol{a}_t'(\varphi)]$，则$\boldsymbol{Q}(\theta,\varphi,\boldsymbol{C}_r,\boldsymbol{C}_t)$满足

$$\boldsymbol{Q}(\theta,\varphi,\boldsymbol{C}_r,\boldsymbol{C}_t)=\boldsymbol{\rho}_{tr}^{\mathrm{H}}(\theta)\boldsymbol{Q}_1(\varphi)\boldsymbol{\rho}_{tr}(\theta) \tag{5.21}$$

式中：$\boldsymbol{Q}_1(\varphi)=(\boldsymbol{I}_N\otimes\boldsymbol{P}_t(\varphi))^{\mathrm{H}}\boldsymbol{U}_n\boldsymbol{U}_n^{\mathrm{H}}(\boldsymbol{I}_N\otimes\boldsymbol{P}_t(\varphi))$；$\boldsymbol{\rho}_{tr}(\theta)=\boldsymbol{a}_r'(\theta)\otimes\boldsymbol{\rho}_{t2}$。因为$\mathrm{rank}(\boldsymbol{U}_n\boldsymbol{U}_n^{\mathrm{H}})=MN-K$，当$MN-K\geqslant Nu$，且当$\varphi$等于DOD时，$\boldsymbol{Q}_1(\varphi)$会出现秩亏，所以DOD的估计为

$$\hat{\varphi}=\arg\min_{\varphi}\det(\boldsymbol{Q}_1(\varphi)) \tag{5.22}$$

另一方面，$\boldsymbol{Q}(\theta,\varphi,\boldsymbol{C}_r,\boldsymbol{C}_t)$又可以表示为

$$\boldsymbol{Q}(\theta,\varphi,\boldsymbol{C}_r,\boldsymbol{C}_t)=\boldsymbol{\rho}_{tr}^{\mathrm{H}}\boldsymbol{Q}_2(\theta,\varphi)\boldsymbol{\rho}_{tr} \tag{5.23}$$

式中：$\boldsymbol{Q}_2(\theta,\varphi)=(\boldsymbol{P}_r(\theta)\otimes\boldsymbol{P}_t(\varphi))^{\mathrm{H}}\boldsymbol{U}_n\boldsymbol{U}_n^{\mathrm{H}}(\boldsymbol{P}_r(\theta)\otimes\boldsymbol{P}_t(\varphi))$，且$\boldsymbol{\rho}_{tr}=\boldsymbol{\rho}_{r2}\otimes\boldsymbol{\rho}_{t2}$。因为DOD的估计已经获得，所以DOA的估计为

$$\hat{\theta}_k=\arg\min_{\theta}\det(\boldsymbol{Q}_2(\theta,\hat{\varphi}_k)) \tag{5.24}$$

式中：$\hat{\varphi}_k,k=1,\cdots,K$，是式（5.22）中获得的DOD的估计。因为$\hat{\theta}_k$是基于$\hat{\varphi}_k$获得的，所以$\hat{\theta}_k$和$\hat{\varphi}_k$是自动配对的。

应该注意到，本小节是假设已校正阵元是空间连续的，当然如果校正阵元不连续，该方法也可适用，只需根据式（5.19）和式（5.20）改变$\boldsymbol{P}_t(\varphi)$和$\boldsymbol{P}_r(\theta)$即可。然而这种情况下ESPRIT-Like方法将会失效，因而本方法比ESPRIT-Like算法可扩展性更好。

5.2.2 GPE估计

根据已经获得的角度估计，构造

$$\boldsymbol{Q}_c=\sum_{k=1}^{K}\boldsymbol{Q}_2(\hat{\theta}_k,\hat{\varphi}_k) \tag{5.25}$$

用 $\boldsymbol{q}$ 来表示 $\boldsymbol{Q}_c$ 中对应最小特征值的特征向量。根据式（5.24），$\boldsymbol{q}$ 即为 $\boldsymbol{\rho}_{tr}$ 的估计值，即 $\boldsymbol{q}=\hat{\boldsymbol{\rho}}_{tr}$。由于 $\boldsymbol{\rho}_{tr}$ 的首元素为 1，因此，对 $\boldsymbol{q}$ 进行归一化，然后将其重排位一个矩阵 $\boldsymbol{C}_{tr}=\text{unvec}(\boldsymbol{q})$。显然，

$$\boldsymbol{C}_{tr}=\boldsymbol{\rho}_{t2}\boldsymbol{\rho}_{r2}^{\mathrm{T}} \tag{5.26}$$

因此，可以通过对 $\boldsymbol{C}_{tr}$ 进行奇异值分解，其最大的奇异值所对应的左奇异向量（归一化）和右奇异向量（归一化）分别对应着 $\boldsymbol{\rho}_{t2}$ 和 $\boldsymbol{\rho}_{r2}$ 的估计。

5.3　一种角度和增益相位误差估计方法

上述 ESPRIT 和 RD-MUSIC 算法都需要两个以上已校准收发天线的前提假设。考虑到已校准天线相位的线性特性，在这一部分中，介绍了一种低复杂度的 ESPRIT 的算法[4]。

5.3.1　角度估计

仍然考虑 5.1.1 小节中式（5.2）的 MIMO 雷达匹配滤波后的信号模型，但重新表述为

$$\boldsymbol{X}(t)=[(\boldsymbol{C}_r\boldsymbol{A}_r)\odot(\boldsymbol{C}_t\boldsymbol{A}_t)]\boldsymbol{S}(t)+\boldsymbol{N}(t) \tag{5.27}$$

假设 $M_1=N_1=2$，为了估计 DOD、DOA 和未校准的方向矩阵，首先构造选择矩阵，即

$$\boldsymbol{J}_1=[1,\boldsymbol{0}_{1\times(N-1)}]\otimes\boldsymbol{I}_M \tag{5.28}$$

$$\boldsymbol{J}_2=[0,1,\boldsymbol{0}_{1\times(N-2)}]\otimes\boldsymbol{I}_M \tag{5.29}$$

$$\boldsymbol{J}_3=\boldsymbol{I}_N\otimes[1,\boldsymbol{0}_{1\times(M-1)}] \tag{5.30}$$

$$\boldsymbol{J}_4=\boldsymbol{I}_N\otimes[0,1,\boldsymbol{0}_{1\times(M-2)}] \tag{5.31}$$

通过选择矩阵可以得到包含 DOD 和 DOA 的旋转因子。令 $\boldsymbol{X}_n=\boldsymbol{J}_n\boldsymbol{X}(t)$，$n=1,2,3,4$，即

$$\boldsymbol{X}_1(t)=\boldsymbol{A}_{ut}\boldsymbol{S}(t)+\boldsymbol{J}_1\boldsymbol{N}(t) \tag{5.32}$$

$$\boldsymbol{X}_2(t)=\boldsymbol{A}_{ut}\boldsymbol{D}_{\mathrm{r}}\boldsymbol{S}(t)+\boldsymbol{J}_2\boldsymbol{N}(t) \tag{5.33}$$

$$\boldsymbol{X}_3(t)=\boldsymbol{A}_{ur}\boldsymbol{S}(t)+\boldsymbol{J}_3\boldsymbol{N}(t) \tag{5.34}$$

$$\boldsymbol{X}_4(t)=\boldsymbol{A}_{ur}\boldsymbol{D}_{\mathrm{t}}\boldsymbol{S}(t)+\boldsymbol{J}_4\boldsymbol{N}(t) \tag{5.35}$$

式中：$\boldsymbol{A}_{ut}=\boldsymbol{C}_t\boldsymbol{A}_t$；$\boldsymbol{A}_{ur}=\boldsymbol{C}_r\boldsymbol{A}_r$；$\boldsymbol{D}_t=\text{diag}(\mathrm{e}^{\mathrm{j}\pi\sin\varphi_1},\cdots,\mathrm{e}^{\mathrm{j}\pi\sin\varphi_K})$；$\boldsymbol{D}_r=\text{diag}(\mathrm{e}^{\mathrm{j}\pi\sin\theta_1},\cdots,\mathrm{e}^{\mathrm{j}\pi\sin\theta_K})$。

因为 $\boldsymbol{J}_i\boldsymbol{N}(t)$ 和 $\boldsymbol{J}_{i+1}\boldsymbol{N}(t)$，$i=1,3$ 是彼此独立的，则接收数据的自协方差矩阵和互协方差矩阵可以写成

$$\begin{aligned}\boldsymbol{R}_{11}&=E[\boldsymbol{X}_1(t)\boldsymbol{X}_1^{\mathrm{H}}(t)]\\&=\boldsymbol{A}_{ut}\boldsymbol{R}_s\boldsymbol{A}_{ut}^{\mathrm{H}}+\sigma_n^2\boldsymbol{I}_M\end{aligned}\tag{5.36}$$

$$\begin{aligned}\boldsymbol{R}_{21}&=E[\boldsymbol{X}_2(t)\boldsymbol{X}_1^{\mathrm{H}}(t)]\\&=\boldsymbol{A}_{ut}\boldsymbol{D}_r\boldsymbol{R}_s\boldsymbol{A}_{ut}^{\mathrm{H}}\end{aligned}\tag{5.37}$$

$$\begin{aligned}\boldsymbol{R}_{33}&=E[\boldsymbol{X}_3(t)\boldsymbol{X}_3^{\mathrm{H}}(t)]\\&=\boldsymbol{A}_{ur}\boldsymbol{R}_s\boldsymbol{A}_{ur}^{\mathrm{H}}+\sigma_n^2\boldsymbol{I}_N\end{aligned}\tag{5.38}$$

$$\begin{aligned}\boldsymbol{R}_{43}&=E[\boldsymbol{X}_4(t)\boldsymbol{X}_3^{\mathrm{H}}(t)]\\&=\boldsymbol{A}_{ur}\boldsymbol{D}_t\boldsymbol{R}_s\boldsymbol{A}_{ur}^{\mathrm{H}}\end{aligned}\tag{5.39}$$

式中：$\boldsymbol{R}_s=E[\boldsymbol{S}(t)\boldsymbol{S}^{\mathrm{H}}(t)]$，因为目标的不相干性，所以 $\boldsymbol{R}_s$ 的秩为 K。如果 $\boldsymbol{R}_s$ 是一个秩亏的矩阵，该算法将失效。

定义

$$\boldsymbol{R}_{11s}=\boldsymbol{R}_{11}-\sigma_n^2\boldsymbol{I}_N\tag{5.40}$$

因为 $\boldsymbol{R}_s$ 的秩为 K，所以 $\boldsymbol{R}_{11s}$ 的秩也是 K，即 $\boldsymbol{R}_{11s}$ 有 K 个非零特征值。用 $\{\sigma_1,\cdots,\sigma_K\}$ 和 $\{\boldsymbol{u}_1,\cdots,\boldsymbol{u}_K\}$ 表示 $\boldsymbol{R}_{11s}$ 的 K 个非零特征值和对应的特征向量。$\boldsymbol{R}_{11s}$ 的伪逆为

$$\boldsymbol{R}_{11s}^{\dagger}=\sum_{k=1}^{K}\frac{1}{\sigma_k}\boldsymbol{u}_k\boldsymbol{u}_k^{\mathrm{H}}\tag{5.41}$$

由式（5.37）和式（5.41）可得下列等式：

$$\boldsymbol{A}_{ut}^{\dagger}\boldsymbol{R}_{11s}=\boldsymbol{R}_s\boldsymbol{A}_{ut}^{\mathrm{H}}\tag{5.42}$$

将式（5.42）带入式（5.37）得到

$$\boldsymbol{R}_{21}=\boldsymbol{A}_{ut}\boldsymbol{D}_t\boldsymbol{A}_{ut}^{\dagger}\boldsymbol{R}_{11s}\tag{5.43}$$

故

$$\boldsymbol{R}_{21}\boldsymbol{R}_{11s}^{\dagger}\boldsymbol{A}_{ut}=\boldsymbol{A}_{ut}\boldsymbol{D}_t\tag{5.44}$$

因此，对 DOD 的估计可以通过 $\boldsymbol{R}_{21}\boldsymbol{R}_{11s}^{\dagger}$ 的特征分解来实现。假设

$$\boldsymbol{R}_{21}\boldsymbol{R}_{11s}^{\dagger}=\boldsymbol{U}_t\boldsymbol{\Lambda}_t\boldsymbol{U}_t^{\mathrm{H}}\tag{5.45}$$

式中：$\boldsymbol{\Lambda}_t=\mathrm{diag}(\lambda_{t1},\lambda_{t2},\cdots,\lambda_{tK})$ 和 $\boldsymbol{U}_t=[\boldsymbol{v}_{t1},\boldsymbol{v}_{t2},\cdots,\boldsymbol{v}_{tK}]$ 分别由 $\boldsymbol{R}_{21}\boldsymbol{R}_{11s}^{\dagger}$ 的 K 个最大特征值及其相应的特征向量构造。则第 k 个（$k=1,2,\cdots,K$）DOD 的估计为

$$\hat{\varphi}_k=\arcsin\{\mathrm{phase}(\lambda_{tk})/\pi\}\tag{5.46}$$

式中：$\mathrm{phase}(\lambda_{tk})$ 表示 λ_{tk} 的相位。根据式（5.45）易得，$\mathrm{span}\{\boldsymbol{A}_{ut}\}=\mathrm{span}\{\boldsymbol{U}_t\}$，通过对 $\boldsymbol{U}_t$ 的列向量进行点除运算，即可获得未校准的方向向量 $\tilde{\boldsymbol{a}}_t(\varphi_k)=\boldsymbol{C}_t\boldsymbol{a}_t(\varphi_k)$ 的估计值，记为 $\bar{\boldsymbol{a}}_t(\varphi_k)$。

使用类似的方法可以获得 DOA 的估计值。类似于式（5.44），我们可以

得到

$$\boldsymbol{R}_{43}\boldsymbol{R}_{33s}^{\dagger}\boldsymbol{A}_{ur}=\boldsymbol{A}_{ur}\boldsymbol{D}_{r} \tag{5.47}$$

同样，对 $\boldsymbol{R}_{43}\boldsymbol{R}_{33s}^{\dagger}$ 的特征分解可以表示为

$$\boldsymbol{R}_{43}\boldsymbol{R}_{33s}^{\dagger}=\boldsymbol{U}_{r}\boldsymbol{\Lambda}_{r}\boldsymbol{U}_{r}^{\dagger} \tag{5.48}$$

令 λ_{rk} 表示上述特征分解后第 $k(k=1,2,\cdots,K)$ 个最大的特征值，则第 k 个 DOA 的估计为

$$\hat{\theta}_{k}=\arcsin\{\text{phase}(\lambda_{rk})/\pi\} \tag{5.49}$$

同样，当 DOA 估计完成后，可轻松获得未校准方向向量 $\tilde{\boldsymbol{a}}_{r}(\theta_{k})=\boldsymbol{C}_{r}\boldsymbol{a}_{r}(\theta_{k})$ 的估计值，记为 $\bar{\boldsymbol{a}}_{r}(\theta_{k})$。

5.3.2　增益相位误差计算

增益相位误差可以从理想方向向量 $\boldsymbol{a}_{t}(\varphi_{k})$、$\boldsymbol{a}_{r}(\theta_{k})$ 和未校准方向向量 $\tilde{\boldsymbol{a}}_{t}(\varphi_{k})$、$\tilde{\boldsymbol{a}}_{r}(\theta_{k})$ 之间的区别来估计。当 DOD 和 DOA 估计完成后，即可获得理想的方向向量的估计值 $\hat{\boldsymbol{a}}_{t}(\varphi_{k})$、$\hat{\boldsymbol{a}}_{r}(\theta_{k})$。因此，可以如下获得发射增益误差的估计值

$$\hat{g}_{t,m}=\frac{1}{K}\sum_{k=1}^{K}|\bar{\boldsymbol{a}}_{t,m}(\varphi_{k})| \tag{5.50}$$

式中：$\bar{\boldsymbol{a}}_{t,m}(\varphi_{k})$ 是 $\bar{\boldsymbol{a}}_{t}(\varphi_{k})$ 的第 m 个元素。发射相位误差估计过程如下：

$$\hat{\psi}_{r,n}=\frac{1}{K}\sum_{k=1}^{K}\text{phase}\{\bar{\boldsymbol{a}}_{t,m}(\varphi_{k})./\hat{\boldsymbol{a}}_{t,m}(\varphi_{k})\} \tag{5.51}$$

同理，可获得接收增益误差和接收相位误差的估计算法。

5.4　基于 PARAFAC 的联合角度-增益相位误差估计算法

上述方法均忽略了 MIMO 雷达阵列数据的多维结构特性，本节介绍一种基于 PARAFAC 分解的算法[5]，其可以有效利用阵列数据的张量结构，且提供联合 DOD、DOA 与 GPE 估计的闭式解。

5.4.1　基于张量的 MIMO 雷达信号模型

仍然考虑 5.1.1 节中式（5.2）的 MIMO 雷达匹配滤波后的信号模型。并考虑存在 L 个时刻的样本，$t=t_{1},t_{2},\cdots,t_{L}$，则此时式（5.2）可以表示成如下矩阵的形式：

$$\boldsymbol{X}=[(\boldsymbol{C}_{t}\boldsymbol{A}_{t})\odot(\boldsymbol{C}_{r}\boldsymbol{A}_{r})]\boldsymbol{S}^{\mathrm{T}}+\boldsymbol{N}_{x} \tag{5.52}$$

式中：$\boldsymbol{X}=[\boldsymbol{X}(t_1),\boldsymbol{X}(t_2),\cdots,\boldsymbol{X}(t_L)]\in\mathbb{C}^{MN\times L}$为匹配滤波后的阵列样本矩阵；$\boldsymbol{S}=[\boldsymbol{S}^{\mathrm{T}}(t_1),\boldsymbol{S}^{\mathrm{T}}(t_2),\cdots,\boldsymbol{S}^{\mathrm{T}}(t_L)]^{\mathrm{T}}\in\mathbb{C}^{L\times K}$为目标特征矩阵；$\boldsymbol{N}_x=[\boldsymbol{N}(t_1),\boldsymbol{N}(t_2),\cdots,\boldsymbol{N}(t_L)]\in\mathbb{C}^{MN\times L}$为噪声样本矩阵。令$\overline{\boldsymbol{A}}_t=\boldsymbol{C}_t\boldsymbol{A}_t$，$\overline{\boldsymbol{A}}_r=\boldsymbol{C}_r\boldsymbol{A}_r$。根据张量模型的定义，$\boldsymbol{X}$也可以用三阶张量$\boldsymbol{X}\in\mathbb{C}^{N\times M\times L}$表达，具体形式为

$$\boldsymbol{X}(n,m,l)=\sum_{k=1}^{K}\overline{\boldsymbol{A}}_r(n,k)\circ\overline{\boldsymbol{A}}_t(m,k)\circ\boldsymbol{S}(l,k)+\boldsymbol{N}_{n,m,l}$$

$$n=1,2,\cdots,N,\quad m=1,2,\cdots,M,\quad l=1,2,\cdots,L \tag{5.53}$$

式中：$\overline{\boldsymbol{A}}_r(n,k)$为$\overline{\boldsymbol{A}}_r$的第$(n,k)$个元素，其他元素的表示与此类似；$\boldsymbol{N}$为噪声矩阵$\boldsymbol{N}_x$的张量形式。

根据模-n矩阵展开与张量分解的定义，三阶张量$\boldsymbol{X}\in\mathbb{C}^{N\times M\times L}$可以在不同的方向被分解为三片，分别是$\boldsymbol{X}=[X]_{(3)}$，$\boldsymbol{Y}=[X]_{(2)}$和$\boldsymbol{Z}=[X]_{(1)}$。其中

$$\boldsymbol{Y}=[\boldsymbol{S}\odot\overline{\boldsymbol{A}}_t]\overline{\boldsymbol{A}}_r^{\mathrm{T}}+\boldsymbol{N}_y \tag{5.54}$$

和

$$\boldsymbol{Z}=[\overline{\boldsymbol{A}}_r\odot\boldsymbol{S}]\overline{\boldsymbol{A}}_t^{\mathrm{T}}+\boldsymbol{N}_z \tag{5.55}$$

式中：$\boldsymbol{N}_y$和$\boldsymbol{N}_z$代表对应的噪声矩阵。

5.4.2 方向矩阵估计

利用三线性分解来估计方向矩阵，式（5.52）的 LS 拟合可以表达为

$$\min_{\overline{\boldsymbol{A}}_t,\overline{\boldsymbol{A}}_r,\boldsymbol{S}}\|\boldsymbol{X}-[\overline{\boldsymbol{A}}_t\odot\overline{\boldsymbol{A}}_r]\boldsymbol{S}^{\mathrm{T}}\|_F \tag{5.56}$$

矩阵$\boldsymbol{S}$基于 LS 的更新可以表示为

$$\hat{\boldsymbol{S}}^{\mathrm{T}}=[\overline{\boldsymbol{A}}_t\odot\overline{\boldsymbol{A}}_r]^{\dagger}\boldsymbol{X} \tag{5.57}$$

式（5.54）的 LS 拟合可以表达为

$$\min_{\overline{\boldsymbol{A}}_t,\overline{\boldsymbol{A}}_r,\boldsymbol{S}}\|\boldsymbol{Y}-[\boldsymbol{S}\odot\overline{\boldsymbol{A}}_t]\overline{\boldsymbol{A}}_r^{\mathrm{T}}\|_F \tag{5.58}$$

矩阵$\overline{\boldsymbol{A}}_r$基于 LS 的更新可以表示为

$$\hat{\boldsymbol{A}}_r^{\mathrm{T}}=[\boldsymbol{S}\odot\overline{\boldsymbol{A}}_t]^{\dagger}\boldsymbol{Y} \tag{5.59}$$

式（5.55）的 LS 拟合可以表达为

$$\min_{\overline{\boldsymbol{A}}_t,\overline{\boldsymbol{A}}_r,\boldsymbol{S}}\|\boldsymbol{Z}-[\overline{\boldsymbol{A}}_r\odot\boldsymbol{S}]\overline{\boldsymbol{A}}_t^{\mathrm{T}}\|_F \tag{5.60}$$

矩阵$\overline{\boldsymbol{A}}_t$基于 LS 的更新可以表示为

$$\hat{\boldsymbol{A}}_t^{\mathrm{T}}=[\overline{\boldsymbol{A}}_r\odot\boldsymbol{S}]^{\dagger}\boldsymbol{Z} \tag{5.61}$$

式（5.57）、式（5.59）和式（5.60）的迭代也被称为 PARAFAC 分解的 TALS 算法。TALS 将会持续，直到 LS 更新得到收敛。

当 PARAFAC 分解完成后，可获得因子矩阵的估计值，分别如下

$$\begin{cases}\hat{\boldsymbol{A}}_r=\bar{\boldsymbol{A}}_r\boldsymbol{\Pi}\boldsymbol{\Delta}_1+\boldsymbol{N}_1\\ \hat{\boldsymbol{A}}_t=\bar{\boldsymbol{A}}_t\boldsymbol{\Pi}\boldsymbol{\Delta}_2+\boldsymbol{N}_2\\ \hat{\boldsymbol{S}}=\boldsymbol{S}\boldsymbol{\Pi}\boldsymbol{\Delta}_3+\boldsymbol{N}_3\end{cases}\tag{5.62}$$

式中：$\boldsymbol{\Pi}$ 代表一个置换矩阵；$\boldsymbol{N}_1$、$\boldsymbol{N}_2$ 和 $\boldsymbol{N}_3$ 代表对应的估计误差；$\boldsymbol{\Delta}_1$、$\boldsymbol{\Delta}_2$ 和 $\boldsymbol{\Delta}_3$ 是对角扩展矩阵。换句话说，在使用了 PARAFAC 分解之后，估计结果会存在尺度模糊和排列模糊。其中，尺度模糊的影响可以通过归一化过程得到消除。

5.4.3　基于 ESPRIT 的多参数联合估计算法

令 $\boldsymbol{C}_{t1}$ 和 $\boldsymbol{C}_{t2}$ 分别代表 $\boldsymbol{C}_t$ 的前 $M-1$ 行与后 $M-1$ 行，$\boldsymbol{C}_{r1}$ 和 $\boldsymbol{C}_{r2}$ 分别代表 $\boldsymbol{C}_r$ 的前 $N-1$ 行与后 $N-1$ 行。构造

$$\begin{cases}\boldsymbol{G}_t\triangleq\mathrm{diag}(\boldsymbol{c}_t)\\ \quad=\boldsymbol{C}_{t1}\boldsymbol{C}_{t2}^{-1}\\ \boldsymbol{G}_r\triangleq\mathrm{diag}(\boldsymbol{c}_r)\\ \quad=\boldsymbol{C}_{t1}\boldsymbol{C}_{t2}^{-1}\end{cases}\tag{5.63}$$

令 $\bar{\boldsymbol{A}}_{t1}$ 和 $\bar{\boldsymbol{A}}_{t2}$ 分别代表 $\bar{\boldsymbol{A}}_t$ 的前 $M-1$ 行与后 $M-1$ 行，$\bar{\boldsymbol{A}}_{r1}$ 和 $\bar{\boldsymbol{A}}_{r2}$ 分别代表 $\bar{\boldsymbol{A}}_r$ 的前 $N-1$ 行与后 $N-1$ 行。由 ESPRIT 的原理可知，阵列存在如下的旋转不变特性：

$$\begin{cases}\boldsymbol{G}_t\bar{\boldsymbol{A}}_{t1}=\bar{\boldsymbol{A}}_{t2}\boldsymbol{\Phi}_t\\ \boldsymbol{G}_r\bar{\boldsymbol{A}}_{r1}=\bar{\boldsymbol{A}}_{r2}\boldsymbol{\Phi}_r\end{cases}\tag{5.64}$$

式中：$\boldsymbol{\Phi}_t=\mathrm{diag}(\mathrm{e}^{\mathrm{j}\pi\sin\varphi_1},\cdots,\mathrm{e}^{\mathrm{j}\pi\sin\varphi_K})$；$\boldsymbol{\Phi}_r=\mathrm{diag}(\mathrm{e}^{\mathrm{j}\pi\sin\theta_1},\cdots,\mathrm{e}^{\mathrm{j}\pi\sin\theta_K})$。经过 PARAFAC 分解后获得 $\bar{\boldsymbol{A}}_{t1}$、$\bar{\boldsymbol{A}}_{t2}$、$\bar{\boldsymbol{A}}_{r1}$ 和 $\bar{\boldsymbol{A}}_{r2}$ 的估计值，分别记为 $\hat{\boldsymbol{A}}_{t1}$、$\hat{\boldsymbol{A}}_{t2}$、$\hat{\boldsymbol{A}}_{r1}$ 和 $\hat{\boldsymbol{A}}_{r2}$。根据式（5.64）的关系，对 $\boldsymbol{\Phi}_t$ 和 $\boldsymbol{\Phi}_r$ 的估计可以通过求解如下优化问题获得

$$\begin{cases}\hat{\boldsymbol{\Phi}}_t=\arg\min\limits_{\boldsymbol{\Phi}_t}\|\boldsymbol{G}_t\hat{\boldsymbol{A}}_{t1}-\hat{\boldsymbol{A}}_{t2}\boldsymbol{\Phi}_t\|_F^2\\ \hat{\boldsymbol{\Phi}}_r=\arg\min\limits_{\boldsymbol{\Phi}_r}\|\boldsymbol{G}_r\hat{\boldsymbol{A}}_{r1}-\hat{\boldsymbol{A}}_{r2}\boldsymbol{\Phi}_r\|_F^2\end{cases}\tag{5.65}$$

同时，根据式（5.64）的关系，$\boldsymbol{\Phi}_t$ 和 $\boldsymbol{\Phi}_r$ 的 LS 解分别为

$$\begin{cases}\boldsymbol{\Phi}_t=\hat{\boldsymbol{A}}_{t2}^{\dagger}\boldsymbol{G}_t\hat{\boldsymbol{A}}_{t1}\\ \boldsymbol{\Phi}_r=\hat{\boldsymbol{A}}_{r2}^{\dagger}\boldsymbol{G}_r\hat{\boldsymbol{A}}_{r1}\end{cases}\tag{5.66}$$

将式（5.66）中的关系分别带入式（5.65），可得

$$\begin{cases}\hat{\boldsymbol{\Phi}}_t=\arg\min\limits_{\boldsymbol{\Phi}_t}\|\boldsymbol{G}_t\hat{\boldsymbol{A}}_{t1}-\hat{\boldsymbol{A}}_{t2}\hat{\boldsymbol{A}}_{t2}^{\dagger}\boldsymbol{G}_t\hat{\boldsymbol{A}}_{t1}\|_F^2\\ \hat{\boldsymbol{\Phi}}_r=\arg\min\limits_{\boldsymbol{\Phi}_r}\|\boldsymbol{G}_r\hat{\boldsymbol{A}}_{r1}-\hat{\boldsymbol{A}}_{r2}\hat{\boldsymbol{A}}_{r2}^{\dagger}\boldsymbol{G}_r\hat{\boldsymbol{A}}_{r1}\|_F^2\end{cases}\tag{5.67}$$

进一步，由于

$$\begin{cases}\|\boldsymbol{G}_t\hat{\boldsymbol{A}}_{t1}-\hat{\boldsymbol{A}}_{t2}\hat{\boldsymbol{A}}_{t2}^{\dagger}\boldsymbol{G}_t\hat{\boldsymbol{A}}_{t1}\|_F^2=\boldsymbol{c}_t^{\mathrm{H}}(\boldsymbol{I}_{M-1}-\hat{\boldsymbol{A}}_{t2}\hat{\boldsymbol{A}}_{t2}^{\dagger})\oplus(\hat{\boldsymbol{A}}_{t1}^{*}\hat{\boldsymbol{A}}_{t1}^{\mathrm{T}})\boldsymbol{c}_t\\ \qquad=\boldsymbol{c}_t^{\mathrm{H}}\boldsymbol{Q}_t\boldsymbol{c}_t\\ \|\boldsymbol{G}_r\hat{\boldsymbol{A}}_{r1}-\hat{\boldsymbol{A}}_{r2}\hat{\boldsymbol{A}}_{r2}^{\dagger}\boldsymbol{G}_r\hat{\boldsymbol{A}}_{r1}\|_F^2=\boldsymbol{c}_r^{\mathrm{H}}(\boldsymbol{I}_{N-1}-\hat{\boldsymbol{A}}_{r2}\hat{\boldsymbol{A}}_{r2}^{\dagger})\oplus(\hat{\boldsymbol{A}}_{r1}^{*}\hat{\boldsymbol{A}}_{r1}^{\mathrm{T}})\boldsymbol{c}_r\\ \qquad=\boldsymbol{c}_r^{\mathrm{H}}\boldsymbol{Q}_r\boldsymbol{c}_r\end{cases}\tag{5.68}$$

式中：$\boldsymbol{Q}_t=(\boldsymbol{I}_{M-1}-\hat{\boldsymbol{A}}_{t2}\hat{\boldsymbol{A}}_{t2}^{\dagger})\oplus(\hat{\boldsymbol{A}}_{t1}^{*}\hat{\boldsymbol{A}}_{t1}^{\mathrm{T}})$，$\boldsymbol{Q}_r=(\boldsymbol{I}_{N-1}-\hat{\boldsymbol{A}}_{r2}\hat{\boldsymbol{A}}_{r2}^{\dagger})\oplus(\hat{\boldsymbol{A}}_{r1}^{*}\hat{\boldsymbol{A}}_{r1}^{\mathrm{T}})$。由于 $\boldsymbol{c}_t$ 的前 M_1-1 和 $\boldsymbol{c}_r$ 的前 N_1-1 个元素全为 1，因此，式（5.67）可以重新被表述为

$$\begin{cases}\hat{\boldsymbol{c}}_t=\arg\min\limits_{\boldsymbol{c}_t}\boldsymbol{c}_t^{\mathrm{H}}\boldsymbol{Q}_t\boldsymbol{c}_t,\quad \text{s. t.}\quad \boldsymbol{E}_1^{\mathrm{H}}\boldsymbol{c}_t=\boldsymbol{1}_{M_1-1}\\ \hat{\boldsymbol{c}}_r=\arg\min\limits_{\boldsymbol{c}_r}\boldsymbol{c}_r^{\mathrm{H}}\boldsymbol{Q}_r\boldsymbol{c}_r,\quad \text{s. t.}\quad \boldsymbol{E}_2^{\mathrm{H}}\boldsymbol{c}_r=\boldsymbol{1}_{N_1-1}\end{cases}\tag{5.69}$$

式中：$\boldsymbol{E}_1$ 由 $\boldsymbol{I}_{M-1}$ 的前 M_1-1 行组成，$\boldsymbol{E}_2$ 由 $\boldsymbol{I}_{N-1}$ 的前 N_1-1 行组成。利用拉格朗日乘子法，可构造如下代价函数

$$\begin{cases}f(\boldsymbol{c}_t)=\boldsymbol{c}_t^{\mathrm{H}}\boldsymbol{Q}_t\boldsymbol{c}_t-\boldsymbol{w}_t(\boldsymbol{E}_1^{\mathrm{H}}\boldsymbol{c}_t-\boldsymbol{1}_{M_1-1})\\ f(\boldsymbol{c}_r)=\boldsymbol{c}_r^{\mathrm{H}}\boldsymbol{Q}_r\boldsymbol{c}_r-\boldsymbol{w}_r(\boldsymbol{E}_2^{\mathrm{H}}\boldsymbol{c}_r-\boldsymbol{1}_{N_1-1})\end{cases}\tag{5.70}$$

式中：$\boldsymbol{w}_t$ 和 $\boldsymbol{w}_r$ 分别为维数为 $1\times(M-1)N$ 维的列向量。对式（5.70）分别求导，即

$$\begin{cases}\dfrac{\partial f(\boldsymbol{c}_t)}{\partial\boldsymbol{c}_t}=2\boldsymbol{Q}_t\boldsymbol{c}_t-\boldsymbol{E}_1\boldsymbol{w}_t^{\mathrm{H}}\\ \dfrac{\partial f(\boldsymbol{c}_r)}{\partial\boldsymbol{c}_r}=2\boldsymbol{Q}_r\boldsymbol{c}_r-\boldsymbol{E}_2\boldsymbol{w}_r^{\mathrm{H}}\end{cases}\tag{5.71}$$

令上述导数为 0，可得

$$\begin{cases}\boldsymbol{c}_t=\boldsymbol{Q}_t^{-1}\boldsymbol{E}_1\boldsymbol{u}\\ \boldsymbol{c}_r=\boldsymbol{Q}_r^{-1}\boldsymbol{E}_2\boldsymbol{v}\end{cases}\tag{5.72}$$

式中：$\boldsymbol{u}\in\mathbb{R}^{(M_1-1)\times1}$ 和 $\boldsymbol{v}\in\mathbb{R}^{(N_1-1)\times1}$ 为常数向量。考虑到式（5.69）中的约束，可知

$$\begin{cases} \boldsymbol{u}=(\boldsymbol{E}_1^{\mathrm{H}}\boldsymbol{Q}_t^{-1}\boldsymbol{E}_1)^{-1}\mathbf{1}_{M_1-1} \\ \boldsymbol{v}=(\boldsymbol{E}_2^{\mathrm{H}}\boldsymbol{Q}_r^{-1}\boldsymbol{E}_2)^{-1}\mathbf{1}_{N_1-1} \end{cases} \tag{5.73}$$

将式（5.73）分别带入式（5.72）可得

$$\begin{cases} \boldsymbol{c}_t=\boldsymbol{Q}_t^{-1}\boldsymbol{E}_1(\boldsymbol{E}_1^{\mathrm{H}}\boldsymbol{Q}_t^{-1}\boldsymbol{E}_1)^{-1}\mathbf{1}_{M_1-1} \\ \boldsymbol{c}_r=\boldsymbol{Q}_r^{-1}\boldsymbol{E}_2(\boldsymbol{E}_2^{\mathrm{H}}\boldsymbol{Q}_r^{-1}\boldsymbol{E}_2)^{-1}\mathbf{1}_{N_1-1} \end{cases} \tag{5.74}$$

根据式（5.63）中 $\boldsymbol{c}_t$ 和 $\boldsymbol{c}_r$ 的关系，可知对 GPE 的估计为

$$\begin{cases} \rho_{t,m}=\left(\prod\limits_{m=1}^{M_1+m-1}\boldsymbol{c}_t(m)\right)^{-1}, \quad m=1,2,\cdots,M_2 \\ \rho_{r,n}=\left(\prod\limits_{n=1}^{N_1+n-1}\boldsymbol{c}_r(n)\right)^{-1}, \quad n=1,2,\cdots,\boldsymbol{N}_2 \end{cases} \tag{5.75}$$

当增益相位误差向量被估计出来后，很容易就可以估计出理想的方向响应矩阵，再利用 LS 方法即可估计 DOD 与 DOA，显然，二者是自动配对的。

5.5　一种适用于非线性阵列的 PARAFAC 算法

应该注意到，5.1～5.4 节的算法均需要 2 个以上的 Tx/Rx 精确校准阵元，本章将介绍另一种 PARAFAC 算法[6]，其仅需要单个校准的 Tx/Rx 阵元。

仍然考虑 5.1.1 节中式（5.2）的 MIMO 雷达匹配滤波后的信号模型，但假设此时接收阵列和发射阵列为位于 x-z 轴分布的阵元组成，第 m 个发射阵元的坐标为$(x_{t,m},z_{t,m})$，第 n 个接收阵元的坐标为$(x_{r,n},z_{r,n})$并严格满足非线性结构，如图 5.2 所示。假设收发参考阵元已经被精确校准，方向矩阵与 GPE 矩阵的符号仍然同 5.4 节。此时，第 k 个发射响应向量和第 k 个接收响应向量分别表述为 $\boldsymbol{a}_t(\varphi_k)=[1,\mathrm{e}^{-\mathrm{j}2\pi d_{2,k}/\lambda},\cdots,\mathrm{e}^{-\mathrm{j}2\pi d_{M,k}/\lambda}]^{\mathrm{T}}\in\mathbb{C}^{M\times1}$，$\boldsymbol{a}_r(\theta_k)=[1,\mathrm{e}^{-\mathrm{j}2\pi f_{2,k}/\lambda},\cdots,\mathrm{e}^{-\mathrm{j}2\pi f_{N,k}/\lambda}]^{\mathrm{T}}\in\mathbb{C}^{N\times1}$，$d_{m,k}=x_{t,m}\sin\varphi_k+z_{t,m}\cos\varphi_k$，$f_{n,k}=x_{r,n}\sin\theta_k+z_{r,n}\cos\theta_k$。仍然对阵列匹配滤波后的数据构造 PARAFAC 模型，并通过 PARAFAC 分解后获得同式（5.62）的因子矩阵。

由于不同角度方向的发射/接收导向向量具有相同的 GPE，因此，使用点除技术会有

$$\boldsymbol{a}_t(\varphi_{k1})./\boldsymbol{a}_t(\varphi_{k2})=[1,\mathrm{e}^{-\mathrm{j}2\pi(d_{2,k1}-d_{2,k2})/\lambda},\cdots,\mathrm{e}^{-\mathrm{j}2\pi(d_{M,k1}-d_{M,k2})/\lambda}]^{\mathrm{T}} \tag{5.76}$$

上述结果的相位为

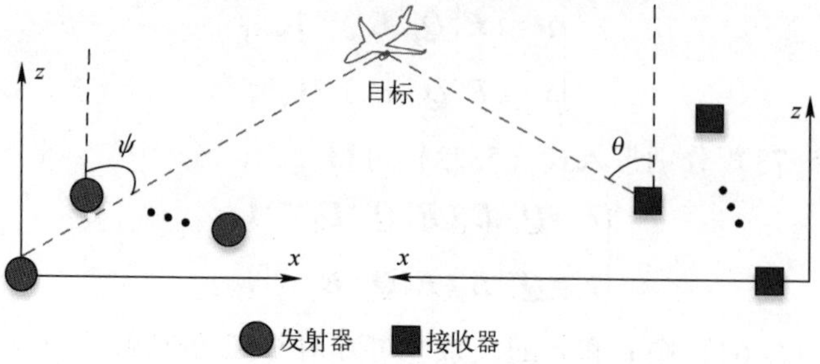

图 5.2　非线性发射和接收阵列示意图

$$\begin{aligned} \boldsymbol{h} &= -\text{angle}\{\boldsymbol{a}_t(\varphi_{k1})./\boldsymbol{a}_t(\varphi_{k2})\} \\ &= [0, 2\pi(d_{2,k1}-d_{2,k2})/\lambda, \cdots, 2\pi(d_{M,k1}-d_{M,k2})/\lambda]^{\mathrm{T}} \end{aligned} \tag{5.77}$$

使用 LS 技术即可完成对角度的估计。定义

$$\boldsymbol{P} = \begin{bmatrix} 0 & 2\pi x_{t,m}/\lambda & \cdots & 2\pi x_{t,M}/\lambda \\ 0 & 2\pi z_{t,m}/\lambda & \cdots & 2\pi z_{t,M}/\lambda \end{bmatrix}^{\mathrm{T}} \in \mathbb{R}^{M\times 2}, \quad \boldsymbol{c} = \begin{bmatrix} \sin\varphi_{k1} - \sin\varphi_{k2} \\ \cos\varphi_{k1} - \cos\varphi_{k2} \end{bmatrix} \in \mathbb{R}^{2\times 1} \tag{5.78}$$

显然，存在关系

$$\boldsymbol{Pc} = \boldsymbol{h} \tag{5.79}$$

因此，$\boldsymbol{c}$ 的 LS 估计为

$$\hat{\boldsymbol{c}} = \boldsymbol{P}^{\dagger}\hat{\boldsymbol{h}} \tag{5.80}$$

式中：$\hat{\boldsymbol{h}}$表示 $\boldsymbol{h}$ 的估计值。根据式（5.78）中 $\boldsymbol{c}$ 的结构，很容易即可估计 φ_{k1} 和 φ_{k2}。使用类似的方法，即可获得 DOA 的估计。当角度估计完成后，很容易通过点除技术获得对增益相位误差的估计。

5.6　一种低复杂度的 PARAFAC 算法

本章介绍的一种低复杂度的 PARAFAC 算法[7]适用于两个以上的已校准阵元。其通过利用得到的方向矩阵和导向向量中特殊结构之间的关系获得增益误差的估计，其增益误差估计无累积效应。

在算法描述之前，仍然考虑 5.1.1 节中式（5.2）的 MIMO 雷达匹配滤波后的信号模型，假设收发参考阵元已经被精确校准，方向矩阵与 GPE 矩阵的符号同 5.4 节。然后对阵列匹配滤波后的数据构造 PARAFAC 模型，并通过 PARAFAC 分解后获得同式（5.62）的因子矩阵。

5.6.1　增益误差估计

理想情况下，接收阵列的第 k 个导向向量为

$$\boldsymbol{a}_r(\theta_k)=[1,\mathrm{e}^{-\mathrm{j}\pi\sin\theta_k},\cdots,\mathrm{e}^{-\mathrm{j}\pi(N-1)\sin\theta_k}]^{\mathrm{T}}\in\mathbb{C}^{N\times1} \tag{5.81}$$

由于受 GPE 的影响，真实的接收阵列响应向量为

$$\begin{aligned}\bar{\boldsymbol{a}}_r(\theta_k)=[&1,\mathrm{e}^{-\mathrm{j}\pi\sin\theta_k},\cdots,\mathrm{e}^{-\mathrm{j}\pi(N_1-1)\sin\theta_k},g_{r,1}\mathrm{e}^{\mathrm{j}\psi_{r,1}}\mathrm{e}^{-\mathrm{j}\pi N_1\sin\theta_k},\\&g_{r,2}\mathrm{e}^{\mathrm{j}\psi_{r,2}}\mathrm{e}^{-\mathrm{j}\pi(N_1+1)\sin\theta_k},\cdots,g_{r,N_2}\mathrm{e}^{\mathrm{j}\psi_{r,N_2}}\mathrm{e}^{-\mathrm{j}\pi(N-1)\sin\theta_k}]^{\mathrm{T}}\end{aligned} \tag{5.82}$$

由于不同目标所对应的导向向量具有相同的幅相误差，所以，任意两个角度的导向向量的点除运算可以表示为以下形式

$$\begin{aligned}\boldsymbol{g}_{k1,k2}&=\bar{\boldsymbol{a}}_r(\theta_{k1})/\bar{\boldsymbol{a}}_r(\theta_{k2})\\&=[1,\mathrm{e}^{-\mathrm{j}\pi\Delta_{k1,k2}},\cdots,\mathrm{e}^{-\mathrm{j}\pi(N-1)\Delta_{k1,k2}}]^{\mathrm{T}}\end{aligned} \tag{5.83}$$

式中：$\Delta_{k1,k2}\triangleq\sin\theta_{k1}-\sin\theta_{k2}$。很显然，上述结果中 GPE 向量会被消除。另一方面，构造如下哈达玛积运算向量

$$\begin{aligned}\boldsymbol{f}_{k1,k2}&=\bar{\boldsymbol{a}}_r(\theta_{k1})\oplus\bar{\boldsymbol{a}}_r^*(\theta_{k2})\\&=[1,\mathrm{e}^{-\mathrm{j}\pi\Delta_{k1,k2}},\cdots,\mathrm{e}^{-\mathrm{j}\pi(N_1-1)\Delta_{k1,k2}},g_{r,1}^2\mathrm{e}^{-\mathrm{j}\pi N_1\Delta_{k1,k2}},\\&\quad g_{r,2}^2\mathrm{e}^{-\mathrm{j}\pi(N_1+1)\Delta_{k1,k2}},\cdots,g_{r,N_2}^2\mathrm{e}^{-\mathrm{j}\pi(N-1)\Delta_{k1,k2}}]^{\mathrm{T}}\end{aligned} \tag{5.84}$$

由上述的结果可以看出，任意两个不同角度的导向向量之间的点除结果与这两个导向向量哈达玛积结果具有相同的相位，但是却具有不同的模值。利用这个特殊的关系，我们便可以在消除相位误差影响的同时得到增益误差的估计，于是得到发射增益误差向量的估计为

$$\begin{aligned}\boldsymbol{g}_r&=\sqrt{\mathrm{Re}(\boldsymbol{f}_{k1,k2})\cdot/\mathrm{Re}(\boldsymbol{g}_{k1,k2})}\\&=[\underbrace{1,\cdots,1}_{N_1},g_{r,1},g_{r,2},\cdots,g_{r,N_2}]^{\mathrm{T}}\end{aligned} \tag{5.85}$$

用$\bar{\boldsymbol{a}}_r(\theta_k)$的估计值（经过归一化处理）替代真实值，即可完成对发射增益误差向量的估计。同理，采用类似的方法可以获得对接收增益误差向量的估计。

5.6.2　角度和相位误差估计

利用精确校准阵元的导向向量估计角度，这样便能消除幅相误差对估计结果的影响。精确校准阵接收元（前 N_1 个接收阵元）的导向向量可以表示为

$$\tilde{\boldsymbol{a}}_r(\theta_k)=[1,\mathrm{e}^{-\mathrm{j}\pi\sin\theta_k},\cdots,\mathrm{e}^{-\mathrm{j}\pi(N_1-1)\sin\theta_k}]^{\mathrm{T}} \tag{5.86}$$

定义

$$P=\begin{bmatrix}1 & 1 & \cdots & 1\\ 0 & \pi & \cdots & (N_1-1)\pi\end{bmatrix}^{\mathrm{T}}\in\mathbb{C}^{N_1\times 2} \tag{5.87}$$

和

$$\begin{aligned}\boldsymbol{\omega}&=-\mathrm{angle}\{\widetilde{\boldsymbol{a}}_r(\theta_k)\}\\&=[0,\pi\sin\theta_k,\cdots,\pi(N_1-1)\sin\theta_k]^{\mathrm{T}}\end{aligned} \tag{5.88}$$

计算

$$\boldsymbol{h}=\boldsymbol{P}^{\dagger}\hat{\boldsymbol{\omega}} \tag{5.89}$$

式中：$\hat{\boldsymbol{\omega}}$表示 $\boldsymbol{\omega}$ 的估计值。显然，$\boldsymbol{h}$ 的第二个元素 $\boldsymbol{h}(2)$ 为 $\sin\theta_k$的估计值。最后，第 k 个 DOA 可通过下式估计

$$\hat{\theta}_k=\arcsin\{\boldsymbol{h}(2)\} \tag{5.90}$$

采用类似的方法即可获得 DOD 的估计值。当角度估计完成后，利用 LS 方法即可获得对相位误差的估计值。

5.6.3 仿真验证与分析

在这一部分，利用一些数据实验来证明所提算法的有效性以及优越性。并将 5.1 节中的 ESPRIT-Like 算法，5.3 节中的 ESPRIT 算法（标记为 ESPRIT-based），5.4 节的 PARAFAC 算法（标记为 Li’s method）和 CRB 与本节算法进行对比。在仿真中，考虑一个 $M=8$ 个发射阵元和 $N=6$ 个接收阵元的双基地 MIMO 雷达。除非特别说明，假设远场同一个距离门内存在 $K=3$ 个非相关目标，其 DOD 与 DOA 参数对分别位为$(\phi_1,\theta_1)=(-5°,10°)$，$(\phi_2,\theta_2)=(15°,20°)$，$(\phi_3,\theta_3)=(35°,0°)$。在所有的仿真实验中，设定幅相误差的系数向量为：$\boldsymbol{\rho}_t=[1,1,1,1.21\mathrm{e}^{\mathrm{j}0.12},1.1\mathrm{e}^{\mathrm{j}1.35},0.89\mathrm{e}^{\mathrm{j}0.98},1.35\mathrm{e}^{\mathrm{j}2.65},0.92\mathrm{e}^{\mathrm{j}1.97}]^{\mathrm{T}}$和 $\boldsymbol{\rho}_r=[1,1,0.94\mathrm{e}^{\mathrm{j}1.12},1.23\mathrm{e}^{\mathrm{j}2.35},1.49\mathrm{e}^{\mathrm{j}0.58},0.75\mathrm{e}^{\mathrm{j}0.65}]^{\mathrm{T}}$。利用 RMSE 来评估该方法的性能，所有的结果均是在 500 次蒙特卡罗实验后获得的。另外，对收发阵列幅相误差估计的 RMSE 定义为

$$\mathrm{RMSE}=\sqrt{\frac{1}{500}\sum_{q=1}^{500}\left\{\|\hat{\boldsymbol{\rho}}_{t,q}-\boldsymbol{\rho}_t\|_F^2+\|\hat{\boldsymbol{\rho}}_{r,q}-\boldsymbol{\rho}_r\|_F^2\right\}} \tag{5.91}$$

式中：$\hat{\boldsymbol{\rho}}_{t,q}$和$\hat{\boldsymbol{\rho}}_{r,q}$分别代表第 q 次实验$\boldsymbol{\rho}_t$和 $\boldsymbol{\rho}_r$的估计值。

图 5.3 和图 5.4 分别展示了 SNR = 20dB、快拍数 $L=100$ 时本节所提算法的估计结果。可以清楚地看到，所有的角度和幅相误差的估计的结果均是正确的，这验证了本节算法的有效性。

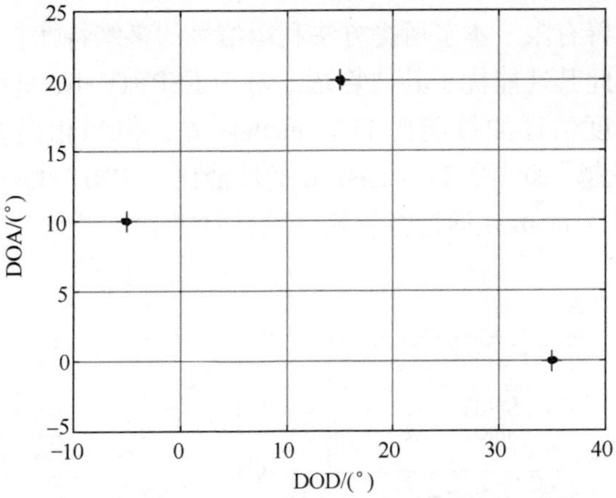

图 5.3　本节算法在 SNR = 20dB 时的角度估计结果

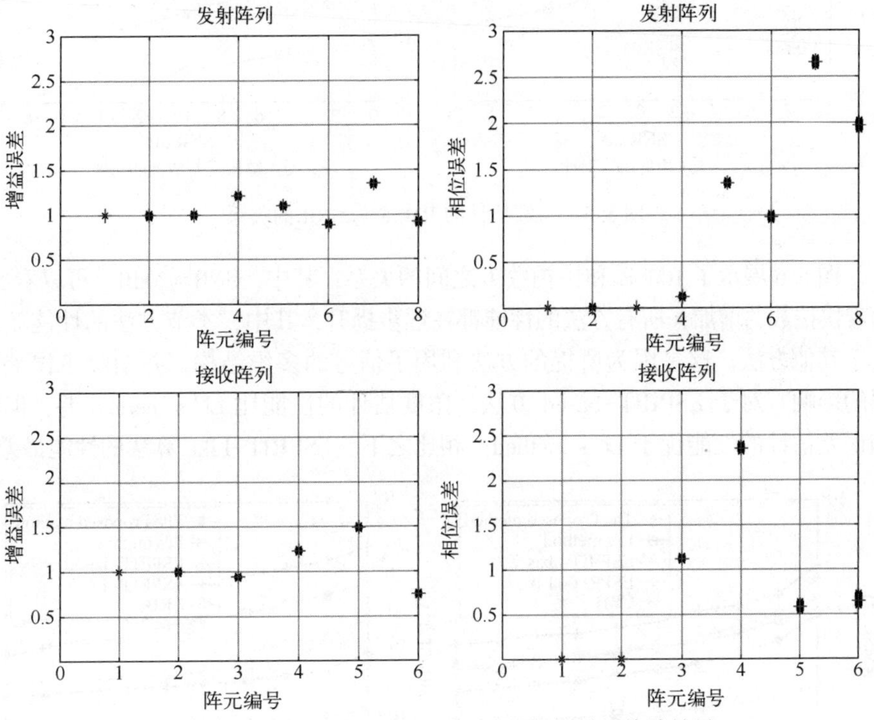

图 5.4　本节算法在 SNR = 20dB 时的幅相误差估计结果

图 5.5 展示了角度估计和幅相误差估计的 RMSE 随 SNR 变化的关系。仿真中，快拍数设置为 $L = 100$。可以清楚地看出，本小节的算法的估计性能优于 Li's method、ESPRIT-based 方法和 ESPRIT-Like 方法，本节方法的性能更接近 CRB。由于利用三线性分解得到的 Li's method 的估计具有误差累积的效

果，因而性能改善有限。本节所提方法利用信号的多维特性，并且其消除了误差积累效应，因此其性能优于其他算法。对于 ESPRIT-based 方法，在高信噪比的情况下，角度估计的性能比 Li’s method 差，但幅相误差估计的性能比 Li’s method 更优越。此外，Li’s method 的性能比 ESPRIT-Like 算法更为突出，其主要原因是 Li’s method 通过将幅相误差估计转化为凸优化问题来估计，提高了估计性能。

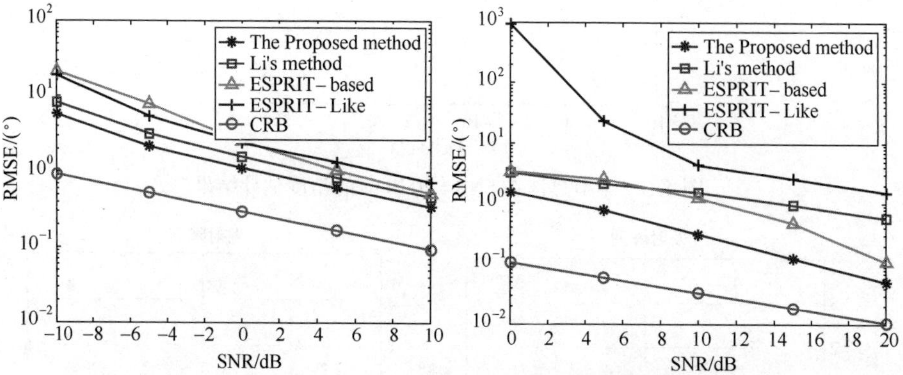

(a) 角度估计对比　　(b) 幅相误差估计的对比

图 5.5　参数估计的 RMSE 与 SNR 的关系

图 5.6 展示了 RMSE 和快拍数 L 之间的关系，其中，SNR = 20dB。可以看出，随着快拍数的增加，所有方法的性能都在逐步提升，其中，本节方法的性能始终优于其他方法。这是因为所提的方法利用了信号的多维结构，并消除了误差积累的影响。对于 ESPRIT-based 方法，角度估计的性能比 Li’s method 差，但幅相误差估计的性能优于 Li’s method。相比之下，ESPRIT-Like 算法的性能最差。

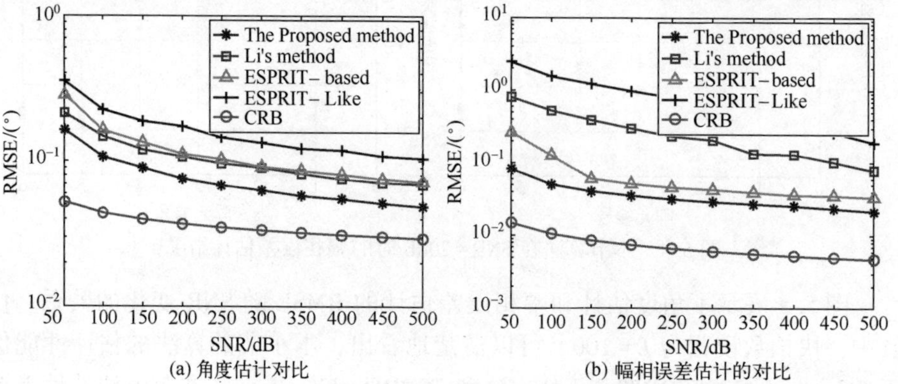

(a) 角度估计对比　　(b) 幅相误差估计的对比

图 5.6　参数估计的 RMSE 与 L 的关系

最后，仿真了不同目标数目 K 下的角度估计性能和幅相误差估计性能。在本实验中，快拍数设置为 $L=100$，如图 5.7 所示。从两张图的结果可以得知，该算法的估计精度随着目标数量的增加而下降。

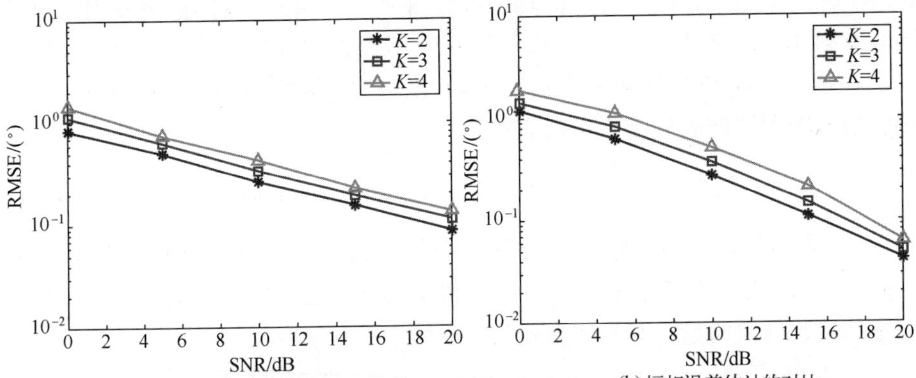

(a) 角度估计对比　(b) 幅相误差估计的对比

图 5.7　参数估计的 RMSE 与 K 的关系

5.7　基于单个校准 Tx/Rx 阵元的角度估计方法

由前面小节的介绍可知，现有算法大多基于两个以上已精确校准的 Tx/Rx 阵元，或者仅适用于严格非线性的阵列流形。本节介绍一种改进的 PARAFAC 估计器[8]，其工作流程如图 5.8 所示。其首先通过 PARAFAC 分解得到包含 DOD 和 DOA 的因子矩阵，然后通过谱搜索完成对单个 DOD-DOA 对估计。在此基础上，利用 LS 技术与前一估计的角度对来得到剩余的 DOD 和 DOA。本节算法只需要单个已精确校准的 Tx/Rx 传感器，且其适用于任意的阵列流形。

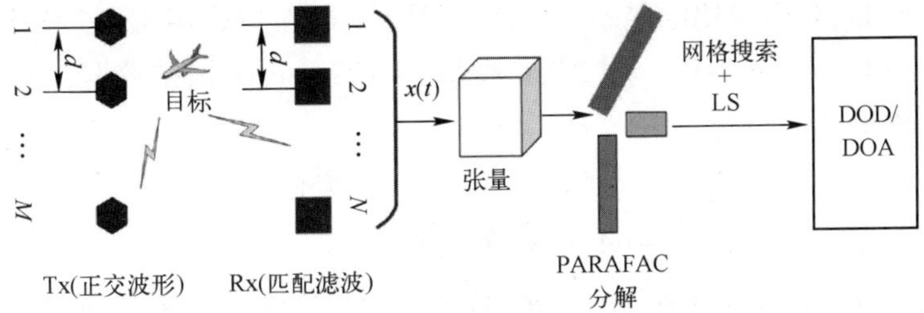

图 5.8　本节估计器工作流程的示意图

5.7.1 问题表述

考虑一个由 M 个发射阵元和 N 个接收阵元构成的双基地 MIMO 雷达。Tx/Rx 阵列均为阵元间距为 d 的均匀线性阵列（ULA）。我们假设发射传感器同时发射 M 组正交脉冲波形。假设有 K 个不相关的远场慢动目标出现在同一个距离元，令 ϕ_k 和 θ_k 分别为第 k 个 $(k=1,2,\cdots,K)$ 目标的 DOD 和 DOA。阵列接收信号匹配滤波后的结果可以表述为

$$\boldsymbol{x}(\tau)=\sum_{k=1}^{K}[\boldsymbol{a}_r(\theta_k)\otimes\boldsymbol{a}_t(\phi_k)]b_k(\tau)+\boldsymbol{n}(\tau) \tag{5.92}$$

式中：τ 表示快拍索引；$b_k(\tau)$ 表示第 k 个目标的复包络；$\boldsymbol{n}(\tau)$ 表示阵列噪声，并假设其为高斯白噪声；$\boldsymbol{a}_t(\phi_k)\in\mathbb{C}^{M\times 1}$ 和 $\boldsymbol{a}_r(\theta_k)\in\mathbb{C}^{N\times 1}$ 分别是第 k 个发射导向向量和接收导向向量，其具体形式为

$$\begin{cases}\boldsymbol{a}_t(\phi_k)=[1,\exp(-\mathrm{j}2\pi d\sin(\phi_k)/\lambda),\cdots,\exp(-\mathrm{j}2\pi d(M-1)\sin(\phi_k)/\lambda)]^{\mathrm{T}}\\ \boldsymbol{a}_r(\theta_k)=[1,\exp(-\mathrm{j}2\pi d\sin(\theta_k)/\lambda),\cdots,\exp(-\mathrm{j}2\pi d(N-1)\sin(\theta_k)/\lambda)]^{\mathrm{T}}\end{cases} \tag{5.93}$$

式中：λ 是载频的波长。假设 GPE 存在于 Tx/Rx 阵列中。那么式（5.92）中的模型应该修改为

$$\boldsymbol{x}(\tau)=\sum_{k=1}^{K}[(\boldsymbol{C}_r\boldsymbol{a}_r(\theta_k)\otimes\boldsymbol{C}_t\boldsymbol{a}_t(\phi_k))]b_k(\tau)+\boldsymbol{n}(\tau) \tag{5.94}$$

式中：$\boldsymbol{C}_t=\boldsymbol{G}_t\boldsymbol{P}_t\in\mathbb{C}^{M\times M}$，$\boldsymbol{G}_r=\boldsymbol{C}_r\boldsymbol{P}_r\in\mathbb{C}^{N\times N}$ 为两个对角矩阵，其对角元素分别表示发射阵列和接收阵列的 GPE。$\boldsymbol{G}_t=\mathrm{diag}\{\boldsymbol{g}_t\}$ 为发射增益误差矩阵，$\boldsymbol{P}_t=\mathrm{diag}\{\exp(\mathrm{j}\boldsymbol{p}_t)\}$ 为发射相位误差矩阵，$\boldsymbol{G}_r=\mathrm{diag}\{\boldsymbol{g}_r\}$ 为接收增益误差矩阵，$\boldsymbol{P}_r=\mathrm{diag}\{\exp(\mathrm{j}\boldsymbol{p}_r)\}$ 表述接收相位误差矩阵，$\boldsymbol{g}_t=[g_{t1},g_{t2},\cdots,g_{tM}]^{\mathrm{T}}$，$\boldsymbol{p}_t=[p_{t1},p_{t2},\cdots,p_{tM}]^{\mathrm{T}}$，$\boldsymbol{g}_r=[g_{r1},g_{r2},\cdots,g_{rN}]^{\mathrm{T}}$，$\boldsymbol{p}_r=[p_{r1},p_{r2},\cdots,p_{rN}]^{\mathrm{T}}$，其中 $g_{tm}(m=1,2,\cdots,M)$，$g_{rn}(n=1,2,\cdots,N)$ 分别为第 m 个发射天线和第 n 个接收天线的增益误差，p_{tm} 和 p_{rn} 分别为对应的相位误差。在此，假设基准 Tx/Rx 传感器是经过校准的，即 $g_{t1}=g_{r1}=1$，$p_{t1}=p_{r1}=0$。一旦收集到 $L(\tau=1,2,\cdots,L)$ 快拍数据，式（5.94）可以用矩阵形式表示为

$$\begin{aligned}\boldsymbol{X}&=[(\boldsymbol{C}_r\boldsymbol{A}_r)\odot(\boldsymbol{C}_t\boldsymbol{A}_t)]\boldsymbol{B}^{\mathrm{T}}+\boldsymbol{N}_x\\&=[\widetilde{\boldsymbol{A}}_r\odot\widetilde{\boldsymbol{A}}_t]\boldsymbol{B}^{\mathrm{T}}+\boldsymbol{N}_x\end{aligned} \tag{5.95}$$

式中：$\boldsymbol{A}_t=[\boldsymbol{a}_t(\phi_1),\boldsymbol{a}_t(\phi_2),\cdots,\boldsymbol{a}_t(\phi_K)]\in\mathbb{C}^{M\times K}$ 表示发射方向矩阵；$\boldsymbol{A}_r=[\boldsymbol{a}_r(\theta_1),\boldsymbol{a}_r(\theta_2),\cdots,\boldsymbol{a}_r(\theta_K)]\in\mathbb{C}^{N\times K}$ 表示接收方向矩阵；$\boldsymbol{B}=[\boldsymbol{b}_1,\boldsymbol{b}_2,\cdots,\boldsymbol{b}_K]\in\mathbb{C}^{L\times K}$ 为目标反射系数矩阵；$\boldsymbol{b}_k=[b_k(1),b_k(2),\cdots,b_k(L)]^{\mathrm{T}}$，$\boldsymbol{N}_x=[\boldsymbol{n}(1),$

$\boldsymbol{n}(2),\cdots,\boldsymbol{n}(L)]$，$\widetilde{\boldsymbol{A}}_t=\boldsymbol{C}_t\boldsymbol{A}_t$，$\widetilde{\boldsymbol{A}}_r=\boldsymbol{C}_r\boldsymbol{A}_r$ 表示相关的扰动方向矩阵。由于原方向矩阵 $\boldsymbol{A}_t$ 和 $\boldsymbol{A}_r$ 被 GPE 矩阵破坏，传统的子空间算法将无法工作。

仍然对阵列匹配滤波后的数据构造 PARAFAC 模型，并通过 PARAFAC 分解后获得同式（5.62）的因子矩阵 $\widetilde{\boldsymbol{A}}_r$、$\widetilde{\boldsymbol{A}}_t$ 和 $\boldsymbol{B}$ 的估计值，分别记为 $\hat{\boldsymbol{A}}_t$、$\hat{\boldsymbol{A}}_r$ 和 $\hat{\boldsymbol{B}}$。与传统的矩阵分解不同，PARAFAC 分解通常是唯一的。易知，如果 $\widetilde{\boldsymbol{A}}_r$、$\widetilde{\boldsymbol{A}}_t$ 和 $\boldsymbol{B}$ 的 Kruskal 秩（分别用 $\mathrm{kr}(\widetilde{\boldsymbol{A}}_r)$、$\mathrm{kr}(\widetilde{\boldsymbol{A}}_t)$ 和 $\mathrm{kr}(\boldsymbol{B})$ 表示）满足

$$\mathrm{kr}(\widetilde{\boldsymbol{A}}_r)+\mathrm{kr}(\widetilde{\boldsymbol{A}}_t)+\mathrm{kr}(\boldsymbol{B})\geqslant 2K+2 \tag{5.96}$$

则 $\widetilde{\boldsymbol{A}}_r$、$\widetilde{\boldsymbol{A}}_t$ 和 $\boldsymbol{B}$ 的估计在置换和缩放效应的影响下是唯一的，其具体关系为

$$\begin{cases}\hat{\boldsymbol{A}}_t=\widetilde{\boldsymbol{A}}_t\boldsymbol{\Pi}\boldsymbol{\Delta}_1+\boldsymbol{N}_1\\ \hat{\boldsymbol{A}}_r=\widetilde{\boldsymbol{A}}_r\boldsymbol{\Pi}\boldsymbol{\Delta}_2+\boldsymbol{N}_2\\ \hat{B}=\boldsymbol{B}\boldsymbol{\Pi}\boldsymbol{\Delta}_3+\boldsymbol{N}_3\end{cases} \tag{5.97}$$

式中：$\boldsymbol{\Pi}$ 是置换矩阵；$\boldsymbol{\Delta}_1$、$\boldsymbol{\Delta}_2$ 和 $\boldsymbol{\Delta}_3$ 表示相应的缩放效应矩阵，它们是对角矩阵并且满足 $\boldsymbol{\Delta}_1\boldsymbol{\Delta}_2\boldsymbol{\Delta}_3=\boldsymbol{I}_k$。$\boldsymbol{N}_1$、$\boldsymbol{N}_2$ 和 $\boldsymbol{N}_3$ 是拟合误差矩阵。

5.7.2　DOA 和 DOD 估计

在接下来的内容中，将展示如何从 $\hat{\boldsymbol{A}}_t$ 中估计 DOD，并且可以通过类似的方式从 $\hat{\boldsymbol{A}}_r$ 估计 DOA。在详细推导之前，假设相位误差是零均值随机变量，即

$$\begin{cases}E\{\rho_t\}=0\\ E\{\rho_r\}=0\end{cases} \tag{5.98}$$

上述假设非常适用于大规模阵列。很容易验证

$$\boldsymbol{0}_1=\boldsymbol{0}_k\boldsymbol{\Pi} \tag{5.99}$$

式中：$\boldsymbol{0}_1$ 表示一个 $1\times K$ 的行向量，其第一个元素为 1，其余元素为 0。另外，设 $\hat{\boldsymbol{a}}_{t,k}$ 和 $\widetilde{\boldsymbol{a}}_{t,k}$ 分别表示 $\hat{\boldsymbol{A}}_t$ 和 $\widetilde{\boldsymbol{A}}_t$ 的第 k 列。忽略 $\hat{\boldsymbol{a}}_{t,k}$ 中的噪声项，可以得到 $\hat{\boldsymbol{a}}_{t,k}=\delta\widetilde{\boldsymbol{a}}_{t,k}$，其中，$\delta$ 是一个标量。定义 $p_m(\gamma)$ 为

$$p_m(\gamma)=\{\mathrm{angle}([\hat{\boldsymbol{a}}_{t,k}]_m[\boldsymbol{a}_t^{\mathrm{H}}(\gamma)]_m)\}^2 \tag{5.100}$$

式中：$[\boldsymbol{a}]_m$ 为 $\boldsymbol{a}$ 的第 m 个元素。因此，当 $\gamma=\phi_k$ 时，则 $p_m(\gamma)=p_m^2$。构造如下的空间谱函数

$$f(\gamma)=\sum_{m=2}^{M}p_m(\gamma) \tag{5.101}$$

值得注意的是，一旦 $\gamma=\phi_k$，则有 $f(\gamma)=p_{t2}^2+p_{t3}^2+\cdots+p_{tM}^2$。用 x 代替 $\sin(\gamma)$，则 $f(\gamma)$ 可以写成

$$g(x)=\sum_{m=2}^{M}[p_{tm}+2\pi d_m(x-\sin(\phi_k))/\lambda]^2 \tag{5.102}$$

式中：$d_m=d(m-1)$。为了求出 $g(x)$ 的最小值，可以计算 $g(x)$ 的一阶导数并使其为零，然后求出最小值点

$$x_0=-\frac{\lambda\sum_{m=2}^{M}d_m p_{tm}}{2\pi\sum_{m=2}^{M}d_m^2}+\sin\phi_k \tag{5.103}$$

另外，设$\widetilde{m}$为 $d_m p_{tm}$的算术平均值，即

$$\widetilde{m}=\frac{1}{M}\sum_{m=2}^{M}d_m p_{tm} \tag{5.104}$$

$\widetilde{m}$的数学期望为

$$E\{\widetilde{m}\}=\frac{1}{M}\sum_{m=2}^{M}E\{d_m p_m\}=E\{dp_t\} \tag{5.105}$$

很容易证明$\widetilde{m}$是无偏估计。那么 x_0的数学期望是

$$E\{x_0\}=-\frac{\lambda\cdot M\cdot E\{dp_t\}}{2\pi\sum_{m=2}^{M}d_m^2}+\sin\phi_k \tag{5.106}$$

由于 d 和 p_t是独立的，那么 $E\{dp_t\}=E\{d\}E\{p_t\}$。故

$$E\{x_0\}=\sin\phi_k \tag{5.107}$$

因此，通过设置一系列搜索网格 $\gamma_1,\gamma_2,\cdots,\gamma_Q$，可以通过 $f(\gamma)$ 求的最小值来估计$\hat{\boldsymbol{a}}_{t,1}$所对应的 DOD，记为$\hat{\phi}_1=\arg\max f(\gamma)$。

尽管其余的 DOD 可以用类似的方法来实现，但它的计算效率很低。由于$\widetilde{\boldsymbol{A}}_t$的列遭受相同的 GPE，可通过点除技术及 LS 技术即可快速完成对剩余 DOD 的估计。设 $\boldsymbol{h}=-\text{angle}\{\widetilde{\boldsymbol{a}}_{t,p}./\widetilde{\boldsymbol{a}}_{t,q}\}$，其中，./表示元素对应相除。定义

$$\boldsymbol{P}_t=\begin{bmatrix}1 & 1 & \cdots & 1\\ 0 & \pi & \cdots & (M-1)\pi\end{bmatrix}^{\mathrm{T}} \tag{5.108}$$

很容易得到 $\boldsymbol{p}_t\boldsymbol{v}=\boldsymbol{h}$，其中，$\boldsymbol{v}\in\mathbb{C}^{2\times1}$的第二个元素为$[\boldsymbol{v}]_2=\sin(\phi_p)-\sin(\phi_q)$。因此，令$\hat{\boldsymbol{h}}_{t,k}=-\text{angle}(\hat{\boldsymbol{a}}_{t,p}./\hat{\boldsymbol{a}}_{t,q})$，并计算

$$\hat{\boldsymbol{v}}_{t,k}=\boldsymbol{p}_t^{\dagger}\hat{\boldsymbol{h}}_{t,k} \tag{5.109}$$

然后，可以得到剩余的第 $k(k=2,3,\cdots,K)$ 个 DOD 估计为

$$\hat{\phi}_k=\arcsin([\hat{\boldsymbol{v}}]_2+\sin(\hat{\phi}_1)) \tag{5.110}$$

类似地，我们可以通过一次空间谱搜索和 $K-1$ 次 LS 拟合来估计所有 DOA。

5.7.3　算法分析

1. 相关备注

备注（1） 从式（5.97）可以看出，$\hat{\boldsymbol{A}}_t$和$\hat{\boldsymbol{A}}_r$都有相同的置换模糊$\boldsymbol{\Pi}$。因此，本节算法会自动配对估计的第 k 个 DOD-DOA 对。

备注（2） 显然，该算法不涉及阵列几何结构，通过调整拟合矩阵$\boldsymbol{P}_t$，可以很容易地扩展到任意阵列几何流形。

备注（3） 为了简化推导过程，忽略了$\hat{\boldsymbol{a}}_{t,k}$中的噪声项，因此该算法在高信噪比下具有很好的性能，但在低信噪比下可能会失效。

备注（4） 一旦获得了 DOD 和 DOA，就可以构造方向矩阵$\boldsymbol{A}_t$和$\boldsymbol{A}_r$。使用前面章节的点除技术，可以轻松估计 GPE 矩阵，因此可以通过将$\hat{\boldsymbol{C}}_r^{-1}\otimes\hat{\boldsymbol{C}}_t^{-1}$左乘$\boldsymbol{X}$来进行 GPE 自校准，其中，$\hat{\boldsymbol{C}}_r$和$\hat{\boldsymbol{C}}_t$分别表示$\boldsymbol{C}_r$和$\boldsymbol{C}_t$的估计。

2. 可辨识性

算法的可辨识性等于最大的 K 值。式（5.96）说明了本节估计器的可辨识性。由于 $\max(\text{kr}(\widetilde{\boldsymbol{A}}_t))=M$，$\max(\text{kr}(\widetilde{\boldsymbol{A}}_r))=N$，当 $\boldsymbol{B}$ 满 Kruskal-秩时，式（5.96）变成

$$M+N+\min(L,K)\geqslant 2(K+1) \tag{5.111}$$

一般来说，$L\geqslant K$，所以式（5.111）简化为 $M+N\geqslant K+2$。这意味着所提出的估计器最多可以识别 $M+N-2$ 个目标。

3. 确知的 CRB

将整个未知参数向量表述成$\boldsymbol{\xi}=[\boldsymbol{\gamma}^{\mathrm{T}},\boldsymbol{\eta}^{\mathrm{T}}]^{\mathrm{T}}\in\mathbb{C}^{[2(M+N)+2K]\times 1}$，其中$\boldsymbol{\gamma}=[\boldsymbol{g}_t^{\mathrm{T}},\boldsymbol{p}_t^{\mathrm{T}},\boldsymbol{g}_r^{\mathrm{T}},\boldsymbol{p}_r^{\mathrm{T}}]^{\mathrm{T}}\in\mathbb{C}^{2(M+N)\times 1}$，$\boldsymbol{\eta}=[\theta_1,\cdots\theta_K,\phi_1,\cdots\phi_K]^{\mathrm{T}}\in\mathbb{C}^{2K\times 1}$。角度估计的 CRB 由下式给出

$$\text{CRB}(\boldsymbol{\eta})=\frac{\sigma^2}{2}[\boldsymbol{J}_{\eta\eta}-\boldsymbol{J}_{\gamma\eta}\boldsymbol{J}_{\gamma\gamma}^{-1}\boldsymbol{J}_{\gamma\eta}^{\mathrm{T}}]^{-1} \tag{5.112}$$

式中：$\widetilde{\boldsymbol{A}}=\widetilde{\boldsymbol{A}}_r\odot\widetilde{\boldsymbol{A}}_t$；$\boldsymbol{J}_{\eta\eta}=\sum_{\tau=1}^{L}D_\tau^{\mathrm{H}}\boldsymbol{\Pi}_{\widetilde{A}}^{\perp}\boldsymbol{D}_\tau$，$\boldsymbol{\Pi}_{\widetilde{A}}^{\perp}=\boldsymbol{I}-\widetilde{\boldsymbol{A}}\widetilde{\boldsymbol{A}}^{\dagger}$；$\boldsymbol{J}_{\gamma\eta}=\sum_{\tau=1}^{L}D_\tau^{\mathrm{H}}\boldsymbol{\Pi}_{\widetilde{A}}^{\perp}\boldsymbol{H}_\tau$；$\boldsymbol{J}_{\gamma\gamma}=\sum_{\tau=1}^{L}\boldsymbol{H}_\tau^{\mathrm{H}}\boldsymbol{\Pi}_{\widetilde{A}}^{\perp}\boldsymbol{H}_\tau$。$\boldsymbol{D}_\tau$和$\boldsymbol{H}_\tau$分别为

$$\boldsymbol{D}_\tau=\left[\frac{\partial\widetilde{\boldsymbol{a}}_1 b_1(\tau)}{\partial\theta_1},\cdots,\frac{\partial\widetilde{\boldsymbol{a}}_K b_K(\tau)}{\partial\theta_K},\frac{\partial\widetilde{\boldsymbol{a}}_1 b_1(\tau)}{\partial\phi_1},\cdots,\frac{\partial\widetilde{\boldsymbol{a}}_K b_K(\tau)}{\partial\phi_K}\right] \tag{5.113}$$

$$\boldsymbol{H}_\tau=\left[\frac{\partial\boldsymbol{C}}{\partial g_{t1}},\cdots,\frac{\partial\boldsymbol{C}}{\partial p_{tm}},\cdots,\frac{\partial\boldsymbol{C}}{\partial g_{rn}},\cdots,\frac{\partial\boldsymbol{C}}{\partial p_{rn}}\right]\text{blkdiag}\{\underbrace{\boldsymbol{A}\boldsymbol{b}(\tau)\cdots\boldsymbol{A}\boldsymbol{b}(\tau)}_{2(M+N)}\} \tag{5.114}$$

式中：$\widetilde{\boldsymbol{a}}_k=\widetilde{\boldsymbol{a}}_r(\theta_k)\otimes\widetilde{\boldsymbol{a}}_t(\phi_k)$；blkdiag{·}为块对角矩阵。

5.7.4 仿真结果

通过 $Q=200$ 次蒙特卡罗模拟实验来证明本小节的估计方法的性能。设发射阵元 $M=11$ 个，接收阵元 $N=11$ 个，且二者均为半波长间距 ULA。考虑 $K=3$ 个目标分别位于 $(\theta_1,\phi_1)=(10°,15°)$，$(\theta_2,\phi_2)=(20°,25°)$，$(\theta_3,\phi_3)=(30°,35°)$。考虑以下两种情况。场景 1：单个已精确校准的 Tx/Rx 阵元，且发射增益误差向量为 $\boldsymbol{g}_t=[1,1.26,0.62,1.09,0.84,0.56,0.64,1.03,0.93,1.06,0.52]^{\mathrm{T}}$，接收增益误差向量为 $\boldsymbol{g}_r=[1,1,1,1.07,0.69,1.17,1.15,1.43,1.11,1.3,0.53]^{\mathrm{T}}$；场景 2：三个精确校准的发射阵元和两个精确校准的接收阵元，此时，假设发射增益误差向量为 $\boldsymbol{g}_t=[1,1,1,1.07,0.69,1.17,1.15,1.43,1.11,1.3,0.53]^{\mathrm{T}}$，且接收增益误差向量为 $\boldsymbol{g}_r=[1,1,0.6,1.27,0.67,1.17,0.68,1.15,1.41,0.72,0.72,1.31,0.52,0.78]^{\mathrm{T}}$。在这两种情况下，相位误差都是从±0.1 中随机选择的，并且 $L=100$。模拟中的 SNR 定义为 $\mathrm{SNR}=10\lg(\|\boldsymbol{X}-\boldsymbol{N}_x\|_F^2/\|\boldsymbol{N}_x\|_F^2)$ [dB]。利用 RMSE 来评估估计精度，其定义为

$$\mathrm{RMSE}=\sqrt{\frac{1}{Q}\sum_{q=1}^{Q}(\vartheta_q-\vartheta_0)^2} \tag{5.115}$$

式中：ϑ_q为第 q 次试验的估计值；ϑ_0为真实值。为了便于比较，增加了 5.1 节的 ESPRIT-Like，5.2 节的 RD-MUSIC，5.4 节 PARAFAC-Like 和 CRB 的性能。

首先，图 5.9 描述了场景 1 背景下在不同 SNR 时的平均 RMSE 性能。可以看出，ESPRIT-Like、RD-MUSIC 和 PARAFAC-Like 所对应的 RMSE 性能至少比所提出的估计器高出了一个数量级，并且它们几乎不随 SNR 的增加而变化。观察表明，ESPRIT-Like、RD-MUSIC 和 PARAFAC-Like 在这种情况下无法工作，因为它们至少需要两个校准良好的 Tx/Rx 传感器。相比之下，本节估计器的平均 RMSE 随信噪比的增加而提高，证明本节估计器适用于单个精确校准的 Tx/Rx 阵元的场景。

其次，在场景 1 的场景中绘制了本节估计器的平均 RMSE 与估计器的 GPE 范围的关系。在此，考虑了将附加增益误差 δ 添加到每个阵元或附加相位误差 η 添加到相位误差的平均值上。结果显示，所提的估计器对增益误差不敏感，而对相位误差的均值敏感。这是由于所提估计器要求相位误差的均值必须严格为零，否则可能无法工作（图 5.10）。

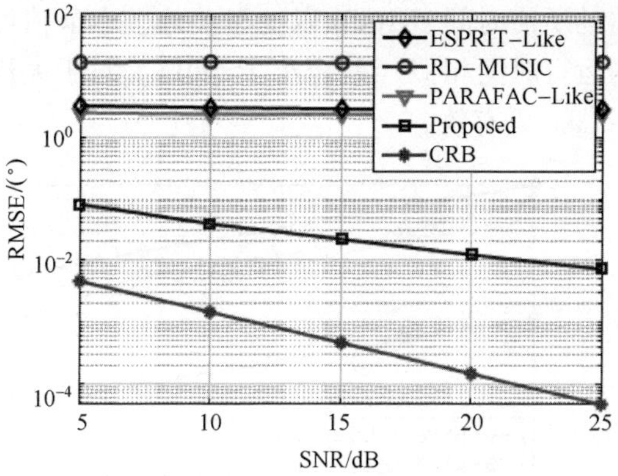

图 5.9　场景 1 的平均 RMSE 性能与 SNR 关系

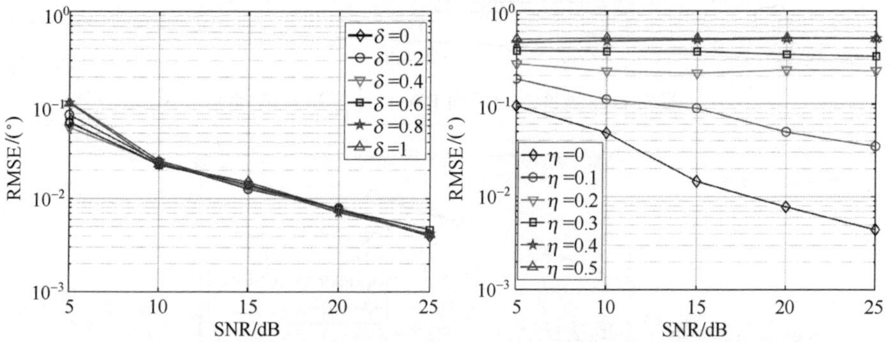

(a) 不同增益误差范围δ下的平均RMSE　　(b) 不同相位误差范围η下的平均RMSE

图 5.10　场景 1 的平均 RMSE 性能与附加误差的关系

在场景 2 中重复上述模拟，结果如图 5.11 所示。可以清楚地观察到，一旦 SNR 增加，所有的 RMSE 都会减少。与 ESPRIT-Like、RD-MUSIC 和 PARAFAC-Like 相比，本节的估计器的 RMSE 比上述算法低约 10dB。上述结果可能由两个原因引起：一方面，MUSIC 的估计精度与其搜索网格有关，而 ESPRIT-Like 则受制于 GPE 误差矩阵估计；另一方面，MUSIC 和 ESPRIT 中的特征分解都不能利用张量性质，导致子空间估计退化。值得注意的是，本节的估计器总是提供最低的 RMSE，这证明本小节的估计器优于所有比较算法。但是，需要指出的是，本节所提出的方法与 CRB 之间的距离很大，因此还有很大的改进空间。

最后给出了不同算法相对于不同 N 的平均运行时间的比较。在本实验中，考虑 $M=21$，SNR = 15dB，快拍 $L=500$，增益误差和相位误差分别从[0.5, 1.5]和±0.1 中随机选择。从图 5.12 中可以发现，RD-MUSIC 所需的运行时间比本小节的估计器的所需时间多 10dB 以上。此外，本节估计器的运行时间与 PARAFAC-Like 的运行时间相似（差距小于 5dB）。对于大规模阵列，本节的估计器比 ESPRIT-Like 更有效。

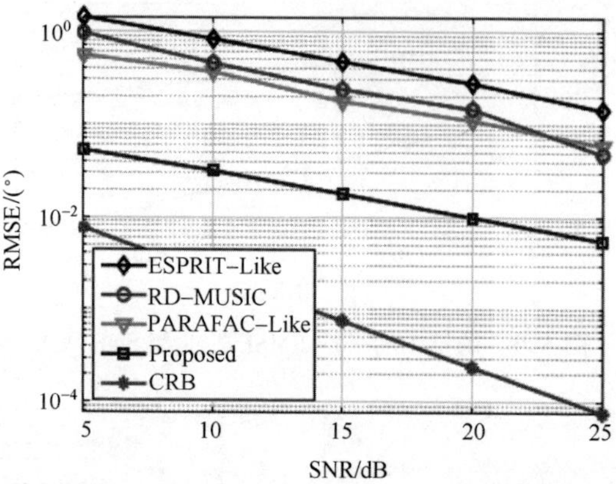

图 5.11　场景 2 的平均 RMSE 性能与 SNR 关系

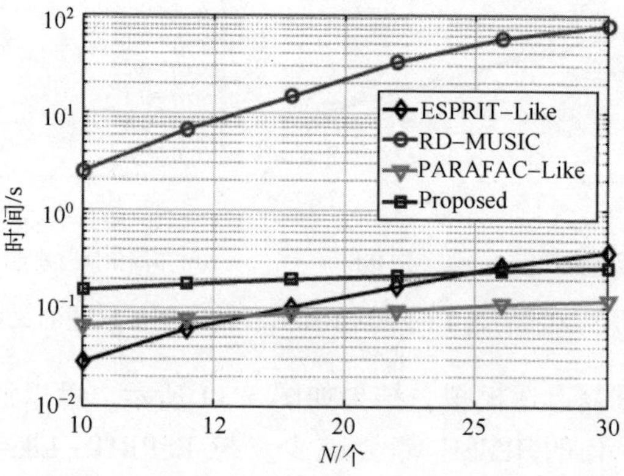

图 5.12　场景 2 的 CPU 运行时间与 N 的关系

5.8 本章小结

本章重点介绍了双基地 MIMO 雷达系统中收发传感器阵列均存在 GPE 时联合角估计及 GPE 自校准问题。在介绍现有研究的基础上，介绍了一种基于 PARAFAC 分解，且仅需一个已校准的 Tx/Rx 元的算法。在工程应用中，特别是在大规模 MIMO 配置中，所介绍的 PARAFAC 算法是一个较好的选择。在未来的工作中，应该将更多的精力投入单校准元或无校准元背景下目标参数估计问题，并通过实际数据来验证所提出的方法的有效性。

参考文献

［1］GUO Y，ZHANG Y，TONG N. Esprit-Like angle estimation for bistatic MIMO radar with gain and phase uncertainties［J］. Electronics Letters，2011，47（17）：996-997.

［2］CHEN C，ZHANG X. Joint angle and array gain-phase errors estimation using PM-like algorithm for bistatic MIMO radar［J］. Circuits System Signal Process，2013，32（3）：1293-1311.

［3］LI J，ZHANG X，CAO R，et al. Reduced-dimension music for angle and array gain-phase error estimation in bistatic MIMO radar［J］. IEEE Communications Letters，2013，17（3）：443-446.

［4］LI J，JIN M，ZHENG Y，et al. Transmit and receive array gain phase error estimation in bistatic MIMO radar［J］. IEEE Antennas and Wireless Propagation Letters，2015，14：32-35.

［5］LI J，ZHANG X，GAO X. A joint scheme for angle and array gain phase error estimation in bistatic MIMO radar［J］. IEEE Geoscience and Remote Sensing Letters，2013，10（6）：1478-1482.

［6］LI J，ZHANG X. A method for joint angle and array gain-phase error estimation in bistatic multiple-input multiple-output non-linear arrays［J］. IET Signal Processing，2014，8（2）：131-137.

［7］GUO Y，WANG X，WAN L，et al. Tensor-based angle and array gain-phase error estimation scheme in bistatic MIMO radar［J］. IEEE Access，2019，7：47972-47981.

［8］WEN F，SHI J，WANG X，et al. Angle estimation for MIMO radar in the presence of gain-phase errors with one instrumental Tx/Rx sensor：a theoretical and numerical study［J］. Remote Sensing，2021，13（15）：2964.

第6章　空域有色噪声背景下 MIMO 雷达角度估计

如前所述，经过十余年的发展，在 MIMO 雷达角度估计领域，已涌现一大批性能优异的角度估计算法。然而，现有绝大多数算法良好的估计性能均是在理想高斯白噪声的假设前提下获得的。在实际工程中，由于雷达系统的复杂性、任务的多样性及探测背景的特殊性，MIMO 雷达的接收噪声往往是非高斯的。其中，空域色噪声是 MIMO 雷达中一类典型的非白高斯噪声，在诸多场景中均会涉及。例如，赋予 MIMO 雷达发射波束一定的指向性（MIMO-相控阵雷达[1]），以及在一体化 MIMO 雷达-通信系统中[2]，均需要发射具有一定相关性（非正交）的波形，而非正交发射波形会导致空域有色噪声[3]。空域色噪声会导致噪声协方差矩阵不再与单位矩阵呈比例关系，因而现有矩阵与张量分解算法性能会恶化，严重时甚至失效。

针对 MIMO 雷达中的空域色噪声问题，目前已有一些抑噪算法。概括地说，主要有空域互协方差算法、时域互协方差法、协方差差分法、高阶累积量法、矩阵/张量填充法。其中，空域互协方差法将发射阵列划分为若干个子阵列。尽管阵列接收噪声是空域相关的，但噪声经过不同的匹配滤波器后会不相关，因此不同发射子阵列所对应的匹配滤波输出的噪声互协方差为零。然而，该方案会减小 MIMO 雷达的虚拟孔径，因而在高信噪比时参数估计的精度会下降；时域互协方差法将阵列匹配滤波输出在时域上划分成若干个子阵列，其假设不同脉冲间的噪声是非相关的，通过噪声在时域的互相关抑制色噪声。该方案没有孔径损失，但是其需要噪声及目标 RCS 满足某些特殊的要求；高阶累积量法利用色噪声的高阶（如 4 阶）累积量消除色噪声的影响，但该方案要求目标的 RCS 系数服从严格的非高斯分布，且算法的复杂度往往较高；协方差差分法主要利用平稳色噪声协方差矩阵的 Toeplitz 特性，通过构造差分变换矩阵抑制色噪声。该方案也不存在孔径损失，但其可辨识性会下降，且角度估计需要额外的解模糊性运算；矩阵/张量填充法主要是利用色噪声协方差矩阵的稀疏特性，该类方法对噪声或者目标 RCS 无特殊要求，且其不存在阵列虚拟孔径的损失。该框架通过去除信号协方差矩阵中受色噪声影响的数据抑制有色噪声，将无噪数据协方差矩阵的恢复问题等效为一个矩阵/张量填充问题，最后采用传统算法进行角度估计。

本章将从模型、CRB、算法、理论分析与仿真等角度，详细介绍空域色噪声背景下 MIMO 雷达角度估计的相关进展。

6.1　统计的 CRB

参照未知噪声背景下阵列 DOA 估计的 CRB 推导过程[4]，本节推导了空域色噪声背景下 MIMO 雷达角度估计的 CRB[5]。

6.1.1　预备知识及信号模型

在给出双基地 MIMO 雷达信号模型之前，先回顾本书的一些恒等式。如下恒等式对本节的推导非常重要：

$$\mathrm{tr}\{\boldsymbol{AB}\}=\mathrm{vec}^{\mathrm{H}}\{\boldsymbol{A}^{\mathrm{H}}\}\,\mathrm{vec}\{\boldsymbol{B}\} \tag{6.1}$$

$$\mathrm{tr}\{\boldsymbol{A}+\boldsymbol{B}\}=\mathrm{tr}\{\boldsymbol{A}\}+\mathrm{tr}\{\boldsymbol{B}\} \tag{6.2}$$

$$\mathrm{tr}\{\boldsymbol{ABC}\}=\mathrm{tr}\{\boldsymbol{BCA}\}=\mathrm{tr}\{\boldsymbol{CAB}\} \tag{6.3}$$

如果矩阵 $\boldsymbol{A}$，$\boldsymbol{B}$ 和 $\boldsymbol{C}$ 的维数相同，则

$$\mathrm{tr}\{\boldsymbol{ABC}\}=\mathrm{tr}\{\boldsymbol{BAC}\}=\mathrm{tr}\{\boldsymbol{CBA}\}=\mathrm{tr}\{\boldsymbol{ACB}\} \tag{6.4}$$

$$\mathrm{vec}\{\boldsymbol{ABC}\}=(\boldsymbol{C}^{\mathrm{T}}\otimes\boldsymbol{A})\,\mathrm{vec}\{\boldsymbol{B}\} \tag{6.5}$$

$$(\boldsymbol{A}\otimes\boldsymbol{B})(\boldsymbol{C}\otimes\boldsymbol{D})=(\boldsymbol{AC})\otimes(\boldsymbol{BD}) \tag{6.6}$$

考虑一个窄带双基地 MIMO 雷达系统，它的天线系统由 M 个发射阵元和 N 个接收阵元构成。发射阵列和接收阵列均为全向线性阵列，不受传感器误差的影响。假设发射阵元发射 M 组相互正交的波形 $s_1(t),s_2(t),\cdots,s_M(t)$，$t$ 是快时间指数。假设目标出现在远场天线阵中，第 $k(k=1,2,\cdots K)$ 个目标的 DOD 和 DOA 分别用 φ_k 和 θ_k 表示。第 k 个目标的回波由下式给出

$$r_k(t,\tau)=\alpha_k(\tau)\boldsymbol{a}_T^{\mathrm{T}}(\varphi_k)\boldsymbol{s}(t) \tag{6.7}$$

式中：$\alpha_k(\tau)$ 表示第 k 个目标在第 τ 个脉冲内的雷达横截面（RCS）系数，脉冲宽度为 T_p。$\boldsymbol{a}_T(\varphi_k)=[1,a_{T,2}(\varphi_k),\cdots,a_{T,M}(\varphi_k)]^{\mathrm{T}}\in\mathbb{C}^{M\times1}$ 表示第 k 个发射响应向量，$a_{T,m}(\varphi_k)$ 是第 m 个发射阵元与第一个发射阵元之间的相位差，$\boldsymbol{s}(t)=[s_1(t),s_2(t),\cdots,s_M(t)]^{\mathrm{T}}$ 是发射信号矩阵。令 $\boldsymbol{a}_R(\theta_k)=[1,a_{R,2}(\theta_k),\cdots,a_{R,N}(\theta_k)]^{\mathrm{T}}\in\mathbb{C}^{N\times1}$ 表示第 k 个接收响应向量，$a_{R,n}(\theta_k)$ 是第 n 个接收阵元与第一个接收阵元之间的相位差。接收天线接收到的回波由下式表示

$$\boldsymbol{x}(t,\tau)=\sum_{k=1}^{K}\alpha_k(\tau)\boldsymbol{a}_R(\theta_k)\boldsymbol{a}_T^{\mathrm{T}}(\varphi_k)\boldsymbol{s}(t)+\boldsymbol{w}(t,\tau) \tag{6.8}$$

式中：$\boldsymbol{w}(t,\tau)=[w_1(t,\tau),w_2(t,\tau),\cdots,w_N(t,\tau)]^{\mathrm{T}}$是加性噪声向量。

定义$\boldsymbol{\alpha}(\tau)\triangleq[\alpha_1(\tau),\alpha_2(\tau),\cdots,\alpha_K(\tau)]^{\mathrm{T}}$是 RCS 系数向量。现在，我们做出以下假设：①波形具有归一化功率，即$\int_{T_p}s_n(t)s_m^*(t)\mathrm{d}t=\delta(m-n)$；②参数$(\theta_1,\varphi_1),(\theta_2,\varphi_2),\cdots,(\theta_K,\varphi_K)$彼此不同；③RCS 系数$\alpha_1(\tau),\alpha_2(\tau),\cdots,\alpha_K(\tau)$是具有相同中心频率的平稳窄带信号，它们是复高斯的并且可能是相干的，其协方差矩阵为$\boldsymbol{P}$，即$E\{\boldsymbol{\alpha}(\tau)\boldsymbol{\alpha}^{\mathrm{H}}(\tau)\}=\boldsymbol{P}$；④噪声向量$w_1(t,\tau),w_2(t,\tau),\cdots,w_N(t,\tau)$与 RCS 系数不相关，它们在时间上是零均值高斯向量，协方差矩阵未知，即

$$E\{\boldsymbol{w}(t_1,\tau)\boldsymbol{w}^{\mathrm{H}}(t_2,\tau)\}=\boldsymbol{C}\delta(t_1-t_2) \tag{6.9}$$

对接收到的阵列信号利用$s_m(t)(m=1,2,\cdots,M)$进行匹配滤波处理。基于假设①，可以得到第m个匹配滤波器的输出$y_m(t)$为

$$\begin{aligned}\boldsymbol{y}_m(t)&=\int_{T_p}\boldsymbol{x}(t,\tau)s_m^*(t)\mathrm{d}t\\&=\sum_{k=1}^{K}\boldsymbol{\alpha}_k(\tau)\boldsymbol{a}_R(\theta_k)a_{T,m}(\varphi_k)+\boldsymbol{n}_m(\tau)\end{aligned} \tag{6.10}$$

式中：$\boldsymbol{n}_m(\tau)=\int_{T_p}\boldsymbol{w}(t,\tau)s_m^*(t)\mathrm{d}t$。定义$\boldsymbol{n}(\tau)\triangleq[\boldsymbol{n}_1^{\mathrm{T}}(\tau),\boldsymbol{n}_2^{\mathrm{T}}(\tau),\cdots,\boldsymbol{n}_M^{\mathrm{T}}(\tau)]^{\mathrm{T}}$，可以看出，$\boldsymbol{n}(\tau)$可以表示为

$$\boldsymbol{n}(\tau)=\int_{T_p}\boldsymbol{s}^*(t)\otimes\boldsymbol{w}(t,\tau)\mathrm{d}t \tag{6.11}$$

通过将输出排列成$\boldsymbol{y}(\tau)\triangleq[\boldsymbol{y}_1^{\mathrm{T}}(\tau),\boldsymbol{y}_2^{\mathrm{T}}(\tau),\cdots,\boldsymbol{y}_M^{\mathrm{T}}(\tau)]^{\mathrm{T}}$，我们可以观察到

$$\begin{aligned}\boldsymbol{y}(\tau)&=\sum_{k=1}^{K}(\boldsymbol{a}_T(\varphi_k)\otimes\boldsymbol{a}_R(\theta_k))\alpha_k(\tau)+\boldsymbol{n}(\tau)\\&=[\boldsymbol{A}_T(\varphi)\odot\boldsymbol{A}_R(\boldsymbol{\theta})]\boldsymbol{\alpha}(\tau)+\boldsymbol{n}(\tau)\\&=\boldsymbol{A}\boldsymbol{\alpha}(\tau)+\boldsymbol{n}(\tau)\end{aligned} \tag{6.12}$$

式中：$\boldsymbol{A}_T(\boldsymbol{\varphi})=[\boldsymbol{a}_T(\varphi_1),\boldsymbol{a}_T(\varphi_2),\cdots,\boldsymbol{a}_T(\varphi_K)]\in\mathbb{C}^{M\times K}$表示发射方向矩阵；$\boldsymbol{A}_R(\boldsymbol{\theta})=[\boldsymbol{a}_R(\theta_1),\boldsymbol{a}_R(\theta_2),\cdots,\boldsymbol{a}_R(\theta_K)]\in\mathbb{C}^{N\times K}$表示接收方向矩阵；$\boldsymbol{\theta}=[\theta_1,\theta_2,\cdots,\theta_K]^{\mathrm{T}}$是$K\times1$维的 DOA 向量；$\boldsymbol{\varphi}=[\varphi_1,\varphi_2,\cdots,\varphi_K]^{\mathrm{T}}$是$K\times1$维的 DOD 向量；$\boldsymbol{A}=\boldsymbol{A}_T(\varphi)\odot\boldsymbol{A}_R(\theta)$是虚拟方向矩阵。

结合假设④和式（6.6）、式（6.11），可以得到$\boldsymbol{n}(\tau)$的协方差矩阵为

$$\begin{aligned}\boldsymbol{Q}&=E\{\boldsymbol{n}(\tau)\boldsymbol{n}^{\mathrm{H}}(\tau)\}\\&=E\left\{\int_{T_p}(\boldsymbol{s}^*(t)\otimes\boldsymbol{w}(t,\tau))(\boldsymbol{s}^{\mathrm{T}}(t)\otimes\boldsymbol{w}^{\mathrm{H}}(t,\tau))\mathrm{d}t\right\}\\&=\int_{T_p}[(\boldsymbol{s}^*(t)\boldsymbol{s}^{\mathrm{T}}(t))]\otimes E\{\boldsymbol{w}(t,\tau)\boldsymbol{w}^{\mathrm{H}}(t,\tau)\}\mathrm{d}t\\&=\boldsymbol{I}\otimes\boldsymbol{C}\end{aligned}\tag{6.13}$$

因此，观测值满足随机模型

$$\boldsymbol{y}(\tau)\sim\mathrm{CN}(\boldsymbol{0},\boldsymbol{R})\tag{6.14}$$

式中：$\boldsymbol{R}=E\{\boldsymbol{y}(\tau)\boldsymbol{y}^{\mathrm{H}}(\tau)\}=\boldsymbol{APA}^{\mathrm{H}}+\boldsymbol{Q}$，式（6.14）是 ML 等高分辨率方法的基础。接下来，我们将考虑以下常规的噪声模型

$$\boldsymbol{C}=\boldsymbol{C}(\boldsymbol{\sigma})\tag{6.15}$$

式中：$\boldsymbol{\sigma}=[\sigma_1,\sigma_2,\cdots,\sigma_P]^{\mathrm{T}}$是参数化噪声协方差矩阵的实向量。接下来我们构建一个维度是 $K^2\times1$ 的向量$\boldsymbol{\rho}$，$\boldsymbol{\rho}=[\boldsymbol{\rho}_1^{\mathrm{T}},\boldsymbol{\rho}_2^{\mathrm{T}},\boldsymbol{\rho}_3^{\mathrm{T}}]^{\mathrm{T}}$，其中，$\boldsymbol{\rho}_1$，$\boldsymbol{\rho}_2$和$\boldsymbol{\rho}_3$分别是$\boldsymbol{P}_{k,k}$与$\boldsymbol{P}_{k,l}(1\leqslant k<l<K)$的实部和虚部构成的向量。因此，实参数未知的$(K^2+2K+P)\times1$维向量可表示为

$$\boldsymbol{\beta}=[\boldsymbol{\theta}^{\mathrm{T}},\boldsymbol{\varphi}^{\mathrm{T}},\boldsymbol{\rho}^{\mathrm{T}},\boldsymbol{\sigma}^{\mathrm{T}}]^{\mathrm{T}}\tag{6.16}$$

6.1.2　CRB 的估计表述

考虑一个具有 L 个独立快拍的一般场景，联合 DOD 和 DOA 估计的统计 CRB（记为 $\mathrm{CRB}_{\mathrm{STO}}$）如下所示

$$\mathrm{CRB}_{\mathrm{STO}}(\boldsymbol{\theta},\boldsymbol{\varphi})=\frac{1}{L}[\boldsymbol{H}-\boldsymbol{MT}^{-1}\boldsymbol{M}^{\mathrm{T}}]^{-1}\tag{6.17}$$

其中，

$$\boldsymbol{H}=2\mathrm{Re}\{(\widetilde{\boldsymbol{D}}^{\mathrm{H}}\boldsymbol{\Pi}_{\widetilde{A}}^{\perp}\widetilde{\boldsymbol{D}})\oplus(\breve{\boldsymbol{P}}^{\mathrm{T}}\otimes\boldsymbol{I}_{2\times2})\}\tag{6.18}$$

$$\boldsymbol{M}=2\mathrm{Re}\left\{\begin{bmatrix}\boldsymbol{J}^{\mathrm{T}}((\widetilde{\boldsymbol{D}}_{\theta}^{\mathrm{H}}\boldsymbol{\Pi}_{\widetilde{A}}^{\perp})\otimes(\widetilde{\boldsymbol{R}}^{-1}\widetilde{\boldsymbol{A}}\boldsymbol{P})^{\mathrm{T}})\widetilde{\boldsymbol{Q}}^*\\\boldsymbol{J}^{\mathrm{T}}((\widetilde{\boldsymbol{D}}_{\varphi}^{\mathrm{H}}\boldsymbol{\Pi}_{\widetilde{A}}^{\perp})\otimes(\widetilde{\boldsymbol{R}}^{-1}\widetilde{\boldsymbol{A}}\boldsymbol{P})^{\mathrm{T}})\widetilde{\boldsymbol{Q}}^*\end{bmatrix}\right\}\tag{6.19}$$

$$\boldsymbol{J}=[\mathrm{vec}\{\boldsymbol{e}_1\boldsymbol{e}_1^{\mathrm{T}}\},\mathrm{vec}\{\boldsymbol{e}_2\boldsymbol{e}_2^{\mathrm{T}}\},\cdots,\mathrm{vec}\{\boldsymbol{e}_K\boldsymbol{e}_K^{\mathrm{T}}\}]\tag{6.20}$$

$$\widetilde{\boldsymbol{Q}}=[\mathrm{vec}\{\widetilde{\boldsymbol{Q}}_1'\},\mathrm{vec}\{\widetilde{\boldsymbol{Q}}_2'\},\cdots,\mathrm{vec}\{\widetilde{\boldsymbol{Q}}_P'\}]\tag{6.21}$$

式中：$\widetilde{D}=[\widetilde{\boldsymbol{D}}_{\theta},\widetilde{\boldsymbol{D}}_{\varphi}]$，$\widetilde{\boldsymbol{D}}_{\theta}=\boldsymbol{Q}^{-1/2}\boldsymbol{D}_{\theta}$，$\widetilde{\boldsymbol{D}}_{\varphi}=\boldsymbol{Q}^{-1/2}\boldsymbol{D}_{\varphi}$，$\boldsymbol{D}_{\theta}=\left[\boldsymbol{a}_T(\boldsymbol{\varphi}_1)\otimes\frac{\partial\boldsymbol{a}_R(\boldsymbol{\theta}_1)}{\partial\theta_1},\right.$ $\boldsymbol{a}_T(\boldsymbol{\varphi}_2)\otimes\frac{\partial\boldsymbol{a}_R(\boldsymbol{\theta}_2)}{\partial\theta_2},\cdots,\left.\boldsymbol{a}_T(\boldsymbol{\varphi}_K)\otimes\frac{\partial\boldsymbol{a}_R(\boldsymbol{\theta}_K)}{\partial\theta_K}\right]$，$\boldsymbol{D}_{\varphi}=\left[\frac{\partial\boldsymbol{a}_T(\boldsymbol{\varphi}_1)}{\partial\varphi_1}\otimes\boldsymbol{a}_R(\boldsymbol{\theta}_1),\right.$ $\left.\frac{\partial\boldsymbol{a}_T(\boldsymbol{\varphi}_2)}{\partial\varphi_2}\otimes\boldsymbol{a}_R(\boldsymbol{\theta}_2),\cdots,\frac{\partial\boldsymbol{a}_T(\boldsymbol{\varphi}_K)}{\partial\varphi_K}\otimes\boldsymbol{a}_R(\boldsymbol{\theta}_K)\right]$。$\boldsymbol{\Pi}_{\widetilde{A}}^{\perp}=\boldsymbol{I}-\boldsymbol{\Pi}_{\widetilde{A}}$，$\boldsymbol{\Pi}_{\widetilde{A}}=\widetilde{\boldsymbol{A}}\widetilde{\boldsymbol{A}}^{\dagger}$，$\widetilde{\boldsymbol{A}}=\boldsymbol{Q}^{-1/2}\boldsymbol{A}$，

$\widetilde{P}=P\widetilde{A}^{\mathrm{H}}\widetilde{R}^{-1}\widetilde{A}P$，$\widetilde{R}=Q^{-1/2}RQ^{-1/2}$，$I_{2\times2}$ 表示维度是 2×2 的全 1 矩阵。$\widetilde{Q}'_P=Q^{-1/2}Q'_PQ^{-1/2}$，$Q'_P=\dfrac{\partial Q}{\partial\sigma_p}$。下面，我们将给出详细的推导过程。

（1）Fisher 信息矩阵。

众所周知，$\boldsymbol{\beta}$ 的 Fisher 信息矩阵（FIM）的第(p,q)个元素为

$$\begin{aligned}&\mathrm{FIM}_{p,q}=L\ \mathrm{tr}\left(\frac{\partial\boldsymbol{R}}{\partial\beta_p}\boldsymbol{R}^{-1}\frac{\partial\boldsymbol{R}}{\partial\beta_q}\boldsymbol{R}^{-1}\right)\\&p,q\in\{1,2,\cdots,K^2+2K+P\}\end{aligned}\tag{6.22}$$

根据式（6.5），可以得到

$$\boldsymbol{r}=\mathrm{vec}\{\boldsymbol{R}\}=(\boldsymbol{A}^*\otimes\boldsymbol{A})\mathrm{vec}\{\boldsymbol{P}\}+\mathrm{vec}\{\boldsymbol{Q}\}\tag{6.23}$$

将式（6.1）代入到式（6.22）中，可以得到

$$\frac{1}{L}\mathrm{FIM}=\left(\frac{\partial\boldsymbol{r}}{\partial\boldsymbol{\beta}^{\mathrm{T}}}\right)^{\mathrm{H}}(\boldsymbol{R}^{-\mathrm{T}}\otimes\boldsymbol{R}^{-1})\left(\frac{\partial\boldsymbol{r}}{\partial\boldsymbol{\beta}^{\mathrm{T}}}\right)\tag{6.24}$$

一般来说，我们只对用于 DOD 和 DOA 估计的 CRB 感兴趣。为此，定义

$$(\boldsymbol{R}^{-\mathrm{T}/2}\otimes\boldsymbol{R}^{-1/2})\left[\frac{\partial\boldsymbol{r}}{\partial\boldsymbol{\theta}^{\mathrm{T}}},\frac{\partial\boldsymbol{r}}{\partial\boldsymbol{\varphi}^{\mathrm{T}}}\left|\frac{\partial\boldsymbol{r}}{\partial\boldsymbol{\rho}^{\mathrm{T}}},\frac{\partial\boldsymbol{r}}{\partial\boldsymbol{\sigma}^{\mathrm{T}}}\right.\right]\triangleq[\boldsymbol{F}|\boldsymbol{G}]\tag{6.25}$$

所以可以将（6.24）改为

$$\frac{1}{L}\mathrm{FIM}=\begin{bmatrix}\boldsymbol{F}^{\mathrm{H}}\\\boldsymbol{G}^{\mathrm{H}}\end{bmatrix}[\boldsymbol{F}\quad\boldsymbol{G}]\tag{6.26}$$

利用分块矩阵求逆公式，得到 DOD 和 DOA 估计的 CRB，由下式表示

$$\begin{aligned}\mathrm{CRB}_{\mathrm{STO}}(\boldsymbol{\theta},\boldsymbol{\varphi})&=\frac{1}{L}(\boldsymbol{F}^{\mathrm{H}}\boldsymbol{F}-\boldsymbol{F}^{\mathrm{H}}\boldsymbol{G}(\boldsymbol{G}^{\mathrm{H}}\boldsymbol{G})^{-1}\boldsymbol{G}^{\mathrm{H}}\boldsymbol{F})^{-1}\\&=\frac{1}{L}(\boldsymbol{F}^{\mathrm{H}}\boldsymbol{\Pi}_G^{\perp}\boldsymbol{F})^{-1}\end{aligned}\tag{6.27}$$

接下来，我们把 $\boldsymbol{F}$ 和 $\boldsymbol{G}$ 划分为

$$\begin{cases}(\boldsymbol{R}^{-\mathrm{T}/2}\otimes\boldsymbol{R}^{-1/2})\left[\dfrac{\partial\boldsymbol{r}}{\partial\boldsymbol{\theta}^{\mathrm{T}}}\left|\dfrac{\partial\boldsymbol{r}}{\partial\boldsymbol{\varphi}^{\mathrm{T}}}\right.\right]\triangleq[\boldsymbol{A}|\nabla]\\(\boldsymbol{R}^{-\mathrm{T}/2}\otimes\boldsymbol{R}^{-1/2})\left[\dfrac{\partial\boldsymbol{r}}{\partial\boldsymbol{\rho}^{\mathrm{T}}}\left|\dfrac{\partial\boldsymbol{r}}{\partial\boldsymbol{\sigma}^{\mathrm{T}}}\right.\right]\triangleq[\boldsymbol{V}|\boldsymbol{U}]\end{cases}\tag{6.28}$$

因为 $\boldsymbol{G}$ 的势和$[\boldsymbol{V},\boldsymbol{\Pi}_V^{\perp}\boldsymbol{U}]$的势是一样的，于是有

$$\boldsymbol{\Pi}_G^{\perp}=\boldsymbol{\Pi}_V^{\perp}-\boldsymbol{\Pi}_V^{\perp}\boldsymbol{U}[\boldsymbol{U}^{\mathrm{H}}\boldsymbol{\Pi}_V^{\perp}\boldsymbol{U}]^{-1}\boldsymbol{U}^{\mathrm{H}}\boldsymbol{\Pi}_V^{\perp}\tag{6.29}$$

结合式（6.27）、式（6.28）和式（6.29），可以得到

$$\mathrm{CRB}_{\mathrm{STO}}(\boldsymbol{\theta},\boldsymbol{\varphi})=\frac{1}{L}(\boldsymbol{H}-\boldsymbol{M}\boldsymbol{T}^{-1}\boldsymbol{M}^{\mathrm{H}})^{-1}\tag{6.30}$$

其中，

$$\boldsymbol{H}=\boldsymbol{F}^{\mathrm{H}}\boldsymbol{\Pi}_{\boldsymbol{V}}^{\perp}\boldsymbol{F},\quad \boldsymbol{M}=\boldsymbol{F}^{\mathrm{H}}\boldsymbol{\Pi}_{\boldsymbol{V}}^{\perp}\boldsymbol{U},\quad \boldsymbol{T}=\boldsymbol{U}^{\mathrm{H}}\boldsymbol{\Pi}_{\boldsymbol{V}}^{\perp}\boldsymbol{U} \tag{6.31}$$

接下来，我们将考虑 $\boldsymbol{r}$ 对 β_p 的导数

（2）$\boldsymbol{r}$ 对 θ_k 和 φ_k 的导数。

首先，我们考虑 $\dfrac{\partial \boldsymbol{r}}{\partial \theta_k}$ 和 $\dfrac{\partial \boldsymbol{r}}{\partial \varphi_k}$，需要注意的是

$$\begin{cases}\dfrac{\partial \boldsymbol{R}}{\partial \theta_k}=\boldsymbol{D}_{\theta}\boldsymbol{e}_k\boldsymbol{e}_k^{\mathrm{T}}\boldsymbol{P}\boldsymbol{A}^{\mathrm{H}}+\boldsymbol{A}\boldsymbol{P}\boldsymbol{e}_k\boldsymbol{e}_k^{\mathrm{T}}\boldsymbol{D}_{\theta}^{\mathrm{H}}\\[2ex] \dfrac{\partial \boldsymbol{R}}{\partial \varphi_k}=\boldsymbol{D}_{\varphi}\boldsymbol{e}_k\boldsymbol{e}_k^{\mathrm{T}}\boldsymbol{P}\boldsymbol{A}^{\mathrm{H}}+\boldsymbol{A}\boldsymbol{P}\boldsymbol{e}_k\boldsymbol{e}_k^{\mathrm{T}}\boldsymbol{D}_{\varphi}^{\mathrm{H}}\end{cases} \tag{6.32}$$

式中：$\boldsymbol{e}_k$ 是单位矩阵 $\boldsymbol{I}$ 的第 k 列。相应地，$\boldsymbol{\Delta}$ 的第 k 列由下式给出

$$\begin{aligned}\Delta_k&=(\boldsymbol{R}^{-\mathrm{T}/2}\otimes\boldsymbol{R}^{-1/2})\,\mathrm{vec}\left\{\frac{\partial \boldsymbol{R}}{\partial \theta_k}\right\}\\ &=\mathrm{vec}\left\{\boldsymbol{R}^{-1/2}\frac{\partial \boldsymbol{R}}{\partial \theta_k}\boldsymbol{R}^{-1/2}\right\}\\ &=\mathrm{vec}\{\boldsymbol{Z}_{\theta k}+\boldsymbol{Z}_{\theta k}^{\mathrm{H}}\}\end{aligned} \tag{6.33}$$

式中：$\boldsymbol{Z}_{\theta k}=\boldsymbol{R}^{-1/2}\boldsymbol{A}\boldsymbol{P}\boldsymbol{e}_k\boldsymbol{e}_k^{\mathrm{T}}\boldsymbol{D}_{\theta}^{\mathrm{H}}\boldsymbol{R}^{-1/2}$。类似地，可以得到 ∇ 的第 k 列，如下所示

$$\nabla_k=\mathrm{vec}\{\boldsymbol{Z}_{\varphi k}+\boldsymbol{Z}_{\varphi k}^{\mathrm{H}}\} \tag{6.34}$$

（3）$\boldsymbol{r}$ 对 ρ_k 的导数。

接下来，我们考虑 $\dfrac{\partial \boldsymbol{r}}{\partial \rho_k}$。下式很容易得到验证

$$\mathrm{vec}\{\boldsymbol{P}\}=\boldsymbol{B}\boldsymbol{\rho} \tag{6.35}$$

其中，$\boldsymbol{B}\in\mathbb{C}^{K2\times K2}$ 是一个常数非奇异矩阵。因此，我们得到

$$\boldsymbol{V}=(\boldsymbol{R}^{-\mathrm{T}/2}\otimes\boldsymbol{R}^{-1/2})(\boldsymbol{A}^{*}\otimes\boldsymbol{A})\boldsymbol{B} \tag{6.36}$$

将式（6.6）代入式（6.36）到中可以得到

$$\boldsymbol{V}=(\boldsymbol{R}^{-\mathrm{T}/2}\boldsymbol{A}^{*})\otimes(\boldsymbol{R}^{-1/2}\boldsymbol{A})\boldsymbol{B} \tag{6.37}$$

需要注意的是，$\mathrm{CRB}_{\mathrm{STO}}(\theta,\varphi)$ 只通过 $\boldsymbol{\Pi}_{\boldsymbol{V}}^{\perp}$ 依赖于 $\boldsymbol{V}$，并且 $\boldsymbol{B}$ 是非奇异的，我们可以得到

$$\begin{aligned}\boldsymbol{\Pi}_{\boldsymbol{V}}^{\perp}&=\boldsymbol{\Pi}_{(\boldsymbol{R}^{-\mathrm{T}/2}\boldsymbol{A}^{*})\otimes(\boldsymbol{R}^{-1/2}\boldsymbol{A})}\\ &=\boldsymbol{\Pi}_{(\boldsymbol{R}^{-1/2}\boldsymbol{A})^{*}\otimes(\boldsymbol{R}^{-1/2}\boldsymbol{A})}^{\perp}\end{aligned} \tag{6.38}$$

已经证明，对于任何列满秩的矩阵 $\boldsymbol{A}$ 和 $\boldsymbol{B}$，下式是成立的

$$\boldsymbol{\Pi}_{(\boldsymbol{A}\otimes\boldsymbol{B})}^{\perp}=\boldsymbol{I}\otimes\boldsymbol{\Pi}_{\boldsymbol{B}}^{\perp}+\boldsymbol{\Pi}_{\boldsymbol{A}}^{\perp}\otimes\boldsymbol{I}-\boldsymbol{\Pi}_{\boldsymbol{A}}^{\perp}\otimes\boldsymbol{\Pi}_{\boldsymbol{B}}^{\perp} \tag{6.39}$$

将式（6.39）代入式（6.38）中，可以得到

$$\boldsymbol{\Pi}_V^{\perp}=\boldsymbol{I}\otimes\boldsymbol{\Pi}_{\boldsymbol{R}^{-1/2}\boldsymbol{A}}^{\perp}+\boldsymbol{\Pi}_{\boldsymbol{R}^{-1/2}\boldsymbol{A}}^{\perp}\otimes\boldsymbol{I}-\boldsymbol{\Pi}_{\boldsymbol{R}^{-1/2}\boldsymbol{A}}^{\perp}\otimes\boldsymbol{\Pi}_{\boldsymbol{R}^{-1/2}\boldsymbol{A}}^{\perp}\tag{6.40}$$

6.1.3 几个关键矩阵的具体表述

（1）$\boldsymbol{H}$ 的具体表达。

接下来推导 $\boldsymbol{H}=\boldsymbol{F}^{\mathrm{H}}\boldsymbol{\Pi}_V^{\perp}\boldsymbol{F}$ 的具体表达式，它可以分解为四个部分，分别是 $\Delta^{\mathrm{H}}\boldsymbol{\Pi}_V^{\perp}\Delta$，$\Delta^{\mathrm{H}}\boldsymbol{\Pi}_V^{\perp}\nabla$，$\nabla^{\mathrm{H}}\boldsymbol{\Pi}_V^{\perp}\Delta$ 和$\nabla^{\mathrm{H}}\boldsymbol{\Pi}_V^{\perp}\nabla$。令 $a,b\in\{1,2,\cdots,K\}$，从式（6.5），式（6.33）和式（6.40）中可以得到

$$\begin{aligned}\boldsymbol{\Pi}_V^{\perp}\Delta_b&=(\boldsymbol{I}\otimes\boldsymbol{\Pi}_{\boldsymbol{R}^{-1/2}\boldsymbol{A}}^{\perp}+\boldsymbol{\Pi}_{\boldsymbol{R}^{-1/2}\boldsymbol{A}}^{\perp}\otimes\boldsymbol{I}-\boldsymbol{\Pi}_{\boldsymbol{R}^{-1/2}\boldsymbol{A}}^{\perp}\otimes\boldsymbol{\Pi}_{\boldsymbol{R}^{-1/2}\boldsymbol{A}}^{\perp})\operatorname{vec}\{\boldsymbol{Z}_{\theta b}+\boldsymbol{Z}_{\theta b}^{\mathrm{H}}\}\\&=\operatorname{vec}\{\boldsymbol{\Pi}_{\boldsymbol{R}^{-1/2}\boldsymbol{A}}^{\perp}(\boldsymbol{Z}_{\theta b}+\boldsymbol{Z}_{\theta b}^{\mathrm{H}})+(\boldsymbol{Z}_{\theta b}+\boldsymbol{Z}_{\theta b}^{\mathrm{H}})\boldsymbol{\Pi}_{\boldsymbol{R}^{-1/2}\boldsymbol{A}}^{\perp}\\&\quad-\boldsymbol{\Pi}_{\boldsymbol{R}^{-1/2}\boldsymbol{A}}^{\perp}(\boldsymbol{Z}_{\theta b}+\boldsymbol{Z}_{\theta b}^{\mathrm{H}})\boldsymbol{\Pi}_{\boldsymbol{R}^{-1/2}\boldsymbol{A}}^{\perp}\}\\&=\operatorname{vec}\{\boldsymbol{\Pi}_{\boldsymbol{R}^{-1/2}\boldsymbol{A}}^{\perp}\boldsymbol{Z}_{\theta b}^{\mathrm{H}}+\boldsymbol{Z}_{\theta b}\boldsymbol{\Pi}_{\boldsymbol{R}^{-1/2}\boldsymbol{A}}^{\perp}\}\end{aligned}\tag{6.41}$$

上式中利用了 $\boldsymbol{\Pi}_{\boldsymbol{R}^{-1/2}\boldsymbol{A}}^{\perp}\boldsymbol{Z}_{\theta b}=\boldsymbol{0}$ 这一性质。左乘 Δ_a^{H}，然后使用式（6.1）、式（6.2），以及 $\boldsymbol{\Pi}_{\boldsymbol{R}^{-1/2}\boldsymbol{A}}^{\perp}\boldsymbol{Z}_{\theta b}=\boldsymbol{0}$ 的性质，可以得到

$$\begin{aligned}\Delta_a^{\mathrm{H}}\boldsymbol{\Pi}_V^{\perp}\Delta_b&=\operatorname{vec}^{\mathrm{H}}\{\boldsymbol{Z}_{\theta a}+\boldsymbol{Z}_{\theta a}^{\mathrm{H}}\}\operatorname{vec}\{\boldsymbol{\Pi}_{\boldsymbol{R}^{-1/2}\boldsymbol{A}}^{\perp}\boldsymbol{Z}_{\theta b}^{\mathrm{H}}+\boldsymbol{Z}_{\theta b}\boldsymbol{\Pi}_{\boldsymbol{R}^{-1/2}\boldsymbol{A}}^{\perp}\}\\&=\operatorname{tr}\{(\boldsymbol{Z}_{\theta a}+\boldsymbol{Z}_{\theta a}^{\mathrm{H}})(\boldsymbol{\Pi}_{\boldsymbol{R}^{-1/2}\boldsymbol{A}}^{\perp}\boldsymbol{Z}_{\theta b}^{\mathrm{H}}+\boldsymbol{Z}_{\theta b}\boldsymbol{\Pi}_{\boldsymbol{R}^{-1/2}\boldsymbol{A}}^{\perp})\}\\&=\operatorname{tr}\{\boldsymbol{Z}_{\theta a}\boldsymbol{\Pi}_{\boldsymbol{R}^{-1/2}\boldsymbol{A}}^{\perp}\boldsymbol{Z}_{\theta b}^{\mathrm{H}}\}+\operatorname{tr}\{\boldsymbol{Z}_{\theta b}\boldsymbol{\Pi}_{\boldsymbol{R}^{-1/2}\boldsymbol{A}}^{\perp}\boldsymbol{Z}_{\theta a}^{\mathrm{H}}\}\\&=2\operatorname{Re}[\operatorname{tr}\{\boldsymbol{Z}_{\theta a}\boldsymbol{\Pi}_{\boldsymbol{R}^{-1/2}\boldsymbol{A}}^{\perp}\boldsymbol{Z}_{\theta b}^{\mathrm{H}}\}]\end{aligned}\tag{6.42}$$

已经证明

$$\boldsymbol{R}^{-1/2}\boldsymbol{\Pi}_{\boldsymbol{R}^{-1/2}\boldsymbol{A}}^{\perp}\boldsymbol{R}^{-1/2}=\boldsymbol{Q}^{-1/2}\boldsymbol{\Pi}_{\tilde{\boldsymbol{A}}}^{\perp}\boldsymbol{Q}^{-1/2}\tag{6.43}$$

将式（6.43）代入到式（6.42）中，并利用式（6.3）和式（6.4）将得到

$$\begin{aligned}\Delta_a^{\mathrm{H}}\boldsymbol{\Pi}_V^{\perp}\Delta_b&=2\operatorname{Re}[\operatorname{tr}\{\boldsymbol{R}^{-1/2}\boldsymbol{A}\boldsymbol{P}\boldsymbol{e}_a\boldsymbol{e}_a^{\mathrm{H}}\boldsymbol{D}_\theta^{\mathrm{H}}\boldsymbol{Q}^{-1/2}\boldsymbol{\Pi}_{\tilde{\boldsymbol{A}}}^{\perp}\boldsymbol{Q}^{-1/2}\boldsymbol{D}_\theta\boldsymbol{e}_b\boldsymbol{e}_b^{\mathrm{H}}\boldsymbol{P}^{\mathrm{T}}\boldsymbol{A}^{\mathrm{H}}\boldsymbol{R}^{-1/2}\}]\\&=2\operatorname{Re}[(\boldsymbol{e}_a^{\mathrm{H}}(\boldsymbol{Q}^{-1/2}\boldsymbol{D}_\theta)^{\mathrm{H}}\boldsymbol{\Pi}_{\tilde{\boldsymbol{A}}}^{\perp}\boldsymbol{Q}^{-1/2}\boldsymbol{D}_\theta\boldsymbol{e}_b)\cdot\\&\quad(\boldsymbol{e}_b^{\mathrm{H}}\boldsymbol{P}(\boldsymbol{Q}^{-1/2}\boldsymbol{A})^{\mathrm{H}}(\boldsymbol{Q}^{-1/2}\boldsymbol{R}\boldsymbol{Q}^{-1/2})^{-1}\boldsymbol{Q}^{-1/2}\boldsymbol{A}\boldsymbol{P}\boldsymbol{e}_a)]\end{aligned}\tag{6.44}$$

上式的推导中使用了 $\boldsymbol{P}=\boldsymbol{P}^{\mathrm{H}}$这一性质。因此，我们得到

$$\Delta^{\mathrm{H}}\boldsymbol{\Pi}_V^{\perp}\Delta=2\operatorname{Re}[(\tilde{\boldsymbol{D}}_\theta^{\mathrm{H}}\boldsymbol{\Pi}_{\tilde{\boldsymbol{A}}}^{\perp}\tilde{\boldsymbol{D}}_\theta)\oplus(\boldsymbol{P}\tilde{\boldsymbol{A}}^{\mathrm{H}}\tilde{\boldsymbol{R}}^{-1}\tilde{\boldsymbol{A}}\boldsymbol{P})^{\mathrm{T}}]\tag{6.45}$$

类似地，可以得到

$$\begin{cases}\Delta^{\mathrm{H}}\boldsymbol{\Pi}_V^{\perp}\nabla=2\operatorname{Re}[(\tilde{\boldsymbol{D}}_\theta^{\mathrm{H}}\boldsymbol{\Pi}_{\tilde{\boldsymbol{A}}}^{\perp}\tilde{\boldsymbol{D}}_\varphi)\oplus(\boldsymbol{P}^{\mathrm{H}}\tilde{\boldsymbol{A}}^{\mathrm{H}}\tilde{\boldsymbol{R}}^{-1}\tilde{\boldsymbol{A}}\boldsymbol{P})^{\mathrm{T}}]\\\nabla^{\mathrm{H}}\boldsymbol{\Pi}_V^{\perp}\Delta=2\operatorname{Re}[(\tilde{\boldsymbol{D}}_\varphi^{\mathrm{H}}\boldsymbol{\Pi}_{\tilde{\boldsymbol{A}}}^{\perp}\tilde{\boldsymbol{D}}_\theta)\oplus(\boldsymbol{P}^{\mathrm{H}}\tilde{\boldsymbol{A}}^{\mathrm{H}}\tilde{\boldsymbol{R}}^{-1}\tilde{\boldsymbol{A}}\boldsymbol{P})^{\mathrm{T}}]\\\nabla^{\mathrm{H}}\boldsymbol{\Pi}_V^{\perp}\nabla=2\operatorname{Re}[(\tilde{\boldsymbol{D}}_\phi^{\mathrm{H}}\boldsymbol{\Pi}_{\tilde{\boldsymbol{A}}}^{\perp}\tilde{\boldsymbol{D}}_\varphi)\oplus(\boldsymbol{P}^{\mathrm{H}}\tilde{\boldsymbol{A}}^{\mathrm{H}}\tilde{\boldsymbol{R}}^{-1}\tilde{\boldsymbol{A}}\boldsymbol{P})^{\mathrm{T}}]\end{cases}\tag{6.46}$$

（2）$\boldsymbol{M}$ 的具体表达。

接下来，我们将考虑 $\boldsymbol{M}=\boldsymbol{F}^{\mathrm{H}}\boldsymbol{\Pi}_{\boldsymbol{V}}^{\perp}\boldsymbol{U}$ 的具体形式。很显然

$$\begin{aligned}\boldsymbol{U}&=(\boldsymbol{R}^{-\mathrm{T}/2}\otimes\boldsymbol{R}^{-1/2})\frac{\partial\boldsymbol{r}}{\partial\boldsymbol{\sigma}^{\mathrm{T}}}\\&=(\boldsymbol{R}^{-\mathrm{T}/2}\otimes\boldsymbol{R}^{-1/2})\operatorname{vec}\left\{\frac{\partial\boldsymbol{Q}}{\partial\boldsymbol{\sigma}^{\mathrm{T}}}\right\}\\&=\operatorname{vec}\left\{\boldsymbol{R}^{-1/2}\frac{\partial\boldsymbol{Q}}{\partial\boldsymbol{\sigma}^{\mathrm{T}}}\boldsymbol{R}^{-1/2}\right\}\end{aligned}\tag{6.47}$$

因此，可以得到

$$\Delta_k^{\mathrm{H}}\boldsymbol{\Pi}_{\boldsymbol{V}}^{\perp}u_p=2\mathrm{Re}[\operatorname{vec}^{\mathrm{T}}\{\boldsymbol{e}_k\boldsymbol{e}_k^{\mathrm{T}}\}((\widetilde{\boldsymbol{D}}_{\theta}^{\mathrm{H}}\boldsymbol{\Pi}_{\widetilde{\boldsymbol{A}}}^{\perp})\otimes(\widetilde{\boldsymbol{R}}^{-1}\widetilde{\boldsymbol{A}}\boldsymbol{P})^{\mathrm{T}})\operatorname{vec}^{*}\{\widetilde{\boldsymbol{Q}}_p'\}]\tag{6.48}$$

式（6.48）的详细推导如下。首先，

$$\Delta_k^{\mathrm{H}}\boldsymbol{\Pi}_{\boldsymbol{V}}^{\perp}\boldsymbol{u}_p=\operatorname{vec}^{\mathrm{H}}\{\boldsymbol{\Pi}_{\boldsymbol{R}^{-1/2},\boldsymbol{A}}^{\perp}\boldsymbol{Z}_{\theta k}^{\mathrm{H}}+\boldsymbol{Z}_{\theta k}\boldsymbol{\Pi}_{\boldsymbol{R}^{-1/2},\boldsymbol{A}}^{\perp}\}\operatorname{vec}\{\boldsymbol{R}^{-1/2}\boldsymbol{Q}_p'\boldsymbol{R}^{-1/2}\}\tag{6.49}$$

由式（6.1）的性质，可以得到

$$\begin{aligned}\Delta_k^{\mathrm{H}}\boldsymbol{\Pi}_{\boldsymbol{V}}^{\perp}\boldsymbol{u}_p&=\operatorname{tr}\{(\boldsymbol{\Pi}_{\boldsymbol{R}^{-1/2}\boldsymbol{A}}^{\perp}\boldsymbol{Z}_{\theta k}^{\mathrm{H}}+\boldsymbol{Z}_{\theta k}\boldsymbol{\Pi}_{\boldsymbol{R}^{-1/2}\boldsymbol{A}}^{\perp})\boldsymbol{R}^{-1/2}\boldsymbol{Q}_p'\boldsymbol{R}^{-1/2}\}\\&=2\mathrm{Re}[\operatorname{tr}\{\boldsymbol{Z}_{\theta_k}\boldsymbol{\Pi}_{\boldsymbol{R}^{-1/2}\boldsymbol{A}}^{\perp}\boldsymbol{R}^{-1/2}\boldsymbol{Q}_p'\boldsymbol{R}^{-1/2}\}]\end{aligned}\tag{6.50}$$

将 $\boldsymbol{Z}_{\theta_k}$ 代入式（6.50）中，并利用式（6.4）和式（6.43）的性质，可以得到

$$\begin{aligned}\Delta_k^{\mathrm{H}}\boldsymbol{\Pi}_{\boldsymbol{V}}^{\perp}\boldsymbol{u}_p&=2\mathrm{Re}[\operatorname{tr}\{\boldsymbol{R}^{-1/2}\boldsymbol{A}\boldsymbol{P}\boldsymbol{e}_k\boldsymbol{e}_k^{\mathrm{T}}\boldsymbol{D}_{\theta}^{\mathrm{H}}\boldsymbol{R}^{-1/2}\boldsymbol{\Pi}_{\boldsymbol{R}^{-12}\boldsymbol{A}}\boldsymbol{R}^{-1/2}\widetilde{\boldsymbol{Q}}_p'\boldsymbol{R}^{-1/2}\}]\\&=2\mathrm{Re}[\operatorname{tr}\{\boldsymbol{R}^{-1/2}\boldsymbol{A}\boldsymbol{P}\boldsymbol{e}_k\boldsymbol{e}_k^{\mathrm{T}}\boldsymbol{D}_{\theta}^{\mathrm{H}}\boldsymbol{Q}^{-1/2}\boldsymbol{\Pi}_{\widetilde{\boldsymbol{A}}}^{\perp}\boldsymbol{Q}^{-1/2}\widetilde{\boldsymbol{Q}}_p'\boldsymbol{R}^{-1/2}\}]\\&=2\mathrm{Re}[\operatorname{tr}\{\widetilde{\boldsymbol{Q}}_p'\widetilde{\boldsymbol{R}}^{-1}\widetilde{\boldsymbol{A}}\boldsymbol{P}\boldsymbol{e}_k\boldsymbol{e}_k^{\mathrm{T}}\widetilde{\boldsymbol{D}}_{\theta}^{\mathrm{H}}\boldsymbol{\Pi}_{\widetilde{\boldsymbol{A}}}^{\perp}\}]\end{aligned}\tag{6.51}$$

利用式（6.1）的性质，再利用式（6.5）的性质两次，可以得到

$$\begin{aligned}\Delta_k^{\mathrm{H}}\boldsymbol{\Pi}_{V}^{\perp}\boldsymbol{u}_p&=2\mathrm{Re}[\operatorname{vec}^{\mathrm{H}}\{\widetilde{\boldsymbol{Q}}_p'\}\operatorname{vec}\{(\widetilde{\boldsymbol{R}}^{-1}\widetilde{\boldsymbol{A}}\boldsymbol{P})(\boldsymbol{e}_k\boldsymbol{e}_k^{\mathrm{T}})(\widetilde{\boldsymbol{D}}_{\theta}^{\mathrm{H}}\boldsymbol{\Pi}_{\widetilde{\boldsymbol{A}}}^{\perp})\}]\\&=2\mathrm{Re}[\operatorname{vec}^{\mathrm{H}}\{\widetilde{\boldsymbol{Q}}_p'\}((\widetilde{\boldsymbol{D}}_{\theta}^{\mathrm{H}}\boldsymbol{\Pi}_{\widetilde{\boldsymbol{A}}}^{\perp})^{\mathrm{T}}\otimes(\widetilde{\boldsymbol{R}}^{-1}\widetilde{\boldsymbol{A}}\boldsymbol{P}))\operatorname{vec}\{\boldsymbol{e}_k\boldsymbol{e}_k^{\mathrm{T}}\}]\\&=2\mathrm{Re}[\operatorname{vec}^{\mathrm{T}}\{\boldsymbol{e}_k\boldsymbol{e}_k^{\mathrm{T}}\}((\widetilde{\boldsymbol{D}}_{\theta}^{\mathrm{H}}\boldsymbol{\Pi}_{\widetilde{\boldsymbol{A}}}^{\perp})\otimes(\widetilde{\boldsymbol{R}}^{-1}\widetilde{\boldsymbol{A}}\boldsymbol{P})^{\mathrm{T}})\operatorname{vec}^{*}\{\widetilde{\boldsymbol{Q}}_p'\}]\end{aligned}\tag{6.52}$$

通过以上推导即可得到式（6.48）。很容易得到

$$\boldsymbol{\Delta}^{\mathrm{H}}\boldsymbol{\Pi}_{\boldsymbol{V}}^{\perp}\boldsymbol{U}=2\mathrm{Re}[\boldsymbol{J}^{\mathrm{T}}((\widetilde{\boldsymbol{D}}_{\theta}^{\mathrm{H}}\boldsymbol{\Pi}_{\widetilde{\boldsymbol{A}}}^{\perp})\otimes(\widetilde{\boldsymbol{R}}^{-1}\widetilde{\boldsymbol{A}}\boldsymbol{P})^{\mathrm{T}})\widetilde{\boldsymbol{Q}}^{*}]\tag{6.53}$$

类似地，可以得到

$$\nabla^{\mathrm{H}}\boldsymbol{\Pi}_{\boldsymbol{V}}^{\perp}\boldsymbol{U}=2\mathrm{Re}[\boldsymbol{J}^{\mathrm{T}}((\widetilde{\boldsymbol{D}}_{\varphi}^{\mathrm{H}}\boldsymbol{\Pi}_{\widetilde{\boldsymbol{A}}}^{\perp})\otimes(\widetilde{\boldsymbol{R}}^{-1}\widetilde{\boldsymbol{A}}\boldsymbol{P})^{\mathrm{T}})\widetilde{\boldsymbol{Q}}^{*}]\tag{6.54}$$

因此，有

$$\boldsymbol{M}=\boldsymbol{F}^{\mathrm{H}}\boldsymbol{\Pi}_{\boldsymbol{V}}^{\perp}\boldsymbol{U}=[\boldsymbol{\Delta},\nabla]^{\mathrm{H}}\boldsymbol{\Pi}_{\boldsymbol{V}}^{\perp}\boldsymbol{U}=\begin{bmatrix}\boldsymbol{\Delta}^{\mathrm{H}}\boldsymbol{\Pi}_{\boldsymbol{V}}^{\perp}\boldsymbol{U}\\\nabla^{\mathrm{H}}\boldsymbol{\Pi}_{\boldsymbol{V}}^{\perp}\boldsymbol{U}\end{bmatrix}\tag{6.55}$$

（3）$\boldsymbol{T}$ 的显式表达式

最后，我们将考虑 $\boldsymbol{T}=\boldsymbol{U}^{\mathrm{H}}\boldsymbol{\Pi}_{\boldsymbol{V}}^{\perp}\boldsymbol{U}$ 的具体表达。根据式（6.40）和

式（6.47），可以得到

$$\boldsymbol{u}_p^{\mathrm{H}}\boldsymbol{\Pi}_V^{\perp}\boldsymbol{u}_q=\mathrm{vec}^{\mathrm{H}}\{\boldsymbol{R}^{-1/2}\boldsymbol{Q}'_p\boldsymbol{R}^{-1/2}\}(\boldsymbol{I}\otimes\boldsymbol{\Pi}_{\boldsymbol{R}^{-1/2}\boldsymbol{A}}^{\perp}+\boldsymbol{\Pi}_{\boldsymbol{R}^{-1/2}\boldsymbol{A}}^{\perp}\otimes\boldsymbol{I}-\boldsymbol{\Pi}_{\boldsymbol{R}^{-1/2}\boldsymbol{A}}^{\perp}\otimes\boldsymbol{\Pi}_{\boldsymbol{R}^{-1/2}\boldsymbol{A}}^{\perp})\mathrm{vec}\{\boldsymbol{R}^{-1/2}\boldsymbol{Q}'_p\boldsymbol{R}^{-1/2}\}\tag{6.56}$$

根据式（6.5）的性质，可以得到

$$\begin{aligned}\boldsymbol{u}_p^{\mathrm{H}}\boldsymbol{\Pi}_V^{\perp}\boldsymbol{u}_q&=\mathrm{vec}^{\mathrm{H}}\{\boldsymbol{R}^{-1/2}\boldsymbol{Q}'_p\boldsymbol{R}^{-1/2}\}\mathrm{vec}\{\boldsymbol{\Pi}_{\boldsymbol{R}^{-1/2}\boldsymbol{A}}^{\perp}\boldsymbol{R}^{-1/2}\boldsymbol{Q}'_q\boldsymbol{R}^{-1/2}+\\&\quad\boldsymbol{R}^{-1/2}\boldsymbol{Q}'_p\boldsymbol{R}^{-1/2}\boldsymbol{\Pi}_{\boldsymbol{R}^{-1/2}\boldsymbol{A}}^{\perp}-\boldsymbol{\Pi}_{\boldsymbol{R}^{-1/2}\boldsymbol{A}}^{\perp}\boldsymbol{R}^{-1/2}\boldsymbol{Q}'_q\boldsymbol{R}^{-1/2}\boldsymbol{\Pi}_{\boldsymbol{R}^{-1/2}\boldsymbol{A}}^{\perp}\}\\&=\mathrm{tr}\{(\boldsymbol{R}^{-1/2}\boldsymbol{Q}'_p\boldsymbol{R}^{-1/2})(\boldsymbol{\Pi}_{\boldsymbol{R}^{-1/2}\boldsymbol{A}}^{\perp}\boldsymbol{R}^{-1/2}\boldsymbol{Q}'_q\boldsymbol{R}^{-1/2}+\\&\quad\boldsymbol{R}^{-1/2}\boldsymbol{Q}'_q\boldsymbol{R}^{-1/2}\boldsymbol{\Pi}_{\boldsymbol{R}^{-1/2}\boldsymbol{A}}^{\perp}-\boldsymbol{\Pi}_{\boldsymbol{R}^{-1/2}\boldsymbol{A}}^{\perp}\boldsymbol{R}^{-1/2}\boldsymbol{Q}'_q\boldsymbol{R}^{-1/2}\boldsymbol{\Pi}_{\boldsymbol{R}^{-1/2}\boldsymbol{A}}^{\perp})\}\end{aligned}\tag{6.57}$$

再根据式（6.43）和式（6.4），可以得到

$$\begin{aligned}&\mathrm{tr}\{(\boldsymbol{R}^{-1/2}\boldsymbol{Q}'_p\boldsymbol{R}^{-1/2})(\boldsymbol{\Pi}_{\boldsymbol{R}^{-1/2}\boldsymbol{A}}^{\perp}\boldsymbol{R}^{-1/2}\boldsymbol{Q}'_q\boldsymbol{R}^{-1/2}+\boldsymbol{R}^{-1/2}\boldsymbol{Q}'_q\boldsymbol{R}^{-1/2}\boldsymbol{\Pi}_{\boldsymbol{R}^{-1/2}\boldsymbol{A}}^{\perp})\}\\&=2\mathrm{Re}[\mathrm{tr}\{\boldsymbol{Q}'_p\boldsymbol{Q}^{-1/2}\boldsymbol{\Pi}_{\tilde{\boldsymbol{A}}}^{\perp}\boldsymbol{Q}^{-1/2}\boldsymbol{Q}'_q\boldsymbol{R}^{-1}\}]\end{aligned}\tag{6.58}$$

利用式（6.3）的性质，得到

$$\begin{aligned}&\mathrm{tr}\{\boldsymbol{Q}'_p\boldsymbol{Q}^{-1/2}\boldsymbol{\Pi}_{\tilde{\boldsymbol{A}}}^{\perp}\boldsymbol{Q}^{-1/2}\boldsymbol{Q}'_q\boldsymbol{R}^{-1}\}\\&=\mathrm{tr}\{\boldsymbol{Q}^{-1/2}\boldsymbol{Q}'_p\boldsymbol{Q}^{-1/2}\boldsymbol{\Pi}_{\tilde{\boldsymbol{A}}}^{\perp}\boldsymbol{Q}^{-1/2}\boldsymbol{Q}'_q\boldsymbol{Q}^{-1/2}\boldsymbol{Q}^{1/2}\boldsymbol{R}^{-1}\boldsymbol{Q}^{1/2}\}\\&=\mathrm{tr}\{\breve{\boldsymbol{Q}}'_p\boldsymbol{\Pi}_{\tilde{\boldsymbol{A}}}^{\perp}\breve{\boldsymbol{Q}}'_q\breve{\boldsymbol{R}}^{-1}\}\end{aligned}\tag{6.59}$$

类似地，式（6.57）中的最后一项可以改为

$$\begin{aligned}&\mathrm{tr}\{\boldsymbol{R}^{-1/2}\boldsymbol{Q}'_p\boldsymbol{R}^{-1/2}\boldsymbol{\Pi}_{\boldsymbol{R}^{-1/2}\boldsymbol{A}}^{\perp}\boldsymbol{R}^{-1/2}\boldsymbol{Q}'_q\boldsymbol{R}^{-1/2}\boldsymbol{\Pi}_{\boldsymbol{R}^{-1/2}\boldsymbol{A}}^{\perp}\}\\&=\mathrm{tr}\{\boldsymbol{Q}'_p\boldsymbol{R}^{-1/2}\boldsymbol{\Pi}_{\boldsymbol{R}^{-1/2}\boldsymbol{A}}^{\perp}\boldsymbol{R}^{-1/2}\boldsymbol{Q}'_q\boldsymbol{R}^{-1/2}\boldsymbol{\Pi}_{\boldsymbol{R}^{-1/2}\boldsymbol{A}}^{\perp}\boldsymbol{R}^{-1/2}\}\\&=\mathrm{tr}\{\boldsymbol{Q}'_p\boldsymbol{Q}^{-1/2}\boldsymbol{\Pi}_{\tilde{\boldsymbol{A}}}^{\perp}\boldsymbol{Q}^{-1/2}\boldsymbol{Q}'_q\boldsymbol{Q}^{-1/2}\boldsymbol{\Pi}_{\tilde{\boldsymbol{A}}}^{\perp}\boldsymbol{Q}^{-1/2}\}\\&=\mathrm{tr}\{\boldsymbol{Q}^{-1/2}\boldsymbol{Q}'_p\boldsymbol{Q}^{-1/2}\boldsymbol{\Pi}_{\tilde{\boldsymbol{A}}}^{\perp}\boldsymbol{Q}^{-1/2}\boldsymbol{Q}'_q\boldsymbol{Q}^{-1/2}\boldsymbol{\Pi}_{\tilde{\boldsymbol{A}}}^{\perp}\}\\&=\mathrm{tr}\{\breve{\boldsymbol{Q}}'_p\boldsymbol{\Pi}_{\tilde{\boldsymbol{A}}}^{\perp}\breve{\boldsymbol{Q}}'_q\boldsymbol{\Pi}_{\tilde{\boldsymbol{A}}}^{\perp}\}\end{aligned}\tag{6.60}$$

因此，可以推导出

$$\boldsymbol{u}_p^{\mathrm{H}}\boldsymbol{\Pi}_V^{\perp}\boldsymbol{u}_q=2\mathrm{Re}[\mathrm{tr}\{\widetilde{\boldsymbol{Q}}'_p\boldsymbol{\Pi}_{\tilde{\boldsymbol{A}}}^{\perp}\widetilde{\boldsymbol{Q}}'_q\widetilde{\boldsymbol{R}}^{-1}\}]-\mathrm{tr}\{\widetilde{\boldsymbol{Q}}'_p\boldsymbol{\Pi}_{\tilde{\boldsymbol{A}}}^{\perp}\widetilde{\boldsymbol{Q}}'_q\boldsymbol{\Pi}_{\tilde{\boldsymbol{A}}}^{\perp}\}\tag{6.61}$$

利用式（6.1）和式（6.5）的结论，可以得到

$$\begin{aligned}\mathrm{tr}\{\widetilde{\boldsymbol{Q}}'_p\boldsymbol{\Pi}_{\tilde{\boldsymbol{A}}}^{\perp}\widetilde{\boldsymbol{Q}}'_q\boldsymbol{R}^{-1}\}&=\mathrm{vec}^{\mathrm{H}}\{\widetilde{\boldsymbol{Q}}'_p\}\mathrm{vec}\{\boldsymbol{\Pi}_{\tilde{\boldsymbol{A}}}^{\perp}\widetilde{\boldsymbol{Q}}'_q\breve{\boldsymbol{R}}^{-1}\}\\&=\mathrm{vec}^{\mathrm{H}}\{\widetilde{\boldsymbol{Q}}'_p\}(\breve{\boldsymbol{R}}^{-\mathrm{T}}\otimes\boldsymbol{\Pi}_{\tilde{\boldsymbol{A}}}^{\perp})\mathrm{vec}\{\widetilde{\boldsymbol{Q}}'_q\}\end{aligned}\tag{6.62}$$

再经过简单的处理，可以得到

$$\mathrm{tr}\{\widetilde{\boldsymbol{Q}}'_p\boldsymbol{\Pi}_{\tilde{\boldsymbol{A}}}^{\perp}\widetilde{\boldsymbol{Q}}'_q\boldsymbol{\Pi}_{\tilde{\boldsymbol{A}}}^{\perp}\}=\mathrm{vec}^{\mathrm{H}}\{\widetilde{\boldsymbol{Q}}'_p\}((\boldsymbol{\Pi}_{\tilde{\boldsymbol{A}}}^{\perp})^{\mathrm{T}}\otimes\boldsymbol{\Pi}_{\tilde{\boldsymbol{A}}}^{\perp})\mathrm{vec}\{\widetilde{\boldsymbol{Q}}'_q\}\tag{6.63}$$

因此，

$$\boldsymbol{T}=2\mathrm{Re}\{\widetilde{\boldsymbol{Q}}^{\mathrm{H}}(\widetilde{\boldsymbol{R}}^{-\mathrm{T}}\otimes\boldsymbol{\Pi}_{\tilde{\boldsymbol{A}}}^{\perp})\widetilde{\boldsymbol{Q}}\}-\widetilde{\boldsymbol{Q}}^{\mathrm{H}}((\boldsymbol{\Pi}_{\tilde{\boldsymbol{A}}}^{\perp})^{\mathrm{T}}\otimes\boldsymbol{\Pi}_{\tilde{\boldsymbol{A}}}^{\perp})\widetilde{\boldsymbol{Q}}\tag{6.64}$$

很容易就可以看出 $\boldsymbol{T}$ 中最后一项是实值的。经过以上推导，可以得到式（6.17）中的维度为 $2K\times2K$ 的 STO-CRB 矩阵。

6.1.4 CRB 关系的讨论

（1）$\mathrm{CRB}_{\mathrm{STO}}(\boldsymbol{\theta},\boldsymbol{\varphi})$ 和 $\mathrm{CRB}_{\mathrm{DET}}(\boldsymbol{\theta},\boldsymbol{\varphi})$ 的关系。

接下来比较 $\mathrm{CRB}_{\mathrm{STO}}(\boldsymbol{\theta},\boldsymbol{\varphi})$ 和确知的 CRB（用下标 DET 标注），其中，后者由下式给出

$$\mathrm{CRB}_{\mathrm{DET}}(\boldsymbol{\theta},\boldsymbol{\varphi})=\frac{1}{2L}[\mathrm{Re}\{(\widetilde{\boldsymbol{D}}^{\mathrm{H}}\boldsymbol{\Pi}_{\widetilde{A}}^{\perp}\widetilde{\boldsymbol{D}})\oplus(\hat{\boldsymbol{P}}^{\mathrm{T}}\otimes\boldsymbol{I}_{2\times2})\}]^{-1} \tag{6.65}$$

式中：$\hat{\boldsymbol{P}}=\sum_{\tau=1}^{L}\boldsymbol{\alpha}(\tau)\boldsymbol{\alpha}^{\mathrm{H}}(\tau)$。

由式（6.31）可知，$\boldsymbol{T}$ 是非负定的，因此 $\boldsymbol{T}^{-1}$ 也是非负定的，即有

$$\boldsymbol{H}-\boldsymbol{M}\boldsymbol{T}^{-1}\boldsymbol{M}^{\mathrm{H}}\leqslant\boldsymbol{H} \tag{6.66}$$

因此，$(\boldsymbol{H}-\boldsymbol{M}\boldsymbol{T}^{-1}\boldsymbol{M}^{\mathrm{H}})^{-1}\geqslant\boldsymbol{H}^{-1}$，并且

$$\mathrm{CRB}_{\mathrm{STO}}(\boldsymbol{\theta},\boldsymbol{\varphi})\geqslant\frac{1}{L}\boldsymbol{H}^{-1} \tag{6.67}$$

接下来比较 $\frac{1}{L}\boldsymbol{H}^{-1}$ 和 $\mathrm{CRB}_{\mathrm{DET}}(\boldsymbol{\theta},\boldsymbol{\varphi})$。假设 $L\gg0$，因此 $\hat{\boldsymbol{P}}\approx\boldsymbol{P}$。经过证明可得到

$$\mathrm{CRB}_{\mathrm{DET}}(\boldsymbol{\theta},\boldsymbol{\varphi})\leqslant\frac{1}{L}\boldsymbol{H}^{-1} \tag{6.68}$$

具体证明过程如下。首先，证明式（6.68）等价于证明

$$\mathrm{Re}\{(\widetilde{\boldsymbol{D}}^{\mathrm{H}}\boldsymbol{\Pi}_{\widetilde{A}}^{\perp}\widetilde{\boldsymbol{D}})\odot(\boldsymbol{P}^{\mathrm{T}}\otimes\boldsymbol{I}_{2\times2})\}\geqslant\mathrm{Re}\{(\widetilde{\boldsymbol{D}}^{\mathrm{H}}\boldsymbol{\Pi}_{\widetilde{A}}^{\perp}\widetilde{\boldsymbol{D}})\odot(\breve{\boldsymbol{P}}^{\mathrm{T}}\otimes\boldsymbol{I}_{2\times2})\} \tag{6.69}$$

上式在 $\mathrm{Re}\{(\widetilde{\boldsymbol{D}}^{\mathrm{H}}\boldsymbol{\Pi}_{\widetilde{A}}^{\perp}\widetilde{\boldsymbol{D}})\odot((\boldsymbol{P}-\breve{\boldsymbol{P}})^{\mathrm{T}}\otimes\boldsymbol{I}_{2\times2})\}$ 为正数时成立。接下来需要分析 $\boldsymbol{P}-\breve{\boldsymbol{P}}$ 的性质。可以看出

$$\widetilde{\boldsymbol{R}}=\widetilde{\boldsymbol{A}}\boldsymbol{P}\widetilde{\boldsymbol{A}}^{\mathrm{H}}+\boldsymbol{I} \tag{6.70}$$

由于

$$\begin{aligned}(\widetilde{\boldsymbol{A}}^{\mathrm{H}}\widetilde{\boldsymbol{A}}\boldsymbol{P}+\boldsymbol{I})^{-1}\widetilde{\boldsymbol{A}}^{\mathrm{H}}\widetilde{\boldsymbol{R}}&=(\widetilde{\boldsymbol{A}}^{\mathrm{H}}\widetilde{\boldsymbol{A}}\boldsymbol{P}+\boldsymbol{I})^{-1}\widetilde{\boldsymbol{A}}^{\mathrm{H}}(\widetilde{\boldsymbol{A}}\boldsymbol{P}\widetilde{\boldsymbol{A}}^{\mathrm{H}}+\boldsymbol{I})\\&=(\widetilde{\boldsymbol{A}}^{\mathrm{H}}\widetilde{\boldsymbol{A}}\boldsymbol{P}+\boldsymbol{I})^{-1}(\widetilde{\boldsymbol{A}}^{\mathrm{H}}\widetilde{\boldsymbol{A}}\boldsymbol{P}+\boldsymbol{I})\widetilde{\boldsymbol{A}}^{\mathrm{H}}\\&=\widetilde{\boldsymbol{A}}^{\mathrm{H}}\end{aligned} \tag{6.71}$$

因此

$$(\widetilde{\boldsymbol{A}}^{\mathrm{H}}\widetilde{\boldsymbol{A}}\boldsymbol{P}+\boldsymbol{I})^{-1}\widetilde{\boldsymbol{A}}^{\mathrm{H}}=\widetilde{\boldsymbol{A}}^{\mathrm{H}}\widetilde{\boldsymbol{R}}^{-1} \tag{6.72}$$

很容易得到

$$(\widetilde{\boldsymbol{A}}^{\mathrm{H}}\widetilde{\boldsymbol{A}}\boldsymbol{P}+\boldsymbol{I})^{-1}\widetilde{\boldsymbol{A}}^{\mathrm{H}}\widetilde{\boldsymbol{A}}=\widetilde{\boldsymbol{A}}^{\mathrm{H}}\widetilde{\boldsymbol{R}}^{-1}\widetilde{\boldsymbol{A}} \tag{6.73}$$

接下来，我们可以得到

$$
\begin{aligned}
\boldsymbol{P}\widetilde{\boldsymbol{A}}^{\mathrm{H}}\widetilde{\boldsymbol{R}}^{-1}\widetilde{\boldsymbol{A}}\boldsymbol{P} &= \boldsymbol{P}(\widetilde{\boldsymbol{A}}^{\mathrm{H}}\widetilde{\boldsymbol{A}}\boldsymbol{P}+\boldsymbol{I})^{-1}\widetilde{\boldsymbol{A}}^{\mathrm{H}}\widetilde{\boldsymbol{A}}\boldsymbol{P} \\
&= \boldsymbol{P}(\boldsymbol{I}+\boldsymbol{P}^{-1}(\widetilde{\boldsymbol{A}}^{\mathrm{H}}\widetilde{\boldsymbol{A}})^{-1})^{-1} \\
&= (\boldsymbol{P}^{-1}+\boldsymbol{P}^{-1}(\widetilde{\boldsymbol{A}}^{\mathrm{H}}\widetilde{\boldsymbol{A}})^{-1}\boldsymbol{P}^{-1})^{-1}
\end{aligned}
\tag{6.74}
$$

最后，可以得到

$$
\begin{aligned}
\boldsymbol{P}-\breve{\boldsymbol{P}} &= \boldsymbol{P}-\boldsymbol{P}(\boldsymbol{I}+\boldsymbol{P}^{-1}(\widetilde{\boldsymbol{A}}^{\mathrm{H}}\widetilde{\boldsymbol{A}})^{-1})^{-1} \\
&= \boldsymbol{P}(\boldsymbol{I}+\boldsymbol{P}^{-1}(\widetilde{\boldsymbol{A}}^{\mathrm{H}}\widetilde{\boldsymbol{A}})^{-1})^{-1}\boldsymbol{P}^{-1}(\widetilde{\boldsymbol{A}}^{\mathrm{H}}\widetilde{\boldsymbol{A}})^{-1} \\
&= \boldsymbol{P}(\widetilde{\boldsymbol{A}}^{\mathrm{H}}\widetilde{\boldsymbol{A}}\boldsymbol{P}+\boldsymbol{I})^{-1} \\
&= (\widetilde{\boldsymbol{A}}^{\mathrm{H}}\widetilde{\boldsymbol{A}}+\boldsymbol{P}^{-1})^{-1}
\end{aligned}
\tag{6.75}
$$

显然上式是正定的。

接下来考虑$(\boldsymbol{P}-\breve{\boldsymbol{P}})^{\mathrm{T}}\otimes\boldsymbol{I}_{2\times2}$。很明显矩阵$(\boldsymbol{P}-\breve{\boldsymbol{P}})^{\mathrm{T}}\otimes\begin{bmatrix}1&0\\0&0\end{bmatrix}$和矩阵$(\boldsymbol{P}-\breve{\boldsymbol{P}})^{\mathrm{T}}\otimes\boldsymbol{I}_{2\times2}$是相等的。因此，$(\boldsymbol{P}-\breve{\boldsymbol{P}})^{\mathrm{T}}\otimes\boldsymbol{I}_{2\times2}$是半正定的。$\widetilde{\boldsymbol{D}}^{\mathrm{H}}\boldsymbol{\Pi}_{\widetilde{A}}^{\perp}\widetilde{\boldsymbol{D}}$的对角线上至少有一个非零元素。由此可以得到式（6.68）。所以，下面的不等式成立

$$
\mathrm{CRB}_{\mathrm{STO}}(\boldsymbol{\theta},\boldsymbol{\varphi})\geqslant\mathrm{CRB}_{\mathrm{DET}}(\boldsymbol{\theta},\boldsymbol{\varphi})
\tag{6.76}
$$

（2）高斯白噪声的统计 CRB。

均匀高斯白噪声的情况在 MIMO 雷达中广泛使用，在这种情况下，$\boldsymbol{C}=\sigma^2\boldsymbol{I}$，$\boldsymbol{Q}=\sigma^2\boldsymbol{I}$，其中，$\sigma^2$是噪声协方差。未知实参数可表示为

$$
\boldsymbol{\beta}=[\boldsymbol{\theta}^{\mathrm{T}},\boldsymbol{\varphi}^{\mathrm{T}},\boldsymbol{\rho}^{\mathrm{T}},\sigma^2]^{\mathrm{T}}
\tag{6.77}
$$

此外，有$\boldsymbol{\Pi}_{\widetilde{A}}^{\perp}=\boldsymbol{\Pi}_{A}^{\perp}$，$\widetilde{\boldsymbol{D}}^{\mathrm{H}}\boldsymbol{\Pi}_{\widetilde{A}}^{\perp}\widetilde{\boldsymbol{D}}=\sigma^{-2}(\boldsymbol{D}^{\mathrm{H}}\boldsymbol{\Pi}_{A}^{\perp}\boldsymbol{D})$，$\boldsymbol{P}\widetilde{\boldsymbol{A}}^{\mathrm{H}}\widetilde{\boldsymbol{R}}^{-1}\widetilde{\boldsymbol{A}}\boldsymbol{P}=\boldsymbol{P}\boldsymbol{A}^{\mathrm{H}}\boldsymbol{R}^{-1}\boldsymbol{A}\boldsymbol{P}=\overline{\boldsymbol{P}}$，$\boldsymbol{U}=\mathrm{vec}\{\boldsymbol{R}^{-1}\}$，从式（6.51）中可以得到下式

$$
\begin{aligned}
\boldsymbol{\Delta}_k^{\mathrm{H}}\boldsymbol{\Pi}_{V}^{\perp}\boldsymbol{U} &= 2\sigma^{-2}\mathrm{Re}[\mathrm{tr}\{\boldsymbol{A}\boldsymbol{P}\boldsymbol{e}_k\boldsymbol{e}_k^{\mathrm{T}}\boldsymbol{D}_{\theta}^{\mathrm{H}}\boldsymbol{\Pi}_{\widetilde{A}}^{\perp}\boldsymbol{R}^{-1}\}] \\
&= 2\sigma^{-2}\mathrm{Re}[\mathrm{tr}\{\boldsymbol{\Pi}_{\widetilde{A}}^{\perp}\boldsymbol{R}^{-1}\boldsymbol{A}\boldsymbol{P}\boldsymbol{e}_k\boldsymbol{e}_k^{\mathrm{T}}\boldsymbol{D}_{\theta}^{\mathrm{H}}\}] \\
&= \boldsymbol{0}
\end{aligned}
\tag{6.78}
$$

上式用到了$\boldsymbol{\Pi}_{\widetilde{A}}^{\perp}\boldsymbol{R}^{-1}\boldsymbol{A}=\boldsymbol{\Pi}_{\widetilde{A}}^{\perp}\boldsymbol{A}=\boldsymbol{0}$这一性质。因此，$\boldsymbol{T}=\boldsymbol{0}$和高斯白噪声下$(\boldsymbol{\theta},\boldsymbol{\varphi})$的随机 CRB 的 $\mathrm{CRB}_{\mathrm{STO\text{-}U}}$为

$$
\mathrm{CRB}_{\mathrm{STO\text{-}U}}(\boldsymbol{\theta},\boldsymbol{\varphi})=\frac{\sigma^2}{2L}[\mathrm{Re}\{(\boldsymbol{D}^{\mathrm{H}}\boldsymbol{\Pi}_{A}^{\perp}\boldsymbol{D})\oplus(\overline{\boldsymbol{P}}^{\mathrm{T}}\otimes\boldsymbol{I}_{2\times2})\}]^{-1}
\tag{6.79}
$$

（3）单基地 MIMO 雷达的 STO-CRB。

另一种特殊情况是基于 ULA 的单基地 MIMO 雷达结构，其中，DOD 与 DOA 是重合的，即$\theta_k=\varphi_k,k=1,2,\cdots,K$。阵列的协方差矩阵变成$\boldsymbol{R}=\overline{\boldsymbol{A}}\boldsymbol{P}\overline{\boldsymbol{A}}+\boldsymbol{Q}$，其中，$\overline{\boldsymbol{A}}$的第 k 列为$\overline{\boldsymbol{a}}(\theta_k)=\boldsymbol{a}(\theta_k)\otimes\boldsymbol{a}(\theta_k)$，$\boldsymbol{a}(\theta_k)$是第 k 个发射/接收响应向量。因此，未知实参数可以表示为

$$
\boldsymbol{\beta}=[\boldsymbol{\theta}^{\mathrm{T}},\boldsymbol{\rho}^{\mathrm{T}},\sigma]^{\mathrm{T}}
\tag{6.80}
$$

参考上述推导过程，很容易得出基于单基地 MIMO 雷达的 DOA 估计的随机 CRB 为

$$\mathrm{CRB}_{\mathrm{STO-M}}(\boldsymbol{\theta})=\frac{1}{L}[\boldsymbol{H}-\boldsymbol{M}\boldsymbol{T}^{-1}\boldsymbol{M}^{\mathrm{T}}]^{-1} \tag{6.81}$$

其中，

$$\boldsymbol{H}=2\mathrm{Re}\{(\widetilde{\boldsymbol{D}}^{\mathrm{H}}\boldsymbol{\Pi}_{\breve{A}}^{\perp}\widetilde{\boldsymbol{D}})\oplus(\boldsymbol{P}\breve{\boldsymbol{A}}^{\mathrm{H}}\widetilde{\boldsymbol{R}}^{-1}\breve{\boldsymbol{A}}\boldsymbol{P})\} \tag{6.82}$$

$$\boldsymbol{M}=2\mathrm{Re}\{\boldsymbol{J}^{\mathrm{T}}((\widetilde{\boldsymbol{D}}^{\mathrm{H}}\boldsymbol{\Pi}_{\breve{A}}^{\perp})\otimes(\widetilde{\boldsymbol{R}}^{-1}\breve{\boldsymbol{A}}\boldsymbol{P})^{\mathrm{T}})\widetilde{\boldsymbol{Q}}^{*}\} \tag{6.83}$$

$$\boldsymbol{T}=2\mathrm{Re}\{\widetilde{\boldsymbol{Q}}^{\mathrm{H}}(\widetilde{\boldsymbol{R}}^{-\mathrm{T}}\otimes\boldsymbol{\Pi}_{\breve{A}}^{\perp})\widetilde{\boldsymbol{Q}}\}-\widetilde{\boldsymbol{Q}}^{\mathrm{H}}((\boldsymbol{\Pi}_{\breve{A}}^{\perp})^{\mathrm{T}}\otimes\boldsymbol{\Pi}_{\breve{A}}^{\perp})\widetilde{\boldsymbol{Q}} \tag{6.84}$$

式中：$\widetilde{\boldsymbol{D}}=\boldsymbol{Q}^{-1/2}[\partial\bar{\boldsymbol{a}}(\theta_1)/\partial\theta_1,\partial\bar{\boldsymbol{a}}(\theta_2)/\partial\theta_2,\cdots,\partial\bar{\boldsymbol{a}}(\theta_K)/\partial\theta_K]$；$\breve{\boldsymbol{A}}=\boldsymbol{Q}^{-1/2}\overline{\boldsymbol{A}}$。

（4）其他阵列结构的结果。

虽然我们只给出 1D 线性阵列结构的 CRB 推导，但本框架适用于任意阵列流形，如 2D 线性阵列，3D 线性阵列，以及非线性阵列，如均匀圆形阵列和互质阵列。区别在于发射方向矩阵和接收方向矩阵中都有两个参数（仰角-方位角）。因此式（6.16）中的 $\boldsymbol{\beta}$ 包含$(K^2+4K+P)\times 1$ 维的未知实参数，并且 $\boldsymbol{H}$ 的推导中会有更多的交叉项。感兴趣的读者根据自己的需求派生其他 CRB。

6.1.5　仿真结果

在本节中，将展示 CRB 的一些数值结果。除非另有说明，否则假设仿真是基于 ULA 的双基地 MIMO 雷达（在之前的文献中广泛采用这种结构）进行的，天线系统由 $M=8$ 个发射阵元和 $N=6$ 个接收阵元构成。假设有 $K=3$ 个远场目标，方向对分别为$(\theta_1,\varphi_1)=(10°,-45°)$，$(\theta_2,\varphi_2)=(30°,5°)$，$(\theta_3,\varphi_3)=(70°,25°)$。另外，假设在每次试验中有 L 个快拍，随机生成 RCS 系数。考虑两种空间色噪声情况。①$\boldsymbol{C}$ 由两个参数表征，$\sigma=[\lambda,\mu]$，$\boldsymbol{C}$ 中第(m,n)个元素表示为 $\boldsymbol{C}(m,n)=\lambda\mathrm{e}^{-|m-n|\mu}$，$\mu$ 是色噪声参数。需要注意的是，当 $\mu\gg 1$ 时 $\boldsymbol{C}\approx\boldsymbol{I}$。②$\boldsymbol{C}(m,n)=\lambda\boldsymbol{X}(m,n)$，其中，$\boldsymbol{X}(m,n)$是随机生成的，$1\leqslant n\leqslant N$ 时 $\boldsymbol{C}(n,n)=1$。所有的曲线都基于 200 次蒙特卡罗试验。仿真中，SNR 由$\mathrm{SNR}=10\lg(\sigma_s^2/\lambda)[\mathrm{dB}]$定义，其中，$\sigma_s^2$为 RCS 系数的平均功率。

首先，考察了情况①下不同 SNR 的 DOD（标记为 STO-t）和 DOA（标记为 STO-r）的平均 STO-CRB，其中，$L=500$，$\mu=1$。将结果与相关的 DET-CRB（分别标记为 DET-r 和 DET-t）进行比较。同时，也对加入白噪声的结果进行比较（用后缀“U”标记）。仿真结果如图 6.1 所示。可以看到，随着 SNR 的增加，所有的 CRB 都得到了改善，并且 STO-CRB 与 DET-CRB 非常接近。此外，由于 $M>N$，DOD 估计的 CRB 低于 DOA 估计的 CRB。

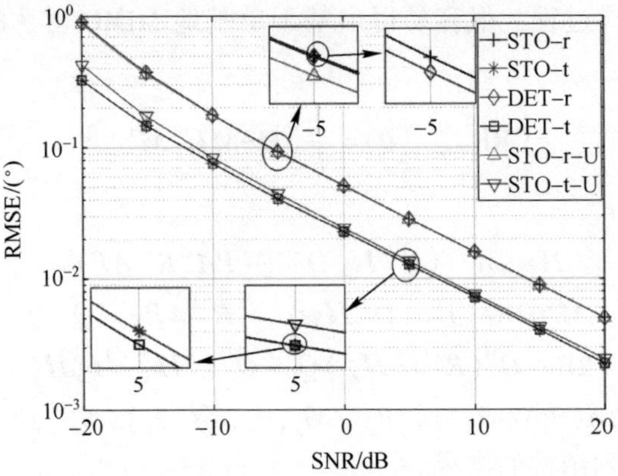

图 6.1　情况①下 CRB 和 SNR 的关系

其次，比较了情况②中不同信噪比下 DOD 和 DOA 的平均 STO-CRB，其他条件与上一实验相同。如图 6.2 所示，可以观察到与图 6.1 类似的结果。

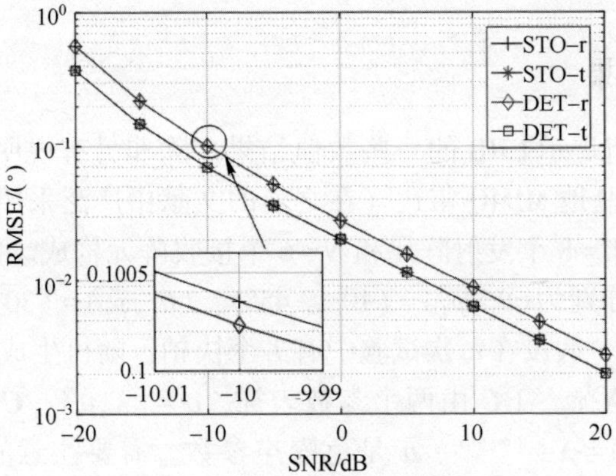

图 6.2　情况②下 CRB 和 SNR 的关系

然后，测试了不同快拍数 L 下的平均 CRB，其中，SNR 固定为 0dB，$\mu=1$。CRB 曲线如图 6.3 所示，从图中可以看出，当 $L<150$ 时，所有 CRB 都随着 L 的增长而快速下降，但在 $L>500$ 后几乎没有变化。

最后，研究了相对于 μ 的平均 STO-CRB，其中，SNR = 0dB，$L=500$。仿真结果如图 6.4 所示。可以看出，在 $\mu>1$ 之后，CRB 几乎没有变化，因为此时色噪声模型接近高斯白噪声模型。

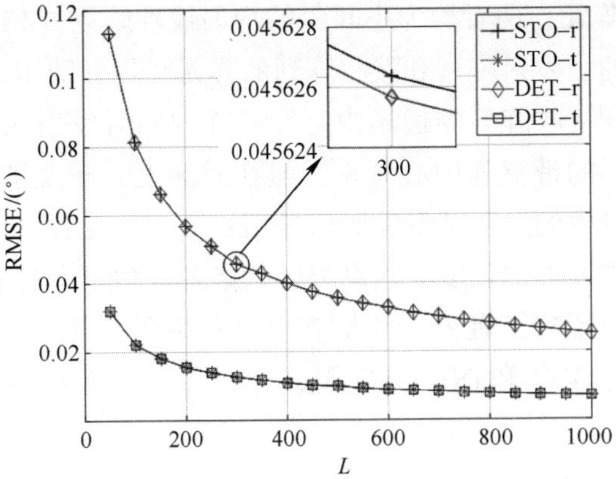

图 6.3　CRB 和快拍数 L 的关系

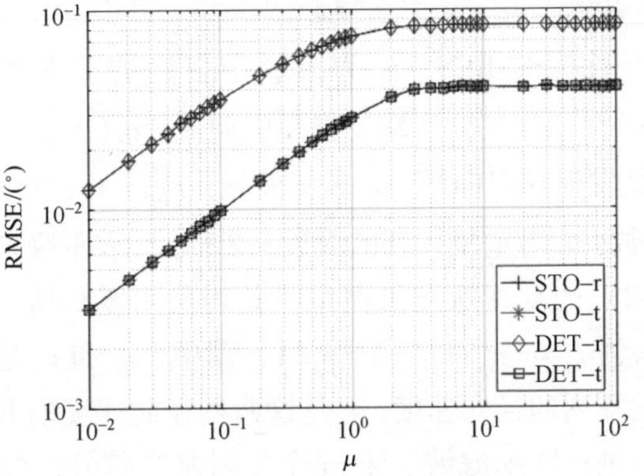

图 6.4　CRB 与 μ 的关系

6.2　基于空域互协方差的色噪声抑制方法

尽管阵列接收噪声是空域相关的，但噪声经过不同的匹配滤波器后会不相关，因此不同发射子阵列所对应的匹配滤波输出的噪声互协方差为零。因此，将发射阵列划分为若干个子阵列的方法可以有效地抑制 MIMO 雷达中的色噪声。

6.2.1　适用于三个发射阵元的空域互协方差算法[6]

考虑一个窄带双基地 MIMO 雷达系统，该系统的发射阵列有 M 个阵元，

接收阵列有 N 个阵元，两者均为小间距的均匀线性阵列（ULA）。假设发射阵列的阵元是全向的，发射阵列和接收阵列的阵元间隔分别用 d_t 和 d_r 表示。目标出现在发射阵列和接收阵列的远场中。发射阵列同时发射 M 组周期性编码信号，它们具有相同的带宽和中心频率，但在时间上是正交的。第 m 个发射阵元在一个重复时段内的发射基带编码信号用 $\boldsymbol{s}_m \in \mathbb{C}^{1\times K}$ 表示，$\boldsymbol{s}_m\boldsymbol{s}_m^{\mathrm{H}}=K$，$K$ 为编码序列在一个重复周期内的长度。假设可以忽略多普勒频率对重复周期内波形正交性和相位变化的影响。有 P 个不同多普勒频率的目标位于同一个距离单元中。第 p 个目标的 DOD 和 DOA 分别用 φ_p 和 θ_p 表示，则接收阵列的接收信号可以写为

$$\boldsymbol{X} = \sum_{p=1}^{P} \boldsymbol{a}_r(\theta_p)\beta_p \boldsymbol{a}_t^{\mathrm{T}}(\varphi_p)\begin{bmatrix}\boldsymbol{s}_1\\ \vdots \\ \boldsymbol{s}_M\end{bmatrix}\mathrm{e}^{\mathrm{j}2\pi f_{dp}t_l} + \boldsymbol{Z}, \quad l = 1,2,\cdots,L \tag{6.85}$$

式中：β_p 为第 p 个目标的 RCS；f_{dp} 为第 p 个目标的多普勒频率；$\boldsymbol{a}_r(\theta_p)=[1,\mathrm{e}^{\mathrm{j}(2\pi/\lambda)d_r\sin\theta_p},\cdots,\mathrm{e}^{\mathrm{j}(2\pi/\lambda)(N-1)d_r\sin\theta_p}]^{\mathrm{T}}$ 是接收导引向量；$\boldsymbol{a}_t(\varphi_p)=[1,\mathrm{e}^{\mathrm{j}(2\pi/\lambda)d_t\sin\varphi_p},\cdots,\mathrm{e}^{\mathrm{j}(2\pi/\lambda)(M-1)d_t\sin\varphi_p}]^{\mathrm{T}}$ 是发射导引向量，λ 表示波长；$t_l(l=1,2,\cdots,L)$ 为慢时间，其中，l 为慢时间指数，L 为重复周期的次数；$\boldsymbol{Z}\in\mathbb{C}^{N\times K}$ 表示噪声矩阵，它的列是独立同分布（i. i. d）的复高斯随机向量，其均值为零，协方差矩阵 $\widetilde{\boldsymbol{Q}}$ 未知。多普勒频率可以写为 $f_{dp}=(v_{tp}+v_{rp})/\lambda=v_p/\lambda$，其中，$v_{tp}$ 和 v_{rp} 是第 p 个目标相对于发射阵列和接收阵列的径向速度，v_p 是这两种径向速度的和。接收的信号分别与所发射的波形进行匹配滤波，第 m 个发射基带信号匹配的滤波器输出可以表示为

$$\boldsymbol{Y}_m=\boldsymbol{A}_r\boldsymbol{D}_m\boldsymbol{\Phi}+\boldsymbol{N}_m \tag{6.86}$$

式中：$\boldsymbol{A}_r=[\boldsymbol{a}_r(\theta_1),\cdots,\boldsymbol{a}_r(\theta_P)]$ 是接收方向矩阵；$\boldsymbol{D}_m=\mathrm{diag}(a_{tm}(\varphi_1),\cdots,a_{tm}(\varphi_p))$，$a_{tm}(\varphi_p)=\mathrm{e}^{\mathrm{j}(2\pi/\lambda)(m-1)d_t\sin\varphi_p}$；$\boldsymbol{\Phi}=[\beta_1\sqrt{K}\mathrm{e}^{\mathrm{j}2\pi f_{d1}t_l},\cdots,\beta_P\sqrt{K}\mathrm{e}^{\mathrm{j}2\pi f_{dP}t_l}]^{\mathrm{T}}$；$\boldsymbol{N}_m\in\mathbb{C}^{N\times 1}$ 表示与第 m 个发射基带信号匹配滤波后的噪声向量，它是独立的零均值复高斯分布，协方差矩阵 $\widetilde{\boldsymbol{Q}}$ 未知，并且 $\boldsymbol{E}[\boldsymbol{N}_i\boldsymbol{N}_j^{\mathrm{H}}]=\boldsymbol{0}(i,j=1,2,\cdots,M;i\neq j)$。

在发射端有两个发射阵元的情况下，可以得到

$$\boldsymbol{Y}_1=\boldsymbol{A}_r\boldsymbol{D}_1\boldsymbol{\Phi}+\boldsymbol{N}_1 \tag{6.87}$$

$$\boldsymbol{Y}_2=\boldsymbol{A}_r\boldsymbol{D}_2\boldsymbol{\Phi}+\boldsymbol{N}_2 \tag{6.88}$$

式中：$\boldsymbol{Y}_1$ 和 $\boldsymbol{Y}_2$ 分别表示对应于第一个发射阵元和第二个发射阵元匹配滤波的数据。则二者噪声的互协方差为

$$
\begin{aligned}
E[\boldsymbol{N}_i\boldsymbol{N}_j^{\mathrm{H}}] &= E\left[\left(\frac{1}{\sqrt{K}}\boldsymbol{Z}\boldsymbol{s}_i^{\mathrm{H}}\right)\left(\frac{1}{\sqrt{K}}\boldsymbol{Z}\boldsymbol{s}_j^{\mathrm{H}}\right)^{\mathrm{H}}\right] \\
&= \frac{1}{K}E\{[\boldsymbol{s}_i^{*}\otimes\boldsymbol{I}_M]\mathrm{vec}(\boldsymbol{Z})\mathrm{vec}^{\mathrm{H}}(\boldsymbol{Z})[\boldsymbol{s}_j^{\mathrm{T}}\otimes\boldsymbol{I}_M]\} \\
&= \frac{1}{K}[\boldsymbol{s}_i^{*}\otimes\boldsymbol{I}_M][\boldsymbol{I}_L\otimes\boldsymbol{Q}][\boldsymbol{s}_j^{\mathrm{T}}\otimes\boldsymbol{I}_M] \\
&= \begin{cases}\boldsymbol{Q}, & i=j \\ \boldsymbol{0}, & i\neq j\end{cases}
\end{aligned}
\tag{6.89}
$$

由上式可知，噪声的互协方差矩阵为 $\boldsymbol{0}$。可利用这一特性来抑制空域色噪声。接收数据的协方差矩阵可以写为

$$\boldsymbol{R}_{11}=E[\boldsymbol{Y}_1\boldsymbol{Y}_1^{\mathrm{H}}]=\boldsymbol{A}_r\boldsymbol{D}_1\boldsymbol{R}_{\boldsymbol{\Phi}}\boldsymbol{D}_1^{\mathrm{H}}\boldsymbol{A}_r^{\mathrm{H}}+\boldsymbol{Q} \tag{6.90}$$

$$\boldsymbol{R}_{21}=E[\boldsymbol{Y}_2\boldsymbol{Y}_1^{\mathrm{H}}]=\boldsymbol{A}_r\boldsymbol{D}_2\boldsymbol{R}_{\boldsymbol{\Phi}}\boldsymbol{D}_1^{\mathrm{H}}\boldsymbol{A}_r^{\mathrm{H}} \tag{6.91}$$

式中：$\boldsymbol{R}_{\boldsymbol{\Phi}}=E[\boldsymbol{\Phi}\boldsymbol{\Phi}^{\mathrm{H}}]$。需要注意的是，如果 $\boldsymbol{Q}$ 的形式是 $\sigma_n^2\boldsymbol{I}_N$，则可以得到

$$\boldsymbol{R}_{11s}=\boldsymbol{R}_{11}-\sigma_n^2\boldsymbol{I}_N \tag{6.92}$$

$$\boldsymbol{R}_{21}\boldsymbol{R}_{11s}^{\dagger}\boldsymbol{A}_r=\boldsymbol{A}_r\boldsymbol{D}_2 \tag{6.93}$$

由于 $\boldsymbol{D}_2$ 是一个对角矩阵，可以看出，$\boldsymbol{D}_2$ 的对角元素和 $\boldsymbol{A}_r$ 的列向量组成了 $\boldsymbol{R}_{21}\boldsymbol{R}_{11s}^{\dagger}$ 的特征值和特征向量。$\boldsymbol{R}_{21}\boldsymbol{R}_{11s}^{\dagger}$ 的秩为 P。因此通过 $\boldsymbol{R}_{21}\boldsymbol{R}_{11s}^{\dagger}$ 的特征分解得到 $\boldsymbol{D}_2$ 的对角元素和 $\boldsymbol{A}_r$ 的列，并选取 P 个非零特征值和对应的特征向量。通过对应的特征向量和特征值可以得到 DOA 和 DOD 的估计值。

然而，如果噪声是空间色噪声，即 $\boldsymbol{Q}$ 不具有 $\sigma_n^2\boldsymbol{I}_N$ 的形式，则噪声项会对特征分解产生影响。特别是当 SNR 较低时，这种影响尤为明显。为了克服这些问题，可以通过增加一个发射阵元解决，即需要三个发射阵元，该阵元的阵列接收数据为

$$\boldsymbol{Y}_3=\boldsymbol{A}_r\boldsymbol{D}_3\boldsymbol{\Phi}+\boldsymbol{N}_3 \tag{6.94}$$

此时，噪声互协方差 $\boldsymbol{R}_{31}=E[\boldsymbol{Y}_3\boldsymbol{Y}_1^{\mathrm{H}}]$ 可以表述为

$$\boldsymbol{R}_{31}=\boldsymbol{A}_r\boldsymbol{D}_3\boldsymbol{R}_{\Phi}\boldsymbol{D}_1^{\mathrm{H}}\boldsymbol{A}_r^{\mathrm{H}} \tag{6.95}$$

假设 P 个目标有不同的 DOA，$\boldsymbol{A}_r$ 是列满秩矩阵，则 $\boldsymbol{A}_r^{\mathrm{H}}\boldsymbol{A}_r$ 是可逆的。可以得到

$$\boldsymbol{D}_2\boldsymbol{R}_{\boldsymbol{\Phi}}\boldsymbol{D}_1^{\mathrm{H}}\boldsymbol{A}_r^{\mathrm{H}}=(\boldsymbol{A}_r^{\mathrm{H}}\boldsymbol{A}_r)^{-1}\boldsymbol{A}_r^{\mathrm{H}}\boldsymbol{R}_{21} \tag{6.96}$$

将式（6.96）代入式（6.95）中可得：

$$\boldsymbol{R}_{31}=\boldsymbol{A}_r\boldsymbol{D}_3\boldsymbol{D}_2^{-1}(\boldsymbol{A}_r^{\mathrm{H}}\boldsymbol{A}_r)^{-1}\boldsymbol{A}_r^{\mathrm{H}}\boldsymbol{R}_{21} \tag{6.97}$$

由于 $\boldsymbol{R}_{21}$ 的秩是 P。通过奇异值分解我们可以得到 $\boldsymbol{A}_r\boldsymbol{D}_2\boldsymbol{R}_{\boldsymbol{\Phi}}\boldsymbol{D}_1^{\mathrm{H}}\boldsymbol{A}_r^{\mathrm{H}}=\boldsymbol{U}\boldsymbol{\Sigma}\boldsymbol{V}^{\mathrm{H}}$，其中，$\boldsymbol{U}=[\boldsymbol{u}_1,\cdots,\boldsymbol{u}_P]$，$\boldsymbol{\Sigma}=\mathrm{diag}([\sigma_1,\cdots,\sigma_P])$，$\boldsymbol{V}=[\boldsymbol{v}_1,\cdots,\boldsymbol{v}_P]$。其中，

$\{\sigma_1,\cdots,\sigma_P\}$、$\{\boldsymbol{u}_1,\cdots,\boldsymbol{u}_P\}$ 和 $\{\boldsymbol{v}_1,\cdots,\boldsymbol{v}_P\}$ 分别为非零奇异值，以及相应的左奇异向量和右奇异向量。整理之后，得到

$$\boldsymbol{U}=\boldsymbol{A}_r\boldsymbol{Z} \tag{6.98}$$

式中：$\boldsymbol{Z}=\boldsymbol{D}_2\boldsymbol{R}_{\Phi}\boldsymbol{D}_1^{\mathrm{H}}\boldsymbol{A}_r^{\mathrm{H}}\boldsymbol{V}(\boldsymbol{V}^{\mathrm{H}}\boldsymbol{V})^{-1}\boldsymbol{\Sigma}^{-1}$ 是一个维度为 $P\times P$ 的方阵。需要注意的是 $\boldsymbol{U}$ 和 $\boldsymbol{A}_r$ 都是列满秩矩阵，它们的秩都为 P，故方阵 $\boldsymbol{Z}$ 满秩。那么 $\boldsymbol{U}$ 和 $\boldsymbol{A}_r$ 张成相同的列空间，即 $\boldsymbol{R}_{21}$ 的左奇异向量与 $\boldsymbol{A}_r$ 的列向量具有相同的子空间。

定义 $\boldsymbol{R}_{21}$ 的伪逆为

$$\boldsymbol{R}_{21}^{\dagger}=\sum_{i=1}^{P}\frac{1}{\sigma_i}\boldsymbol{v}_i\boldsymbol{u}_i^{\mathrm{H}} \tag{6.99}$$

式中：$\boldsymbol{R}_{21}\boldsymbol{R}_{21}^{\dagger}=\left(\sum_{i=1}^{P}\sigma_i\boldsymbol{u}_i\boldsymbol{v}_i^{\mathrm{H}}\right)\left(\sum_{i=1}^{P}\frac{1}{\sigma_i}\boldsymbol{v}_i\boldsymbol{u}_i^{\mathrm{H}}\right)=\sum_{i=1}^{P}\boldsymbol{u}_i\boldsymbol{u}_i^{\mathrm{H}}$ 是将向量投影到 $\boldsymbol{U}$ 和 $\boldsymbol{A}_r$ 的列空间上的正交投影矩阵。由于 $\boldsymbol{R}_{21}\boldsymbol{R}_{21}^{\dagger}\boldsymbol{A}_r=\boldsymbol{A}_r$。构造了一个矩阵

$$\boldsymbol{R}=\boldsymbol{R}_{31}\boldsymbol{R}_{21}^{\#} \tag{6.100}$$

最后，结合式（6.97）和式（6.98），可以得到

$$\begin{aligned}\boldsymbol{R}\boldsymbol{A}_r&=\boldsymbol{R}_{31}\boldsymbol{R}_{21}^{\#}\boldsymbol{A}_r\\&=\boldsymbol{A}_r\boldsymbol{D}_3\boldsymbol{D}_2^{-1}(\boldsymbol{A}_r^{\mathrm{H}}\boldsymbol{A}_r)^{-1}\boldsymbol{A}_r^{\mathrm{H}}\boldsymbol{R}_{21}\boldsymbol{R}_{21}^{\#}\boldsymbol{A}_r\\&=\boldsymbol{A}_r\boldsymbol{D}_3\boldsymbol{D}_2^{-1}(\boldsymbol{A}_r^{\mathrm{H}}\boldsymbol{A}_r)^{-1}\boldsymbol{A}_r^{\mathrm{H}}\boldsymbol{A}_r\\&=\boldsymbol{A}_r\boldsymbol{D}_3\boldsymbol{D}_2^{-1}\\&=\boldsymbol{A}_r\boldsymbol{D}\end{aligned} \tag{6.101}$$

式中：$\boldsymbol{D}=\boldsymbol{D}_3\boldsymbol{D}_2^{-1}$。$\boldsymbol{D}$ 是一个对角矩阵，如前所述，通过对 $\boldsymbol{R}$ 特征分解得到 $\boldsymbol{D}$ 和 $\boldsymbol{A}_r$ 的对角元素。假设可以将 $\boldsymbol{R}$ 的特征分解写为

$$R\boldsymbol{\Xi}=\boldsymbol{\Xi}\boldsymbol{\Lambda} \tag{6.102}$$

式中：$\boldsymbol{\Lambda}=\mathrm{diag}[\lambda_1,\lambda_2,\cdots,\lambda_P]$ 表示 $\boldsymbol{R}$ 的非零特征值；$\boldsymbol{\Xi}$ 表示相应的特征向量。

在实际应用中，由于协方差矩阵的估计误差和噪声的影响，非零特征值的个数大于 P。那么 $\boldsymbol{\Lambda}$ 和 $\boldsymbol{\Xi}$ 分别是 $\boldsymbol{R}$ 的 P 个最大特征值以及对应的特征向量。可以分别通过 $\boldsymbol{\Xi}$ 和 $\boldsymbol{\Lambda}$ 估计 DOA 和 DOD。第 $p(p=1,\cdots,P)$ 个目标的 DOD 为

$$\varphi_p=\arcsin\left(\frac{\mathrm{angle}\{\lambda_p\}\lambda}{2\pi d_t}\right) \tag{6.103}$$

下面利用 LS 原理推导 DOA 的闭型解。假设 $\boldsymbol{\xi}_p=\gamma_p\boldsymbol{a}(\theta_p)$ 是 $\boldsymbol{\Xi}$ 的第 p 列。那么，$\hat{\boldsymbol{a}}(\theta_p)=(\boldsymbol{\xi}_p\gamma_p^*/|\gamma_p|^2)$ 与阵列响应向量 $\boldsymbol{a}(\theta_p)$ 具有相同的相位。令 $\hat{\boldsymbol{a}}(\theta_p)$ 的相位为 $\boldsymbol{\Gamma}_{\mathrm{wrap}}=\mathrm{angle}\{\hat{\boldsymbol{a}}(\theta_p)\}$。当 $d_r\leqslant\lambda/2$ 时，可得 $\boldsymbol{\Gamma}_{\mathrm{wrap}}$ 的第 $n(n=1,\cdots,N-1)$ 个元素 $\boldsymbol{\Gamma}_{\mathrm{unwrap}}(n)$ 为

$$
\begin{aligned}
&\boldsymbol{\Gamma}_{\text{unwrap}}(1)=\boldsymbol{\Gamma}_{\text{wrap}}(1)\\
&\boldsymbol{\Gamma}_{\text{unwrap}}(n+1)=\boldsymbol{\Gamma}_{\text{unwrap}}(n)+\delta\phi(n)
\end{aligned}
\tag{6.104}
$$

其中，

$$
\delta\phi(m)=\begin{cases}
\boldsymbol{\Gamma}_{\text{wrap}}(n+1)-\boldsymbol{\Gamma}_{\text{wrap}}(n) & \boldsymbol{\Gamma}_{\text{wrap}}(n+1)-\boldsymbol{\Gamma}_{\text{wrap}}(n)\leqslant\pi\\
\boldsymbol{\Gamma}_{\text{wrap}}(n+1)-\boldsymbol{\Gamma}_{\text{wrap}}(n)-2\pi & \boldsymbol{\Gamma}_{\text{wrap}}(n+1)-\boldsymbol{\Gamma}_{\text{wrap}}(n)>\pi\\
\boldsymbol{\Gamma}_{\text{wrap}}(n+1)-\boldsymbol{\Gamma}_{\text{wrap}}(n)+2\pi & \boldsymbol{\Gamma}_{\text{wrap}}(n+1)-\boldsymbol{\Gamma}_{\text{wrap}}(n)<-\pi
\end{cases}
\tag{6.105}
$$

而 $\boldsymbol{a}(\theta_i)$ 的展开相位为

$$
\begin{aligned}
\boldsymbol{\Gamma}_{\text{unwrap}}^{id}&=\left[0,\frac{2\pi}{\lambda}d_{\text{r}}\sin(\theta_i),\cdots,\frac{2\pi}{\lambda}(N-1)d_{\text{r}}\sin(\theta_i)\right]^{\text{T}}\\
&=\boldsymbol{\Pi}\sin(\theta_i)
\end{aligned}
\tag{6.106}
$$

其中，

$$
\boldsymbol{\Pi}=\left[0,\frac{2\pi}{\lambda}\Delta_r,\cdots,\frac{2\pi}{\lambda}(N-1)\Delta_r\right]^{\text{T}}
\tag{6.107}
$$

故 DOA 的 LS 估计为

$$
\begin{aligned}
\hat{\theta}_i&=\arg\min_{\theta}\|\boldsymbol{\Gamma}_{\text{unwrap}}-\boldsymbol{\Pi}\sin(\theta_i)\|^2\\
&=\arcsin\left(\frac{\boldsymbol{\Gamma}_{\text{unwrap}}^{\text{T}}\boldsymbol{\Pi}}{\boldsymbol{\Pi}^{\text{T}}\boldsymbol{\Pi}}\right)
\end{aligned}
\tag{6.108}
$$

需要指出的是，双基地 MIMO 雷达可以估计出与发射阵元数量一样多的目标角度，而且目标的 DOA 和 DOD 会自动匹配。

6.2.2　适用于多个阵元的空域互协方差算法[7]

假设发射阵元数 $M\geqslant3$。发射阵列被划分为两个子阵列。第一个子阵列由发射阵列的 M_1 个阵元组成，第二个子阵列由剩余的 $M-M_1$ 个阵元组成。满足关系式 $M_1\leqslant(M-1)/2$，其中，M_1 是整数。那么对应于第一个子阵列的匹配滤波器的输出可以表示为

$$
\boldsymbol{Z}_1=\begin{bmatrix}\boldsymbol{Y}_1\\\boldsymbol{Y}_2\\\vdots\\\boldsymbol{Y}_{M_1}\end{bmatrix}=\begin{bmatrix}\boldsymbol{A}_r\boldsymbol{D}_1\boldsymbol{\Phi}\\\boldsymbol{A}_r\boldsymbol{D}_2\boldsymbol{\Phi}\\\vdots\\\boldsymbol{A}_r\boldsymbol{D}_{M_1}\boldsymbol{\Phi}\end{bmatrix}+\begin{bmatrix}\boldsymbol{N}_1\\\boldsymbol{N}_2\\\vdots\\\boldsymbol{N}_{M_1}\end{bmatrix}=\boldsymbol{A\Phi}+\begin{bmatrix}\boldsymbol{N}_1\\\boldsymbol{N}_2\\\vdots\\\boldsymbol{N}_{M_1}\end{bmatrix}
\tag{6.109}
$$

式中：$\boldsymbol{A}=[\boldsymbol{a}_1,\boldsymbol{a}_2,\cdots,\boldsymbol{a}_P]$ 是维度为 $M_1N\times P$ 的矩阵，它的列是 P 个导引向量，$\boldsymbol{a}_p=\boldsymbol{a}_{t1}(\varphi_p)\otimes\boldsymbol{a}_r(\theta_p)$，$\boldsymbol{a}_{t1}(\varphi_p)=[a_{t1}(\varphi_p),\cdots,a_{tM_1}(\varphi_p)]^{\text{T}}$。第二个子阵匹配滤波器的输出可以表示为

$$Z_2=\begin{bmatrix} Y_{M_1+1} \\ Y_{M_1+2} \\ \vdots \\ Y_M \end{bmatrix}=\begin{bmatrix} A_r D_{M_1+1}\Phi \\ A_r D_{M_1+2}\Phi \\ \vdots \\ A_r D_M \Phi \end{bmatrix}+\begin{bmatrix} N_{M_1+1} \\ N_{M_1+2} \\ \vdots \\ N_M \end{bmatrix}=B\Phi+\begin{bmatrix} N_{M_1+1} \\ N_{M_1+2} \\ \vdots \\ N_M \end{bmatrix} \tag{6.110}$$

式中：$\boldsymbol{B}=[\boldsymbol{b}_1,\boldsymbol{b}_2,\cdots,\boldsymbol{b}_P]$是一个维数为$(M-M_1)N\times P$的矩阵，它的列是$P$个导引向量，$\boldsymbol{b}_p=\boldsymbol{a}_{t2}(\varphi_p)\otimes\boldsymbol{a}_r(\theta_p)$，$\boldsymbol{a}_{t2}(\varphi_p)=[a_{t(M_1+1)}(\varphi_p),\cdots,a_{tM}(\varphi_p)]^{\mathrm{T}}$。$\boldsymbol{Z}_1$和$\boldsymbol{Z}_2$之间的协方差矩阵$\boldsymbol{R}_z$可以写成

$$\boldsymbol{R}_z=E[\boldsymbol{Z}_2\quad \boldsymbol{Z}_1^{\mathrm{H}}]=\boldsymbol{B}\boldsymbol{R}_{\Phi}\boldsymbol{A}^{\mathrm{H}} \tag{6.111}$$

式中：$\boldsymbol{R}_{\Phi}=E[\boldsymbol{\Phi}\quad \boldsymbol{\Phi}^{\mathrm{H}}]$。由上式可知，互相关矩阵$\boldsymbol{R}_z$不受加性噪声的影响。$\boldsymbol{R}_z$的 SVD 为

$$\boldsymbol{R}_z=[\boldsymbol{U}_1\quad \boldsymbol{U}_2]\begin{bmatrix} \boldsymbol{\Sigma} & \boldsymbol{0} \\ \boldsymbol{0} & \boldsymbol{0} \end{bmatrix}\boldsymbol{V}^{\mathrm{H}} \tag{6.112}$$

式中：$\boldsymbol{U}_1$是由非零奇异值对应的左奇异向量组成的$(M-M_1)N\times P$维矩阵；$\boldsymbol{U}_2$是由零奇异值对应的左奇异向量组成$(M-M_1)N\times[(M-M_1)N-P]$维矩阵；$\boldsymbol{V}$是由所有奇异值对应的右奇异向量组成的$M_1N\times M_1N$维矩阵；$\boldsymbol{\Sigma}$是一个非零奇异值的$P\times P$维对角矩阵。可以证明$\boldsymbol{U}_1$中的列向量与$\boldsymbol{B}$中的列向量张成了相同的信号子空间。因此，存在一个非奇异的$P\times P$维矩阵$\boldsymbol{T}$，使

$$\boldsymbol{U}_1=\boldsymbol{B}\boldsymbol{T} \tag{6.113}$$

有了信号子空间矩阵$\boldsymbol{U}_1$，可以使用基于 ESPRIT 的方法来获得自动匹配的 DOA 和 DOD 估计，在后文中将详细介绍。

6.2.3 基于张量互协方差的算法[8]

上述窄带 MIMO 雷达模型中，假设相干处理区间包含L个脉冲，那么第l个脉冲周期接收阵列接收信号为

$$\boldsymbol{X}_l=\boldsymbol{B}\boldsymbol{\Sigma}_l\boldsymbol{A}^{\mathrm{T}}\boldsymbol{S}+\boldsymbol{W}_l,\quad l=1,2,\cdots,L \tag{6.114}$$

式中：$\boldsymbol{B}=[\boldsymbol{b}(\theta_1),\cdots,\boldsymbol{b}(\theta_P)]\in\mathbb{C}^{N\times P}$和$\boldsymbol{A}=[\boldsymbol{a}(\varphi_1),\cdots,\boldsymbol{a}(\varphi_P)]\in\mathbb{C}^{M\times P}$分别表示接收导向矩阵和发射导向矩阵；$\boldsymbol{b}(\theta_p)=[1,\mathrm{e}^{\mathrm{j}\pi\sin\theta_p},\cdots,\mathrm{e}^{\mathrm{j}\pi(N-1)\sin\theta_p}]^{\mathrm{T}}\in\mathbb{C}^{N\times 1}$和$a(\varphi_p)=[1,\mathrm{e}^{\mathrm{j}\pi\sin\varphi_p},\cdots,\mathrm{e}^{\mathrm{j}\pi(M-1)\sin\varphi_p}]^{\mathrm{T}}\in\mathbb{C}^{M\times 1}$分别表示第$p$个目标的接收导向向量和发射导向向量；$\boldsymbol{\Sigma}_l=\mathrm{diag}(\boldsymbol{c}_l)$，其中，$\boldsymbol{c}_l=[\beta_1\mathrm{e}^{\mathrm{j}2\pi f_{d1}lT_r},\cdots,\beta_P\mathrm{e}^{\mathrm{j}2\pi f_{dP}lT_r}]$，$f_{dp}$为第$p$个目标的多普勒频率，$T_r$为脉冲重复间隔；$\boldsymbol{W}_l\in\mathbb{C}^{N\times K}$为噪声矩阵，$\boldsymbol{W}_l$的列向量相互独立，且均为零均值，协方差矩阵$\hat{\boldsymbol{Q}}$未知的高斯随机向量。与传统的相控阵雷达不同，MIMO 雷达发射相互正交的波形，即，$(1/K)\boldsymbol{s}_m\boldsymbol{s}_m^{\mathrm{H}}=1$，

$\boldsymbol{s}_i\boldsymbol{s}_j^{\mathrm{H}}=0(i,j=1,2,\cdots,M,i\neq j)$。然后，接收信号由相应的 M 个发射信号进行匹配滤波处理。对于第 l 个脉冲周期，经第 m 个发射波形匹配滤波后的输出表示为

$$\boldsymbol{Y}_{l,m}=\boldsymbol{B}\boldsymbol{D}_m\boldsymbol{c}_l^{\mathrm{T}}+\boldsymbol{N}_{l,m},\quad l=1,2,\cdots,L \tag{6.115}$$

式中：$\boldsymbol{Y}_{l,m}=(1/L)\boldsymbol{X}_l\boldsymbol{s}_m^{\mathrm{H}}\in\mathbb{C}^{N\times1}$，$\boldsymbol{D}_m=\mathrm{diag}([a_m(\varphi_1),\cdots,a_m(\varphi_P)])$，$a_m(\varphi_p)$是导向向量$\boldsymbol{a}(\varphi)$的第 m 个元素。$\boldsymbol{N}_{l,m}=(1/L)\boldsymbol{W}_l\boldsymbol{s}_m^{\mathrm{H}}\in\mathbb{C}^{N\times1}$是经第 m 个发射波形匹配滤波后的噪声向量，各向量间相互独立，其分布为协方差矩阵$\hat{\boldsymbol{Q}}$未知的零均值高斯分布，满足 $E[\boldsymbol{N}_{l,i}\boldsymbol{N}_{l,i}^{\mathrm{H}}]=0(i,j=1,2,\cdots,M,i\neq j)$。

将 M 个发射天线分为两个子阵，第一个子阵包含发射阵列的前 M_1 个天线，第二个子阵包含剩余的 $M_2=M-M_1$ 个天线。然后分别用前 M_1 个发射波形和后 M_2 个发射波形对接收信号进行匹配，则有

$$\begin{aligned}\boldsymbol{Y}_l^1&=[\boldsymbol{Y}_{l,1},\cdots,\boldsymbol{Y}_{l,M_1}]=\boldsymbol{B}\boldsymbol{\Sigma}_l\boldsymbol{A}_1+\boldsymbol{N}_l^1,\quad l=1,2,\cdots,L\\ \boldsymbol{Y}_l^2&=[\boldsymbol{Y}_{l,M_1+1},\cdots,\boldsymbol{Y}_{l,M}]=\boldsymbol{B}\boldsymbol{\Sigma}_l\boldsymbol{A}_2+\boldsymbol{N}_l^2,\quad l=1,2,\cdots,L\end{aligned} \tag{6.116}$$

式中：$\boldsymbol{A}_1=[\boldsymbol{a}^1(\varphi_1),\cdots,\boldsymbol{a}^1(\varphi_p)]$；$\boldsymbol{A}_2=[\boldsymbol{a}^2(\varphi_1),\cdots,\boldsymbol{a}^2(\varphi_p)]$；$\boldsymbol{a}^1(\varphi_p)=[a_1(\varphi_p),\cdots,a_{M_1}(\varphi_p)]^{\mathrm{T}}$；$\boldsymbol{a}^2(\varphi_p)=[a_{M_1+1}(\varphi_p),\cdots,a_M(\varphi_p)]^{\mathrm{T}}$。将每个脉冲的匹配滤波输出堆栈成一个向量，则有

$$\begin{aligned}\overline{\boldsymbol{Y}}_1&=[\mathrm{vec}(\boldsymbol{Y}_1^1),\cdots,\mathrm{vec}(\boldsymbol{Y}_L^1)]=\boldsymbol{D}_1\boldsymbol{G}+\boldsymbol{N}_1\\ \overline{\boldsymbol{Y}}_2&=[\mathrm{vec}(\boldsymbol{Y}_1^2),\cdots,\mathrm{vec}(\boldsymbol{Y}_L^2)]=\boldsymbol{D}_2\boldsymbol{G}+\boldsymbol{N}_2\end{aligned} \tag{6.117}$$

式中：$\boldsymbol{D}_1=\boldsymbol{A}_1\odot\boldsymbol{B}$；$\boldsymbol{D}_2=\boldsymbol{A}_2\odot\boldsymbol{B}$；$\boldsymbol{G}=[\boldsymbol{c}_1^{\mathrm{T}},\cdots,\boldsymbol{c}_L^{\mathrm{T}}]$；$\boldsymbol{N}_1=[\mathrm{vec}(\boldsymbol{N}_1^1),\cdots,\mathrm{vec}(\boldsymbol{N}_L^1)]$；$\boldsymbol{N}_2=[\mathrm{vec}(\boldsymbol{N}_1^2),\cdots,\mathrm{vec}(\boldsymbol{N}_L^2)]$。

根据张量的概念可知，匹配滤波输出$\overline{\boldsymbol{Y}}_1^{\mathrm{T}}$和$\overline{\boldsymbol{Y}}_2^{\mathrm{T}}$分别是张量$\boldsymbol{\mathcal{Y}}_1\in\mathbb{C}^{N\times M_1\times L}$和$\boldsymbol{\mathcal{Y}}_2\in\mathbb{C}^{N\times M_2\times L}$的 3 模式展开矩阵。因此可以由$\overline{\boldsymbol{Y}}_1$和$\overline{\boldsymbol{Y}}_2$得到两个测量张量$\boldsymbol{\mathcal{Y}}_1$和$\boldsymbol{\mathcal{Y}}_2$，表示为

$$[\boldsymbol{\mathcal{Y}}_1]_{(3)}^{\mathrm{T}}=\overline{\boldsymbol{Y}}_1,\quad[\boldsymbol{\mathcal{Y}}_2]_{(3)}^{\mathrm{T}}=\overline{\boldsymbol{Y}}_2 \tag{6.118}$$

由下式可以构造一个 4 阶协方差张量$\boldsymbol{\mathcal{R}}_{21}\in\mathbb{C}^{N\times M_2\times N\times M_1}$

$$\boldsymbol{\mathcal{R}}_{21}=\frac{1}{L}\boldsymbol{\mathcal{Y}}_2\cdot\boldsymbol{\mathcal{Y}}_1^* \tag{6.119}$$

式中：$[\boldsymbol{\mathcal{R}}_{21}]_{n,q,i,j}=1/L\sum_{l=1}^{L}[\boldsymbol{\mathcal{Y}}_2]_{n,q,l}[\boldsymbol{\mathcal{Y}}_1]_{i,j,l}^*$，其中，$n=1,2,\cdots,N_1,i=1,2,\cdots,N_2,q=1,2,\cdots,M_2,j=1,2,\cdots,M_1$。根据空域色噪声的特性 $E[\boldsymbol{N}_{l,i}\boldsymbol{N}_{l,i}^{\mathrm{H}}]=0(i,j=1,2,\cdots,M,i\neq j)$，则有空间色噪声矩阵 $\boldsymbol{N}_l^1$ 和 $\boldsymbol{N}_l^2$ 满足 $E[(\boldsymbol{N}_l^1)^{\mathrm{H}}\boldsymbol{N}_l^2]=0(l=1,2,\cdots,L)$。因此在式（6.119）中，互协方差张量$\boldsymbol{\mathcal{R}}_{21}$中空域色噪声的影响得到消除，即通过构造互协方差张量$\boldsymbol{\mathcal{R}}_{21}$达到了消除空域色噪声的目的。对互协方

差张量$\boldsymbol{\mathcal{R}}_{21}$进行了 HOSVD，为[6]

$$\boldsymbol{\mathcal{R}}_{21}=\boldsymbol{\mathcal{S}}\times_1\boldsymbol{U}_1\times_2\boldsymbol{U}_2\times_3\boldsymbol{U}_3\times_4\boldsymbol{U}_4 \tag{6.120}$$

式中：$\boldsymbol{\mathcal{S}}=\boldsymbol{\mathcal{R}}_{21}\times_1\boldsymbol{U}_1^{\mathrm{H}}\times_2\boldsymbol{U}_2^{\mathrm{H}}\times_3\boldsymbol{U}_3^{\mathrm{H}}\times_4\boldsymbol{U}_4^{\mathrm{H}}\in\mathbb{C}^{N\times M_2\times N\times M_1}$表示核张量；核张量满足正交特性；$\boldsymbol{U}_1,\boldsymbol{U}_3\in\mathbb{C}^{N\times N}$，$\boldsymbol{U}_2\in\mathbb{C}^{M_2\times M_2}$，$\boldsymbol{U}_4\in\mathbb{C}^{M_1\times M_1}$均为酉矩阵。由于$\boldsymbol{\mathcal{R}}_{21}$是秩为 P 的张量，因此可由截断的 HOSVD 来估计互协方差子空间张量，即

$$\boldsymbol{\mathcal{F}}_s=\boldsymbol{\mathcal{S}}_s\times_1\boldsymbol{U}_{1s}\times_2\boldsymbol{U}_{2s}\times_3\boldsymbol{U}_{3s}\times_4\boldsymbol{U}_{4s} \tag{6.121}$$

式中：$\boldsymbol{U}_{is}(i=1,2,3,4)$包含 $\boldsymbol{U}_i$ 的前 P 个主奇异向量；$\boldsymbol{\mathcal{S}}_s=\boldsymbol{\mathcal{R}}_{21}\times_1\boldsymbol{U}_{1s}^{\mathrm{H}}\times_2\boldsymbol{U}_{2s}^{\mathrm{H}}\times_3\boldsymbol{U}_{3s}^{\mathrm{H}}\times_4\boldsymbol{U}_{4s}^{\mathrm{H}}\in\mathbb{C}^{N\times M_2\times N\times M_1}$是降维的核张量。为了得到 $\boldsymbol{U}_{is}(i=1,2,3,4)$，$M_1$，$M_2$，$N$ 和 L 必须满足以下条件：$M_1\geqslant P$，$M_2\geqslant P$，$N\geqslant P$，$L\geqslant P$。将$\boldsymbol{\mathcal{S}}_s$带入式（6.121），得到

$$\boldsymbol{\mathcal{F}}_s=\boldsymbol{\mathcal{R}}_{21}\times_1(\boldsymbol{U}_{1s}\boldsymbol{U}_{1s}^{\mathrm{H}})\times_2(\boldsymbol{U}_{2s}\boldsymbol{U}_{2s}^{\mathrm{H}})\times_3(\boldsymbol{U}_{3s}\boldsymbol{U}_{3s}^{\mathrm{H}})\times_4(\boldsymbol{U}_{4s}\boldsymbol{U}_{4s}^{\mathrm{H}}) \tag{6.122}$$

根据式（6.122）的互协方差张量子空间构造信号子空间，首先需要知道互协方差张量$\boldsymbol{\mathcal{R}}_{21}$和互协方差矩阵 $\boldsymbol{R}_{21}$之间的关系，它们之间的关系如下所示。

$$\boldsymbol{R}_{21}=\begin{bmatrix}
[\boldsymbol{\mathcal{R}}_{21}]_{1,1,1,1} & [\boldsymbol{\mathcal{R}}_{21}]_{1,1,1,2} & \cdots & [\boldsymbol{\mathcal{R}}_{21}]_{1,1,1,M_1} & [\boldsymbol{\mathcal{R}}_{21}]_{1,1,2,1} & \cdots & [\boldsymbol{\mathcal{R}}_{21}]_{1,1,N,M_1}\\
[\boldsymbol{\mathcal{R}}_{21}]_{1,2,1,1} & [\boldsymbol{\mathcal{R}}_{21}]_{1,2,1,2} & \cdots & [\boldsymbol{\mathcal{R}}_{21}]_{1,2,1,M_1} & [\boldsymbol{\mathcal{R}}_{21}]_{1,2,2,1} & \cdots & [\boldsymbol{\mathcal{R}}_{21}]_{1,2,N,M_1}\\
\vdots & \vdots & & \vdots & \vdots & & \vdots\\
[\boldsymbol{\mathcal{R}}_{21}]_{1,M_2,1,1} & [\boldsymbol{\mathcal{R}}_{21}]_{1,M_2,1,2} & \cdots & [\boldsymbol{\mathcal{R}}_{21}]_{1,M_2,1,M_1} & [\boldsymbol{\mathcal{R}}_{21}]_{1,M_2,2,1} & \cdots & [\boldsymbol{\mathcal{R}}_{21}]_{1,M_2,N,M_1}\\
[\boldsymbol{\mathcal{R}}_{21}]_{2,1,1,1} & [\boldsymbol{\mathcal{R}}_{21}]_{2,1,1,2} & \cdots & [\boldsymbol{\mathcal{R}}_{21}]_{1,1,1,M_1} & [\boldsymbol{\mathcal{R}}_{21}]_{2,1,2,1} & \cdots & [\boldsymbol{\mathcal{R}}_{21}]_{2,1,N,M_1}\\
[\boldsymbol{\mathcal{R}}_{21}]_{2,2,1,1} & [\boldsymbol{\mathcal{R}}_{21}]_{2,2,1,2} & \cdots & [\boldsymbol{\mathcal{R}}_{21}]_{2,2,1,M_1} & [\boldsymbol{\mathcal{R}}_{21}]_{2,2,2,1} & \cdots & [\boldsymbol{\mathcal{R}}_{21}]_{2,2,N,M_1}\\
\vdots & \vdots & & \vdots & \vdots & & \vdots\\
[\boldsymbol{\mathcal{R}}_{21}]_{N,M_2,1,1} & [\boldsymbol{\mathcal{R}}_{21}]_{N,M_2,1,2} & \cdots & [\boldsymbol{\mathcal{R}}_{21}]_{N,M_2,1,M_1} & [\boldsymbol{\mathcal{R}}_{21}]_{N,M_2,2,1} & \cdots & [\boldsymbol{\mathcal{R}}_{21}]_{N,M_2,N,M_1}
\end{bmatrix} \tag{6.123}$$

根据式（6.123）中的互协方差张量和协方差矩阵之间的关系，由$\boldsymbol{\mathcal{F}}_s$可以构造一个新的互协方差矩阵$\overline{\boldsymbol{R}}_{21}$，表示为

$$\overline{\boldsymbol{R}}_{21}=[(\boldsymbol{U}_{1s}\boldsymbol{U}_{1s}^{\mathrm{H}})\otimes(\boldsymbol{U}_{2s}\boldsymbol{U}_{2s}^{\mathrm{H}})]\boldsymbol{\mathcal{R}}_{21}[(\boldsymbol{U}_{3s}\boldsymbol{U}_{3s}^{\mathrm{H}})\otimes(\boldsymbol{U}_{4s}\boldsymbol{U}_{4s}^{\mathrm{H}})]^{*} \tag{6.124}$$

在子空间方法中，信号子空间矩阵 $\boldsymbol{U}_s$ 由$\boldsymbol{\mathcal{R}}_{21}$的截断 SVD 得到，也就是 $\boldsymbol{R}_{21}\approx\boldsymbol{U}_s\boldsymbol{\Lambda}_s\boldsymbol{V}_s$。将其代入式（6.124）中，得到

$$\overline{\boldsymbol{R}}_{21}=\{[(\boldsymbol{U}_{1s}\boldsymbol{U}_{1s}^{\mathrm{H}})\otimes(\boldsymbol{U}_{2s}\boldsymbol{U}_{2s}^{\mathrm{H}})]\boldsymbol{U}_s\}\boldsymbol{\Lambda}_s\{[(\boldsymbol{U}_{3s}\boldsymbol{U}_{3s}^{\mathrm{H}})\otimes(\boldsymbol{U}_{4s}\boldsymbol{U}_{4s}^{\mathrm{H}})]^{\mathrm{T}}\boldsymbol{V}_s\}^{\mathrm{H}} \tag{6.125}$$

利用$\overline{\boldsymbol{R}}_{21}$的截断 SVD，可将信号子空间写为

$$\overline{\boldsymbol{U}}_s=[(\boldsymbol{U}_{1s}\boldsymbol{U}_{1s}^{\mathrm{H}})\otimes(\boldsymbol{U}_{2s}\boldsymbol{U}_{2s}^{\mathrm{H}})]\boldsymbol{U}_s \tag{6.126}$$

由式（6.126）可知，信号子空间$\overline{\boldsymbol{U}}_s$和 $\boldsymbol{U}_s$ 生成相同的子空间。因此，存在一个非奇异矩阵 $\boldsymbol{T}$ 满足$\overline{\boldsymbol{U}}_s=\boldsymbol{U}_s\boldsymbol{T}$。得到信号子空间$\overline{\boldsymbol{U}}_s$ 后即可利用 ESPRIT 算法估

计 DOD 和 DOA。

为了估计 DOD 和 DOA，将信号子空间$\overline{\boldsymbol{U}}_s$ 分为 4 个子阵：$\overline{\boldsymbol{U}}_{s1}=\boldsymbol{\Gamma}_1\overline{\boldsymbol{U}}_s$，$\overline{\boldsymbol{U}}_{s2}=\boldsymbol{\Gamma}_2\overline{\boldsymbol{U}}_s$，$\overline{\boldsymbol{U}}_{s3}=\boldsymbol{\Gamma}_3\overline{\boldsymbol{U}}_s$和$\overline{\boldsymbol{U}}_{s4}=\boldsymbol{\Gamma}_4\overline{\boldsymbol{U}}_s$，其中，$\boldsymbol{\Gamma}_1=\boldsymbol{J}_{(1)}^{(M_2-1)}\otimes\boldsymbol{I}_N$，$\boldsymbol{\Gamma}_2=\boldsymbol{J}_{(2)}^{(M_2-1)}\otimes\boldsymbol{I}_N$，$\boldsymbol{\Gamma}_3=\boldsymbol{I}_{M_2}\otimes\boldsymbol{J}_{(1)}^{(N-1)}$，$\boldsymbol{\Gamma}_4=\boldsymbol{I}_{M_2}\otimes\boldsymbol{J}_{(2)}^{(N-1)}$，$\boldsymbol{J}_{(1)}^{(k)}=[\boldsymbol{I}_k\quad \boldsymbol{0}_{k\times 1}]$，$\boldsymbol{J}_{(2)}^{(k)}=[\boldsymbol{0}_{k\times 1}\quad \boldsymbol{I}_k]$。可以得到下面的等式：

$$\boldsymbol{\Gamma}_2\overline{\boldsymbol{U}}_s=\boldsymbol{\Gamma}_1\overline{\boldsymbol{U}}_s\boldsymbol{\Psi}_t,\quad \boldsymbol{\Gamma}_4\overline{\boldsymbol{U}}_s=\boldsymbol{\Gamma}_3\overline{\boldsymbol{U}}_s\boldsymbol{\Psi}_r \tag{6.127}$$

式中：$\boldsymbol{\Psi}_t=\boldsymbol{T}^{-1}\boldsymbol{\Phi}_t\boldsymbol{T}$；$\boldsymbol{\Psi}_r=\boldsymbol{T}^{-1}\boldsymbol{\Phi}_r\boldsymbol{T}$；$\boldsymbol{\Phi}_t=\mathrm{diag}([\mathrm{e}^{\mathrm{j}\pi\sin\varphi_1},\cdots,\mathrm{e}^{\mathrm{j}\pi\sin\varphi_P}])$ 及 $\boldsymbol{\Phi}_r=\mathrm{diag}([\mathrm{e}^{\mathrm{j}\pi\sin\theta_1},\cdots,\mathrm{e}^{\mathrm{j}\pi\sin\theta_P}])$包含期望目标的 DOD 和 DOA 信息。利用最小二乘法求解式（6.127）中得到 $\boldsymbol{\Psi}_t$ 和 $\boldsymbol{\Psi}_r$。令$\hat{\boldsymbol{\Phi}}_t$ 和$\hat{\boldsymbol{T}}$表示 $\boldsymbol{\Psi}_t$ 的特征值矩阵和特征向量矩阵，则第 p 个目标的 DOD 可以由下式得到

$$\varphi_p=\arcsin(\arg(\gamma_p^t)/\pi),\quad p=1,2,\cdots,P \tag{6.128}$$

式中：γ_p^t 为$\hat{\boldsymbol{\Phi}}_t$ 的第 p 个对角元素。注意到 $\boldsymbol{\Psi}_t$ 和 $\boldsymbol{\Psi}_r$ 具有相同的特征向量矩阵，因此对角矩阵$\hat{\boldsymbol{\Phi}}_r$ 可以表示为$\hat{\boldsymbol{\Phi}}_r=\hat{\boldsymbol{T}}^{-1}\boldsymbol{\Psi}_r\hat{\boldsymbol{T}}$。$\hat{\boldsymbol{\Phi}}_t$ 和$\hat{\boldsymbol{\Phi}}_r$ 中相同位置的对角元素对应相同的目标，也就是说，DOD 和 DOA 可以自动配对。第 p 个目标的 DOA 可以由下式得到

$$\theta_p=\arcsin(\arg(\gamma_p^r)/\pi),\quad p=1,2,\cdots,P \tag{6.129}$$

式中：γ_p^r 为$\hat{\boldsymbol{\Phi}}_r$ 的第 p 个对角元素。

6.2.4 仿真验证与分析

这里考虑双基地 MIMO 雷达系统分别由 $M=12$ 发射阵元和 $N=12$ 接收阵元组成，阵元间距为 $d_r=d_t=\lambda/2$，发射阵列发射相互正交的 Hadamard 编码信号，且每个重复周期内的相位编码个数 $L=256$。第一个子阵包含发射阵列的前$M_1=3$ 个天线，第二个子阵包含剩余的 $M_2=M-M_1=9$ 个天线，色噪声采用文献［11］中的空域色噪声模型。这里将算法和文献［7］中的算法（记为 Chen's 算法）、ESPRIT、HOSVD-ESPRIT 算法比较。假设空中存在 $P=3$ 个不相关的目标，目标的发射角度和接收角度分别为$(\varphi_1,\theta_1)=(30°,-30°)$，$(\varphi_2,\theta_2)=(-40°,0)$和$(\varphi_3,\theta_3)=(10°,50°)$。

仿真实验一： MIMO 雷达接收数据的快拍数为 $Q=100$，仿真结果为经过 200 次 Monte-carlo 试验获得。图 6.5 为色噪声条件下，几种算法的 RMSE 和 SNR 的关系图。从图中可知，在色噪声条件下 Chen's 算法具有比 ESPRIT 更好的角度估计性能，这是由于 Chen's 算法对空域色噪声具有抑制性能。同时可以看到，这里所提的算法具有最好的参数估计性能。由于 HOSVD-ESPRIT 对空域色噪声没有抑制的特性，参数估计性能在低信噪比时严重恶化。而所提算

法具有最好的参数估计性能是由于同时利用空域噪声的正交特性消除色噪声的影响和 MIMO 雷达的多维结构特性提高了信号子空间的精度，从而大大改善了参数估计性能。

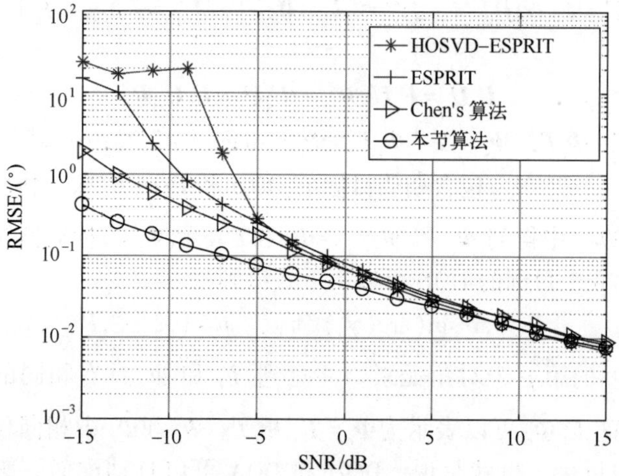

图 6.5　RMSE 与 SNR 的比较

仿真实验二：MIMO 雷达接收数据的快拍数为 $Q=100$，仿真结果经过 200 次蒙特卡罗试验获得。在这里定义当三个目标的 DOD 和 DOA 的估计误差均在 0.5°以内，则表示该算法对三个目标识别成功。图 6.6 为几种算法的 PSD 与 SNR 的关系图。从图中可知，随着 SNR 的降低，所有的算法的分辨成功概率均在某一个 SNR 时开始下降，该信噪比通常称为 SNR 门限。根据图中所

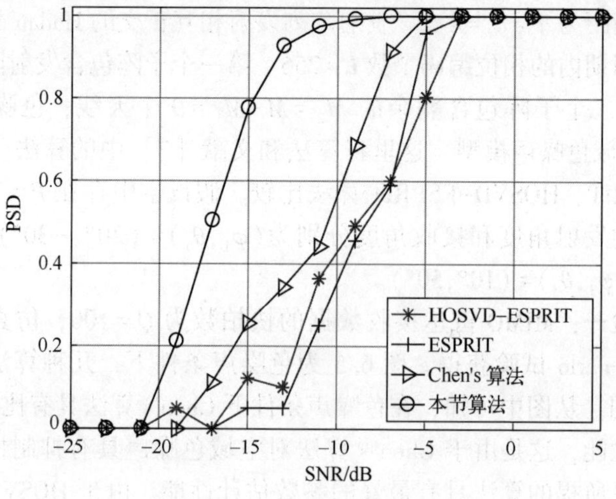

图 6.6　PSD 与 SNR 的比较

示，相对于其他几种算法，所提算法具有最低的 SNR 门限，这是由于所提算法具有良好的色噪声抑制性能和良好的角度分辨率。

仿真实验三： MIMO 雷达接收数据的 SNR 为 0dB，仿真结果为经过 200 次蒙特卡罗试验获得。图 6.7 为几种算法的 RMSE 与快拍数之间的关系图。从图中可知，随着采样拍数的增加，所有的算法角度估计性能均有所改善，且所提的算法具有最好的参数估计性能，尤其是在低快拍数时。

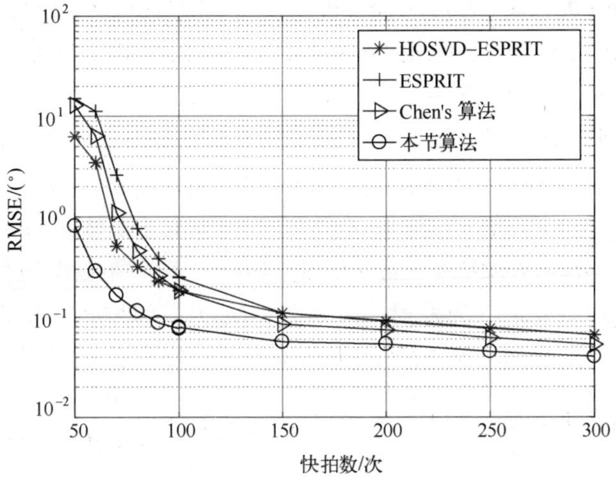

图 6.7　RMSE 与快拍数的比较

6.3　基于时域互协方差的色噪声抑制方法

如前所述，空域互协方差具有孔径损失，因而会导致参数估计性能的下降。时域互协方差法可以有效避免阵列虚拟孔径的损失[9-10]，但现有基于矩阵分解的时域互协方差方法无法利用阵列的多维结构信息，算法性能有待进一步提升。本节重点介绍一种基于时域互协方差张量算法[11]，其能够实现估计精度和阵列虚拟孔径的有效折中。

6.3.1　信号模型

假设双基地窄带 MIMO 雷达系统有 M 根发射天线和 N 根接收天线，收发阵列均为均匀线性阵列，阵元间距均为 $\lambda/2$，λ 为发射信号波长。不考虑互耦合增益相位误差，假设在收发阵列远场有 K 个处于同一距离元的非相干目标，第 $k(k=1,2,\cdots,K)$ 个点目标的方位是(φ_k,θ_k)，其中，φ_k 为目标相对发射天线阵列的DOD，θ_k 为目标相对于接收阵列的 DOA。假设发射天线发射的基带信号为相互正交的编码波形，其第 m 路基带信号为 $\boldsymbol{s}_m \in \mathbb{C}^{Q\times 1}$，其中，$Q$ 是每个脉冲持续时间的符号长度，并且 $\boldsymbol{s}_m^{\mathrm{H}}\boldsymbol{s}_n = \begin{cases} 0, m \neq n \\ Q, m=n \end{cases}, m,n \in \{1,2,\cdots,M\}$。发射信号被 K 个慢动目标反射，在第 $l(l=1,2,\cdots,L)$ 个快拍处接收到的信号表示为

$$\boldsymbol{X}_l = \boldsymbol{A}_R \mathrm{diag}(\boldsymbol{b}_l)\boldsymbol{A}_T^{\mathrm{T}}\boldsymbol{S}+\boldsymbol{N}_l \tag{6.130}$$

式中：$\boldsymbol{A}_R = [\boldsymbol{a}_r(\theta_1), \boldsymbol{a}_r(\theta_2), \cdots, \boldsymbol{a}_r(\theta_K)] \in \mathbb{C}^{N\times K}$ 为接收方向矩阵，其第 k 列 $\boldsymbol{a}_r(\theta_k) = [a_r^1(\theta_k), a_r^2(\theta_k), \cdots, a_r^N(\theta_k)]^{\mathrm{T}} \in \mathbb{C}^{N\times 1}$ 为接收导引向量，$a_r^n(\theta_k) = \exp\{-\mathrm{j}\pi(n-1)\sin\theta_k\}, (n=1,2,\cdots,N)$；$\boldsymbol{A}_T = [\boldsymbol{a}_t(\varphi_1), \boldsymbol{a}_t(\varphi_2), \cdots, \boldsymbol{a}_t(\varphi_K)] \in \mathbb{C}^{M\times K}$ 为发射方向矩阵，$\boldsymbol{a}_t(\varphi_k) = [a_t^1(\varphi_k), a_t^2(\varphi_k), \cdots, a_t^M(\varphi_k)]^{\mathrm{T}} \in \mathbb{C}^{M\times 1}$ 为发射导引向量，$a_t^m(\varphi_k) = \exp\{-\mathrm{j}\pi(m-1)\sin\varphi_k\}, (m=1,2,\cdots,M)$；$\boldsymbol{b}_l = [\alpha_1\exp\{\mathrm{j}2\pi l f_1/f_s\}, \alpha_2\exp\{\mathrm{j}2\pi l f_2/f_s\}, \cdots, \alpha_K\exp\{\mathrm{j}2\pi l f_K/f_s\}]^{\mathrm{T}} \in \mathbb{C}^{K\times 1}$ 为第 l 个快拍目标回波特性向量，α_k，f_k，f_s 分别表示雷达截面（RCS）幅值、多普勒频率和脉冲重复频率；$\boldsymbol{S} = [\boldsymbol{s}_1, \boldsymbol{s}_2, \cdots, \boldsymbol{s}_M]^{\mathrm{T}} \in \mathbb{C}^{M\times Q}$ 为发射信号矩阵；$\boldsymbol{N}_l$ 为空间域色高斯性，而在时间域则服从正态高斯分布。$\boldsymbol{N}_l$ 的列均为均值为零，协方差矩阵 $\boldsymbol{C}$ 为未知的独立同分布复高斯随机向量，即 $E\{\mathrm{vec}(\boldsymbol{N}_p)\mathrm{vec}^{\mathrm{H}}(\boldsymbol{N}_q)\} = \begin{cases} \boldsymbol{0}, & p \neq q \\ \boldsymbol{I}_Q \otimes \boldsymbol{C}, & p=q \end{cases}$。对每个接收天线的接收数据均用 $\boldsymbol{s}_m/\sqrt{Q}, m=1,2,\cdots,M$ 进行匹配滤波处理，则匹配滤波输出结果可以被表述成三阶张量的形式

$$x_{n,m,l} = \sqrt{Q}\sum_{k=1}^{K}\boldsymbol{A}_R(n,k)\boldsymbol{A}_T(m,k)\boldsymbol{B}(l,k) + \frac{1}{\sqrt{Q}}n_{n,m,l} \tag{6.131}$$

$$(n=1,2,\cdots,N; m=1,2,\cdots,M; l=1,2,\cdots,L)$$

式中：$\boldsymbol{B} = [\boldsymbol{b}_1, \boldsymbol{b}_2, \cdots, \boldsymbol{b}_L]^{\mathrm{T}} \in \mathbb{C}^{L\times K}$ 是目标特性矩阵；$\boldsymbol{\mathcal{N}}$ 是用 $n_{n,m,l} = \boldsymbol{N}_{l,n}^{\mathrm{T}}\boldsymbol{s}_m$ 匹配滤波后的噪声张量，其中，$\boldsymbol{N}_{l,n} \in \mathbb{C}^{Q\times 1}$ 是 $\boldsymbol{N}_l$ 的第 n 行转置。式（6.131）可以看作是 $\boldsymbol{\mathcal{X}}$ 的张量分解。根据张量的相关定义，$\boldsymbol{\mathcal{X}}$ 可以被写成如下矩阵的形式：

$$\boldsymbol{Y} = [\boldsymbol{\mathcal{X}}]_{(3)}^{\mathrm{T}} = \sqrt{Q}[\boldsymbol{A}_T \odot \boldsymbol{A}_R]\boldsymbol{B}^{\mathrm{T}} + \frac{1}{\sqrt{Q}}\boldsymbol{W} = \sqrt{Q}\boldsymbol{A}\boldsymbol{B}^{\mathrm{T}} + \frac{1}{\sqrt{Q}}\boldsymbol{W} \tag{6.132}$$

式中：$\boldsymbol{A} = [\boldsymbol{A}_T \odot \boldsymbol{A}_R]$ 表示虚拟方向矩阵；$\boldsymbol{W} = [\boldsymbol{\mathcal{N}}]_{(3)}^{\mathrm{T}} \in \mathbb{C}^{MN\times L}$ 表示噪声矩阵。

6.3.2 空域互协方差张量

令 $\boldsymbol{W}(p)$ 和 $\boldsymbol{W}(q)$ 分别表示 $\boldsymbol{W}$ 的第 p 列和第 q 列，$p,q \in \{1,2,\cdots,L\}$。根据性质：$\mathrm{vec}(\boldsymbol{ABC}) = (\boldsymbol{C}^{\mathrm{T}} \otimes \boldsymbol{A})\mathrm{vec}(\boldsymbol{B})$，$(\boldsymbol{A}\otimes\boldsymbol{B})(\boldsymbol{C}\otimes\boldsymbol{D}) = (\boldsymbol{AC})\otimes(\boldsymbol{BD})$，得到

$$
\begin{aligned}
E\{\boldsymbol{W}(p)\boldsymbol{W}^{\mathrm{H}}(q)\} &= \frac{1}{Q}E\{\mathrm{vec}(\boldsymbol{N}_p\boldsymbol{S}^{\mathrm{H}})\mathrm{vec}^{\mathrm{H}}(\boldsymbol{N}_q\boldsymbol{S}^{\mathrm{H}})\} \\
&= \frac{1}{Q}E\{[\boldsymbol{S}^*\otimes\boldsymbol{I}_N][\mathrm{vec}(\boldsymbol{N}_p)\mathrm{vec}^{\mathrm{H}}(\boldsymbol{N}_q)][\boldsymbol{S}^{\mathrm{T}}\otimes\boldsymbol{I}_N]\} \\
&= \begin{cases}\boldsymbol{0}, & p\neq q \\ \boldsymbol{I}_M\otimes\boldsymbol{C}, & p=q\end{cases}
\end{aligned}
\tag{6.133}
$$

由式（6.133）可知：不同脉冲对应的噪声的互协方差矩阵为 $\boldsymbol{0}$，即空间色噪声是时域不相关的。利用这个性质，将测量矩阵 $\boldsymbol{Y}$ 分成两个子矩阵，如下所示

$$
\begin{cases}
\boldsymbol{Y}_1 = \boldsymbol{Y}\boldsymbol{J}_1 = \sqrt{Q}\boldsymbol{A}\boldsymbol{B}_1^{\mathrm{T}} + \dfrac{1}{\sqrt{Q}}\boldsymbol{W}_1 \\
\boldsymbol{Y}_2 = \boldsymbol{Y}\boldsymbol{J}_2 = \sqrt{Q}\boldsymbol{A}\boldsymbol{B}_2^{\mathrm{T}} + \dfrac{1}{\sqrt{Q}}\boldsymbol{W}_2
\end{cases}
\tag{6.134}
$$

式中：$\boldsymbol{J}_1=[\boldsymbol{I}_{L-1},\boldsymbol{0}_{(L-1)\times 1}]$，$\boldsymbol{J}_2=[\boldsymbol{0}_{(L-1)\times 1},\boldsymbol{I}_{L-1}]$ 是两个选择矩阵。$\boldsymbol{B}_1=\boldsymbol{B}^{\mathrm{T}}\boldsymbol{J}_1$，$\boldsymbol{B}_2=\boldsymbol{B}^{\mathrm{T}}\boldsymbol{J}_2$，$\boldsymbol{W}_1=\boldsymbol{W}\boldsymbol{J}_1$，$\boldsymbol{W}_2=\boldsymbol{W}\boldsymbol{J}_2$。根据式（6.133），可以得到 $\boldsymbol{W}_1\boldsymbol{W}_2^{\mathrm{H}}=\boldsymbol{0}$。因此，$\boldsymbol{Y}_1$ 和 $\boldsymbol{Y}_2$ 的互协方差矩阵可以表示为

$$
\boldsymbol{R} = \frac{1}{L-1}\boldsymbol{Y}_1\boldsymbol{Y}_2^{\mathrm{H}} = \frac{Q}{L-1}\boldsymbol{A}\boldsymbol{R}_{\boldsymbol{B}}\boldsymbol{A}^{\mathrm{H}}
\tag{6.135}
$$

式中：$\boldsymbol{R}_{\boldsymbol{B}}=\boldsymbol{B}_1^{\mathrm{T}}\boldsymbol{B}_2^*$。显然，空间色噪声可以通过式（6.135）被消除。将矩阵换成张量，式（6.136）中的去噪过程可以写成张量形式。通过构造两个数据张量 $\overline{\boldsymbol{\mathcal{X}}}=\boldsymbol{\mathcal{X}}_{\times 3}\boldsymbol{J}_1\in\mathbb{C}^{N\times M\times(L-1)}$，$\widetilde{\boldsymbol{\mathcal{X}}}=\boldsymbol{\mathcal{X}}_{\times 3}\boldsymbol{J}_2\in\mathbb{C}^{N\times M\times(L-1)}$，再通过下式可以构造一个 4 阶互协方差张量 $\boldsymbol{\mathcal{R}}$，其索引位置为 (n,m,p,q) 处的元素为

$$
r_{n,m,p,q} = \sum_{l=1}^{L-1}\bar{x}_{n,m,l}\,\tilde{x}_{p,q,l}^{*} \quad (n,p\in\{1,2,\cdots,N\};m,q\in\{1,2,\cdots,M\})
\tag{6.136}
$$

$\boldsymbol{\mathcal{R}}$ 和 $\boldsymbol{R}$ 的关系具体如下

$$
\boldsymbol{R} = \begin{bmatrix}
r_{1,1,1,1} & r_{1,1,2,1} & \cdots & r_{1,1,N,1} & r_{1,1,1,2} & \cdots & r_{1,1,N,M} \\
r_{2,1,1,1} & r_{2,1,2,1} & \cdots & r_{2,1,N,1} & r_{2,1,1,2} & \cdots & r_{2,1,N,M} \\
\vdots & \vdots & & \vdots & \vdots & & \vdots \\
r_{N,1,1,1} & r_{N,1,2,1} & \cdots & r_{N,1,N,1} & r_{N,1,1,2} & \cdots & r_{N,1,N,M} \\
r_{1,2,1,1} & r_{1,2,2,1} & \cdots & r_{1,2,N,1} & r_{1,2,1,2} & \cdots & r_{1,2,N,M} \\
r_{2,2,1,1} & r_{2,2,2,1} & \cdots & r_{2,2,N,1} & r_{2,2,1,2} & \cdots & r_{2,2,N,M} \\
\vdots & \vdots & & \vdots & \vdots & & \vdots \\
r_{N,M,1,1} & r_{N,M,2,1} & \cdots & r_{N,M,N,1} & r_{N,M,1,2} & \cdots & r_{N,M,N,M}
\end{bmatrix}
\tag{6.137}
$$

同样，空间色噪声在$\mathcal{R}$中已经被有效地抑制。

6.3.3 张量子空间分解

$\mathcal{R}$的 HOSVD 可以表示为

$$\mathcal{R}=\mathcal{G}_{\times 1}\boldsymbol{U}_{1\times 2}\boldsymbol{U}_{2\times 3}\boldsymbol{U}_{3\times 4}\boldsymbol{U}_4 \tag{6.138}$$

式中：$\mathcal{G}\in\mathbb{C}^{N\times M\times N\times M}$为核张量；$\boldsymbol{U}_1\in\mathbb{C}^{N\times N}$，$\boldsymbol{U}_2\in\mathbb{C}^{M\times M}$，$\boldsymbol{U}_3\in\mathbb{C}^{N\times N}$，$\boldsymbol{U}_4\in\mathbb{C}^{M\times M}$是酉矩阵，其元素由张量$\mathcal{R}$的$n(n\in\{1,2,3,4\})$模矩阵的展开式，即$[\mathcal{R}]_{(n)}=\boldsymbol{U}_n\boldsymbol{\Sigma}_n\boldsymbol{V}_n^{\mathrm{H}}$的左奇异值矩阵组成。因为$\mathcal{R}$的秩是$K$，可以构造一个互协方差张量$\mathcal{R}_s$，它由下式构成

$$\mathcal{R}_s=\mathcal{G}_{s\times 1}\boldsymbol{U}_{1s\times 2}\boldsymbol{U}_{2s\times 3}\boldsymbol{U}_{3s\times 4}\boldsymbol{U}_{4s} \tag{6.139}$$

式中：$\boldsymbol{U}_{1s},\boldsymbol{U}_{3s}\in\mathbb{C}^{N\times d_1}$包含$\boldsymbol{U}_1,\boldsymbol{U}_3$的列向量，分别对应于$d_1$个大的奇异值，$d_1=\min\{N,K\}$；$\boldsymbol{U}_{2s},\boldsymbol{U}_{4s}\in\mathbb{C}^{M\times d_2}$包含$\boldsymbol{U}_2,\boldsymbol{U}_4$的列向量，分别对应于$d_2$个大的奇异值，$d_2=\min\{M,R\}$；$\mathcal{G}_s=\mathcal{R}_{\times 1}\boldsymbol{U}_{1s\times 2}^{\mathrm{H}}\boldsymbol{U}_{2s\times 3}^{\mathrm{H}}\boldsymbol{U}_{3s\times 4}^{\mathrm{H}}\boldsymbol{U}_{4s}^{\mathrm{H}}$表示$\mathcal{G}$的主成分。将$\mathcal{G}_s$代入式（6.139）得

$$\begin{aligned}\mathcal{R}_s&=\mathcal{R}_{\times 1}\boldsymbol{U}_{1s\times 2}^{\mathrm{H}}\boldsymbol{U}_{2s\times 3}^{\mathrm{H}}\boldsymbol{U}_{3s\times 4}^{\mathrm{H}}\boldsymbol{U}_{4s\times 1}^{\mathrm{H}}\boldsymbol{U}_{1s\times 2}\boldsymbol{U}_{2s\times 3}\boldsymbol{U}_{3s\times 4}\boldsymbol{U}_{4s}\\&=\mathcal{R}_{\times 1}(\boldsymbol{U}_{1s}\boldsymbol{U}_{1s}^{\mathrm{H}})_{\times 2}(\boldsymbol{U}_{2s}\boldsymbol{U}_{2s}^{\mathrm{H}})_{\times 3}(\boldsymbol{U}_{3s}\boldsymbol{U}_{3s}^{\mathrm{H}})_{\times 4}(\boldsymbol{U}_{4s}\boldsymbol{U}_{4s}^{\mathrm{H}})\end{aligned} \tag{6.140}$$

使用相同的方法从$\mathcal{R}$中构造$\boldsymbol{R}$，可以从张量$\mathcal{R}_s$得到一个新的矩阵$\boldsymbol{R}_s$，表示为

$$\boldsymbol{R}_s=[(\boldsymbol{U}_{1s}\boldsymbol{U}_{1s}^{\mathrm{H}})\otimes(\boldsymbol{U}_{2s}\boldsymbol{U}_{2s}^{\mathrm{H}})]\boldsymbol{R}[(\boldsymbol{U}_{3s}\boldsymbol{U}_{3s}^{\mathrm{H}})\otimes(\boldsymbol{U}_{4s}\boldsymbol{U}_{4s}^{\mathrm{H}})]^* \tag{6.141}$$

一般情况下，$\boldsymbol{R}$可以用截短 SVD 近似，即$\boldsymbol{R}\approx\boldsymbol{U}_s\boldsymbol{\Sigma}_s\boldsymbol{V}_s^{\mathrm{H}}$，其中，$\boldsymbol{U}_s$、$\boldsymbol{\Sigma}_s$、$\boldsymbol{V}_s$分别为$\boldsymbol{R}$的$K(K\leqslant MN)$个主左奇异列向量、对角奇异值和右奇异列向量。将$\boldsymbol{R}$带入式（6.140），得到

$$\boldsymbol{R}_s=[(\boldsymbol{U}_{1s}\boldsymbol{U}_{1s}^{\mathrm{H}})\otimes(\boldsymbol{U}_{2s}\boldsymbol{U}_{2s}^{\mathrm{H}})\boldsymbol{U}_s]\boldsymbol{\Sigma}[(\boldsymbol{U}_{3s}\boldsymbol{U}_{3s}^{\mathrm{H}})\otimes(\boldsymbol{U}_{4s}\boldsymbol{U}_{4s}^{\mathrm{H}})^{\mathrm{T}}\boldsymbol{V}_s]^{\mathrm{H}} \tag{6.142}$$

将$\boldsymbol{R}_s$进行 SVD 后，可以得到一个新的信号子空间$\overline{\boldsymbol{U}}_s$，表示为

$$\overline{\boldsymbol{U}}_s=[(\boldsymbol{U}_{1s}\boldsymbol{U}_{1s}^{\mathrm{H}})\otimes(\boldsymbol{U}_{2s}\boldsymbol{U}_{2s}^{\mathrm{H}})]\boldsymbol{U}_s \tag{6.143}$$

式（6.143）描述了$\overline{\boldsymbol{U}}_s$和$\boldsymbol{U}_s$之间的关系。由于$\boldsymbol{U}_s$和$\boldsymbol{A}$张成了同一个信号子空间，故$\overline{\boldsymbol{U}}_s$也与$\boldsymbol{A}$张成了同一个信号子空间。因此，存在一个满秩矩阵$\boldsymbol{T}$，使得$\overline{\boldsymbol{U}}_s=\boldsymbol{A}\boldsymbol{T}$。

6.3.4 联合 DOD 和 DOA 估计

接下来，使用 ESPRIT 的方法进行 DOD 和 DOA 估计。定义$\boldsymbol{J}_{M1}\in\mathbb{C}^{(M-1)\times M}$，$\boldsymbol{J}_{M2}\in\mathbb{C}^{(M-1)\times M}$是两个选择矩阵，分别选择了$\boldsymbol{A}_T$的前$M-1$和后$M-1$行。相似

地，构造 $\boldsymbol{J}_{N1}$ 和 $\boldsymbol{J}_{N2}$ 两个选择矩阵，分别选择了 $\boldsymbol{A}_R$ 的前 $N-1$ 行和后 $N-1$ 行。显然，这里存在以下旋转不变性

$$\begin{cases}[\boldsymbol{J}_{M1}\otimes\boldsymbol{I}_N]\boldsymbol{A}\boldsymbol{\Phi}_t=[\boldsymbol{J}_{M2}\otimes\boldsymbol{I}_N]\boldsymbol{A}\\ [\boldsymbol{I}_M\otimes\boldsymbol{J}_{N1}]\boldsymbol{A}\boldsymbol{\Phi}_r=[\boldsymbol{I}_M\otimes\boldsymbol{J}_{N2}]\boldsymbol{A}\end{cases}\tag{6.144}$$

式中：$\boldsymbol{\Phi}_t=\mathrm{diag}(a_t^2(\varphi_1),a_t^2(\varphi_2),\cdots,a_t^2(\varphi_K))$，$\boldsymbol{\Phi}_r=\mathrm{diag}(a_r^2(\theta_1),a_r^2(\theta_2),\cdots,a_r^2(\theta_K))$，其对角元素包含目标所需的角度信息。将式（6.144）中 $\boldsymbol{A}$ 用 $\overline{\boldsymbol{U}}_s$ 代替，于是对 $\boldsymbol{\Phi}_t$ 和 $\boldsymbol{\Phi}_r$ 的估计可以用 LS 的方法得到

$$\begin{cases}\hat{\boldsymbol{\phi}}_t=([\boldsymbol{J}_{M1}\otimes\boldsymbol{I}_N]\overline{\boldsymbol{U}}_s)^{\dagger}([\boldsymbol{J}_{M2}\otimes\boldsymbol{I}_N]\overline{\boldsymbol{U}}_s)\\ \hat{\boldsymbol{\phi}}_r=([\boldsymbol{I}_M\otimes\boldsymbol{J}_{N1}]\overline{\boldsymbol{U}}_s)^{\dagger}([\boldsymbol{I}_M\otimes\boldsymbol{J}_{N2}]\overline{\boldsymbol{U}}_s)\end{cases}\tag{6.145}$$

$\hat{\boldsymbol{\phi}}_t,\boldsymbol{\Phi}_t$ 和 $\hat{\boldsymbol{\phi}}_r,\boldsymbol{\Phi}_r$ 之间的关系分别表示为 $\hat{\boldsymbol{\phi}}_t=\boldsymbol{P}^{-1}\boldsymbol{\Phi}_t\boldsymbol{P}$，$\hat{\boldsymbol{\phi}}_r=\boldsymbol{P}^{-1}\boldsymbol{\Phi}_r\boldsymbol{P}$，其中，$\boldsymbol{P}$ 为非奇异阵。值得注意的是，$\hat{\boldsymbol{\phi}}_t$ 和 $\hat{\boldsymbol{\phi}}_r$ 共享相同的特征向量，估计的 DOD 和 DOA 自动配对。对 $\hat{\boldsymbol{\phi}}_t$ 进行特征值分解，让 $\overline{\boldsymbol{\Sigma}}_t$、$\hat{\boldsymbol{P}}$ 表示特征值矩阵和特征向量，那么 $\overline{\boldsymbol{\Sigma}}_t$ 可以表示为 $\overline{\boldsymbol{\Sigma}}_t=\hat{\boldsymbol{P}}^{-1}\hat{\boldsymbol{\phi}}_t\hat{\boldsymbol{P}}$。因此，DOD 和 DOA 可以通过下式获得

$$\begin{cases}\hat{\varphi}_k=-\mathrm{angle}(\hat{a}_t^2(\varphi_k))\\ \hat{\theta}_k=-\mathrm{angle}(\hat{a}_r^2(\theta_k))\end{cases}\tag{6.146}$$

式中：$\hat{a}_t^2(\varphi_k)$，$\hat{a}_r^2(\theta_k)$ 分别是 $\overline{\boldsymbol{\Sigma}}_t$ 和 $\overline{\boldsymbol{\Sigma}}_r$ 的第 k 个对角线元素。

6.3.5　算法分析

（1）可辨识性。

可辨识性即最大可识别目标数，本节所提方法的可辨识性可由式（6.142）约束。一方面，由于 $[(\boldsymbol{U}_{1s}\boldsymbol{U}_{1s}^{\mathrm{H}})\otimes(\boldsymbol{U}_{2s}\boldsymbol{U}_{2s}^{\mathrm{H}})]=[(\boldsymbol{U}_{1s}\otimes\boldsymbol{U}_{2s})(\boldsymbol{U}_{1s}\otimes\boldsymbol{U}_{2s})^{\mathrm{H}}]$，因此 $[(\boldsymbol{U}_{1s}\boldsymbol{U}_{1s}^{\mathrm{H}})\otimes(\boldsymbol{U}_{2s}\boldsymbol{U}_{2s}^{\mathrm{H}})]$ 的最大秩为 MN。另一方面，$\mathrm{rank}(\overline{\boldsymbol{U}}_s)\leqslant\min\{MN,L-1\}$。因此，该方法最多可以识别 $\min\{MN,L-1\}$ 个目标。为确保最大的可辨识性，$\boldsymbol{A}$ 和 $\boldsymbol{R}_B$ 均应满秩。在表 6.1 中，总结了所提方法的可辨识性，包括 Jin 等人的方法[6]（标记为 Jin's 算法），Chen 等人的方法[7]（标记为 Chen's 算法），Wang 等人的方法[8]（标记为 Wang's 算法），Fu 等人的方法[9]（标记为 Fu's 算法），其中，M_1、$M_2=M-M_1$ 分别为空域互相关方法中两个发射子阵的天线数。很明显，在面对大快拍（$L\gg MN$）时，本节的方法比现有的空域互相关联方法能识别更多的目标。当只有少量快拍可用的情况下（如 $L\leqslant MN+1$），本节算法的可辨识性仍优于 Fu 的方法。

表 6.1 算法可辨识性

算法	可辨识性
Jin's 算法	$\min\{N,L\}$
Chen's 算法	$\min\{M_1N,M_2N,L\}$
Wang's 算法	$\min\{M_1N,M_2N,L\}$
Fu's 算法	$\min\{MN,L-2\}$
本节算法	$\min\{MN,L-2\}$

(2) 计算的复杂性。

式 (6.136) 中协方差张量的估计需要 $M^2N^2(L-1)$ 次复数乘法。对于 H 阶张量 HOSVD 的计算复杂度等于 H 个 SVD 的总复杂度，因此式 (6.138) 复杂度为 $4O(M^3N^3)$。式 (6.141) 中计算 $\boldsymbol{R}_s$ 需要 $2M^2K+2N^2K+2M^3N^3$ 复数乘法运算，并且它的 SVD 的复杂度为 $O(M^3N^3)$。计算$\hat{\boldsymbol{\phi}}_t$，$\hat{\boldsymbol{\phi}}_r$ 的复杂度为 $2O(K^3)+2(M-1)NK^2+2(N-1)MK^2$。最后通过 LS 计算 DOD 和 DOA 的估计代价为 $O(K^3)$。在表 6.2 中总结了本节算法、Chen's 算法、Wang's 算法和 Fu's 算法的总计算复杂度。结果表明，本节方法的复杂度与 Wang's 算法相似，但比其他方法要高。但是，与上述所有方法相比，本节方法提供了更精确的角度估计，将在后文中证明。

表 6.2 算法复杂度

算法	计算复杂度
Chen's 算法	$M_1M_2N^2L+2(M_2-1)NK^2+2(N-1)M_2K^2+3O(K^3)+O(M_2^3N^3)$
Wang's 算法	$M_1M_2N^2L+2M_1^2K+2N^2K+M_1^2M_2N^3+M_1M_2^2N^3+2(M_2-1)NK^2+2(N-1)M_2K^2$ $+3O(K^3)+5O(M_2^3N^3)$
Fu's 算法	$2M^2N^2(L-2)+2MNK^2+M^3N^3+2(M-1)NK^2+2(N-1)MK^2+3O(K^3)+2O(M^3N^3)$
本节算法	$M^2N^2(L-1)+2M^2K^2+2N^2K+2M^3N^3+2(M-1)NK^2+2(N-1)MK^2+3O(K^3)+5O(M^3N^3)$

6.3.6 仿真结果

在本节中，进行了 500 次蒙特卡罗试验来评估本节算法的性能。在仿真中，假设双基地 MIMO 雷达配置了 M 个发射阵元和 N 个接收阵元，发射阵列和接收阵列均为半波长间隔的 ULA。传输基带代码矩阵为 $\boldsymbol{S}=(1+\mathrm{j})/\sqrt{2}\boldsymbol{H}_M$，其中，$\boldsymbol{H}_M$ 是由 $Q\times Q$ 的 Hadamard 矩阵的前 M 行组成。设置脉冲数 Q 和脉冲重复频率 f_s 为 $Q=256$，$f_s=20\text{KHz}$。假设 $K=3$ 个不相关的目标位于$(\theta_1,\varphi_1)=$

$(30°,-30°)$，$(\theta_2,\varphi_2)=(-45°,10°)$，$(\theta_3,\varphi_3)=(10°,0)$，多普勒频移分别为 0.1，0.2 和 0.425。目标的 RCS 符合 Swerling I 模型，且 $\alpha_1=\alpha_2=\alpha_3=1$。空间有色噪声被建模为一个二阶自回归过程（AR），其系数为 $z=[1,-1,0.8]$。采用两种准则评价估计性能，第一种是 RMSE，另一种方法是 PSD。其中，如果所有估计角的绝对误差都小于 0.3°，则认为是成功的试验。相对比的方法有传统的 ESPRIT，Chen's 算法，Wang's 算法和 Fu's 算法。在 Chen's 和 Wang's 算法中，两个发射子阵的天线数分别为 $M_1=3$ 和 $M_2=7$。

图 6.8 描述了各种方法在不同 SNR 的 RMSE 比较，其中，$M=10,N=12,L=100$。由图可以看出，随着信噪比的增大，所有算法的 RMSE 性能逐渐改善。在低 SNR（SNR≤-10dB）情况下，由于空域互相关方法和时域互相关方法都能抑制有色噪声的影响，因此它们比 ESPRIT 具有更好的 RMSE 性能。但在高 SNR 区域，由于虚孔径损失，空域互相关方法的 RMSE 性能比 ESPRIT 差，而 Fu 的方法与 ESPRIT 的 RMSE 性能在 SNR>-10dB 时近似一致。值得注意的是，所提出的方法明显优于所有比较算法，特别是在低 SNR 区域。这种改进部分得益于该方法的噪声抑制过程没有带来任何孔径损失，另一方面得益于张量模型提供了更精确的子空间估计。

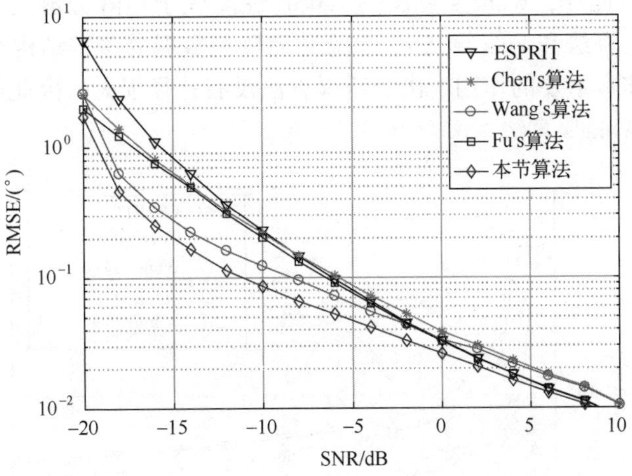

图 6.8　不同 SNR 条件下 RMSE 性能的比较结果

图 6.9 给出了各种方法在不同 SNR 条件下的 PSD 性能曲线，其中 $M=10$，$N=12$，$L=100$。结果表明，所有的方法在高 SNR 区域都有 100%的成功检测性能。随着 SNR 的降低，记每种算法的 PSD 在对应的 SNR 值开始下降的点为 SNR 阈值。显然，所提出方法比 ESPRIT，Wang's 算法和 Fu's 算法的 SNR 阈值

更低。实验表明，该方法能有效地消除空间有色噪声。

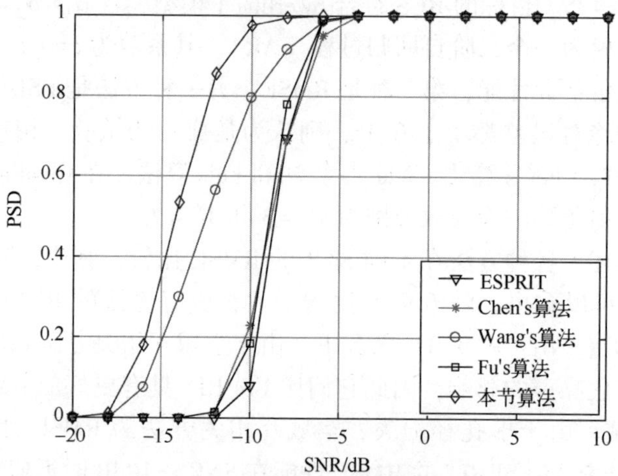

图 6.9　不同信噪比下 PSD 性能比较

图 6.10 给出了不同快拍数量下，不同方法的 RMSE 比较，其中，$M=10$，$N=12$，SNR = −15dB。由图可知，随着 L 的增加，所有方法的 RMSE 性能都会得到改善。此外，Wang's 算法的 RMSE 性能优于矩阵分解类算法（如 ESPRIT、Chen's 算法和 Fu's 算法），这意味着阵列数据的多维结构对提高角度估计精度起着非常重要的作用。由于所提算法没有孔径损失，因此该方法的角估计性能优于 Wang's 算法。

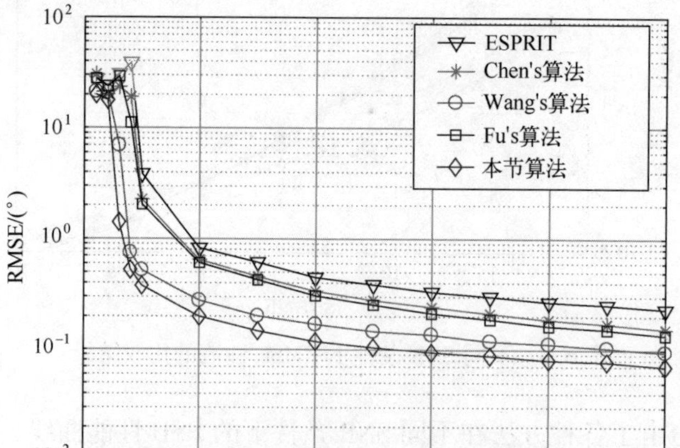

图 6.10　不同快拍数下 RMSE 性能比较

图 6.11 给出了不同快拍数量下，不同方法的 PSD 的比较，其中，$M=10$，$N=12$，SNR=-15dB。很明显，随着快拍的增加，所有方法的 PSD 性能都得到了提高。很明显，在相同的快拍数量下，本节方法比所有比较的方法都有更好的角估计性能。

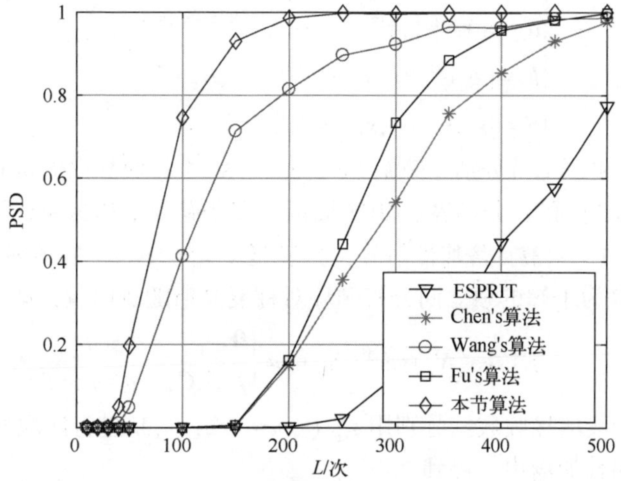

图 6.11　不同快拍数下 PSD 性能比较

6.4　基于协方差差分的色噪声抑制方法

尽管时域互协方差方案没有孔径损失，但是其需要噪声在时域是严格非相关的，此外，该算法需要目标 RCS 是时域相关的（Swerling Ⅰ），否则算法会失效。针对平稳色噪声（协方差矩阵为一个 Hermitian 对称 Toeplitz 矩阵），本节介绍一种基于协方差差分的算法[12]，其能有效避免上述缺陷。

6.4.1　信号模型

假设双基地窄带 MIMO 雷达系统配置有 M 根发射天线和 N 根接收天线，收发阵列均为 ULA，阵元间距均为 $\lambda/2$，λ 为发射信号波长。假设在同一距离门内有 K 个远场目标，第 k 个目标的 DOD 和 DOA 为(φ_k,θ_k)。考虑 MIMO 雷达的一个相干处理时间包含 L 个脉冲。第 $l(l=1,2,\cdots,L)$ 个脉冲时间的接收阵列的输出信号为

$$\boldsymbol{X}_l=\boldsymbol{A}_R\mathrm{diag}(\boldsymbol{b}_l)\boldsymbol{A}_T^{\mathrm{T}}\boldsymbol{S}+\boldsymbol{N}_l \tag{6.147}$$

式中：$\boldsymbol{A}_R$，$\boldsymbol{b}_l$，$\boldsymbol{A}_T$，$\boldsymbol{S}$，$\boldsymbol{N}_l$ 分别表示接收方向矩阵，回波特性向量，发射方向

矩阵，发射信号矩阵，色噪声矩阵，且

$$\begin{cases} \boldsymbol{A}_R=[\boldsymbol{a}_r(\theta_1),\boldsymbol{a}_r(\theta_2),\cdots,\boldsymbol{a}_r(\theta_K)]\in\mathbb{C}^{N\times K} \\ \boldsymbol{a}_r(\theta_k)=[1,\mathrm{e}^{\mathrm{j}\pi\sin\theta_k},\cdots,\mathrm{e}^{\mathrm{j}\pi(N-1)\sin\theta_k}]^{\mathrm{T}} \\ \boldsymbol{A}_T=[\boldsymbol{a}_t(\varphi_1),\boldsymbol{a}_t(\varphi_2),\cdots,\boldsymbol{a}_t(\varphi_K)]\in\mathbb{C}^{M\times K} \\ \boldsymbol{a}_t(\varphi_k)=[1,\mathrm{e}^{\mathrm{j}\pi\sin\varphi_k},\cdots,\mathrm{e}^{\mathrm{j}\pi(M-1)\sin\varphi_k}]^{\mathrm{T}} \\ \boldsymbol{b}_l=[\alpha_1\mathrm{e}^{\mathrm{j}2\pi lf_1/f_s},\alpha_2\mathrm{e}^{\mathrm{j}2\pi lf_2/f_s},\cdots,\alpha_K\mathrm{e}^{\mathrm{j}2\pi lf_K/f_s}]^{\mathrm{T}} \\ \boldsymbol{S}=[\boldsymbol{s}_1,\boldsymbol{s}_2,\cdots,\boldsymbol{s}_M]\in\mathbb{C}^{M\times Q} \end{cases} \tag{6.148}$$

式中：$\boldsymbol{a}_r(\theta_k)$ 和 $\boldsymbol{a}_t(\varphi_k)$ 分别是第 $k(k=1,2,\cdots,K)$ 个接收导向向量和第 k 个发射导向向量；α_k，f_k 和 f_s 分别表示 RCS 振幅，多普勒频率和脉冲重复频率；$\boldsymbol{s}_m\in\mathbb{C}^{1\times Q}$ 为 $m(m=1,\cdots,M)$ 路基带信号，且满足 $\boldsymbol{s}_m\boldsymbol{s}_m^{\mathrm{H}}=Q$。$\boldsymbol{N}_l$ 的各列为均值为零、协方差矩阵 $\boldsymbol{C}$ 为未知的独立同分布循环对称复高斯随机向量，即

$$E\{\mathrm{vec}(\boldsymbol{N}_p)\mathrm{vec}^{\mathrm{H}}(\boldsymbol{N}_q)\}=\begin{cases}\boldsymbol{0}, & p\neq q\\ \boldsymbol{I}_Q\otimes\boldsymbol{C}, & p=q\end{cases} \tag{6.149}$$

对每个接收天线的接收数据分别用 $\boldsymbol{s}_m/Q, m=1,2,\cdots,M$ 进行匹配滤波处理。通过沿脉冲方向叠加输出，得到

$$\boldsymbol{Y}=[\boldsymbol{A}_T\odot\boldsymbol{A}_R]\boldsymbol{B}^{\mathrm{T}}+\frac{1}{Q}\boldsymbol{W} \tag{6.150}$$

式中：$\boldsymbol{B}=[\boldsymbol{b}_1,\boldsymbol{b}_2,\cdots,\boldsymbol{b}_L]^{\mathrm{T}}$，$\boldsymbol{W}=[\boldsymbol{w}_1,\boldsymbol{w}_2,\cdots,\boldsymbol{w}_L]$ 表示匹配滤波后的噪声矩阵，其中 $\boldsymbol{w}_l=\mathrm{vec}(\boldsymbol{N}_l\boldsymbol{S}^{\mathrm{H}})$，$(l=1,2,\cdots,L)$。式（6.150）中的模型可以看作是阵列样本的矩阵形式。然而，在 $\boldsymbol{Y}$ 中忽略了阵列数据固有的多维特性。实际上，$\boldsymbol{Y}$ 可以重新排列成一个三阶张量 $\mathcal{Y}\in\mathbb{C}^{N\times M\times L}$，即

$$\boldsymbol{\mathcal{Y}}=\boldsymbol{\mathcal{I}}_{K\times1}\boldsymbol{A}_{R\times2}\boldsymbol{A}_{T\times3}\boldsymbol{B}+\frac{1}{Q}\boldsymbol{W} \tag{6.151}$$

式中：$\boldsymbol{\mathcal{I}}_K$ 为 $K\times K\times K$ 单位张量。式（6.150）和式（6.151）之间的关系分别是 $\boldsymbol{Y}=[\boldsymbol{\mathcal{Y}}]_{(3)}^{\mathrm{T}}$，$\boldsymbol{W}=[\boldsymbol{\mathcal{W}}]_{(3)}^{\mathrm{T}}$。

6.4.2 协方差差分

传统的子空间方法首先估计协方差矩阵 $\boldsymbol{R}$，其具体为

$$\begin{aligned}\boldsymbol{R}&=E[\boldsymbol{Y}\boldsymbol{Y}^{\mathrm{H}}]\\ &=[\boldsymbol{A}_T\odot\boldsymbol{A}_R]\boldsymbol{R}_{\boldsymbol{B}}[\boldsymbol{A}_T\odot\boldsymbol{A}_R]^{\mathrm{H}}+\frac{1}{Q^2}\boldsymbol{R}_{\boldsymbol{W}}\end{aligned} \tag{6.152}$$

式中：$\boldsymbol{R}_{\boldsymbol{B}}=E[\boldsymbol{B}^{\mathrm{T}}\boldsymbol{B}^*]$，$\boldsymbol{R}_{\boldsymbol{W}}=E[\boldsymbol{W}\boldsymbol{W}^{\mathrm{H}}]$。假设目标不相关，则 $\boldsymbol{R}_{\boldsymbol{B}}=1/L\cdot\mathrm{diag}([\rho_1^2,\rho_2^2,\cdots,\rho_K^2])$ 是一个实对角矩阵，ρ_k^2 表示第 k 个目标的系数方差。实际

上，$\boldsymbol{R}$ 可通过有限的样本$\hat{\boldsymbol{R}}=\boldsymbol{Y}\boldsymbol{Y}^{\mathrm{H}}/L$来估计。令 $p,q\in\{1,2,\cdots,L\}$，我们得到

$$
\begin{aligned}
E\{\boldsymbol{w}_p\boldsymbol{w}_q^{\mathrm{H}}\} &= E\{\mathrm{vec}(\boldsymbol{N}_p\boldsymbol{S}^{\mathrm{H}})\mathrm{vec}^{\mathrm{H}}(\boldsymbol{N}_q\boldsymbol{S}^{\mathrm{H}})\} \\
&= E\{[\boldsymbol{S}^*\otimes\boldsymbol{I}_N][\mathrm{vec}(\boldsymbol{N}_p)\mathrm{vec}^{\mathrm{H}}(\boldsymbol{N}_q)][\boldsymbol{S}^{\mathrm{T}}\otimes\boldsymbol{I}_N]\} \\
&= \begin{cases}\boldsymbol{0}, & p\neq q \\ E\{[\boldsymbol{S}^*\otimes\boldsymbol{I}_N][\boldsymbol{I}_Q\otimes\boldsymbol{C}][\boldsymbol{S}^{\mathrm{T}}\otimes\boldsymbol{I}_N]\}, & p=q\end{cases} \\
&= \begin{cases}\boldsymbol{0}, & p\neq q \\ Q(\boldsymbol{I}_Q\otimes\boldsymbol{C}), & p=q\end{cases}
\end{aligned} \tag{6.153}
$$

由式（6.153）可知，$\boldsymbol{R}_{\boldsymbol{W}}$与 $\boldsymbol{I}_M\otimes\boldsymbol{C}$ 成正比。由于 $\boldsymbol{R}_{\boldsymbol{W}}$不再是与单位矩阵呈比例关系，因而噪声是非白高斯的。在这种情况下，噪声子空间无法与信号子空间正确分离，传统的子空间算法的性能会严重下降。但是，如果噪声过程是平稳的，则 $\boldsymbol{C}$ 是 Hermitian 对称 Toeplitz 矩阵，其满足

$$\boldsymbol{J}_N\boldsymbol{C}^*\boldsymbol{J}_N=\boldsymbol{C} \tag{6.154}$$

式中：$\boldsymbol{J}_N$ 为 $N\times N$ 交换矩阵，其反对角上有 N 个 1，其他地方为 0。利用上式的性质，进一步得到

$$(\boldsymbol{I}_M\otimes\boldsymbol{J}_N)\boldsymbol{R}_W^*(\boldsymbol{I}_M\otimes\boldsymbol{J}_N)=\boldsymbol{R}_{\boldsymbol{W}} \tag{6.155}$$

值得注意的是，噪声分量经过共轭线性变换后保持不变。为了消除空域色噪声的影响，可采用协方差差分的方法。假设 $2K\leqslant MN$，构造如下的差分矩阵

$$
\begin{aligned}
\Delta\boldsymbol{R} &= \boldsymbol{R}-(\boldsymbol{I}_M\otimes\boldsymbol{J}_N)\boldsymbol{R}^*(\boldsymbol{I}_M\otimes\boldsymbol{J}_N) \\
&= [\boldsymbol{A}_T\odot\boldsymbol{A}_R]\boldsymbol{R}_{\boldsymbol{B}}[\boldsymbol{A}_T\odot\boldsymbol{A}_R]^{\mathrm{H}}-[\boldsymbol{A}_T^*\odot(\boldsymbol{A}_R\boldsymbol{\Psi}_R)]\boldsymbol{R}_B[\boldsymbol{A}_T^*\odot(\boldsymbol{A}_R\boldsymbol{\Psi}_R)]^{\mathrm{H}} \\
&= [\boldsymbol{A}_T\odot\boldsymbol{A}_R,\boldsymbol{A}_T^*\odot(\boldsymbol{A}_R\boldsymbol{\Psi}_R)]\begin{bmatrix}\boldsymbol{R}_{\boldsymbol{B}}, & \boldsymbol{0} \\ \boldsymbol{0}, & -\boldsymbol{R}_{\boldsymbol{B}}\end{bmatrix}[\boldsymbol{A}_T\odot\boldsymbol{A}_R,\boldsymbol{A}_T^*\odot(\boldsymbol{A}_R\boldsymbol{\Psi}_R)]^{\mathrm{H}} \\
&= \{[\boldsymbol{A}_T,\boldsymbol{A}_T^*]\odot[\boldsymbol{A}_R,\boldsymbol{A}_R]\}\begin{bmatrix}\boldsymbol{R}_{\boldsymbol{B}}, & \boldsymbol{0} \\ \boldsymbol{0}, & -\boldsymbol{R}_{\boldsymbol{B}}\end{bmatrix}\{[\boldsymbol{A}_T,\boldsymbol{A}_T^*]\odot[\boldsymbol{A}_R,\boldsymbol{A}_R]\}^{\mathrm{H}}
\end{aligned} \tag{6.156}
$$

式中：$\boldsymbol{\Psi}_R=\mathrm{diag}([\mathrm{e}^{\mathrm{j}(N-1)\pi\sin\theta_1},\mathrm{e}^{\mathrm{j}(N-1)\pi\sin\theta_2},\cdots,\mathrm{e}^{\mathrm{j}(N-1)\pi\sin\theta_K}])$是一个对角矩阵。显然，未知的噪声协方差已从 $\Delta\boldsymbol{R}$ 中被消除，而信号协方差被保存。此外，$\Delta\boldsymbol{R}$ 是奇异的 Hermitian 矩阵，它可以通过 EVD 近似，即

$$\Delta\boldsymbol{R}\approx\boldsymbol{E}_s\boldsymbol{\Sigma}_s\boldsymbol{E}_s^{\mathrm{H}} \tag{6.157}$$

式中：$\boldsymbol{\Sigma}_s$ 包含 $2K$ 个主特征值，$\boldsymbol{E}_s$ 包含 $\Delta\boldsymbol{R}$ 对应的特征向量。容易证明的是，$\boldsymbol{E}_s$ 和$[\boldsymbol{A}_T,\boldsymbol{A}_T^*]\odot[\boldsymbol{A}_R,\boldsymbol{A}_R]$张成相同的子空间。因此，该子空间被称为信号子空间，它包含了目标的角度信息。

为了进一步探索阵列数据的多维结构，可以利用张量协方差模型。$\boldsymbol{R}$ 的四阶张量形式可以表示为

$$\mathcal{R}=\mathcal{R}_{B}\times_1 \boldsymbol{A}_{R}\times_2 \boldsymbol{A}_{T}\times_3 \boldsymbol{A}_{R}^{*}\times_4 \boldsymbol{A}_{T}^{*}+\mathcal{R}_{W} \tag{6.158}$$

上式即为含噪的 HOSVD 模型，其中，核张量为$\mathcal{R}_{B}\in\mathbb{C}^{K\times K\times K\times K}$，因子矩阵分别是$\boldsymbol{A}_R$，$\boldsymbol{A}_T$，$\boldsymbol{A}_R^*$，$\boldsymbol{A}_T^*$，$\mathcal{R}_W$是噪声的协方差张量。容易证明是，$\mathcal{R}$是一个 Hermitian 张量。事实上，$\boldsymbol{R}$ 可以被视为$\mathcal{R}$ 的对称 Hermitian 展开，用 $\boldsymbol{R}=[\mathcal{R}]_{(H)}$ 表示。类似地，$\boldsymbol{R}_B$ 和$\mathcal{R}_B$，$\boldsymbol{R}_W$ 和$\mathcal{R}_W$的关系分别表示为 $\boldsymbol{R}_B=[\mathcal{R}_B]_{(H)}$，$\boldsymbol{R}_W=[\mathcal{R}_W]_{(H)}$。因此，差分协方差张量可以构造为

$$\begin{aligned}\Delta\mathcal{R}&=\mathcal{R}-\mathcal{R}\times_1 \boldsymbol{J}_N\times_3 \boldsymbol{J}_N\\&=\widetilde{\mathcal{R}}_{B}\times_1[\boldsymbol{A}_R,\boldsymbol{A}_R]\times_2[\boldsymbol{A}_T,\boldsymbol{A}_T^*]\times_3[\boldsymbol{A}_R^*,\boldsymbol{A}_R^*]\times_4[\boldsymbol{A}_T^*,\boldsymbol{A}_T]\end{aligned} \tag{6.159}$$

式中：$\widetilde{\mathcal{R}}_B\in\mathbb{C}^{2K\times 2K\times 2K\times 2K}$为核张量，其表示为$[\widetilde{\mathcal{R}}_B]_{(H)}=\begin{bmatrix}\boldsymbol{R}_B, & \boldsymbol{0}\\ \boldsymbol{0}, & -\boldsymbol{R}_B\end{bmatrix}$，$[\boldsymbol{A}_R,\boldsymbol{A}_R]$，$[\boldsymbol{A}_T,\boldsymbol{A}_T^*]$，$[\boldsymbol{A}_R^*,\boldsymbol{A}_R^*]$，$[\boldsymbol{A}_T^*,\boldsymbol{A}_T]$分别是对应的因子矩阵。同样，$\Delta\mathcal{R}$ 是一个 Hermitian 张量，且其不受色噪声的影响。本节的目标是利用 $\Delta\mathcal{R}$ 估计信号子空间，由上述模型可知 $\Delta\mathcal{R}$ 的 HOSVD 为

$$\Delta\mathcal{R}=\mathcal{G}\times_1 \boldsymbol{U}_1\times_2 \boldsymbol{U}_2\times_3 \boldsymbol{U}_3\times_4 \boldsymbol{U}_4 \tag{6.160}$$

式中：$\mathcal{G}\in\mathbb{C}^{N\times M\times N\times M}$为核张量；$\boldsymbol{U}_n(n\in\{1,2,3,4\})$是 $\Delta\mathcal{R}$ 的模 n 矩阵的左奇异矩阵，即$[\Delta\mathcal{R}]_{(n)}=\boldsymbol{U}_n\boldsymbol{\Sigma}_n\boldsymbol{V}_n^{\mathrm{H}}$。容易发现的是，$\boldsymbol{U}_1=\boldsymbol{U}_3^*$，$\boldsymbol{U}_2=\boldsymbol{U}_4^*$。与传统的特征分解的方法相似，$\Delta\mathcal{R}$ 可以用其截断 HOSVD 来表示

$$\Delta\mathcal{R}_s=\mathcal{G}_s\times_1 \boldsymbol{U}_{1s}\times_2 \boldsymbol{U}_{2s}\times_3 \boldsymbol{U}_{1s}^*\times_4 \boldsymbol{U}_{2s}^* \tag{6.161}$$

式中：$\boldsymbol{U}_{1s}\in\mathbb{C}^{N\times K}$为 $\boldsymbol{U}_1$ 的 K 个主成分；$\boldsymbol{U}_{2s}\in\mathbb{C}^{M\times 2K}$为 $\boldsymbol{U}_2$ 的 $2K$ 个主成分；$\mathcal{G}_s$为$\mathcal{G}$的信号主分量，其具体为

$$\mathcal{G}_s=\Delta\mathcal{R}\times_1 \boldsymbol{U}_{1s}^{\mathrm{H}}\times_2 \boldsymbol{U}_{2s}^{\mathrm{H}}\times_3 \boldsymbol{U}_{1s}^{\mathrm{T}}\times_4 \boldsymbol{U}_{2s}^{\mathrm{T}} \tag{6.162}$$

将式（6.162）得到

$$\begin{aligned}\Delta\mathcal{R}_s&=\Delta\mathcal{R}\times_1 \boldsymbol{U}_{1s}^{\mathrm{H}}\times_2 \boldsymbol{U}_{2s}^{\mathrm{H}}\times_3 \boldsymbol{U}_{1s}^{\mathrm{T}}\times_4 \boldsymbol{U}_{2s}^{\mathrm{T}}\times_1 \boldsymbol{U}_{1s}\times_2 \boldsymbol{U}_{2s}\times_3 \times \boldsymbol{U}_{1s}^*\times_4 \boldsymbol{U}_{2s}^*\\&=\Delta\mathcal{R}\times_1(\boldsymbol{U}_{1s}\boldsymbol{U}_{1s}^{\mathrm{H}})\times_2(\boldsymbol{U}_{2s}\boldsymbol{U}_{2s}^{\mathrm{H}})\times_3\times(\boldsymbol{U}_{1s}^*\boldsymbol{U}_{1s}^{\mathrm{T}})\times_4(\boldsymbol{U}_{2s}^*\boldsymbol{U}_{2s}^{\mathrm{T}})\end{aligned} \tag{6.163}$$

通过 $\Delta\mathcal{R}_s$的对称 Hermitian 展开，我们可以从 $\Delta\mathcal{R}_s$得到一个新的 $\boldsymbol{R}_s$，具体为

$$\begin{aligned}\boldsymbol{R}_s&=[\Delta\mathcal{R}_s]_{(H)}\\&=[(\boldsymbol{U}_{1s}\boldsymbol{U}_{1s}^{\mathrm{H}})\otimes(\boldsymbol{U}_{2s}\boldsymbol{U}_{2s}^{\mathrm{H}})]\Delta R[(\boldsymbol{U}_{1s}\boldsymbol{U}_{1s}^{\mathrm{H}})\otimes(\boldsymbol{U}_{2s}\boldsymbol{U}_{2s}^{\mathrm{H}})]^{\mathrm{H}}\end{aligned} \tag{6.164}$$

值得注意的是，$\boldsymbol{R}_s$ 是一个 Hermitian 矩阵。将 $\Delta \boldsymbol{R}$ 代入式（6.164），得到

$$\boldsymbol{R}_s=[(\boldsymbol{U}_{1s}\boldsymbol{U}_{1s}^{\mathrm{H}})\otimes(\boldsymbol{U}_{2s}\boldsymbol{U}_{2s}^{\mathrm{H}})\boldsymbol{E}_s]\boldsymbol{\Sigma}[(\boldsymbol{U}_{1s}\boldsymbol{U}_{1s}^{\mathrm{H}})\otimes(\boldsymbol{U}_{2s}\boldsymbol{U}_{2s}^{\mathrm{H}})^{\mathrm{T}}\boldsymbol{E}_s]^{\mathrm{H}} \tag{6.165}$$

由于 $\boldsymbol{U}_{1s}\boldsymbol{U}_{1s}^{\mathrm{H}}$ 和 $\boldsymbol{U}_{2s}\boldsymbol{U}_{2s}^{\mathrm{H}}$ 是酉矩阵，$\boldsymbol{R}_s$ 可以用 EVD 来近似表示为 $\boldsymbol{R}_s\approx\overline{\boldsymbol{E}}_s\boldsymbol{\Sigma}_s\overline{\boldsymbol{E}}_s^{\mathrm{H}}$，其中，$\boldsymbol{\Sigma}_s$ 包含 $2K$ 个主特征值，$\boldsymbol{E}_s$ 包含 $\Delta \boldsymbol{R}$ 对应的特征向量。很明显的

是，$\overline{\boldsymbol{E}}_s$ 和 $\boldsymbol{E}_s$ 张成了相同的子空间。因此，存在一个满秩矩阵 $\boldsymbol{T}$，

$$\overline{\boldsymbol{E}}_s=([\boldsymbol{A}_T,\boldsymbol{A}_T^*]\odot[\boldsymbol{A}_R,\boldsymbol{A}_R])\boldsymbol{T} \tag{6.166}$$

6.4.3 角度估计

与传统的信号子空间不同，$\overline{\boldsymbol{E}}_s$ 包含真正的目标方向(φ,θ)和它的镜像方向$(-\varphi,\theta)$。在此，本节使用一个两步的框架从$\overline{\boldsymbol{E}}_s$ 获得真实的方向估计。首先，使用传统的子空间的算法，例如 MUSIC、ESPIRT 用于模糊的 DOD 估计和 DOA 估计。其次，给出了确定唯一方向的判据。

（1）MUSIC 方法。

通过利用噪声子空间与信号子空间的正交性特征，可以有效地利用空间谱搜索方法。通过最大化以下谱函数得到 DOD 和 DOA 估计，即

$$f(\phi,\theta)=\frac{1}{[\boldsymbol{a}_t(\varphi)\otimes\boldsymbol{a}_r(\theta)]^{\mathrm{H}}\boldsymbol{F}_n[\boldsymbol{a}_t(\varphi)\otimes\boldsymbol{a}_r(\theta)]} \tag{6.167}$$

式中：$\boldsymbol{F}_n=\boldsymbol{I}_{MN}-\boldsymbol{E}_o\boldsymbol{E}_o^{\mathrm{H}}$，$\boldsymbol{E}_o$ 是$\overline{\boldsymbol{E}}_s$的正交基。上式涉及二维谱峰搜索，计算效率低。这里可以采用 RD-MUSIC 思想来降低计算量，通过如下的二次优化问题进行角度估计

$$\begin{cases}\hat{\theta}=\arg\min\det\{[\boldsymbol{I}_M\otimes\boldsymbol{a}_r(\theta)]^{\mathrm{H}}\boldsymbol{F}_n[\boldsymbol{I}_M\otimes\boldsymbol{a}_r(\theta)]\}\\ \hat{\varphi}=\arg\min\det\{[\boldsymbol{a}_t(\varphi)\otimes\boldsymbol{I}_N]^{\mathrm{H}}\boldsymbol{F}_n[\boldsymbol{a}_t(\varphi)\otimes\boldsymbol{I}_N]\}\end{cases} \tag{6.168}$$

通过两个一维谱峰搜索即可获得角度的估计。

（2）ESPRIT 方法。

利用 ESPRIT，可以得到 DOD 和 DOA 的闭式解。本节中的阵列的旋转不变性可以表示为

$$\begin{cases}\boldsymbol{C}_1\overline{\boldsymbol{E}}_s=\boldsymbol{C}_2\overline{\boldsymbol{E}}_s\boldsymbol{T}\boldsymbol{\Psi}_t\boldsymbol{T}^{-1}\\ \boldsymbol{C}_3\overline{\boldsymbol{E}}_s=\boldsymbol{C}_4\overline{\boldsymbol{E}}_s\boldsymbol{T}\boldsymbol{\Psi}_r\boldsymbol{T}^{-1}\end{cases} \tag{6.169}$$

式中：$\boldsymbol{C}_1=\boldsymbol{C}_{M1}\otimes\boldsymbol{I}_N$，$\boldsymbol{C}_2=\boldsymbol{C}_{M2}\otimes\boldsymbol{I}_N$，$\boldsymbol{C}_3=\boldsymbol{I}_M\otimes\boldsymbol{C}_{N1}$，$\boldsymbol{C}_4=\boldsymbol{I}_M\otimes\boldsymbol{C}_{N2}$均为选择矩阵；$\boldsymbol{\Psi}_t=\mathrm{diag}([\mathrm{e}^{\mathrm{j}\pi\sin\varphi_1},\mathrm{e}^{\mathrm{j}\pi\sin\varphi_2},\cdots,\mathrm{e}^{\mathrm{j}\pi\sin\varphi_K},\mathrm{e}^{-\mathrm{j}\pi\sin\varphi_1},\mathrm{e}^{-\mathrm{j}\pi\sin\varphi_2},\cdots,\mathrm{e}^{-\mathrm{j}\pi\sin\varphi_K}])$，$\boldsymbol{\Psi}_r=\mathrm{diag}([\mathrm{e}^{\mathrm{j}\pi\sin\theta_1},\mathrm{e}^{\mathrm{j}\pi\sin\theta_2},\cdots,\mathrm{e}^{\mathrm{j}\pi\sin\theta_K},\mathrm{e}^{-\mathrm{j}\pi\sin\theta_1},\mathrm{e}^{-\mathrm{j}\pi\sin\theta_2},\cdots,\mathrm{e}^{-\mathrm{j}\pi\sin\theta_K}])$是旋转不变性矩阵。$\boldsymbol{\Psi}_t$ 和 $\boldsymbol{\Psi}_r$ 的最小二乘解为

$$\begin{cases}\hat{\boldsymbol{\Psi}}_t=\boldsymbol{T}^{-1}(\overline{\boldsymbol{E}}_s^{\mathrm{H}}\boldsymbol{C}_2^{\mathrm{H}}\boldsymbol{C}_2\overline{\boldsymbol{E}}_s)\overline{\boldsymbol{E}}_s^{\mathrm{H}}\boldsymbol{C}_2^{\mathrm{H}}\boldsymbol{C}_1\overline{\boldsymbol{E}}_s\boldsymbol{T}\\ \hat{\boldsymbol{\Psi}}_r=\boldsymbol{T}^{-1}(\overline{\boldsymbol{E}}_s^{\mathrm{H}}\boldsymbol{C}_4^{\mathrm{H}}\boldsymbol{C}_4\overline{\boldsymbol{E}}_s)\overline{\boldsymbol{E}}_s^{\mathrm{H}}\boldsymbol{C}_4^{\mathrm{H}}\boldsymbol{C}_3\overline{\boldsymbol{E}}_s\boldsymbol{T}\end{cases} \tag{6.170}$$

根据上述关系，很容易对模糊的角度进行估计和自动配对。

(3) 角度去模糊。

要确定对应于矩阵 $\boldsymbol{A}_t$ 和 $\boldsymbol{A}_t^*$ 的 K 个 DOD，需要利用到协方差差分矩阵。假设 $\boldsymbol{A}$ 为估计的形式$[\boldsymbol{A}_T,\boldsymbol{A}_T^*]\odot[\boldsymbol{A}_R,\boldsymbol{A}_R]$的某种可能的组合，然后计算以下矩阵

$$\Pi=(\boldsymbol{A}^{\mathrm{H}}\boldsymbol{A})^{-1}\boldsymbol{A}^{\mathrm{H}}\Delta\boldsymbol{R}\boldsymbol{A}(\boldsymbol{A}^{\mathrm{H}}\boldsymbol{A})^{-1} \tag{6.171}$$

如果最初的对角度的猜测是正确的，那么 Π 对角线的上半部分为正值，对角线的下半部分为负值。否则，不会出现上述结果，但是此时 Π 中的对角线元素的符号特性仍然对正确的角度配对提供了有效参考。

6.4.4 算法分析

(1) 可辨识性分析。

本节的算法中，$\Delta\boldsymbol{R}$ 的秩最大为 MN，显然，本节算法并不会引起阵列虚拟孔径的损失。但是由于采用了差分的方法，需要 $2K<MN$，因而本节算法的最大可辨识性为$\lfloor MN/2\rfloor-1$，$\lfloor\cdot\rfloor$表示向下取整。

(2) 复杂度分析。

本节算法的计算复杂度总结如下。$\Delta\boldsymbol{\mathcal{R}}$ 的估计需要进行 M^2N^2L 复数乘法。$\Delta\boldsymbol{\mathcal{R}}$ 的 HOSVD 复杂度是 $2O(M^3N^3)$。计算 $\boldsymbol{R}_s$ 的复杂度为 $8M^2K+2N^2K+2M^3N^3$，它的特征值分解需要 $O(M^3N^3)$复数乘法。基于 MUSIC 方法的模糊 DOD-DOA 估计复杂度为 $l(2M^3N^2+M^2N^3+O(M^3)+0.5O(N^3))$，使用 ESPRIT 方法的模糊 DOD-DOA 估计的复杂度为 $8(M-1)NK^2+8(N-1)MK^2+16O(K^3)$。解模糊（对角度进行配对）的计算复杂度为 $4M^2N^2K+8MNK^2+8O(K^3)$。表 6.3 列出了本节算法同现有部分算法的对比。可以看出，所提出的 ESPRIT 算法的复杂度比 Wang's 算法和 Wen's 算法低，而所提出的 MUSIC 算法可能比他们的复杂高。

表 6.3　复杂度对比

算法	计算复杂度
Chen's 算法	$M_1M_2N^2L+2(M_2-1)NK^2+2(N-1)M_2K^2+3O(K^3)+O(M_2^3N^3)$
Wang's 算法	$M_1M_2N^2L+2M_1^2K+2N^2K+M_1^2M_2N^3+M_1M_2^2N^3$ $+2(M_2-1)NK^2+2(N-1)M_2K^2+3O(K^3)+5O(M_2^3N^3)$
Fu's 算法	$2M^2N^2(L-2)+2MNK^2+M^3N^3+2(M-1)NK^2+2(N-1)MK^2+3O(K^3)+2O(M^3N^3)$
Wen's 算法	$M^2N^2(L-1)+2M^2K+2N^2K+2M^3N^3+2(M-1)NK^2+2(N-1)MK^2$ $+3O(K^3)+5O(M^3N^3)$

续表

算法	计算复杂度
本节算法-MUSIC	$M^2N^2L+8M^2K+2N^2K+2M^3N^3+4M^2N^2K^2+8MNK^2$ $+8O(K^3)+3O(M^3N^3)+l(2M^3N^2+M^2N^3+O(M^3)+0.5O(N^3))$
本节算法-ESPRIT	$M^2N^2L+8M^2K+2N^2K+2M^3N^3+4M^2N^2K^2+8MNK^2$ $+8(M-1)NK^2+8(N-1)MK^2+24O(K^3)+3O(M^3N^3)$

6.4.5　仿真结果

使用 Matlab 仿真来验证本节方法的有效性，其中，双基地 MIMO 雷达配备 M 个发射天线和 N 个接收天线。假设脉冲数为 Q，脉冲重复频率为 $f_s=20\text{kHz}$。假设 $K=3$ 个不相关的目标，其 DOA-DOD 对分别为 $(\theta_1,\varphi_1)=(30°,-30°)$，$(\theta_2,\varphi_2)=(-45°,10°)$，$(\theta_3,\varphi_3)=(10°,20°)$，多普勒频率分别为 200Hz，400Hz，850Hz，目标 RCS 满足 Swerling Ⅰ模型，接收快拍数为 L 个。

实验一： 基于 SVD-MUSIC 的空域谱。首先，绘制了基于 SVD-MUSIC 算法的角度估计谱峰图，如图 6.12 所示。其中，$M=8$，$N=8$，$Q=128$，$L=100$，SNR=-10dB，噪声协方差矩阵中的第 (p,q) 个元素为 $\boldsymbol{C}(p,q)=0.9^{|p-q|}\mathrm{e}^{\mathrm{j}\pi(p-q)/2}$。由图可以看出，DOA 被准确估计，但在 DOD 估计中会出现模糊峰。需要进一步计算才能确定真实的 DOD。

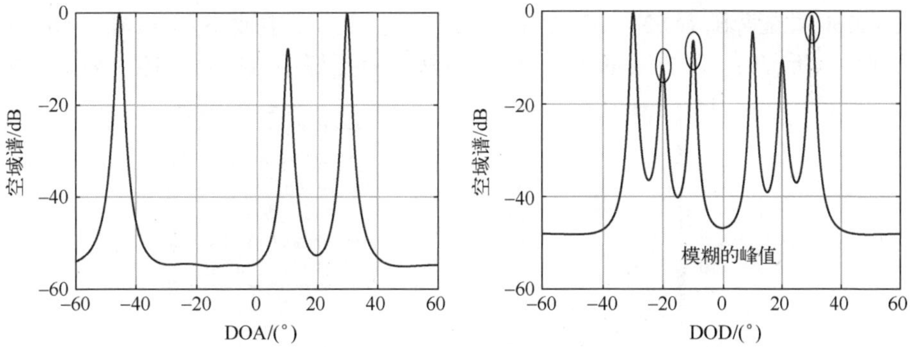

图 6.12　SVD-MUSIC 算法的 DOA 与 DOD 的空域谱图

实验二： 基于 SVD-MUSIC 的 RMSE 性能图。仿真结果如图 6.13 所示，其中，$M=8$，$N=8$，$Q=128$，$L=100$，噪声协方差矩阵中的第 (p,q) 个元素为 $\boldsymbol{C}(p,q)=0.9^{|p-q|}\mathrm{e}^{\mathrm{j}\pi(p-q)/2}$。为了突出所提算法的优势，将 ESPRIT、Chen's 算法、Wang's 算法和 Wen's 算法性能同 SVD-MUSIC 算法进行比较，所有的曲线均基于 200 次蒙特卡罗实验。很明显，所有算法的估计精度都随着 SNR 的增

大而逐渐提高。此外，在 SNR>-5dB 时，Chen's 算法和 Wang's 算法的性能比 ESPRIT 差，Wen's 算法在 5dB 时的性能与 ESPRIT 一致。然而，SVD-MUSIC 的性能优于所有比较算法，特别是在低 SNR 区域。

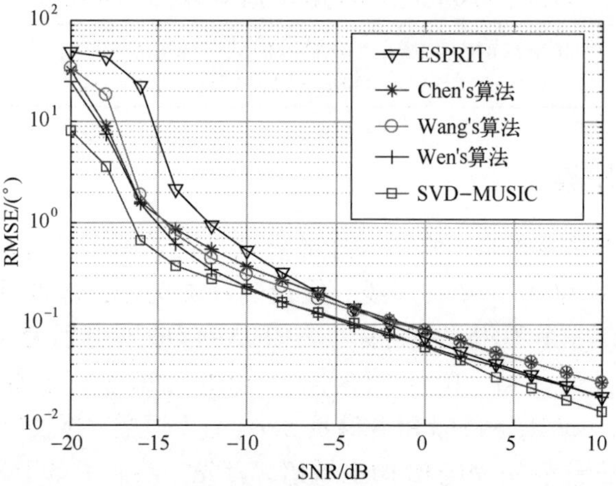

图 6.13　SVD-MUSIC 算法与其他算法的 RMSE 性能比较

实验三： 基于 HOSVD 的差分算法与其他算法在不同 SNR 下的性能比较。仿真结果如图 6.14 所示，其中，$M=10$，$N=12$，$Q=256$，$L=200$，噪声协方差矩阵中的第(p,q)个元素为 $\boldsymbol{C}(p,q)=0.9^{|p-q|}\mathrm{e}^{\mathrm{j}\pi(p-q)/2}$。可以看出，各种方法的 RMSE 性能都随着 SNR 的增大而逐渐提高。此外，在低 SNR 区域（SNR≤-5dB），所有的去噪方法都比 ESPRIT 方法具有更好的 RMSE 性能。但是，由

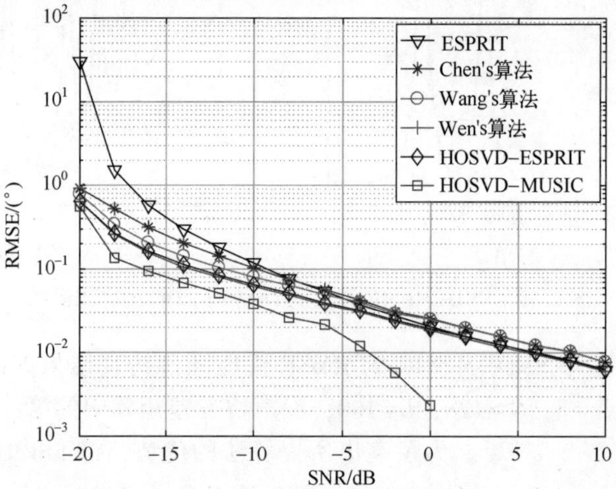

图 6.14　基于 HOSVD 的算法与其他算法在不同 SNR 时的性能比较

于存在虚孔径的损失，Chen's 算法和 Wang's 算法在高信噪比（SNR≥0dB）区域的性能不如 ESPRIT。本节的 HOSVD-ESPRIT 算法的性能与 Wen's 算法一致，而 HOSVD-MUSIC 算法提供了比 Wen's 算法更好的 RMSE 性能，因为本节方法和 Wen's 算法都没有出现虚拟孔径的损失，并且 MUSIC 的可识别性优于 ESPRIT。

实验四： 基于 HOSVD 的差分算法与其他算法在不同快拍数 L 下的性能比较。仿真结果如图 6.15 所示，其中，SNR 为-15dB，其余的条件与实验三一样。正如预期的那样，HOSVD-MUSIC 方法显著优于所有其他方法。

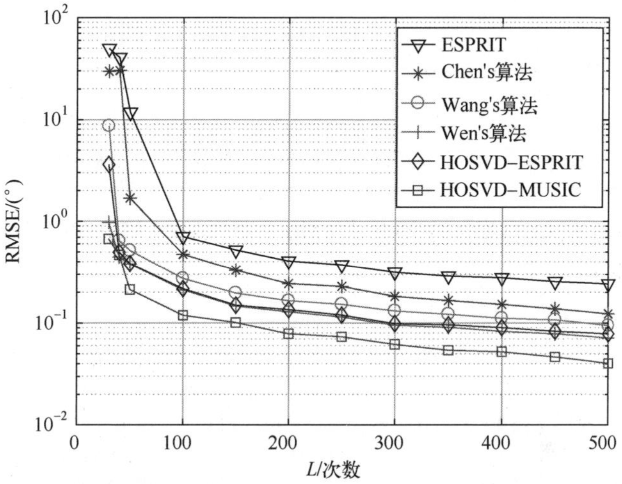

图 6.15　基于 HOSVD 的算法与其他算法在不同 L 时的性能比较

实验五： 基于 HOSVD 的差分算法与其他算法在不同 SNR 下的性能比较，该仿真中，噪声被设置为一个二阶自回归（AR）过程，其系数为 $z=[1,-1,0.8]$，其余的条件与实验三一样，仿真结果如图 6.16 所示。可以发现，本次仿真结果与实验三非常相似。可以看出，Wang's 算法、Wen's 算法和 HOSVD 算法的性能都优于 Chen's 算法，这意味着阵列数据的多维内在结构有助于实现更精确的子空间估计。此外，Wen's 算法和 HOSVD 算法比 Wang's 算法有更好的 RMSE 性能，特别是在高 SNR 区域，这是因为协方差差分方法不会减少阵列虚拟孔径，而空间互相关方法会带来虚拟孔径的损失。由于 HOSVD 算法的子空间维数大于 Wen's 算法，子空间估计的精度可能不如 Wen's 算法，因此在低 SNR 区域，HOSVD 算法的性能不如 Wen's 算法。

实验六： 基于 HOSVD 的差分算法与其他算法在 AR 噪声时、不同 L 下的性能比较。其中，SNR 固定为-15dB，其余的条件与实验三一样。从仿真结果

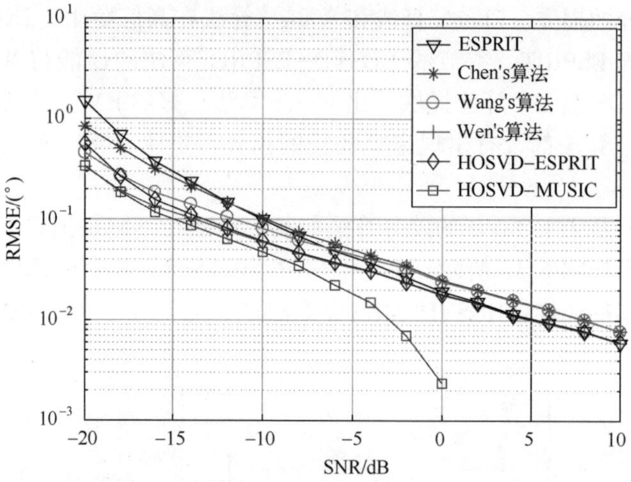

图 6.16　二阶 AR 噪声下 RMSE 与 SNR 性能关系比较

可以看出，基于张量的算法性能非常近似，且 Wen's 算法和 HOSVD 算法性能优于 Wang's 算法。

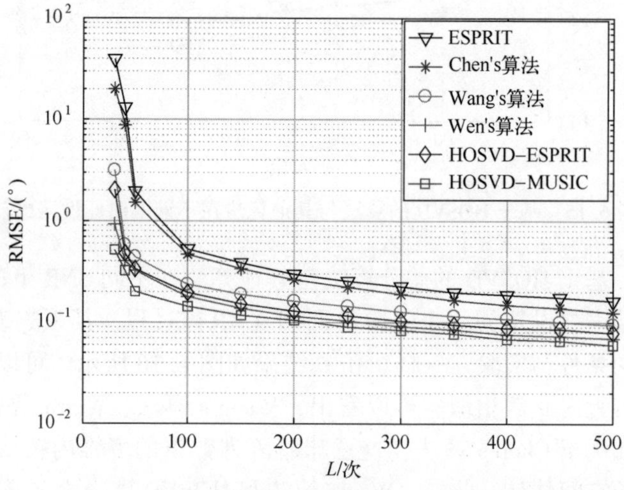

图 6.17　二阶 AR 噪声下 RMSE 与 L 性能关系比较

6.5　基于协方差张量 PARAFAC 分解的估计算法

尽管基于 HOSVD 的分解算法比传统矩阵分解算法提供了更高的参数估计精度，但其存在计算复杂度过高的问题。本小节介绍一种基于 PARAFAC 分解的算法[13]，其具有更高的估计精度和更低的计算复杂度，并且该算法可以很容易扩展到有色噪声应用场景。

6.5.1 信号模型

假设双基地窄带 MIMO 雷达系统有 M 根发射天线和 N 根接收天线，收发阵列均为均匀线性阵列，阵元间距均为 $\lambda/2$，λ 为发射信号波长。假设在同一距离元内有 K 个远场目标，第 k 个目标的 DOD，DOA 和多普勒频率表示为 (φ_k,θ_k,f_k)。假设发射元件发射正交的窄带脉冲波形 $\{s_m(t)\}_{m=1}^{M}$，即

$$\int_{T_p} s_m(t)s_n^*(t)\mathrm{d}t = \delta(m-n) \tag{6.172}$$

式中：t 为快时间指数；T_p 为脉冲持续时间；$\delta(\cdot)$为 Kronecke 函数。第 k 个目标的回波建模为

$$r_k(t,\tau)=b_k(\tau)\boldsymbol{a}_t^{\mathrm{T}}(\varphi_k)\boldsymbol{s}(t) \tag{6.173}$$

式中：$b_k(\tau)=\beta_{k,\tau}\mathrm{e}^{\mathrm{j}2\pi f_k\tau}$，$\tau$ 为慢时（脉冲）指数，$\beta_{k,\tau}$为第 k 个目标在第 m 个脉冲持续时间内的回波幅度；$\boldsymbol{a}_t(\varphi_k)\in\mathbb{C}^{M\times1}$表示对应的发射导引向量；$\boldsymbol{s}(t)=[s_1(t),s_2(t),\cdots,s_M(t)]^{\mathrm{T}}$ 为发射波形向量。在接收端的含噪信号由下式给出

$$\boldsymbol{x}(t,\tau)=\sum_{k=1}^{K} b_k(\tau)\boldsymbol{a}_r(\theta_k)\boldsymbol{a}_t^{\mathrm{T}}(\varphi_k)\boldsymbol{s}(t)+\boldsymbol{w}(t,\tau) \tag{6.174}$$

式中：$\boldsymbol{a}_r(\theta_k)\in\mathbb{C}^{N\times1}$为对应于第 k 个目标的接收导引向量；$\boldsymbol{w}(t,\tau)$为加性高斯白噪声。在进行详细推导之前，我们需要做以下假设：

（1）发射阵列和接收阵列没有阵列误差（例如，增益相位误差，互耦）；

（2）$\{\theta_k\}_{k=1}^{K}$彼此不同，类似地，$\{\varphi_k\}_{k=1}^{K}$和$\{f_k\}_{k=1}^{K}$也彼此不同。

（3）目标是不相关的，即 $E\{b_{k1}(\tau)b_{k2}^*(\tau)\}=\begin{cases}0, & k1\neq k2\\ \alpha_k, & k1=k2=k\end{cases}$，其中，$\alpha_k$ 为第 k 个目标反射系数的功率；

（4）噪声向量 $\boldsymbol{w}(t,\tau)$在时域为高斯白噪声，但是在空域具有相关性，即 $E\{\boldsymbol{w}(t_1,\tau)\boldsymbol{w}^{\mathrm{H}}(t_2,\tau)\}=\boldsymbol{C}\cdot\delta(t_1-t_2)$。

对 $\boldsymbol{x}(t,\tau)$用 $s_m(t)$进行匹配滤波处理得到

$$\begin{aligned}\boldsymbol{y}_m(\tau)&=\int_{T_p}\boldsymbol{x}(t,\tau)s_m^*(t)\mathrm{d}t\\&=\sum_{k=1}^{K} b_k(\tau)\boldsymbol{a}_r(\theta_k)\boldsymbol{a}_t^{\mathrm{T}}(\varphi_k)\int_{T_p}\boldsymbol{s}(t)s_m^*(t)\mathrm{d}t+\int_{T_p}\boldsymbol{w}(t,\tau)s_m^*(t)\mathrm{d}t\\&=\sum_{k=1}^{K} b_k(\tau)a_t^m(\varphi_k)\boldsymbol{a}_r(\theta_k)+\boldsymbol{n}_m(\tau)\end{aligned} \tag{6.175}$$

式中：$a_t^m(\varphi_k)$表示$\boldsymbol{a}_t(\varphi_k)$的第 m 个元素；$\boldsymbol{n}_m(\tau)=\int_{T_p}\boldsymbol{w}(t,\tau)s_m^*(t)\mathrm{d}t$。将所有的输出整理为$\boldsymbol{y}(\tau)=[\boldsymbol{y}_1^{\mathrm{T}}(\tau),\boldsymbol{y}_2^{\mathrm{T}}(\tau),\cdots,\boldsymbol{y}_M^{\mathrm{T}}(\tau)]^{\mathrm{T}}$，可以得到

$$\begin{aligned}\boldsymbol{y}(\tau)&=\sum_{k=1}^{K}[\boldsymbol{a}_t(\varphi_k)\otimes\boldsymbol{a}_r(\theta_k)]b_k(\tau)+\boldsymbol{n}(\tau)\\&=[\boldsymbol{A}_t\odot\boldsymbol{A}_r]\boldsymbol{b}(\tau)+\boldsymbol{n}(\tau)\end{aligned}\tag{6.176}$$

式中：$\boldsymbol{n}(\tau)=[\boldsymbol{n}_1^{\mathrm{T}}(\tau),\boldsymbol{n}_2^{\mathrm{T}}(\tau),\cdots,\boldsymbol{n}_M^{\mathrm{T}}(\tau)]^{\mathrm{T}}$；$\boldsymbol{b}(\tau)=[b_1(\tau),b_2(\tau),\cdots,b_K(\tau)]^{\mathrm{T}}$；$\boldsymbol{A}_t=[\boldsymbol{a}_t(\varphi_1),\boldsymbol{a}_t(\varphi_2),\cdots,\boldsymbol{a}_t(\varphi_K)]\in\mathbb{C}^{M\times K}$，$\boldsymbol{A}_r=[\boldsymbol{a}_r(\theta_1),\boldsymbol{a}_r(\theta_2),\cdots,\boldsymbol{a}_r(\theta_K)]\in\mathbb{C}^{N\times K}$分别为发射方向矩阵和接收方向矩阵。因此，$\boldsymbol{y}(\tau)$的协方差矩阵可以表示为

$$\begin{aligned}\boldsymbol{R}_y&=E\{\boldsymbol{y}(\tau)\boldsymbol{y}^{\mathrm{H}}(\tau)\}\\&=\boldsymbol{A}\boldsymbol{R}_b\boldsymbol{A}^{\mathrm{H}}+\boldsymbol{R}_n\\&=\boldsymbol{R}_s+\boldsymbol{R}_n\end{aligned}\tag{6.177}$$

式中：$\boldsymbol{A}=\boldsymbol{A}_t\odot\boldsymbol{A}_r$表示虚拟方向矩阵；$\boldsymbol{R}_b=\mathrm{diag}\{[\alpha_1,\alpha_2,\cdots,\alpha_K]\}$表示目标协方差矩阵；$\boldsymbol{R}_s=\boldsymbol{A}\boldsymbol{R}_b\boldsymbol{A}^{\mathrm{H}}$，$\boldsymbol{R}_n=E\{\boldsymbol{n}(\tau)\boldsymbol{n}^{\mathrm{H}}(\tau)\}$分别表示信号协方差矩阵和噪声协方差矩阵。显然，矩阵$\boldsymbol{R}_s$是一个低秩矩阵。现在主要研究矩阵$\boldsymbol{R}_n$，由于$\boldsymbol{n}(\tau)=\int_{T_p}\boldsymbol{s}^*(t)\otimes\boldsymbol{w}(t,\tau)\mathrm{d}t$，因此

$$\begin{aligned}\boldsymbol{R}_n&=E\left\{\int_{T_p}\int_{T_p}[\boldsymbol{s}^*(t_1)\otimes\boldsymbol{w}(t_1,\tau)]\cdot[\boldsymbol{s}^{\mathrm{T}}(t_2)\otimes\boldsymbol{w}^{\mathrm{H}}(t_2,\tau)]\mathrm{d}t_1\mathrm{d}t_2\right\}\\&=\int_{T_p}\int_{T_p}E\{\boldsymbol{s}^*(t_1)\boldsymbol{s}^{\mathrm{T}}(t_2)\}\otimes E\{\boldsymbol{w}(t_1,\tau)\boldsymbol{w}(t_2,\tau)\}\mathrm{d}t_1\mathrm{d}t_2\\&=\int_{T_p}\int_{T_p}[\boldsymbol{s}(t_1)\boldsymbol{s}^{\mathrm{H}}(t_2)]^*\otimes[\boldsymbol{C}\cdot\delta(t_1-t_2)]\mathrm{d}t_1\mathrm{d}t_2\\&=\boldsymbol{I}_M\otimes\boldsymbol{C}\end{aligned}\tag{6.178}$$

工程上，$\boldsymbol{y}(\tau)$一般以采样间隔$\tau=1/f_s,2/f_s,\cdots,L/f_s$被采样，得到 L 个快拍的样本集$\boldsymbol{Y}=[\boldsymbol{y}(1/f_s),\boldsymbol{y}(2/f_s),\cdots,\boldsymbol{y}(L/f_s)]\in\mathbb{C}^{MN\times L}$。因此，式（6.178）被表示为

$$\boldsymbol{Y}_s=[\boldsymbol{A}_t\odot\boldsymbol{A}_r]\boldsymbol{B}_f^{\mathrm{T}}+\boldsymbol{N}_s\tag{6.179}$$

式中：$\boldsymbol{B}_f=[\boldsymbol{b}(f_1),\boldsymbol{b}(f_2),\cdots,\boldsymbol{b}(f_K)]\in\mathbb{C}^{L\times K}$为目标特性矩阵，其第 k 列为$\boldsymbol{b}(f_k)=[\beta_{k,1}\mathrm{e}^{\mathrm{j}2\pi f_k/f_s},\beta_{k,2}\mathrm{e}^{\mathrm{j}4\pi f_k/f_s},\cdots,\beta_{k,L}\mathrm{e}^{\mathrm{j}2L\pi f_k/f_s}]^{\mathrm{T}}$。$\boldsymbol{N}_s\in\mathbb{C}^{MN\times L}$为对应的匹配滤波器输出噪声。通常，$\boldsymbol{R}_y$通过下式估计

$$\hat{\boldsymbol{R}}_y=\frac{1}{L}\sum_{l=1}^{L}\boldsymbol{y}_l\boldsymbol{y}_l^{\mathrm{H}}\tag{6.180}$$

6.5.2　白噪声场景

根据假设 **A2**，矩阵 $\boldsymbol{A}_t$，$\boldsymbol{A}_r$ 和 $\boldsymbol{B}_f$ 的秩均为 K。因此，式（6.179）中的模型可由下式的 3 阶含噪的 PARAFAC 分解模型得到

$$\begin{aligned}\boldsymbol{Y} &= \sum_{k=1}^{K} \boldsymbol{a}_t(\varphi_k) \circ \boldsymbol{a}_r(\theta_k) \circ \boldsymbol{b}(f_k) + \boldsymbol{\mathcal{N}} \\ &= \boldsymbol{\mathcal{I}}_{3,K\times 1}\boldsymbol{A}_{t\times 2}\boldsymbol{A}_{r\times 3}\boldsymbol{B}_f + \boldsymbol{\mathcal{N}}\end{aligned} \tag{6.181}$$

式中：$\boldsymbol{\mathcal{I}}_{3,K}$是一个 $K\times K\times K$ 的单位张量。式（6.181）也称为三线性分解模型，式（6.179）和式（6.181）之间的关系为

$$\begin{cases}\boldsymbol{Y}_s = [\boldsymbol{\mathcal{Y}}]_{(3)}^{\mathrm{T}} \\ \boldsymbol{N}_s = [\boldsymbol{\mathcal{N}}]_{(3)}^{\mathrm{T}}\end{cases} \tag{6.182}$$

当接收到的阵列噪声是空域高斯白噪声时，$\boldsymbol{C}=\sigma^2\boldsymbol{I}_N$，$\boldsymbol{R}_n=\sigma^2\boldsymbol{I}_{MN}$，其中，$\sigma^2$ 为噪声功率。通常，在矩阵 $\boldsymbol{Y}$ 或矩阵$\hat{\boldsymbol{R}}_y$ 上进行特征分解来获得子空间。为了利用 $\boldsymbol{Y}$ 的多维结构特性，可通过优化下列问题获得含有目标参数的因子矩阵

$$\min_{\boldsymbol{A}_t,\boldsymbol{A}_r,\boldsymbol{B}} \|\boldsymbol{\mathcal{Y}} - \boldsymbol{\mathcal{I}}_{3,K\times 1}\boldsymbol{A}_{t\times 2}\boldsymbol{A}_{r\times 3}\boldsymbol{B}\|_F \tag{6.183}$$

式中：$\|\cdot\|_F$ 表示 Frobenius 范数。如前文所述，通过 TALS 可有效解决上述问题，其采用 LS 技术交替地拟合下列问题，直到满足收敛条件

$$\begin{cases}\min\limits_{\boldsymbol{B}_f} \|\boldsymbol{Y}_s - [\boldsymbol{A}_t \odot \boldsymbol{A}_r]\boldsymbol{B}_f^{\mathrm{T}}\|_F \\ \min\limits_{\boldsymbol{A}_t} \|\boldsymbol{Y}_t - [\boldsymbol{A}_r \odot \boldsymbol{B}_f]\boldsymbol{A}_t^{\mathrm{T}}\|_F \\ \min\limits_{\boldsymbol{A}_r} \|\boldsymbol{Y}_r - [\boldsymbol{B}_f \odot \boldsymbol{A}_t]\boldsymbol{A}_r^{\mathrm{T}}\|_F\end{cases} \tag{6.184}$$

式中：$\boldsymbol{Y}_t = [\boldsymbol{\mathcal{Y}}]_{(1)}^{T}$；$\boldsymbol{Y}_r = [\boldsymbol{\mathcal{Y}}]_{(2)}^{\mathrm{T}}$。通常，由于 TALS 算法对初始值非常敏感，因此其具有收敛慢的缺点。一般对于 TALS 问题往往采用计算效率高的 COMFAC 算法。在 COMFAC 中，首先通过 Tucker 算法对三阶张量进行压缩。然后在压缩空间中进行 LS 拟合，仅需若干次迭代即可收敛。最后，将解恢复到原始高维空间。

与式（6.181）相似，$\boldsymbol{R}_s$ 也可以表述成如下四阶 PARAFAC 分解的形式

$$\begin{aligned}\boldsymbol{\mathcal{R}}_s &= \sum_{k=1}^{K} \alpha_k \boldsymbol{a}_t(\varphi_k) \circ \boldsymbol{a}_r(\theta_k) \circ \boldsymbol{a}_t^*(\varphi_k) \circ \boldsymbol{a}_r^*(\theta_k) \\ &= \boldsymbol{\mathcal{R}}_{b\times 1}\boldsymbol{A}_{t\times 2}\boldsymbol{A}_{r\times 3}\boldsymbol{A}_{t\times 4}^*\boldsymbol{A}_r^*\end{aligned} \tag{6.185}$$

式中：$\mathcal{R}_b \in \mathbb{C}^{K\times K\times K\times K}$，其$(k,k,k,k)(k=1,2,\cdots,K)$位置元素为$\alpha_k$，其余位置元素为 0。实际上，矩阵$\boldsymbol{R}_y$可以看作是张量$\mathcal{R}_b$的对称 Hermitian 展开，记为$\boldsymbol{R}_y=[\mathcal{R}_y]_{(H)}$。当有足够多快拍的条件下，$\sigma^2$的估计值$\hat{\sigma}^2$可以通过矩阵分解或者 Tucker 分解得到。因此$\boldsymbol{R}_s$可由$\hat{\boldsymbol{R}}_s=\hat{\boldsymbol{R}}_y-\hat{\sigma}^2\boldsymbol{I}_{MN}$估计得到。$\boldsymbol{A}_t$和$\boldsymbol{A}_r$的近似估计可通过优化下式得到

$$\min_{\boldsymbol{A}_t,\boldsymbol{A}_r,\boldsymbol{R}_b}\|\hat{\mathcal{R}}_s-\mathcal{R}_{b\times 1}\boldsymbol{A}_{t\times 2}\boldsymbol{A}_{r\times 3}\boldsymbol{A}^*_{t\times 4}\boldsymbol{A}_r^*\|_F \tag{6.186}$$

式中：$\hat{\boldsymbol{R}}_s=[\hat{\mathcal{R}}_s]_{(H)}$。上述问题的一个常见解决方案是 QALS，其等效于同时拟合下列优化问题

$$\begin{cases}\min\limits_{\boldsymbol{A}_t}\|\widetilde{\boldsymbol{R}}_{s1}-\boldsymbol{A}_t\boldsymbol{R}_b[\boldsymbol{A}_r\odot\boldsymbol{A}_t^*\odot\boldsymbol{A}_r^*]^{\mathrm{T}}\|_F\\ \min\limits_{\boldsymbol{A}_r}\|\widetilde{\boldsymbol{R}}_{s2}-\boldsymbol{A}_r\boldsymbol{R}_b[\boldsymbol{A}_t^*\odot\boldsymbol{A}_r^*\odot\boldsymbol{A}_t]^{\mathrm{T}}\|_F\\ \min\limits_{\boldsymbol{A}_t^*}\|\widetilde{\boldsymbol{R}}_{s3}-\boldsymbol{A}_t^*\boldsymbol{R}_b[\boldsymbol{A}_r^*\odot\boldsymbol{A}_t\odot\boldsymbol{A}_r]^{\mathrm{T}}\|_F\\ \min\limits_{\boldsymbol{A}_r^*}\|\widetilde{\boldsymbol{R}}_{s4}-\boldsymbol{A}_r^*\boldsymbol{R}_b[\boldsymbol{A}_t\odot\boldsymbol{A}_r\odot\boldsymbol{A}_t^*]^{\mathrm{T}}\|_F\end{cases} \tag{6.187}$$

与 TALS 类似，QALS 收敛速度很慢。根据第二章的张量运算的定义，令$O_1=\{1\}$，$O_2=\{2\}$，$O_3=\{3,4\}$，$\mathcal{R}_s$可以被重排为一个三阶张量$\mathcal{R}_{s,\mathrm{new}}$，即

$$\begin{aligned}\mathcal{R}_{s,\mathrm{new}}&=\sum_{k=1}^{K}\boldsymbol{a}_t(\varphi_k)\circ\boldsymbol{a}_r(\theta_k)\circ(\alpha_k\boldsymbol{a}_{tr}^*(\theta_k,\varphi_k))\\&=\mathcal{I}_{3,K\times 1}\boldsymbol{A}_{t\times 2}\boldsymbol{A}_{r\times 3}\widetilde{\boldsymbol{A}}^*\end{aligned} \tag{6.188}$$

式中：$\boldsymbol{a}_{tr}^*(\theta_k,\varphi_k)=\boldsymbol{a}_t^*(\varphi_k)\otimes\boldsymbol{a}_r^*(\theta_k)$，$\widetilde{\boldsymbol{A}}=\boldsymbol{A}\boldsymbol{R}_b$。显然，式（6.188）给出了$\mathcal{R}_{s,\mathrm{new}}$的三线性分解模型。通过利用 COMFAC 算法对$\mathcal{R}_{s,\mathrm{new}}$值进行估计，可以很容易地估计出$\boldsymbol{A}_t$和$\boldsymbol{A}_r$值，即

$$\begin{cases}\hat{\boldsymbol{A}}_t=\boldsymbol{\Pi}\boldsymbol{A}_t\boldsymbol{\Delta}_1+\boldsymbol{N}_1\\ \hat{\boldsymbol{A}}_r=\boldsymbol{\Pi}\boldsymbol{A}_r\boldsymbol{\Delta}_2+\boldsymbol{N}_2\end{cases} \tag{6.189}$$

式中：$\boldsymbol{\Pi}$为置换矩阵；$\boldsymbol{N}_1$，$\boldsymbol{N}_2$为对应的拟合误差；$\boldsymbol{\Delta}_1$，$\boldsymbol{\Delta}_2$表示对角尺度变换矩阵。注意：$\hat{\boldsymbol{A}}_t$和$\hat{\boldsymbol{A}}_r$为 Vandermonde 形式，可使用 LS 算法用于联合 DOD 和 DOA 估计，具体过程在前面章节已有详细的描述，在此不再赘述。

6.5.3 空间有色噪声场景

在存在空间有色噪声情况下，传统的算法可能会出现明显的性能退化。前

文所述的抑制空间有色噪声的典型策略均是依赖于样本的协方差（互协方差）输出。本节的白噪声背景下张量协方差的 PARAFAC 模型可以很容易地推广到有色噪声场景中，下面以时域互协方差法为例来进行详细说明。对于任何 $\tau_1-\tau_2=\Delta\neq 0$，根据假设 **A3**，可得到

$$E\{\boldsymbol{w}(t,\tau_1)\boldsymbol{w}^{\mathrm{H}}(t,\tau_2)\}=\boldsymbol{0} \tag{6.190}$$

这意味着空域色噪声是时域非相关的。因此，可以得到

$$\begin{aligned}\boldsymbol{R}_{n1}&=E\{\boldsymbol{n}(\tau_1)\boldsymbol{n}^{\mathrm{H}}(\tau_2)\}\\&=\iint_{T_p}[\boldsymbol{s}(t_1)\boldsymbol{s}^{\mathrm{H}}(t_2)]^*\otimes E\{\boldsymbol{w}(t_1,\tau_1)\boldsymbol{w}^{\mathrm{H}}(t_2,\tau_2)\}\mathrm{d}t_1\mathrm{d}t_2\\&=\boldsymbol{0}\end{aligned} \tag{6.191}$$

这表明不同脉冲对应的匹配滤波输出阵列噪声是不相关的。此外，我们有

$$E\{b_k(\tau_1)b_k^*(\tau_2)\}=\mathrm{e}^{\mathrm{j}2\pi f_k\Delta}\cdot E\{\beta_k(\tau_1)\beta_k(\tau_2)\}=\gamma_k \tag{6.192}$$

式中：γ_k 为非零常量。式（6.192）表示 $\boldsymbol{b}(\tau)$ 在时域具有相关性。结合假设 **A3**，可以得到

$$E\{\boldsymbol{b}(\tau_1)\boldsymbol{b}^{\mathrm{H}}(\tau_2)\}=\boldsymbol{\Gamma} \tag{6.193}$$

式中：$\boldsymbol{\Gamma}=\mathrm{diag}(\gamma_1,\gamma_2,\cdots,\gamma_K)$。因此，有

$$\begin{aligned}\boldsymbol{R}&=E\{\boldsymbol{y}(\tau_1)\boldsymbol{y}^{\mathrm{H}}(\tau_2)\}\\&=\boldsymbol{A\Gamma A}^{\mathrm{H}}\end{aligned} \tag{6.194}$$

显然，空域有色噪声可通过对 $\boldsymbol{y}(\tau)$ 进行时域互相关进行抑制。$\boldsymbol{R}$ 可由下式估计得到

$$\hat{\boldsymbol{R}}=\frac{1}{L-1}\boldsymbol{Y}_1\boldsymbol{Y}_2^{\mathrm{H}} \tag{6.195}$$

式中：矩阵 $\boldsymbol{Y}_1$ 和 $\boldsymbol{Y}_2$ 分别包含矩阵 Y 的前 $L-1$ 列和后 $L-1$ 列。与式（6.188）相似，$\boldsymbol{R}$ 可以被重新排列为如下三阶 PARAFAC 分解模型

$$\mathcal{R}=\mathcal{I}_{3,K\times 1}\boldsymbol{A}_{t\times 2}\boldsymbol{A}_{r\times 3}\bar{\boldsymbol{A}}^* \tag{6.196}$$

式中：$\bar{\boldsymbol{A}}^*=\boldsymbol{A\Gamma}$。利用 COMFAC 算法可以得到矩阵 $\boldsymbol{A}_t$ 和 $\boldsymbol{A}_r$ 的估计值。此后，即可利用 LS 获得自动配对的 DOD 和 DOA 的估计。

6.5.4　算法分析

（1）可辨识性。

唯一性是 PARAFAC 分析的一个重要特征。结合 PARAFAC 分解的唯一性条件可知，基于互协方差 PARAFAC 模型的算法可以最多识别 $\frac{M+N+MN-2}{2}$ 个目标。表 6.4 总结了 ESPRIT、HOSVD 和它的协方差版本（标记为 C-

HOSVD)，PARAFAC、QALS 算法的可辨识性。为了与 ESPRIT 进行公平的比较，HOSVD 和 C-HOSVD 在下文中分别等同于 HOSVD-ESPRIT 和 C-HOSVD-ESPRIT，即在通过 HOSVD 和 C-HOSVD 得到子空间，再利用 ESPRIT 算法得到 DOD 和 DOA 的估计。结果表明，本节算法的可辨识性可能比子空间方法（如 ESPRIT、HOSVD 和 C-HOSVD）差，而当 $MN>M+N$ 时，它的可辨识性比 PARAFAC 和 QALA 好。

表 6.4　各种算法的理论性能比较

算法	可辨识性	灵活性	复杂度
ESPRIT	$\min\{MN-M, MN-N\}$	低	低
HOSVD	$\min\{MN-M, MN-N\}$	低	高
C-HOSVD	$\min\{MN-M, MN-N\}$	高	高
PARAFAC	$M+N-2$	中	中
QALS	$M+N-1$	高	高
本节算法	$(M+N+MN-2)/2$	高	中

（2）计算复杂度和灵活性。

通常很难计算出每个算法的详细计算复杂度。在此，仅对每一种算法的主要复杂度做一个近似估算。子空间方法的主要复杂度是特征分解，对于一个 $m\times n$ 矩阵，它的 SVD 分解需要 $O(mn^2)$ 复数乘法。因此，ESPRIT 的主要复杂度是 $O(M^3N^3)$。HOSVD 和 C-HOSVD 中的特征分解的复杂度分别为 $O(MNL^2+MN^2L+M^2NL)$ 和 $O(2M^3N^4+2M^4N^3)$。在 QALS 中，其初始化是通过传统的算法（例如 MUSIC，ESPRIT，PM）来实现的，交替迭代是在高维空间进行的，这使得它的复杂度比 ESPRIT 和 HOSVD 大得多。此外，对于非均匀阵列结构，HOSVD、C-HOSVD 中的网格搜索都需要额外的计算复杂度，因此 HOSVD、C-HOSVD 和 QALS 的计算成本较高。在 PARAFAC 和本节算法中，它们的截断奇异值分解的复杂度分别为 $O(MK^2+NK^2+LK^2)$ 和 $O(MK^2+NK^2+MNK^2)$。从这个角度来看，本节所提出的算法具有更大的吸引力，特别是在大快拍 L 或大规模 MIMO 配置情况下。

ESPRIT 仅适用于 ULA。HOSVD 和 C-HOSVD 可以通过使用 MUSIC 代替 ESPRIT 来处理任意的线性阵列流形。由于使用 LS 拟合从因子矩阵中恢复目标的 DOD 与 DOA，故本节算法适用于任意线性流形，甚至是任意流形，因此可以使用 QALS 方法。

使用仿真验证了该估计器的灵活性，在图 6.18 中给出了本节算法的散点图，其中，$M=4$，$N=5$，SNR = 10dB（参数的定义在仿真结果章节给出，其他参数与下文实验一中的参数相同），$[d_{t,1},d_{t,2},d_{t,3}]^{\mathrm{T}}=[0.45,0.75,1.00]^{\mathrm{T}}$，$[d_{r,1},d_{r,2},d_{r,3},d_{r,4}]^{\mathrm{T}}=[0.40,0.85,1.15,1.90]^{\mathrm{T}}$。从仿真结果可以看出，此时 DOD 和 DOA 可以被正确估计和配对。此外，基于协方差的算法，即 C-HOSVD，QALS 和本节算法能够简单的被扩展到空域色噪声的场景。

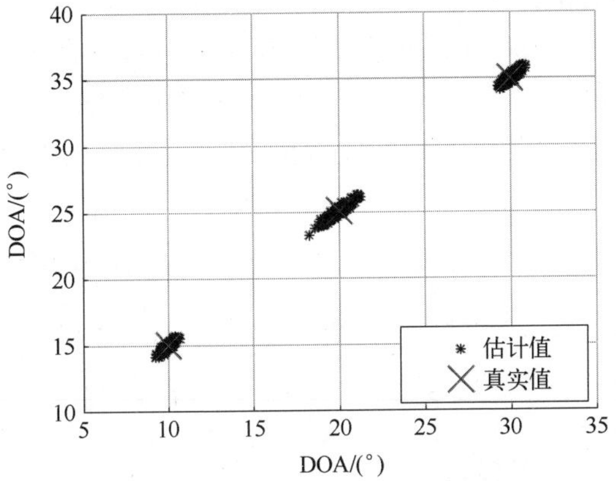

图 6.18　非均匀阵列本节算法的散点图

综上所述，C-HOSVD、QALS 和本节算法比其他算法更加灵活。上述关系各种算法的灵活性和复杂度的比较如表 6.4 所示。

6.5.5　仿真结果

本节通过蒙特卡罗仿真验证了基于协方差的协方差 PARAFAC 估计器的优越性。考虑双基地 MIMO 雷达的配置，其中，MIMO 雷达配置 M 发射天线和 N 接收天线。为了与现有的基于旋转不变性技术的解决方案进行比较，假设发射机和接收机都是阵元间距离为半波长的 ULA。假设有 $K=3$ 个不相关远场目标位于方位$(\theta_1,\varphi_1)=(10°,15°)$，$(\theta_2,\varphi_2)=(20°,25°)$，$(\theta_3,\varphi_3)=(30°,35°)$，其多普勒频移为$\{f_k\}_{k=1}^{3}=\{200,400,850\}$ Hz。反射系数 $\beta_{k,\tau}$ 是随机生成的，采样频率 $f_s=2$kHz，采集共有 L 个快拍。仿真中忽略了匹配滤波处理，所有仿真结果都基于式（6.176）中的数据模型。在仿真中考虑了两种情况，场景Ⅰ：高斯白噪声；场景Ⅱ：空域有色噪声，矩阵 $\boldsymbol{C}(m,n)$位置上的元素为 $\boldsymbol{C}(m,n)=\alpha\cdot\exp\{-|m-n|\beta\}$，其中，$\beta$ 为有色噪声参数。所有的曲线都基于 500 次蒙特卡罗试验。为了评价估计性能，采用了两个度量标准。一个是 RMSE，另一个是 PSD，后者中如果所有估计角的绝对误差都小于 0.3°，则认为是该次实验被成功检测。

实验一： 场景Ⅰ、不同 SNR 下本节算法的估计性能，其中，$M=8$，$N=8$，

$L=500$。为了与 HOSVD 和 C-HOSVD 进行性能比较，二者在得到信号子空间后均采用 ESPRIT 算法进行角度估计。此外，PARAFAC 和 QALS（由 PM 初始化）的性能也添加到仿真结果中。如图 6.19 所示，由于初始值不精确，QALS 在低 SNR 区域将无法工作。在高 SNR 区域，该算法具有与 PARAFAC 非常接近的 RMSE，两者的 RMSE 都低于其他方法。值得注意的是，所有的方法在高 SNR 区域显示 100% PSD。随着 SNR 的降低，各算法的 PSD 在某一点开始下降，这一点被称为 SNR 阈值。可以看到，PARAFAC 和本节算法比其他方法具有更低的 SNR 阈值。上述性能的提升得益于两个方面。一方面，迭代策略能获得更准确的方向矩阵估计；另一方面，LS 拟合在角度估计中可以充分利用阵列孔径。

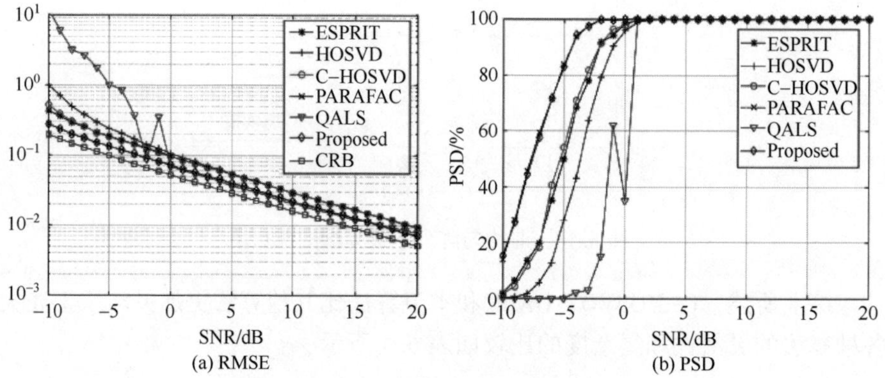

图 6.19　场景 I 中不同 SNR 下性能的比较

实验二：场景 I 、不同 L 下本节算法的估计性能，其中，$M=N=8$，SNR=0dB，仿真结果如图 6.20 所示。正如预期的那样，PARAFAC、QALS 和本节的算法比其他方法提供更低的 RMSE 和更低的 L 阈值。此外，可以看到 QALS 可能在小快拍数下无法正常工作。

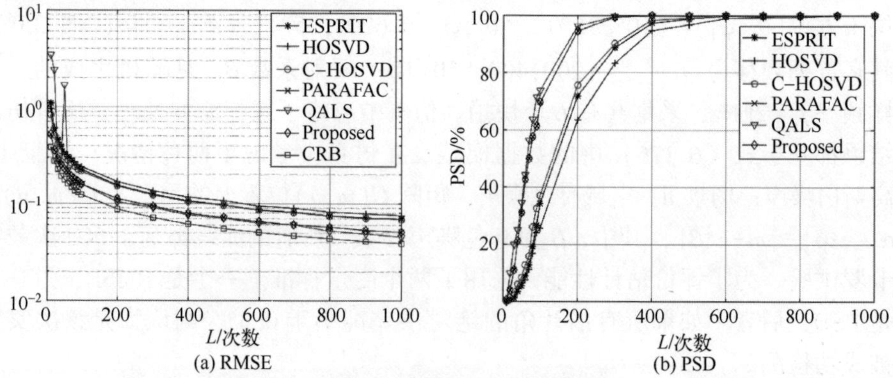

图 6.20　场景 I 中不同 L 下性能的比较

实验三：场景Ⅱ、不同 SNR 下本节算法的估计性能，其中，$\alpha=0.9$，$\beta=0.1$，其他条件与实验一相同，仿真结果如图 6.21 所示。同时，在仿真结果中增加了基于时域互相关的 ESPRIT 算法（标记为 T-ESPRIT），基于空域互相关的 HOSVD 算法（标记为 S-HOSVD），PARAFAC 算法和基于时域互相关的 QALS 算法（标记为 T-QALS）的性能曲线。显然，传统的 PARAFAC 方法和 T-QALS 算法在低 SNR 区域不能正常工作，而本节算法优于所有比较的方法，这也进一步证实了本节算法的灵活性。

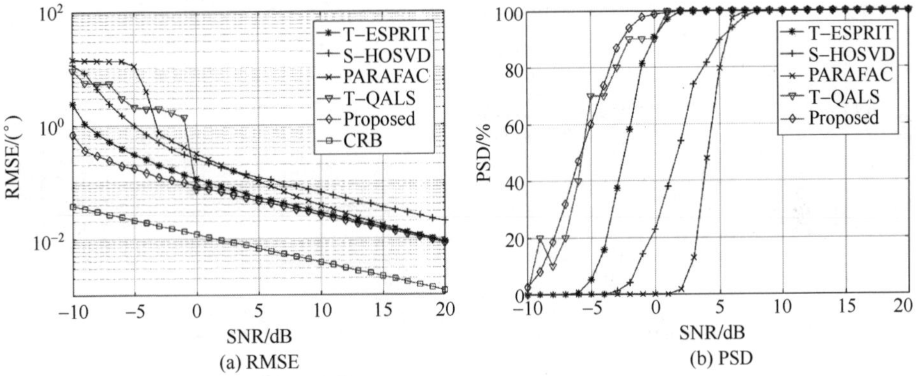

图 6.21　场景Ⅱ中不同 SNR 下性能的比较

实验四：场景Ⅱ、不同 L 下本节算法的估计性能，其中，α,β 分别被固定为 0.9 和 0.1，其他条件与实验二相同。图 6.22 给出了各种算法的性能曲线。同样，本节算法在低 L 区域具有较低的 RMSE，在 $L\geqslant300$ 时，RMSE 性能与 T-QALS 非常接近。此外，它比 T-ESPRIT、S-HOSVD 和 PARAFAC 提供更低的 L 阈值。相比之下，传统的 PARAFAC 算法的 RMSE 大于 0.1°，因此其 PSD 为 0。上述结果表明，本节算法在空域有色噪声环境下是有效的。

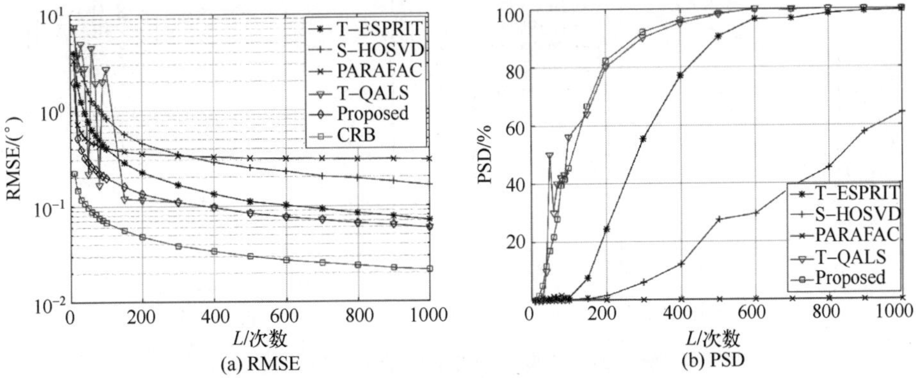

图 6.22　场景Ⅱ中不同 L 下性能的比较

实验五：场景Ⅱ、不同的色噪声参数 β 下本节算法的估计性能，其中，$M=N=8$，$L=500$，$\alpha=0.9$，SNR = 0dB。图 6.23 给出了各种算法的性能曲线。值得注意的是当 $\beta \gg 1$ 时，$\boldsymbol{C} \approx \alpha \boldsymbol{I}$，即当 $\beta \gg 1$ 时，色噪声可近似为高斯白噪声。结果表明，PARAFAC 对 β 敏感。其他算法的性能几乎没有变化，因为它们适用于有色噪声场景。相比之下，QALS 的 RMSE 在这种场景中并不稳定。

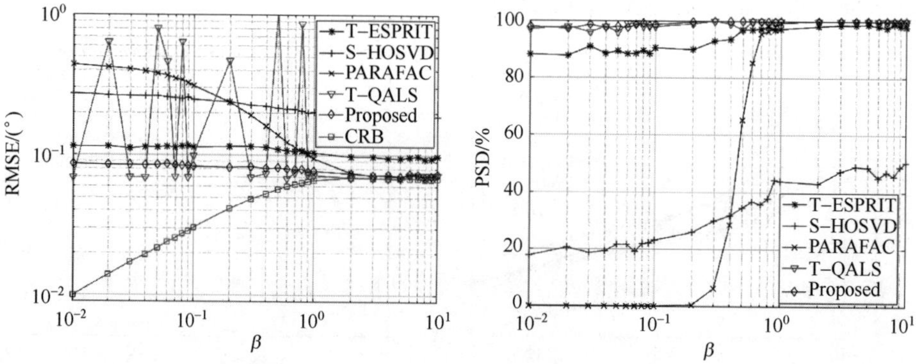

(a) RMSE　　(b) PSD

图 6.23　场景Ⅱ中不同 β 下性能的比较

实验六：两种场景下算法的平均运行时间同接收天线数 N 的性能关系，其中，$M=32$，$L=1000$，SNR = −5dB。如图 6.24 所示，对于每种算法，随着 N 的增加，均需要更多的计算时间。此外，与基于 HOSVD 的算法相比，本节算法的效率更高，且比基于 ESPRIT 和 PARAFAC 的算法复杂度更低。最重要的是，与 QALS 方法相比，本节算法的复杂度改善了 2~3 个数量级。

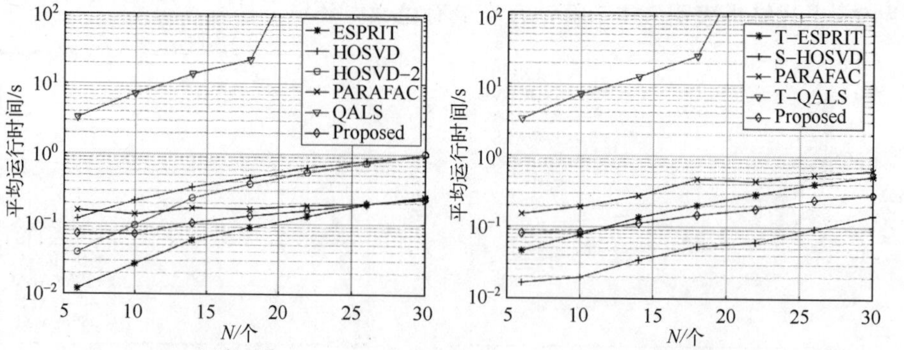

(a) 场景Ⅰ　　(b) 场景Ⅱ

图 6.24　不同 N 下平均运算时间的比较

6.6　基于矩阵/张量填充的色噪声抑制方法

矩阵/张量填充是近年来发展迅猛的一类数据恢复技术。本节将介绍其在 MIMO 雷达有色噪声抑制方面的具体应用。

6.6.1　信号模型

假设双基地窄带 MIMO 雷达系统有 M 根发射天线和 N 根接收天线，收发阵列均为 ULA，阵元间距均为 $\lambda/2$，λ 为发射信号波长。假设在收发阵列远场有 K 个目标，第 k 点目标的方位是 (φ_k,θ_k)，其中，φ_k 为目标相对发射天线阵列的 DOD，θ_k 为目标相对于接收阵列的 DOA。附加假设如下：

（1）发射元发射相互正交的窄带脉冲波形 $\{s_m(t)\}_{m=1}^{M}$，即 $\int_{T_p} s_m(t)s_n^*(t)\mathrm{d}t = \delta(m-n)$，其中，$t$ 为快速时间指数（雷达脉冲期间的时间指数），T_p 是脉冲持续时间。

（2）参数对 $\{(\varphi_k,\theta_k)\}_{k=1}^{K}$ 彼此不同，所有目标都在相同的距离元上。

（3）目标反射系数 $\{\beta_k(\tau)\}_{k=1}^{K}$ 在脉冲持续时间内保持恒定，其中，τ 是慢时指数（脉冲指数）。

则第 k 个目标回波为

$$e_k(t,\tau)=\beta_k(\tau)\boldsymbol{a}_t^{\mathrm{T}}(\varphi_k)\boldsymbol{s}(t) \tag{6.197}$$

式中：$\boldsymbol{a}_t(\varphi_k)=[a_{tk}^1,a_{tk}^2,\cdots,a_{tk}^M]^{\mathrm{T}}\in\mathbb{C}^{M\times1}$ 为第 k 个目标对应的发射导向向量，$\boldsymbol{s}(t)=[s_1(t),s_2(t),\cdots,s_M(t)]^{\mathrm{T}}$ 为发射波形向量。设 $\boldsymbol{a}_r(\theta_k)=[a_{rk}^1,a_{rk}^2,\cdots,a_{rk}^N]^{\mathrm{T}}\in\mathbb{C}^{N\times1}$ 为第 k 个目标对应的接收导向向量，其中，$a_{rk}^n=\mathrm{e}^{\mathrm{j}\pi(n-1)\sin\theta_k}$。接收端的含噪观测 $\boldsymbol{x}(t,\tau)$ 由下式给出：

$$\boldsymbol{x}(t,\tau)=\sum_{k=1}^{K}\beta_k(\tau)\boldsymbol{a}_r(\theta_k)\boldsymbol{a}_t^{\mathrm{T}}(\varphi_k)\boldsymbol{s}(t)+\boldsymbol{w}(t,\tau) \tag{6.198}$$

式中：$\boldsymbol{w}(t,\tau)$ 为加性噪声向量，并考虑其为空域有色噪声。$\boldsymbol{N}_l$ 的列均为均值为零，协方差矩阵 $\boldsymbol{C}$ 为未知的复高斯随机向量，即

$$E\{\boldsymbol{w}(t_1,\tau)\boldsymbol{w}^{\mathrm{H}}(t_2,\tau)\}=\boldsymbol{C}\cdot\delta(t_1-t_2) \tag{6.199}$$

对每个接收阵元均用 $s_m(t)$ 进行匹配滤波处理，则滤波器组输出为

$$\begin{aligned}\boldsymbol{y}_m(\tau)&=\int_{T_p}\boldsymbol{x}(t,\tau)s_m^*(t)\mathrm{d}t\\&=\sum_{k=1}^{K}\beta_k(\tau)\boldsymbol{a}_r(\theta_k)\boldsymbol{a}_t^{\mathrm{T}}(\varphi_k)\int_{T_p}\boldsymbol{s}(t)s_m^*(t)\mathrm{d}t+\int_{T_p}\boldsymbol{w}(t,\tau)s_m^*(t)\mathrm{d}t\\&=\sum_{k=1}^{K}\beta_k(\tau)a_{tk}^m\boldsymbol{a}_r(\theta_k)+\boldsymbol{n}_m(\tau)\end{aligned} \tag{6.200}$$

式中：$\boldsymbol{n}_m(\tau)=\int_{T_p}\boldsymbol{w}(t,\tau)s_m^*(t)\mathrm{d}t$。通过将输出排列成 $MN\times1$ 向量 $\boldsymbol{y}(\tau)=[\boldsymbol{y}_1^{\mathrm{T}}(\tau),\boldsymbol{y}_2^{\mathrm{T}}(\tau),\cdots,\boldsymbol{y}_M^{\mathrm{T}}(\tau)]$，得到

$$\begin{aligned}\boldsymbol{y}(\tau)&=\sum_{k=1}^{K}[\boldsymbol{a}_t(\varphi_k)\otimes\boldsymbol{a}_r(\theta_k)]\beta_k(\tau)+\boldsymbol{n}(\tau)\\&=\boldsymbol{A}\boldsymbol{b}(\tau)+\boldsymbol{n}(\tau)\end{aligned}\tag{6.201}$$

式中：$\boldsymbol{n}(\tau)=[\boldsymbol{n}_1^{\mathrm{T}}(\tau),\boldsymbol{n}_2^{\mathrm{T}}(\tau),\cdots,\boldsymbol{n}_M^{\mathrm{T}}(\tau)]^{\mathrm{T}}=\int_{T_p}\boldsymbol{s}^*(t)\otimes\boldsymbol{w}(t,\tau)\mathrm{d}t$ 匹配噪声向量，$\boldsymbol{b}(\tau)=[\beta_1(\tau),\beta_2(\tau),\cdots,\beta_K(\tau)]^{\mathrm{T}}$。$\boldsymbol{A}_t=[\boldsymbol{a}_t(\varphi_1),\boldsymbol{a}_t(\varphi_2),\cdots,\boldsymbol{a}_t(\varphi_K)]\in\mathbb{C}^{M\times K}$，$\boldsymbol{A}_r=[\boldsymbol{a}_r(\theta_1),\boldsymbol{a}_r(\theta_2),\cdots,\boldsymbol{a}_r(\theta_K)]\in\mathbb{C}^{N\times K}$分别是发射方向矩阵和接收方向矩阵。$\boldsymbol{A}=[\boldsymbol{a}(\varphi_1,\theta_1),\boldsymbol{a}(\varphi_2,\theta_2),\cdots,\boldsymbol{a}(\varphi_K,\theta_K)]\in\mathbb{C}^{MN\times K}$是虚拟方向矩阵，其中，$\boldsymbol{a}(\varphi_k,\theta_k)=\boldsymbol{a}_t(\varphi_k)\otimes\boldsymbol{a}_r(\theta_k)$。假设 $\boldsymbol{b}(\tau)$是一个复值零均值白高斯向量，由此可知其协方差矩阵具有对角结构 $\boldsymbol{R}_b=E\{\boldsymbol{b}(\tau)\boldsymbol{b}^{\mathrm{H}}(\tau)\}=\mathrm{diag}(\alpha_1,\alpha_2,\cdots,\alpha_K)$，其中，$\alpha_k$ 为第 k 个目标反射系数的功率。此外，假设 $\boldsymbol{b}(\tau)$和 $\boldsymbol{n}(\tau)$是独立的。那么 $\boldsymbol{y}(\tau)$的协方差矩阵为

$$\begin{aligned}\boldsymbol{R}_y&=\boldsymbol{A}\boldsymbol{R}_b\boldsymbol{A}^{\mathrm{H}}+\boldsymbol{R}_n\\&=\boldsymbol{R}_s+\boldsymbol{R}_n\end{aligned}\tag{6.202}$$

式中：$\boldsymbol{R}_s=\boldsymbol{A}\boldsymbol{R}_b\boldsymbol{A}^{\mathrm{H}}$，$\boldsymbol{R}_n=E\{\boldsymbol{n}(\tau)\boldsymbol{n}^{\mathrm{H}}(\tau)\}$分别表示信号协方差矩阵和噪声协方差矩阵。根据前文推导，得

$$\boldsymbol{R}_n=\boldsymbol{I}_M\otimes\boldsymbol{C}\tag{6.203}$$

6.6.2 基于矩阵填充的去噪方法

受文献［14］的启发，本小节介绍一种基于矩阵填充的色噪声抑制方案[15]。注意 $\boldsymbol{R}_s$ 是低秩矩阵。定义了一个索引 Ω 记录了 $\boldsymbol{R}_n$ 中不为 0 元素的索引，即

$$\Omega=\{(m,n)\,|\,\boldsymbol{R}_n(m,n)\neq0\}\tag{6.204}$$

式中：$\boldsymbol{R}_n(m,n)$表示矩阵 $\boldsymbol{R}_n$ 的(m,n)位置上的元素。此外，定义一个采样算子$\mathcal{S}_\Omega\{\cdot\}$，$\mathcal{S}_\Omega\{\boldsymbol{R}_y\}=\widetilde{\boldsymbol{R}}_y\in\mathrm{C}^{MN}\times MN$，其中

$$\widetilde{\boldsymbol{R}}_y(m,n)=\begin{cases}\boldsymbol{R}_y(m,n), & (m,n)\in\Omega\\ 0, & (m,n)\notin\Omega\end{cases}\tag{6.205}$$

此后，构造一个新的协方差矩阵$\check{\boldsymbol{R}}_y$ 如下

$$\begin{aligned}\check{\boldsymbol{R}}_y&=\boldsymbol{R}_y-\mathcal{S}_\Omega\{\boldsymbol{R}_y\}\\&=\boldsymbol{R}_s-\mathcal{S}_\Omega\{\boldsymbol{R}_s\}\end{aligned}\tag{6.206}$$

上式等号成立是因为$\mathcal{S}_{\Omega}\{\boldsymbol{R}_n\}=\boldsymbol{R}_n$。显然$\check{\boldsymbol{R}}_y$ 中空域色噪声的影响被消除了。现在的任务是从部分观测$\check{\boldsymbol{R}}_y$ 恢复低秩矩阵 $\boldsymbol{R}_s$，这与矩阵填充的概念一致，其优化目标为

$$\begin{aligned}&\text{minimize}\quad \text{rank}\{\boldsymbol{R}\}\\&\text{s. t.}\qquad \mathrm{S}_{\Omega}(\boldsymbol{R})=\widetilde{\boldsymbol{R}}_y\end{aligned}\tag{6.207}$$

由于矩阵的秩最小化是非凸的，因此，上述问题为 NP-hard 问题。一个有效的替代方法是用核范数代替秩。因此，问题（6.207）的凸松弛形式成为

$$\begin{aligned}&\text{minimize}\quad \text{trace}\{\boldsymbol{R}\}\\&\text{s. t.}\qquad \mathrm{S}_{\Omega}(\boldsymbol{R})=\check{\boldsymbol{R}}_y\end{aligned}\tag{6.208}$$

在实际应用，$\boldsymbol{R}_y$ 由它的估计值$\hat{\boldsymbol{R}}_y$ 代替，其可由 L 个快拍的样本进行估计

$$\hat{\boldsymbol{R}}_y=\frac{1}{L}\sum_{\tau=1}^{L}\boldsymbol{y}(\tau)\boldsymbol{y}^{\mathrm{H}}(\tau)\tag{6.209}$$

当只有少数快拍可用，$\boldsymbol{R}_y$ 和$\hat{\boldsymbol{R}}_y$ 之间存在误差。通常，为约束协方差矩阵的拟合误差，给出一个不确定界 ò，并且将式（6.208）中的约束优化问题重新表述为

$$\begin{aligned}&\text{minimize}\quad \text{trace}\{\boldsymbol{R}\}\\&\text{s. t.}\ \|\mathrm{S}_{\Omega}(\boldsymbol{R})-\check{\boldsymbol{R}}_y\|\leqslant\epsilon\end{aligned}\tag{6.210}$$

上式中，ò 取决于的$\hat{\boldsymbol{R}}_y$ 的准确性。尽管上述问题可以通过使用诸如 CVX 或 SeDuMi 之类的优化工具箱来解决，但它们有较大的计算负担。在此，可利用奇异值阈值（SVT）算法来解决上述优化问题[16]。

对于秩为 K 的复矩阵 $\boldsymbol{R}$，它的奇异值分解为

$$\boldsymbol{R}=\boldsymbol{U}\boldsymbol{\Sigma}\boldsymbol{V}^{\mathrm{H}}=\sum_{k=1}^{K}\sigma_k\boldsymbol{u}_k\boldsymbol{v}_k^{\mathrm{H}}\tag{6.211}$$

式中：$\boldsymbol{U}=[\boldsymbol{u}_1,\boldsymbol{u}_2,\cdots,\boldsymbol{u}_K]$，$\boldsymbol{\Sigma}=\mathrm{diag}\{\sigma_1,\sigma_2,\cdots,\sigma_K\}$，$\boldsymbol{V}=[\boldsymbol{v}_1,\boldsymbol{v}_2,\cdots,\boldsymbol{v}_K]$分别为左奇异值矩阵，奇异值矩阵，右奇异值矩阵。$\boldsymbol{u}_k$，$\boldsymbol{v}_k$ 为对应的奇异值向量，$\sigma_k(\sigma_k>0)$为奇异值。对于 $\tau>0$，定义奇异值收缩算子$\mathcal{D}_{\tau}\{\cdot\}$如下所示：

$$\mathcal{D}_{\tau}\{\boldsymbol{R}\}\doteq\boldsymbol{U}\mathcal{D}_{\tau}\{\boldsymbol{\Sigma}\}\boldsymbol{V}^{\mathrm{H}},\quad \mathcal{D}_{\tau}\{\boldsymbol{\Sigma}\}=D\{[\sigma_1-\tau,\sigma_2-\tau,\cdots,\sigma_K-\tau]\}\tag{6.212}$$

显然，当$\mathcal{D}_{\tau}\{\cdot\}$被应用到奇异值时，奇异值收缩到 0。对于 $\tau>0$，且 $\boldsymbol{Z}\in\mathbb{C}^{MN\times MN}$，$\mathcal{D}_{\tau}\{\cdot\}$满足

$$\mathcal{D}_{\tau}\{\boldsymbol{Z}\}=\arg\min_{\boldsymbol{R}}\frac{1}{2}\|\boldsymbol{R}-\boldsymbol{Z}\|_F^2+\tau\|\boldsymbol{R}\|_*\tag{6.213}$$

通过迭代更新以下矩阵来解决矩阵填充问题

$$\begin{cases}\boldsymbol{R}^k=\mathcal{D}_\tau\{\boldsymbol{Z}^{k-1}\}\\ \boldsymbol{Z}^k=\boldsymbol{Z}^{k-1}+\delta_k \mathrm{S}_\Omega(\boldsymbol{R}-\boldsymbol{R}^k)\end{cases} \tag{6.214}$$

式中：δ_k 为第 k 次迭代的权值。使用适当的参数（例如，权值和初始步长），可以保证算法逐渐收敛。如果达到以下条件，迭代将停止

$$\frac{\|\mathrm{S}_\Omega(\boldsymbol{R}-\boldsymbol{R}^k)\|_F}{\|\mathrm{S}_\Omega(\boldsymbol{R})\|_F}\leqslant\xi \tag{6.215}$$

式中：ξ 表示误差容限。如何选择 ξ 是一个开放的问题，对于本节中的问题，根据经验可将 ξ 固定为 10^{-4}。完成 SVT 过程之后，$\boldsymbol{R}_s$ 被恢复，再结合传统的子空间方法（例如，MUSIC 和 ESPRIT）即可完成对 DOA 和 DOD 的估计。

6.6.3 基于张量填充的去噪技术

矩阵填充可以利用凸优化工具箱（如 cvx）完成，当然，目前也有诸多矩阵填充算法，典型的如 SVT。然而，凸优化工具箱算法一般以内点法为基础，其运算效率往往低下，而 SVT 对相关参数的设置较敏感，算法鲁棒性较差。此外，上述算法中 MIMO 雷达数据的多维结构特性被忽略，参数估计的精度还有较大的提升空间。

一般来说，向量是一个一维张量，矩阵是一个二维数组，而高于二维的数组被统称为张量。相比向量和矩阵分析，张量分析方法往往能充分利用数据内部的结构信息，因而往往能获得更加精确的结果。由于 MIMO 雷达数据具有丰富的空-时张量结构，故使用张量分析可有效提高参数估计的精度。通过前面小节的内容可知，在色噪声背景下，使用张量分解技术往往能获得更加精确的角度估计性能。受启发于张量填充的思想[17]，本节提出一种张量框架下改进的双基地 MIMO 雷达色噪声抑制方法。该方法首先构造 MIMO 雷达匹配滤波后的协方差张量信号模型，并通过去除协方差张量中受噪声协方差中非零元素影响的元素对色噪声进行抑制，然后通过张量框架下的快速填充算法对无噪的协方差张量进行恢复。最后，利用平行因子（Parallel Factor，PARAFAC）分解获得含 DOD 和 DOA 的因子矩阵，再通过最小二乘算法对 DOD 和 DOA 进行拟合。所提算法能充分利用 MIMO 雷达数据的张量结构，且所提方法对参数设置不敏感。相比现有算法，所提算法具有更高的估计精度和更好的鲁棒性，仿真结果验证了该方法的有效性。

定义 Λ 为记录$\boldsymbol{\mathcal{R}}_n$中非零元素索引位置的集合。类似于矩阵填充，可通过下式构造一个无噪协方差张量

$$\widetilde{\mathcal{R}}_y=\mathcal{R}_y-\mathcal{S}_\Lambda\{\mathcal{R}_y\} \tag{6.216}$$

考虑通过类似于矩阵填充中的优化恢复信号协方差张量，即

$$\begin{aligned}&\min \quad \|\mathcal{R}\|_*\\&\text{s.t.}\quad S_\Lambda(\mathcal{R})=\widetilde{\mathcal{R}}_y\end{aligned} \tag{6.217}$$

上述张量的核范数定义为张量的模-n 展开的加权和，即

$$\|\mathcal{R}\|_*=\sum_{n=1}^{4}\alpha_n\|[\mathcal{R}]_{(n)}\|_* \tag{6.218}$$

式中：α_n 为加权系数，其为大于零的常数，且满足 $\sum_{n=1}^{4}\alpha_n=1$。类似地，用 $\widetilde{\mathcal{R}}_y$ 的估计值（记为$\breve{\mathcal{R}}_y$）替换理论值，再设定拟合误差系数 β_n，可将式（6.217）中的问题转化为如下带约束的优化问题

$$\begin{aligned}&\min \quad \sum_{n=1}^{4}\alpha_n\|[\mathcal{R}]_{(n)}\|_*+\frac{\beta_n}{2}\|[\breve{\mathcal{R}}_y-\mathcal{R}]_{(n)}\|\\&\text{s.t}\quad S_\Lambda(\mathcal{R})=\widetilde{\mathcal{R}}_y\end{aligned} \tag{6.219}$$

上述问题是一个不可微分的凸优化问题，该问题可借助于变量分离技术进行求解。为加快算法运算速率，可通过平滑上述优化问题进行求解，其优化目标函数为

$$\min_{\mathcal{R}\in\Xi}\ f_0(\mathcal{R})+\sum_{n=1}^{4}\alpha_n\|[\mathcal{R}]_{(n)}\|_* \tag{6.220}$$

式中：Ξ 是一个凸集；$f_0(\mathcal{R})$ 是一个光滑的凸函数。由于矩阵的核范数 $\|[\mathcal{R}]_{(n)}\|_*$ 是非光滑的，因此需要对其进行光滑处理。对于一个矩阵 $\boldsymbol{X}$，它的对偶形式为

$$g(\boldsymbol{X})=\max_{\|\boldsymbol{Y}\|\leqslant 1}\langle\boldsymbol{X},\boldsymbol{Y}\rangle \tag{6.221}$$

$g(\boldsymbol{X})$ 的光滑形式为

$$g(\boldsymbol{X})=\max_{\|\boldsymbol{Y}\|\leqslant 1}\langle\boldsymbol{X},\boldsymbol{Y}\rangle-d_\mu(\boldsymbol{Y}) \tag{6.222}$$

式中：$d_\mu(\boldsymbol{Y})$ 是一个严格凸的函数，μ 是常数，本文中选取 $d_\mu(\boldsymbol{Y})=\mu/2\|\boldsymbol{Y}\|_F^2$。通过引入 4 个对偶变量 $\{\mathcal{Y}_n\}_{n=1}^4$ 和 4 个常变量 $\{\mu_n\}_{n=1}^4$，可将式（6.220）中的问题光滑化，上述光滑过程扩展到张量域可得

$$f_\mu(\mathcal{R})=f_0(\mathcal{R})+\sum_{n=1}^{4}\max_{\|[\boldsymbol{Y}_n]_{(n)}\|\leqslant 1}\langle\mathcal{R},\mathcal{Y}_n\rangle-\mu/2\|\mathcal{Y}_n\|_F^2 \tag{6.223}$$

由于 $f_\mu(\mathcal{R})$ 是光滑的，因此其是可导的。令 $f_0(\mathcal{R})=0$，对于上述张量填充问题，可采用如下优化策略

$$\begin{aligned}&\min \quad \sum_{n=1}^{4}\max_{\|[\boldsymbol{Y}_n]_{(n)}\|\leqslant 1}\langle\mathcal{R},\mathcal{Y}_n\rangle-\mu/2\|\mathcal{Y}_n\|_F^2\\&\text{s.t}\quad S_\Lambda(\mathcal{R})=\widetilde{\mathcal{R}}_y\end{aligned} \tag{6.224}$$

采用交替迭代法可快速完成对上述问题的求解，上述优化问题完成后即可获得无噪的协方差张量$\mathcal{R}_s$的估计值，记为$\hat{\mathcal{R}}_s$。再结合前一章节的快速协方差 PARAFAC 分解算法，即可获得目标的 DOD 与 DOA，在此不再赘述。

6.6.4 仿真结果

通过计算机仿真对算法的有效性进行验证。假设 $K=3$ 个点目标处于 MIMO 雷达同一距离元，其 DOA 和 DOD 分别为$(\varphi_1,\theta_1)=(-25°,-40°)$，$(\varphi_2,\theta_2)=(5°,0)$，$(\varphi_3,\theta_3)=(35°,30°)$。目标 RCS 是 Swerling Ⅱ 模型，其平均功率为δ_s。噪声协方差建模为$\boldsymbol{R}_n(p,q)=\alpha\cdot\exp\{-|m-n|\beta\}$，其中，$\beta$为控制噪声相关性的参数。假设 MIMO 雷达系统由 M 个发射阵元和 N 个接收阵元组成，系统采集 L 个快拍的数据。仿真中的信噪比定义为 $\text{SNR}=10\lg\|\delta_s\|/\|\alpha\|[\text{dB}]$。所有的仿真结果均是在 200 次蒙特卡罗实验后获得的，并使用 RMSE 衡量角度估计的精度。仿真中相比较的算法分别为传统的 ESPRIT 算法、基于空域互协方差的 ESPRIT 算法[7]（标记为 SC-ESPRIT）、基于 SVT 的 ESPRIT 算法[15]、张量填充算法（标记为所提算法）以及 CRB。

仿真实验一：不同算法在不同 SNR 条件下的 RMSE 性能比较。其中，$M=8,N=8,L=500$，$\alpha=0.9$，$\beta=0.01$，仿真结果如图 6.25 所示。可以看出，在低 SNR 条件下（SNR≤-5dB），所有算法性能均不理想。受色噪声的影响，ESPRIT 算法在 SNR≤0 时无法正常工作，但由于采用了抑噪策略，其他算法的性能均会随着 SNR 的增加而改善。由于存在孔径损失，SC-ESPRIT 算法性能在高 SNR 条件下性能会比 ESPRIT 差。SVT-ESPRIT 算法对参数敏感，尽管其

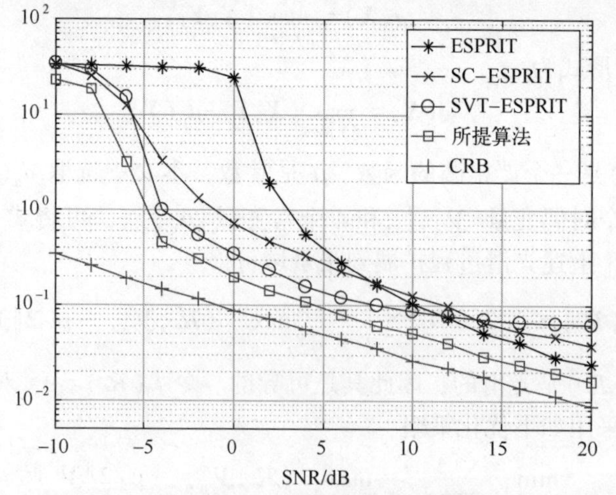

图 6.25 不同 SNR 时算法 RMSE 比较

在低 SNR 时具有良好的估计性能，但当 SNR 较高（SNR≥12dB）时，性能也会比传统的 ESPRIT 差。相较而言，由于能利用阵列数据的多维结构，张量填充算法的性能一直处于最优的状态。

仿真实验二： 不同算法在不同快拍数 L 条件下的 RMSE 性能比较。其中，$M=8$，$N=8$，SNR = 10dB，$\alpha=0.9$，$\beta=0.01$，仿真结果如图 6.26 所示。可以看出，所有算法的性能都会随着 L 的增加而改善，但张量填充算法的性能要优于所比较的所有算法。

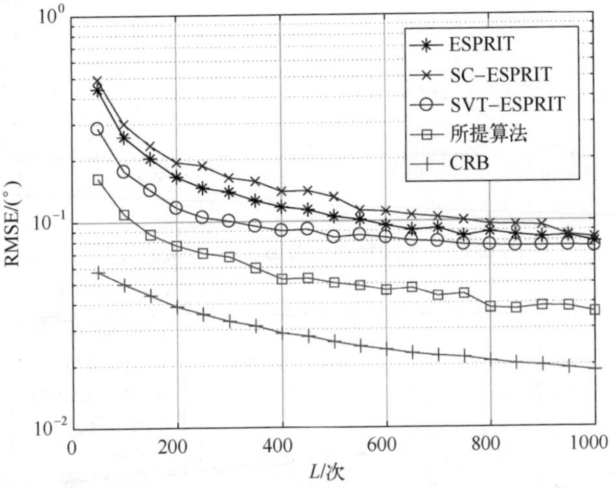

图 6.26　不同快拍数 L 条件下的 RMSE 比较

仿真实验三： 色噪声参数 β 对 RMSE 性能的影响。其中，$M=8$，$N=8$，$L=500$，SNR = 10dB，$\alpha=0.9$，仿真结果如图 6.27 所示。应该注意到，当 $\beta\gg1$ 时，$\boldsymbol{R}_n\approx\alpha\boldsymbol{I}$，即噪声退化为高斯白噪声。而当 $\beta<1$ 时，随着 β 的减小，噪声的空域相关性逐步变大。仿真结果表明，随着 β 的增加，所有算法的 RMSE 均会有所改善，但当 $\beta>1$ 时，算法的 RMSE 性能几乎不再变化。尽管 SVT-ESPRIT 算法对 β 不敏感，但其性能在白噪声条件下较差。相比较而言，张量填充算法的性能始终优于所有算法。

仿真实验四： 发射阵元数 M 对 RMSE 性能的影响。仿真结果如图 6.28 所示。由仿真结果可知，发射天线数目 M 越大，算法的 RMSE 性能越好。由于 $\boldsymbol{R}_n$ 中非零元素的个数应该是 MN^2，其占协方差矩阵 $\boldsymbol{R}_n$ 元素总数（M^2N^2）的 $1/M$，故 M 越大，受色噪声影响的协方差数据就越少，从而算法性能越好。从仿真结果可以看到 SVT-ESPRIT 算法由于对参数敏感，其在 $M\geq10$ 时会失效，而其他算法均能正常工作。此外，张量填充算法在不同的 M 时均能够保持最好的估计性能。

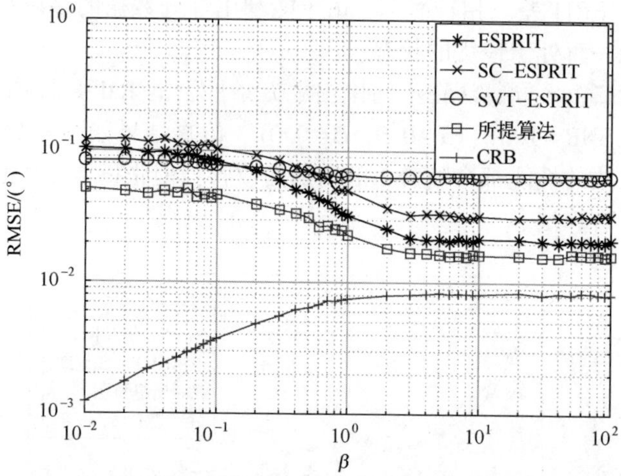

图 6.27　不同噪声参数 β 时的 RMSE 比较

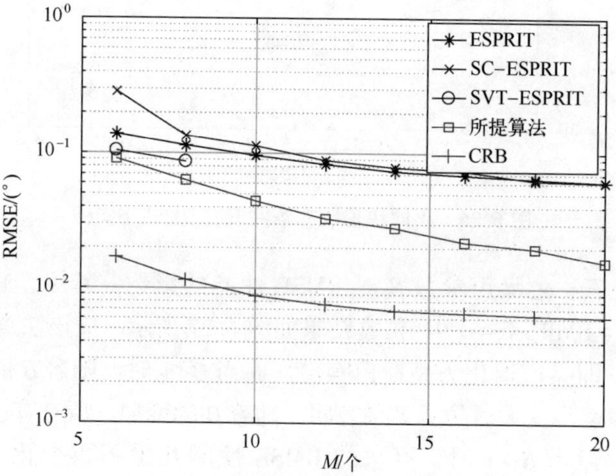

图 6.28　不同阵元数 M 时的 RMSE 比较

6.7　本 章 小 结

高斯色噪声是 MIMO 雷达中广泛存在的一类噪声，其存在会导致噪声协方差矩阵不再与单位矩阵成比例，从而影响传统矩阵/张量分解的性能，进而影响参数估计的精度，严重时甚至导致算法失效。本章主要介绍了 MIMO 雷达中处理有色噪声的几类协方差处理算法，如空域互协方差方法、时域互协方差方法、协方差差分方法、矩阵/张量填充方法。应该注意到，上述各类算法均具有一定的缺陷，如孔径损失、额外的信号模型假设、计算复杂度等。此外，对于非平稳噪声也缺乏深入研究。未来，应该针对现有研究的缺陷开展相关的工作。

参 考 文 献

[1] SUN S, PETROPULU A P. On transmit beamforming in MIMO radar with matrix completion [C]. IEEE International Conference on Acoustics, 2015, 2774-2778.

[2] CHENG Z, LIAO B, HE Z, et al. Spectrally compatible waveform design for MIMO radar in the presence of multiple targets [J]. IEEE Transactions on Signal Processing, 2018, 66(13): 3543-3555.

[3] ZHENG G. DOA estimation in MIMO radar with non-perfectly orthogonal waveforms [J]. IEEE Communications Letters, 2017, 21(2): 414-417.

[4] GERSHMAN A B, STOICA P, PESAVENTO M, et al. Stochastic Cramer-Rao bound for direction estimation in unknown noise fields, IET Radar, Sonar & Navigation, 2002, 149(1): 2-8.

[5] WEN F, ZHANG Z, ZHANG X. CRBs for direction-of-departure and direction-of-arrival estimation in collocated MIMO radar in the presence of unknown spatially coloured noise [J]. IET Radar, Sonar & Navigation, 2019, 13(4): 530-537.

[6] JIN M, LIAO G, LI J. Joint DOD and DOA estimation for bistatic MIMO radar [J]. Signal Processing, 2009, 89(2): 244-251.

[7] CHEN J, GU H, SU W. A new method for joint DOD and DOA estimation in bistatic MIMO radar [J]. Signal Processing, 2010, 90(2): 714-718.

[8] WANG X, WANG W, LI X, et al. A tensor-based subspace approach for bistatic MIMO radar in spatial colored noise [J]. Sensors, 2014, 14(3): 3897-3907.

[9] 符渭波，苏涛，赵永波，等．空间色噪声环境下基于时空结构的双基地 MIMO 雷达角度和多普勒频率联合估计方法 [J]. 电子与信息学报，2011，33(7)：1649-1654.

[10] 符渭波，苏涛，赵永波，等．空间色噪声环境下双基地 MIMO 雷达角度和多普勒频率联合估计方法 [J]. 电子与信息学报，2011，33(12)：2858-2862.

[11] WEN F, XIONG X, SU J, et al. Angle estimation for bistatic MIMO radar in the presence of spatial colored noise [J]. Signal Processing, 2017, 134: 261-267.

[12] WEN F, ZHANG Z, ZHANG G, et al. A tensor-based covariance differencing method for direction estimation in bistatic MIMO radar with unknown spatial colored noise [J]. IEEE ACCESS, 2017, 5(1): 18451-18458.

[13] WEN F, ZHANG Z, ZHANG G. Joint DOD and DOA estimation for bistatic MIMO radar: a covariance trilinear decomposition perspective [J]. IEEE Access, 2019, 7(1): 53273-53283.

[14] LIAO B. Fast angle estimation for MIMO radar with nonorthogonal waveforms [J]. IEEE Transactions on Aerospace & Electronic Systems, 2018, 54(4): 2091-2096.

[15] WEN F, SHI J, Z Z. Direction finding for bistatic MIMO radar with unknown spatially colored noise [J]. Circuits, Systems, and Signal Processing, 2020, 39: 2412-2424.

[16] CAI J F, CANDES E J, SHEN Z. A singular value thresholding algorithm for matrix completion [J]. SIAM Journal on Optimization, 2008, 20(4): 1956-1982.

[17] LIU J, MUSIALSKI P, WONKA P, et al. Tensor completion for estimating missing values in visual data [J]. IEEE Transactions on Pattern Analysis and Machine Intelligence, 2013, 35(1): 208-220.

[18] 师俊朋，文方青，张弓，等. 空域色噪声背景下双基地 MIMO 雷达角度估计 [J]. 2021, 43(6): 1477-1485.

第 7 章　非正交发射波形下 MIMO 雷达的 DOA 估计算法

MIMO 技术最初是在通信领域中提出的，并被成功应用。MIMO 技术是 4G、5G 和 6G 通信的关键所在。在 21 世纪初，MIMO 技术被引入雷达领域。一般来说，为获得更好的可辨识性，MIMO 雷达的阵列发射天线需要发射完全正交的波形。但当雷达系统处于跟踪模式时，其需要将辐射的能量集中到感兴趣的空域，因而需要具有一定相关性的波形；此外，对于无线通信来说，未来 6G 的主流方向也将是一个集成通信、感知与定位等复杂功能的一体化系统，即一体化通信—雷达系统，非正交发射波形也将是其重点研究方向。因而，研究非正交发射波形条件下 MIMO 雷达定位技术具有重要的现实意义。

对于 MIMO 雷达中的非正交发射波形问题，目前开展的研究还较少。其中，国内空军工程大学的郑桂妹博士最早提出该问题，并介绍了一种预白化的处理方法。预白化方法需要波形的相关矩阵的先验信息，深圳大学的廖斌博士提出了一种基于矩阵填充的算法，其可避免该问题。本章首先对预白化方法和矩阵填充算法进行介绍，然后再介绍项目组成员在该方向的研究成果。

7.1　基于预白化/矩阵填充的 DOA 估计算法

7.1.1　基于预白化的 DOA 估计算法

考虑一个有 M 个发射天线和 N 个接收天线的单基地 MIMO 雷达系统。假设在远场同一距离元内有 K 个目标。接收到的回波信号可以表示为

$$\boldsymbol{x}(t,\tau)=\boldsymbol{A}_r(\theta)\operatorname{diag}[\boldsymbol{b}(\tau)]\boldsymbol{A}_t^{\mathrm{T}}(\theta)\boldsymbol{\varphi}(t)+\boldsymbol{w}(t,\tau) \tag{7.1}$$

式中：$\boldsymbol{A}_t(\theta)=[\boldsymbol{a}_t(\theta_1),\cdots,\boldsymbol{a}_t(\theta_K)]\in\mathbb{C}^{M\times K}$ 和 $\boldsymbol{A}_r(\theta)=[\boldsymbol{a}_r(\theta_1),\cdots,\boldsymbol{a}_r(\theta_K)]\in\mathbb{C}^{N\times K}$ 分别代表发射导向向量矩阵和接收导向向量矩阵。第 k 个发射导向向量为 $\boldsymbol{a}_t(\theta_k)=\left[\exp\left(-\mathrm{j}\dfrac{2\pi}{\lambda}d_{t,1}\sin\theta_k\right),\cdots,\exp\left(-\mathrm{j}\dfrac{2\pi}{\lambda}d_{t,M}\sin\theta_k\right)\right]^{\mathrm{T}}$，第 k 个接收导向向量为 $\boldsymbol{a}_r(\theta_k)=\left[\exp\left(-\mathrm{j}\dfrac{2\pi}{\lambda}d_{r,1}\sin\theta_k\right),\cdots,\exp\left(-\mathrm{j}\dfrac{2\pi}{\lambda}d_{r,N}\sin\theta_k\right)\right]^{\mathrm{T}}$，$\tau$ 为慢时间指

数，即脉冲指数。λ 为信号的载波波长。$d_{t,k}$和 $d_{r,k}$分别表示第 k 个发射阵元和接收阵元的位置。反射系数向量 $\boldsymbol{b}(\tau)=[\gamma_1(\tau),\cdots,\gamma_K(\tau)]^{\mathrm{T}}\in\mathbb{C}^{K\times1}$，其中，$\gamma_k(\tau)=a_k\mathrm{e}^{\mathrm{j}2\pi f_k\tau}$，RCS 衰减系数 a_k 满足 Swelling Ⅱ模型。$\boldsymbol{w}(t,\tau)$是白噪声向量，即 $E[\boldsymbol{w}(t_1,\tau)\boldsymbol{w}(t_2,\tau)^{\mathrm{H}}]=\sigma_n^2\boldsymbol{I}_N\delta(t_1-t_2)$，$\sigma_n^2$ 为噪声功率。假设第 m 个发射天线发射的波形为 $\varphi_m(t)$，定义波形向量为 $\boldsymbol{\varphi}(t)=[\varphi_1(t),\cdots,\varphi_M(t)]^{\mathrm{T}}\in\mathbb{C}^{M\times1}$，发射波形的互相关矩阵可以写成如下形式：

$$\boldsymbol{R}_s=\int_0^{T_p}\boldsymbol{\varphi}(t)\boldsymbol{\varphi}^{\mathrm{H}}(t)\mathrm{d}t=\begin{bmatrix}1 & \beta_{12} & \cdots & \beta_{1M}\\ \beta_{21} & 1 & \cdots & \beta_{2M}\\ \vdots & \vdots & & \vdots\\ \beta_{M1} & \beta_{M2} & \cdots & 1\end{bmatrix} \tag{7.2}$$

式中：T_p 为脉冲持续时间。对 $\boldsymbol{x}(t,\tau)$进行匹配滤波处理，得到

$$\begin{aligned}\boldsymbol{X}(\tau)&=\int_0^{T_p}\boldsymbol{x}(t,\tau)\boldsymbol{\varphi}(t)^{\mathrm{H}}\mathrm{d}t\\ &=\boldsymbol{A}_r(\theta)\operatorname{diag}[\boldsymbol{b}(\tau)]\boldsymbol{A}_t^{\mathrm{T}}(\theta)\boldsymbol{R}_s+\boldsymbol{N}(\tau)\end{aligned} \tag{7.3}$$

式中：$\boldsymbol{N}(\tau)=\int_0^{T_p}\boldsymbol{w}(t,\tau)\boldsymbol{\varphi}(t)^{\mathrm{H}}\mathrm{d}t\in\mathbb{C}^{N\times M}$ 为匹配滤波输出噪声。在理想正交发射波形的条件下，$\beta_{ij}=0,i\neq j$，则 $\boldsymbol{R}_s=\boldsymbol{I}_M$。此时，$\boldsymbol{X}(\tau)$的向量化形式 $\boldsymbol{y}(\tau)=\operatorname{vec}\{\boldsymbol{X}(\tau)\}$具体为

$$\boldsymbol{y}(\tau)=\boldsymbol{A}(\theta)\boldsymbol{b}(\tau)+\boldsymbol{n}(\tau) \tag{7.4}$$

式中：$\boldsymbol{A}(\theta)=\boldsymbol{A}_t(\theta)\odot\boldsymbol{A}_r(\theta)$，$\boldsymbol{n}(\tau)=\int_0^{T_p}\boldsymbol{\varphi}(t)^*\otimes\boldsymbol{w}(t,\tau)\mathrm{d}t$。然而，受非正交发射波形的影响，$\beta_{ij}=0$ 是不成立的。具体地，式（7.4）中的信号模型可以被改写为

$$\bar{\boldsymbol{y}}(\tau)=\bar{\boldsymbol{A}}(\theta)\boldsymbol{b}(\tau)+\boldsymbol{n}(\tau) \tag{7.5}$$

式中：$\bar{\boldsymbol{A}}(\theta)=\bar{\boldsymbol{A}}_t(\theta)\odot\boldsymbol{A}_r(\theta)$，$\bar{\boldsymbol{A}}_t(\theta)=\boldsymbol{R}_s^{\mathrm{T}}\boldsymbol{A}_t(\theta)$。噪声的噪声协方差矩阵为

$$\begin{aligned}\boldsymbol{R}_n&=E\{\boldsymbol{n}(\tau)\boldsymbol{n}^{\mathrm{H}}(\tau)\}\\ &=E\left\{\int_0^{T_p}\int_0^{T_p}\{[\boldsymbol{\varphi}^*(t_1)\otimes\boldsymbol{w}(t_1,\tau)]\cdot[\boldsymbol{\varphi}(t_2)^{\mathrm{T}}\otimes\boldsymbol{w}(t_2,\tau)^{\mathrm{H}}]\}\mathrm{d}t_1\mathrm{d}t_2\right\}\\ &=\int_0^{T_p}\int_0^{T_p}[\boldsymbol{\varphi}^*(t_1)\boldsymbol{\varphi}(t_2)^{\mathrm{T}}]\otimes E[\boldsymbol{w}(t_1,\tau)\boldsymbol{w}(t_2,\tau)^{\mathrm{H}}]\mathrm{d}t_1\mathrm{d}t_2\\ &=\int_0^{T_p}\int_0^{T_p}[\boldsymbol{\varphi}^*(t_1)\boldsymbol{\varphi}(t_2)^{\mathrm{T}}]\otimes[\sigma_n^2\boldsymbol{I}_N\delta(t_1-t_2)]\mathrm{d}t_1\mathrm{d}t_2\\ &=\boldsymbol{R}_s^*\otimes\sigma_n^2\boldsymbol{I}_N\end{aligned} \tag{7.6}$$

可以看出，噪声 $\boldsymbol{n}(\tau)$是空域有色噪声。

对色噪声的处理可以采用传统的预白处理方法。首先定义一个新的矩阵 $\overline{\boldsymbol{R}}_n = \boldsymbol{R}_s^* \otimes \boldsymbol{I}_N$。由于 $\boldsymbol{R}_s$ 是已知的且是正定的，那么对式（7.6）左乘 $\overline{\boldsymbol{R}}_n^{-1/2}$ 即可完成预白处理，具体如下所示

$$
\begin{aligned}
\boldsymbol{z}(\tau) &= \overline{\boldsymbol{R}}_n^{-1/2}\,\overline{\boldsymbol{y}}(\tau) \\
&= [\overline{\boldsymbol{R}}_n^{-1/2}\,\overline{\boldsymbol{A}}(\theta)]\boldsymbol{b}(\tau) + [\overline{\boldsymbol{R}}_n^{-1/2}\,\overline{\boldsymbol{n}}(\tau)] \in \mathbb{C}^{MN\times 1}
\end{aligned}
\tag{7.7}
$$

此时，噪声协方差矩阵等于

$$
E\{[\overline{\boldsymbol{R}}_n^{-1/2}\,\overline{\boldsymbol{n}}(\tau)][\overline{\boldsymbol{R}}_n^{-1/2}\,\overline{\boldsymbol{n}}(\tau)]^{\mathrm{H}}\} = \overline{\boldsymbol{R}}_n^{-1/2}\boldsymbol{R}_n[\overline{\boldsymbol{R}}_n^{-1/2}]^{\mathrm{H}} = \sigma_n^2\boldsymbol{I}_{MN} \tag{7.8}
$$

最后，利用传统的方法即可完成 DOA 估计。

7.1.2　基于矩阵填充的 DOA 估计算法

考虑 7.1.1 中的信号模型，非正交发射波形条件下 MIMO 雷达匹配滤波的输出可以表述为

$$
\boldsymbol{y}(\tau) = \sum_{k=1}^{K}(\overline{\boldsymbol{a}}_t(\theta_k) \otimes \boldsymbol{a}_r(\theta_k))r_k(\tau) + \boldsymbol{n}(\tau) = \boldsymbol{A}\boldsymbol{r}(\tau) + \boldsymbol{n}(\tau) \tag{7.9}
$$

式中：$\boldsymbol{r}(\tau) = [r_1(\tau), \cdots, r_K(\tau)]^{\mathrm{T}}$；$r_k(\tau)$ 为第 k 个目标的回波系数；$\boldsymbol{A} = [\boldsymbol{a}(\theta_1), \cdots, \boldsymbol{a}(\theta_K)]$ 为虚拟的方向矩阵；$\boldsymbol{a}(\theta) = \overline{\boldsymbol{a}}_t(\theta) \otimes \boldsymbol{a}_r(\theta)$ 为虚拟的导向向量。且 $\overline{\boldsymbol{a}}_t(\theta_k) = \boldsymbol{R}_s^{\mathrm{T}}\boldsymbol{a}_t(\theta)$，$\boldsymbol{R}_s \in \mathbb{C}^{M\times M}$ 是传输波形的相关矩阵。噪声的协方差矩阵为 $\boldsymbol{R}_n = E[\boldsymbol{n}(\tau)\boldsymbol{n}^{\mathrm{H}}(\tau)] = \boldsymbol{R}_s^* \otimes \sigma_n^2\boldsymbol{I}_N$。上述预白化算法需要预知 $\boldsymbol{R}_s$，本节考虑一种不需要 $\boldsymbol{R}_s$ 先验信息的新方法。

假设接收天线是阵元间距为半波长的 ULA，则有

$$
\boldsymbol{a}_r(\theta) = [1, \mathrm{e}^{\mathrm{j}\pi\sin\theta}, \cdots, \mathrm{e}^{\mathrm{j}\pi(N-1)\sin\theta}]^{\mathrm{T}} \tag{7.10}
$$

定义 $\boldsymbol{E}_1 \triangleq [\boldsymbol{I}_{N-1}, \boldsymbol{0}_{(N-1)\times 1}] \in \mathbb{C}^{(N-1)\times N}$，$\boldsymbol{E}_2 \triangleq [\boldsymbol{0}_{(N-1)\times 1}, \boldsymbol{I}_{N-1}] \in \mathbb{C}^{(N-1)\times N}$，则有

$$
\boldsymbol{E}_2\boldsymbol{a}_r(\theta) = \mathrm{e}^{\mathrm{j}\pi\sin\theta}\boldsymbol{E}_1\boldsymbol{a}_r(\theta) \tag{7.11}
$$

假设 $\boldsymbol{P}_1 = \boldsymbol{I}_M \otimes \boldsymbol{E}_1$，$\boldsymbol{P}_2 = \boldsymbol{I}_M \otimes \boldsymbol{E}_2$，由于 $\boldsymbol{a}(\theta) = \overline{\boldsymbol{a}}_t(\theta) \otimes \boldsymbol{a}_r(\theta)$，可以得到

$$
\boldsymbol{P}_\kappa\boldsymbol{a}(\theta) = (\boldsymbol{I}_M \otimes \boldsymbol{E}_\kappa)(\overline{\boldsymbol{a}}_t(\theta) \otimes \boldsymbol{a}_r(\theta)) = \overline{\boldsymbol{a}}_t(\theta) \otimes \boldsymbol{E}_\kappa\boldsymbol{a}_r(\theta) \tag{7.12}
$$

对于 $\forall\,\kappa \in \{1,2\}$。故 $\boldsymbol{P}_2\boldsymbol{a}(\theta) = \mathrm{e}^{\mathrm{j}\pi\sin\theta}\boldsymbol{P}_1\boldsymbol{a}(\theta)$。将此关系应用于 $\boldsymbol{A} = [a(\theta_1), \cdots, a(\theta_K)]$ 中的所有导向向量，得到

$$
\boldsymbol{P}_2\boldsymbol{A} = \boldsymbol{P}_1\boldsymbol{A}\boldsymbol{\Psi} \tag{7.13}
$$

式中：$\boldsymbol{\Psi} = \mathrm{diag}\{\mathrm{e}^{\mathrm{j}\pi\sin\theta_1}, \cdots, \mathrm{e}^{\mathrm{j}\pi\sin\theta_K}\}$。

接下来，定义一个矩阵 $\boldsymbol{U} \in \mathbb{C}^{MN\times K}$，它与 $\boldsymbol{A} \in \mathbb{C}^{MN\times K}$ 张成相同的列空间，即

$$
\exists\,\boldsymbol{T} \in \mathbb{C}^{K\times K}_{\text{nonsingular}} : \boldsymbol{A} = \boldsymbol{U}\boldsymbol{T} \tag{7.14}
$$

式中：$\mathbb{C}^{K\times K}_{\text{nonsingular}}$ 表示非奇异矩阵的集合。将式（7.14）代入式（7.13）可以得到 $\boldsymbol{P}_2\boldsymbol{U} = \boldsymbol{P}_1\boldsymbol{U}\boldsymbol{\Xi}$，其中

$$\boldsymbol{\Xi}=\boldsymbol{T\Psi T}^{-1}=(\boldsymbol{UP}_1^{\mathrm{H}}\boldsymbol{P}_1\boldsymbol{U})^{-1}\boldsymbol{UP}_1^{\mathrm{H}}\boldsymbol{P}_2\boldsymbol{U} \tag{7.15}$$

即矩阵 $\boldsymbol{\Xi}$ 和矩阵 $\boldsymbol{\Psi}$ 有着相同的特征值。因此，DOA $\{\theta_k\}_{k=1}^{K}$ 可通过下式确定

$$\theta_k=\arcsin(\pi^{-1}\arg(\xi_k)) \tag{7.16}$$

式中：$\{\xi_k\}_{k=1}^{K}$ 是矩阵 $\boldsymbol{\Xi}$ 的特征值，上面的过程不需要传输波形的相关矩阵。

如何对 $\boldsymbol{U}$ 进行估计是本算法的关键。由（7.9）可知，$\boldsymbol{y}(\tau)$ 的协方差矩阵为

$$\boldsymbol{R}_y=\boldsymbol{R}_{nf}+\boldsymbol{R}_n \tag{7.17}$$

式中：$\boldsymbol{R}_{nf}=\boldsymbol{AR}_r\boldsymbol{A}^{\mathrm{H}}$ 为无噪协方差矩阵，$\boldsymbol{R}_r=E[\boldsymbol{r}(\tau)\boldsymbol{r}^{\mathrm{H}}(\tau)]$。如果 $\boldsymbol{R}_n$ 是单位矩阵的尺度变换，那么 $\boldsymbol{U}$ 对应于 $\boldsymbol{R}_y$ 的 K 个正特征值所对应的特征向量。但是，是非正交波形使得 $\boldsymbol{R}_s\neq\boldsymbol{I}$，$\boldsymbol{R}_n=\boldsymbol{R}_s^*\otimes\boldsymbol{\sigma}_n^2\boldsymbol{I}_N$，即噪声是空域相关的。下面，将具体说明无噪声协方差矩阵 $\boldsymbol{R}_{nf}$ 如何利用其低秩性质和 $\boldsymbol{R}_n$ 的稀疏结构来确定。这样就可以通过 $\hat{\boldsymbol{R}}_{nf}$ 的特征分解来估计 $\boldsymbol{U}$。

首先注意到矩阵 $\boldsymbol{R}_n$ 中的元素总数为 M^2N^2，其中非零项元素的数目表示为 $\#_{\mathrm{nonzero}}$，满足

$$\#_{\mathrm{nonzero}}\leqslant M^2N \tag{7.18}$$

其中，只有当 $\boldsymbol{R}_s$ 不包含非零项时，等式才成立。这表明 $\boldsymbol{R}_n$ 是一个稀疏矩阵，只有一小部分的元素是非零的。因此，$\boldsymbol{R}_y$ 和 $\boldsymbol{R}_{nf}$ 在索引位置与 $\boldsymbol{R}_n$ 中零元素索引位置相同的部分是相等的。定义如下集合

$$\overline{\boldsymbol{\Omega}}=\{(i,j)\mid i-j=0,\pm N,\cdots,\pm(M-1)N\} \tag{7.19}$$

式中：$i,j\in\{1,\cdots,MN\}$。设 $\overline{\boldsymbol{\Omega}}$ 为 $\boldsymbol{\Omega}$ 的互补集，则 $\boldsymbol{R}_y$ 和 $\boldsymbol{R}_{nf}$ 在 $\boldsymbol{\Omega}$ 中的索引集是相同的。此外，$\boldsymbol{R}_{nf}$ 的秩为 N 通常比维数 MN 小得多。综上所述，可以使用低秩矩阵填充技术利用 $\boldsymbol{R}_{nf}$ 的部分元素恢复 $\boldsymbol{R}_{nf}$。定义一个采样算子 $\boldsymbol{P}_{\boldsymbol{\Omega}}:\mathbb{C}^{M\times M}\to\mathbb{C}^{M\times M}$ 为

$$[\boldsymbol{P}_{\boldsymbol{\Omega}}(\boldsymbol{X})]_{ij}=\begin{cases}\boldsymbol{X}_{ij}, & (i,j)\in\boldsymbol{\Omega}\\ 0, & (i,j)\notin\boldsymbol{\Omega}\end{cases} \tag{7.20}$$

然后，可以通过最小化其秩约束 $\boldsymbol{P}_{\boldsymbol{\Omega}}(\boldsymbol{R}_{nf})=\boldsymbol{P}_{\boldsymbol{\Omega}}(\boldsymbol{R}_y)$ 来确定 $\boldsymbol{R}_{nf}$，约束可以表示为

$$\boldsymbol{w}\odot\mathrm{vec}(\boldsymbol{R}_{nf}-\boldsymbol{R}_y)=0 \tag{7.21}$$

其中，$\boldsymbol{w}\triangleq\mathrm{vec}(\boldsymbol{J}_M\otimes(\boldsymbol{J}_N-\boldsymbol{I}_N))$。由于秩最小化问题是 NP 难问题，可采用核范数对上述问题进行松弛，其中，核范数对应于奇异值的和。因为 $\boldsymbol{R}_{nf}$ 是 Hermitian，所以核算法最小化可转化为迹的最小化。因此，$\boldsymbol{R}_{nf}$ 可以利用下面的线性规划问题来进行估计：

$$\begin{aligned}&\min_{\boldsymbol{M}} \quad \mathrm{trace}(\boldsymbol{M})\\&\text{subject to } \boldsymbol{w}\odot\mathrm{vec}(\boldsymbol{M}-\boldsymbol{R}_y)=0\\&\boldsymbol{M}\in\mathbf{H}^{MN\times MN}\end{aligned} \tag{7.22}$$

上述问题可以使用 CVX 进行解决。假设$\hat{\boldsymbol{R}}_{nf}$是式（7.22）的解，那么 $\boldsymbol{U}$ 可通过对$\hat{\boldsymbol{R}}_{nf}$进行特征分解获得。

在实际应用中，可通过有限样本得到的$\hat{\boldsymbol{R}}_y$ 来代替 $\boldsymbol{R}_y$，等式的约束并不完全成立。因此，可以采用$\|\boldsymbol{w}\odot\mathrm{vec}(\boldsymbol{M}-\boldsymbol{P}_y)\|_2\leqslant\varepsilon$ 来进行二次约束，其中，ε 的确定取决于$\hat{\boldsymbol{R}}_y$ 的精度。如果样本数很大，则 ε 分配一个小的值。如果样本数足够大，可以简单地假设 $\varepsilon=0$。

7.1.3　CRB

本小节推导非正交发射波形条件下 MIMO 雷达角度估计的统计 CRB。不失一般性，考虑一个单基地 MIMO 雷达的应用场景，并将匹配滤波后新的模型表示为

$$\boldsymbol{y}(\tau)=\sum_{k=1}^{K}(\bar{a}_t(\theta_k)\otimes a_r(\theta_k))r_k(\tau)+\boldsymbol{n}(\tau)=\boldsymbol{A}\boldsymbol{r}(\tau)+\boldsymbol{n}(\tau) \tag{7.23}$$

式中：目标特征系数向量为 $\boldsymbol{r}(\tau)$，虚拟方向矩阵 $\boldsymbol{A}=[\bar{\boldsymbol{a}}_t(\theta_1)\otimes\boldsymbol{a}_r(\theta_1),\cdots,\bar{\boldsymbol{a}}_t(\theta_K)\otimes\boldsymbol{a}_r(\theta_K)]$。由阵列噪声 $\boldsymbol{n}(\tau)$ 易得噪声的协方差矩阵 $\boldsymbol{R}_n=E[\boldsymbol{n}(\tau)\boldsymbol{n}^{\mathrm{H}}(\tau)]$为

$$\boldsymbol{R}_n=\boldsymbol{C}^*\otimes\sigma^2\boldsymbol{I}_N \tag{7.24}$$

令 $\boldsymbol{Q}(\boldsymbol{\sigma})=\boldsymbol{R}_n$，$\boldsymbol{\sigma}=[\sigma,\sigma_1,\sigma_2,\cdots,\sigma_i]^{\mathrm{T}}\in\mathbb{R}^{(i+1)\times1}$，$1\leqslant i\leqslant M^2-M$，其中，$\sigma_i$ 为 $\boldsymbol{C}$ 中的未知参数。

设定目标特征系数 $r_1(\tau),r_2(\tau),\cdots,r_K(\tau)$是复高斯随机过程，其协方差矩阵 $\boldsymbol{P}=E[\boldsymbol{r}(\tau)\boldsymbol{r}^{\mathrm{H}}(\tau)]$确定但未知，且噪声与目标特征系数不相关。因此，观测向量 $\boldsymbol{y}(\tau)$是一零均值的循环对称的高斯随机向量，其协方差矩阵 $\boldsymbol{R}=E\{\boldsymbol{y}(\tau)\boldsymbol{y}^{\mathrm{H}}(\tau)\}$为

$$\boldsymbol{R}=\boldsymbol{A}\boldsymbol{P}\boldsymbol{A}^{\mathrm{H}}+\boldsymbol{Q} \tag{7.25}$$

后续 CRB 就是基于上式获取的。对比上式和前面章节色噪声背景下的 CRB 可知，二者的不同之处在于方向矩阵中也含有色噪声矩阵的相关信息，依据前面章节的相关结论，可知

$$\mathrm{CRB}(\theta)=\frac{1}{L}[\boldsymbol{H}-\boldsymbol{M}\boldsymbol{T}^{-1}\boldsymbol{M}^{\mathrm{T}}]^{-1} \tag{7.26}$$

上式中

$$\begin{cases}\boldsymbol{H}=2\mathrm{Re}\{(\widetilde{\boldsymbol{D}}_{\theta}^{\mathrm{H}}\boldsymbol{\Pi}_{\widetilde{A}}^{\perp}\widetilde{\boldsymbol{D}}_{\theta})\oplus(\boldsymbol{R}_b\widetilde{\boldsymbol{A}}^{\mathrm{H}}\widetilde{\boldsymbol{R}}_y^{-1}\widetilde{\boldsymbol{A}}\boldsymbol{R}_b)\}\\ \boldsymbol{M}=2\mathrm{Re}\{\boldsymbol{J}^{\mathrm{T}}((\widetilde{\boldsymbol{D}}_{\theta}^{\mathrm{H}}\boldsymbol{\Pi}_{\widetilde{A}}^{\perp})\otimes(\widetilde{\boldsymbol{R}}^{-1}\widetilde{\boldsymbol{A}}\boldsymbol{R}_b)^{\mathrm{T}})\widetilde{\boldsymbol{R}}_n^{*}\}\\ \boldsymbol{T}=2\mathrm{Re}\{\widetilde{\boldsymbol{R}}_n^{\mathrm{H}}(\widetilde{\boldsymbol{R}}^{-\mathrm{T}}\otimes\boldsymbol{\Pi}_{\widetilde{A}}^{\perp})\widetilde{\boldsymbol{R}}_n\}-\widetilde{\boldsymbol{R}}_n^{\mathrm{H}}(\boldsymbol{\Pi}_{\widetilde{A}}^{\perp})^{\mathrm{T}}\otimes\boldsymbol{\Pi}_{\widetilde{A}}^{\perp})\widetilde{\boldsymbol{R}}_n\end{cases}\tag{7.27}$$

式中：$\widetilde{\boldsymbol{A}}=\boldsymbol{R}_n^{-1/2}\boldsymbol{A}$，$\boldsymbol{\Pi}_{\widetilde{A}}^{\perp}=\boldsymbol{I}-\boldsymbol{\Pi}_{\widetilde{A}}$，$\boldsymbol{\Pi}_{\widetilde{A}}=\widetilde{\boldsymbol{A}}\widetilde{\boldsymbol{A}}^{\dagger}$，$\widetilde{\boldsymbol{D}}_{\theta}=\boldsymbol{R}_n^{-1/2}\boldsymbol{D}_{\theta}$，$\widetilde{\boldsymbol{R}}_y=\boldsymbol{R}_n^{-1/2}\boldsymbol{R}_y\boldsymbol{R}_n^{-1/2}$，$\boldsymbol{D}_{\theta}=\left[\frac{\partial\boldsymbol{a}(\theta_1)}{\partial\theta_1},\frac{\partial\boldsymbol{a}(\theta_2)}{\partial\theta_2},\cdots,\frac{\partial\boldsymbol{a}(\theta_K)}{\partial\theta_K}\right]$，$\boldsymbol{J}=[\mathrm{vec}\{\boldsymbol{e}_1\boldsymbol{e}_1^{\mathrm{T}}\},\mathrm{vec}\{\boldsymbol{e}_2\boldsymbol{e}_2^{\mathrm{T}}\},\cdots,\mathrm{vec}\{\boldsymbol{e}_K\boldsymbol{e}_K^{\mathrm{T}}\}]$，$\boldsymbol{e}_K$ 表示 $K\times K$ 单位矩阵的第 k 列。$\widetilde{\boldsymbol{R}}_n=[\mathrm{vec}\{\widetilde{\boldsymbol{R}}'_{n,1}\},\mathrm{vec}\{\widetilde{\boldsymbol{R}}'_{n,2}\},\cdots,\mathrm{vec}\{\widetilde{\boldsymbol{R}}'_{n,P}\}]$，$\widetilde{\boldsymbol{R}}'_{n,p}=\boldsymbol{R}_n^{-1/2}\boldsymbol{Q}'_p\boldsymbol{R}_n^{-1/2}$，$\widetilde{\boldsymbol{Q}}'_p=\frac{\partial\boldsymbol{R}_y}{\partial t_p}$。

7.2 基于 QALS 的 DOA 估计算法

7.1 节的矩阵填充算法计算复杂度往往较高，由于 MIMO 雷达匹配滤波输出高维数据，因而使用矩阵填充方法并不一定适合实时计算。此外，矩阵类算法无法利用数据的多维结构特性，估计精度还可以进一步提升。本小节介绍一种低复杂度的抑噪方案，并介绍一种 QALS 算法[4]。

7.2.1 信号模型

考虑一个基于 ULA 的单基地 MIMO 雷达，其具有 M 个发射天线和 N 个接收天线，且阵元间距均为半波长。假设 K 个远场低速目标出现在同一距离元，其 DOA 分别记为 $\{\theta_1,\theta_2,\cdots,\theta_K\}$，设发射阵列发射 M 个窄带脉冲波形 $\{s_m(t)\}_{m=1}^{M}$，其中，t 为快速时间指数（雷达脉冲期间的时间指数）。第 k 个目标反射的回波信号为

$$e_k(t,\tau)=b_k(\tau)\boldsymbol{a}_t^{\mathrm{T}}(\theta_k)\boldsymbol{s}(t)\tag{7.28}$$

式中：$b_k(\tau)=\beta_k(\tau)\mathrm{e}^{\mathrm{j}2\pi f_k\tau}$，$\tau$ 是慢时间指数，即脉冲指数。$\beta_k(\tau)\in\mathbb{R}$ 表示与第 k 个目标的反射系数，f_k 是多普勒频率。$\boldsymbol{a}_t(\theta_k)=[1,\mathrm{e}^{-\mathrm{j}\pi\sin\theta_k},\cdots,\mathrm{e}^{-\mathrm{j}\pi(M-1)\sin\theta_k}]^{\mathrm{T}}\in\mathbb{C}^{M\times1}$是第 k 个目标所对应的发射导向向量。$\boldsymbol{s}(t)=[s_1(t),s_2(t),\cdots,s_M(t)]^{\mathrm{T}}$ 是传输波形向量。令 $\boldsymbol{a}_r(\theta_k)$ 表示第 k 个目标所对应的接收导向向量。含噪声的阵列接收信号由下式给出

$$\boldsymbol{x}(t,\tau)=\sum_{k=1}^{K}b_k(\tau)\boldsymbol{a}_r(\theta_k)\boldsymbol{a}_t^{\mathrm{T}}(\theta_k)\boldsymbol{s}(t)+\boldsymbol{w}(t,\tau)\tag{7.29}$$

式中：$\boldsymbol{w}(t,\tau)$是加性噪声向量。

在分析非正交波形所造成的影响之前，先做一些有用的假设：

（1）假设波形是相关的，$\int_{T_p} s_m(t)s_n^*(t)\mathrm{d}t = c_{m,n}$，$c_{m,n}$ 为第 m 个波形与第 n 个波形的归一化相关系数。

（2）$\{\theta_k\}_{k=1}^K$ 和 $\{f_k\}_{k=1}^K$ 是不同的，且 $E\{b_{k1}(\tau)b_{k2}^*(\tau)\} = \begin{cases} 0, & k1 \neq k2 \\ \alpha_k, & k1 = k2 = k \end{cases}$，其中，$\alpha_k$ 是第 k 目标的反射系数。

（3）$\boldsymbol{w}(t,\tau)$ 是加性的高斯白噪声向量，即 $E\{\boldsymbol{w}(t_1,\tau)\boldsymbol{w}^{\mathrm{H}}(t_2,\tau)\} = \sigma^2\boldsymbol{I}\cdot\delta(t_1-t_2)$。

将 $\boldsymbol{x}(t,\tau)$ 与 $s_m(t)$ 进行匹配滤波处理，则匹配滤波器输出结果为

$$\begin{aligned} \boldsymbol{y}_m(\tau) &= \int_{T_p} \boldsymbol{x}(t,\tau)s_m^*(t)\mathrm{d}t \\ &= \sum_{k=1}^K b_k(\tau)\,\bar{a}_{t,m}(\theta_k)\boldsymbol{a}_r(\theta_k) + \boldsymbol{n}_m(\tau) \end{aligned} \tag{7.30}$$

式中：$\bar{a}_{t,m}(\theta_k) = \boldsymbol{a}_t^{\mathrm{T}}(\theta_k)\int_{T_p}\boldsymbol{s}(t)s_m^*(t)\mathrm{d}t = \boldsymbol{a}_t^{\mathrm{T}}\boldsymbol{c}_m$，$\boldsymbol{c}_m = [c_{1,m},c_{2,m},\cdots,c_{M,m}]^{\mathrm{T}}$；$\boldsymbol{n}_m(\tau) = \int_{T_p}\boldsymbol{w}(t,\tau)s_m^*(t)\mathrm{d}t$。通过将所有匹配滤波器的输出堆叠成一个 $MN\times1$ 维的向量 $\boldsymbol{y}(\tau) = [\boldsymbol{y}_1^{\mathrm{T}}(\tau),\boldsymbol{y}_2^{\mathrm{T}}(\tau),\cdots,\boldsymbol{y}_M^{\mathrm{T}}(\tau)]$，则有

$$\begin{aligned} \boldsymbol{y}(\tau) &= \sum_{k=1}^K [(\boldsymbol{C}^{\mathrm{T}}\boldsymbol{a}_t(\theta_k))\otimes\boldsymbol{a}_r(\theta_k)]b_k(\tau) + \boldsymbol{n}(\tau) \\ &= \boldsymbol{A}\boldsymbol{b}(\tau) + \boldsymbol{n}(\tau) \end{aligned} \tag{7.31}$$

式中：$\boldsymbol{C} = [\boldsymbol{c}_1,\boldsymbol{c}_2,\cdots,\boldsymbol{c}_M]^{\mathrm{T}} \in \mathbb{C}^{M\times M}$，$\boldsymbol{n}(\tau) = [\boldsymbol{n}_1^{\mathrm{T}}(\tau),\boldsymbol{n}_2^{\mathrm{T}}(\tau),\cdots,\boldsymbol{n}_M^{\mathrm{T}}(\tau)]^{\mathrm{T}}$ 是噪声向量，虚拟方向矩阵为 $\boldsymbol{A} = [\boldsymbol{a}(\theta_1),\boldsymbol{a}(\theta_2),\cdots,\boldsymbol{a}(\theta_K)] \in \mathbb{C}^{MN\times K}$，其中，第 k 个目标所对应的导向向量为 $\boldsymbol{a}(\theta_k) = (\boldsymbol{C}^{\mathrm{T}}\boldsymbol{a}_t(\theta_k))\otimes\boldsymbol{a}_r(\theta_k) \in \mathbb{C}^{MN\times1}$。$\boldsymbol{y}(\tau)$ 的协方差矩阵为

$$\begin{aligned} \boldsymbol{R}_y &= E\{\boldsymbol{y}(\tau)\boldsymbol{y}^{\mathrm{H}}(\tau)\} \\ &= \boldsymbol{A}\boldsymbol{R}_b\boldsymbol{A}^{\mathrm{H}} + \boldsymbol{R}_n \end{aligned} \tag{7.32}$$

式中：$\boldsymbol{R}_b = E\{\boldsymbol{b}(\tau)\boldsymbol{b}^{\mathrm{H}}(\tau)\}$；$\boldsymbol{R}_n = E\{\boldsymbol{n}(\tau)\boldsymbol{n}^{\mathrm{H}}(\tau)\}$；$\boldsymbol{b}(\tau) = [b_1(\tau),b_2(\tau),\cdots,b_K(\tau)]^{\mathrm{T}}$。通过前面的假设，可以得出 $\boldsymbol{R}_b$ 具有对角结构，即 $\boldsymbol{R}_b = \mathrm{diag}\{\alpha_1,\alpha_2,\cdots,\alpha_K\}$。由于

$$\boldsymbol{n}(\tau) = \int_{T_p}\boldsymbol{s}^*(t)\otimes\boldsymbol{w}(t,\tau)\mathrm{d}t \tag{7.33}$$

利用性质 $(\boldsymbol{A}\otimes\boldsymbol{B})(\boldsymbol{C}\otimes\boldsymbol{D}) = (\boldsymbol{AC})\otimes(\boldsymbol{BD})$，可以得到

$$\begin{aligned}\boldsymbol{R}_n &= \int_{T_p}\int_{T_p} E\{[\boldsymbol{s}^*(t_1)\otimes\boldsymbol{w}(t_1,\tau)][\boldsymbol{s}^{\mathrm{T}}(t_2)\otimes\boldsymbol{w}^{\mathrm{H}}(t_2,\tau)]\}\mathrm{d}t_1\mathrm{d}t_2\\ &= \int_{T_p}\int_{T_p}[\boldsymbol{s}(t_1)\boldsymbol{s}^{\mathrm{H}}(t_2)]^*\otimes E\{\boldsymbol{w}(t_1,\tau)\otimes\boldsymbol{w}^{\mathrm{H}}(t_2,\tau)\}\mathrm{d}t_1\mathrm{d}t_2\\ &= \boldsymbol{C}^*\otimes\sigma^2\boldsymbol{I}\end{aligned} \tag{7.34}$$

可以看出，此时 DOA 估计会出现两个问题。一个是虚拟导向向量会受到波形相关矩阵的破坏；另一个是噪声协方差矩阵不再与单位矩阵呈比例关系。因此，传统的子空间方法将失效。

7.2.2 空域互协方差抑噪

考虑通过空域互协方差方法对色噪声进行抑制。将接收阵列划分成两个子阵列，第一个子阵列由前 N_1 个接收阵元组成，第二个子阵列由剩余的 $N_2=N-N_1$ 个接收阵元组成。(这里取 $\min\{N_1,N_2\geqslant K\}$)。并令 $\boldsymbol{a}_{r,1}(\theta_k)$ 和 $\boldsymbol{a}_{r,2}(\theta_k)$ 分别为上述子阵列的第 k 个目标的接收导向向量。定义 $\boldsymbol{A}_1=[\boldsymbol{a}_1(\theta_1),\boldsymbol{a}_1(\theta_2),\cdots,\boldsymbol{a}_1(\theta_K)]\in\mathbb{C}^{MN_1\times K}$，$\boldsymbol{A}_2=[\boldsymbol{a}_2(\theta_1),\boldsymbol{a}_2(\theta_2),\cdots,\boldsymbol{a}_2(\theta_K)]\in\mathbb{C}^{MN_2\times K}$，其中，$\boldsymbol{a}_1(\theta_k)=(\boldsymbol{C}^{\mathrm{T}}\boldsymbol{a}_t(\theta_k))\otimes\boldsymbol{a}_{r,1}(\theta_k)$，$\boldsymbol{a}_2(\theta_k)=(\boldsymbol{C}^{\mathrm{T}}\boldsymbol{a}_t(\theta_k))\otimes\boldsymbol{a}_{r,2}(\theta_k)$。因此，上述两个子阵的匹配输出可以写成

$$\begin{cases}z_1(\tau)=\boldsymbol{A}_1\boldsymbol{b}(\tau)+\boldsymbol{e}_1(\tau)\\ z_2(\tau)=\boldsymbol{A}_2\boldsymbol{b}(\tau)+\boldsymbol{e}_2(\tau)\end{cases} \tag{7.35}$$

式中：$\boldsymbol{e}_1(\tau)=[\boldsymbol{v}_1^{\mathrm{T}}(\tau),\boldsymbol{v}_2^{\mathrm{T}}(\tau),\cdots,\boldsymbol{v}_{N_1}^{\mathrm{T}}(\tau)]^{\mathrm{T}}$，$\boldsymbol{e}_2(\tau)=[\boldsymbol{v}_{N_1+1}^{\mathrm{T}}(\tau),\boldsymbol{v}_{N_1+2}^{\mathrm{T}}(\tau),\cdots,\boldsymbol{v}_N^{\mathrm{T}}(\tau)]^{\mathrm{T}}$。可得

$$E\{\boldsymbol{e}_2(\tau)\boldsymbol{e}_1^{\mathrm{H}}(\tau)\}=\boldsymbol{0} \tag{7.36}$$

因此，z_1 和 z_2 的互协方差矩阵为

$$\begin{aligned}\boldsymbol{R}_z &= E\{z_2(\tau)z_1^{\mathrm{H}}(\tau)\}\\ &= \boldsymbol{A}_2\boldsymbol{R}_b\boldsymbol{A}_1^{\mathrm{H}}\end{aligned} \tag{7.37}$$

可以观察到 $\boldsymbol{R}_z$ 中的空间色噪声已经被消除。在实际应用中，通过对 $\boldsymbol{y}(\tau)$ 在 $\tau=T_s,2T_s,\cdots,LT_s$ 时刻进行均匀采样，我们可以得到 L 个快拍数据，然后用这些样本估计 $\hat{\boldsymbol{R}}_z$，具体如下

$$\hat{\boldsymbol{R}}_z=\frac{1}{L}\sum_{l=1}^{L}z_2(lT_s)z_1^{\mathrm{H}}(lT_s) \tag{7.38}$$

7.2.3 QALS 算法

利用 MIMO 雷达数据的多维结构信息，可以有效提升参数估计的精度。根

据前面章节的内容可知，$\boldsymbol{R}_z$ 可以写成四阶平行因子模型

$$\boldsymbol{R} = \sum_{k=1}^{K} \alpha_k \widetilde{\boldsymbol{a}}_t(\theta_k) \circ \boldsymbol{a}_{r,2}(\theta_k) \circ \widetilde{\boldsymbol{a}}_t^*(\theta_k) \circ \boldsymbol{a}_{r,1}^*(\theta_k) \tag{7.39}$$

事实上，$\boldsymbol{R}_z$ 可以看作是 $\boldsymbol{R}$ 的对称 Hermitian 展开。为了得到 DOA 的估计，我们需要估计导向向量 $\boldsymbol{a}_{r,2}(\theta_k)$，$\boldsymbol{a}_{r,1}(\theta_k)$。令$\hat{\boldsymbol{R}}$表示$\hat{\boldsymbol{R}}_z$ 的张量形式，则上述响应向量可通过如下拟合得到

$$\begin{aligned} &\min_{\boldsymbol{R}} \|\hat{\boldsymbol{R}} - \boldsymbol{R}\|_F \\ &\text{s. t. } \boldsymbol{R} = \sum_{k=1}^{K} \alpha_k \widetilde{\boldsymbol{a}}_t(\theta_k) \circ \boldsymbol{a}_{r,2}(\theta_k) \circ \widetilde{\boldsymbol{a}}_t^*(\theta_k) \circ \boldsymbol{a}_{r,1}^*(\theta_k) \end{aligned} \tag{7.40}$$

令$\widetilde{\boldsymbol{A}}_t = [\widetilde{\boldsymbol{a}}_t(\theta_1), \widetilde{\boldsymbol{a}}_t(\theta_2), \cdots, \widetilde{\boldsymbol{a}}_t(\theta_K)]$，$\boldsymbol{A}_{r,1} = [\boldsymbol{a}_{r,1}(\theta_1), \boldsymbol{a}_{r,1}(\theta_2), \cdots, \boldsymbol{a}_{r,1}(\theta_K)]$，$\boldsymbol{A}_{r,2} = [\boldsymbol{a}_{r,2}(\theta_1), \boldsymbol{a}_{r,2}(\theta_2), \cdots, \boldsymbol{a}_{r,2}(\theta_K)]$。根据张量模-$n$ 展开的相关定义，$\boldsymbol{R}$ 可以展开成如下矩阵的形式

$$\begin{cases} \boldsymbol{R}_1 = [\mathbf{R}]_{(1)} = \widetilde{\boldsymbol{A}}_t \boldsymbol{R}_b [\boldsymbol{A}_{r,2} \odot \widetilde{\boldsymbol{A}}_t^* \odot \boldsymbol{A}_{r,1}^*]^{\mathrm{T}} \\ \boldsymbol{R}_2 = [\mathbf{R}]_{(2)} = \boldsymbol{A}_{r,2} \boldsymbol{R}_b [\widetilde{\boldsymbol{A}}_T^* \odot \boldsymbol{A}_{r,1}^* \odot \widetilde{\boldsymbol{A}}_t]^{\mathrm{T}} \\ \boldsymbol{R}_3 = [\mathbf{R}]_{(3)} = \widetilde{\boldsymbol{A}}_t^* \boldsymbol{R}_b [\boldsymbol{A}_{r,1}^* \odot \widetilde{\boldsymbol{A}}_t \odot \boldsymbol{A}_{r,2}]^{\mathrm{T}} \\ \boldsymbol{R}_4 = [\mathbf{R}]_{(4)} = \boldsymbol{A}_{r,1}^* \boldsymbol{R}_b [\widetilde{\boldsymbol{A}}_t \odot \boldsymbol{A}_{r,2} \odot \widetilde{\boldsymbol{A}}_t^*]^{\mathrm{T}} \end{cases} \tag{7.41}$$

式（7.40）可以进一步表述成如下联合优化问题

$$\begin{cases} \min\limits_{\widetilde{\boldsymbol{A}}_t} \|\hat{\boldsymbol{R}}_1 - \widetilde{\boldsymbol{A}}_t \boldsymbol{R}_b [\boldsymbol{A}_{r,2} \odot \widetilde{\boldsymbol{A}}_t^* \odot \boldsymbol{A}_{r,1}^*]^{\mathrm{T}}\|_F \\ \min\limits_{\boldsymbol{A}_{r,2}} \|\hat{\boldsymbol{R}}_2 - \boldsymbol{A}_{r,2} \boldsymbol{R}_b [\widetilde{\boldsymbol{A}}_T^* \odot \boldsymbol{A}_{r,1}^* \odot \widetilde{\boldsymbol{A}}_t]^{\mathrm{T}}\|_F \\ \min\limits_{\widetilde{\boldsymbol{A}}_t^*} \|\hat{\boldsymbol{R}}_3 - \widetilde{\boldsymbol{A}}_t^* \boldsymbol{R}_b [\boldsymbol{A}_{r,1}^* \odot \widetilde{\boldsymbol{A}}_t \odot \boldsymbol{A}_{r,2}]^{\mathrm{T}}\|_F \\ \min\limits_{\boldsymbol{A}_{r,1}^*} \|\hat{\boldsymbol{R}}_4 - \boldsymbol{A}_{r,1}^* \boldsymbol{R}_b [\widetilde{\boldsymbol{A}}_t \odot \boldsymbol{A}_{r,2} \odot \widetilde{\boldsymbol{A}}_t^*]^{\mathrm{T}}\|_F \end{cases} \tag{7.42}$$

式中：$\hat{\boldsymbol{R}}_n = [\hat{\mathbf{R}}]_{(n)} (n = 1,2,3,4)$。由上述关系可以得到$\widetilde{\boldsymbol{A}}_t$，$\boldsymbol{A}_{r,2}$，$\widetilde{\boldsymbol{A}}_t^*$，$\boldsymbol{A}_{r,1}^*$的 LS 解分别为

$$\begin{cases} \hat{\boldsymbol{A}}_t = \hat{\boldsymbol{R}}_1 (\boldsymbol{R}_b [\boldsymbol{A}_{r,2} \odot \widetilde{\boldsymbol{A}}_t^* \odot \boldsymbol{A}_{r,1}^*]^{\mathrm{T}})^{\dagger} \\ \hat{\boldsymbol{A}}_{r,2} = \hat{\boldsymbol{R}}_2 (\boldsymbol{R}_b [\widetilde{\boldsymbol{A}}_T^* \odot \boldsymbol{A}_{r,1}^* \odot \widetilde{\boldsymbol{A}}_t]^{\mathrm{T}})^{\dagger} \\ \hat{\boldsymbol{A}}_t^* = \hat{\boldsymbol{R}}_3 (\boldsymbol{R}_b [\boldsymbol{A}_{r,1}^* \odot \widetilde{\boldsymbol{A}}_t \odot \boldsymbol{A}_{r,2}]^{\mathrm{T}})^{\dagger} \\ \hat{\boldsymbol{A}}_{r,1}^* = \hat{\boldsymbol{R}}_4 (\boldsymbol{R}_b [\widetilde{\boldsymbol{A}}_t \odot \boldsymbol{A}_{r,2} \odot \widetilde{\boldsymbol{A}}_t^*]^{\mathrm{T}})^{\dagger} \end{cases} \tag{7.43}$$

此外，$\boldsymbol{R}_b$ 可以通过求解下式得到

$$\min_{\boldsymbol{R}_b}\|\mathrm{vec}(\boldsymbol{R}_z)-[\boldsymbol{A}_1^*\otimes\boldsymbol{A}_2]\mathrm{vec}(\boldsymbol{R}_b)\|_F \tag{7.44}$$

同理，利用 LS 可得

$$\mathrm{vec}(\hat{\boldsymbol{R}}_b)=([\boldsymbol{A}_1^*\otimes\boldsymbol{A}_2])^{\dagger}\mathrm{vec}(\hat{\boldsymbol{R}}_z) \tag{7.45}$$

使用 ALS 技术，即可完成上述迭代过程。交替更新矩阵$\widetilde{\boldsymbol{A}}_t$，$\boldsymbol{A}_{r,2}$，$\widetilde{\boldsymbol{A}}_t^*$ 和 $\boldsymbol{A}_{r,1}^*$，直至满足收敛条件。

唯一性是平行因子分解的一个重要性质。本节所提算法的唯一性由以下定理来说明。假设 $\boldsymbol{A}$ 的 k 秩为 k_A，对于本节中的平行因子模型，如果

$$2k_{\widetilde{\mathbf{A}}_t}+k_{\mathbf{A}_{r,1}}+k_{\mathbf{A}_{r,2}}\geqslant 2K+3 \tag{7.46}$$

那么，通过分解获得的$\widetilde{\boldsymbol{A}}_t$，$\boldsymbol{A}_{r,2}$，$\widetilde{\boldsymbol{A}}_t^*$ 和 $\boldsymbol{A}_{r,1}^*$是唯一的。一旦 QALS 收敛，就可以得到$\boldsymbol{A}_{r,1}$和$\boldsymbol{A}_{r,2}$的估计。可表示为

$$\begin{cases}\hat{\boldsymbol{A}}_{r,1}=\boldsymbol{A}_{r,1}\boldsymbol{\Pi}\boldsymbol{\Delta}_1+\boldsymbol{N}_1\\ \hat{\boldsymbol{A}}_{r,2}=\boldsymbol{A}_{r,2}\boldsymbol{\Pi}\boldsymbol{\Delta}_2+\boldsymbol{N}_2\end{cases} \tag{7.47}$$

式中：$\boldsymbol{\Pi}$ 为置换矩阵；$\boldsymbol{N}_1$ 和 $\boldsymbol{N}_2$ 为拟合误差矩阵；$\boldsymbol{\Delta}_1$，$\boldsymbol{\Delta}_2$ 为对角矩阵，对角元素表示相应的尺度因子。在此，LS 方法用于 DOA 估计仍然是有效的。令$\hat{\boldsymbol{a}}_{r,1}(\theta_k)$和$\hat{\boldsymbol{a}}_{r,2}(\theta_k)$分别为$\hat{\boldsymbol{A}}_{r,1}$和$\hat{\boldsymbol{A}}_{r,2}$的第 k 列。定义

$$\begin{cases}\boldsymbol{h}_{1k}=-\mathrm{phase}(\hat{\boldsymbol{a}}_{r,1}(\theta_k))\\ \boldsymbol{h}_{2k}=-\mathrm{phase}(\hat{\boldsymbol{a}}_{r,2}(\theta_k))\end{cases} \tag{7.48}$$

构造以下拟合矩阵

$$\begin{cases}\boldsymbol{P}_1=\begin{bmatrix}1 & 1 & \cdots & 1\\ 0 & d_{N1+2}\pi & \cdots & d_N\pi\end{bmatrix}^{\mathrm{T}}\\ \boldsymbol{P}_2=\begin{bmatrix}1 & 1 & \cdots & 1\\ 0 & d_1\pi & \cdots & d_{N1}\pi\end{bmatrix}^{\mathrm{T}}\end{cases} \tag{7.49}$$

其中，$d_n(n=2,3,\cdots,N)$表示第 n 个接收阵元与参考阵元（第一个接收阵元）之间的相对距离。因此，计算

$$\begin{cases}\boldsymbol{u}_k=\boldsymbol{P}_1^{\dagger}\boldsymbol{h}_{1k}\\ \boldsymbol{v}_k=\boldsymbol{P}_2^{\dagger}\boldsymbol{h}_{2k}\end{cases} \tag{7.50}$$

u_{k2}和 v_{k2}分别是 $\boldsymbol{u}_k$ 和 $\boldsymbol{v}_k$ 中的第二个元素。由于$\hat{\boldsymbol{A}}_{r,1}$和$\hat{\boldsymbol{A}}_{r,2}$仍然是线性的，所以 u_{k2}和 v_{k2}是 $\sin\theta_k$ 的最小二乘解。因此，可以得到第 k 个 DOA 的估计值为

$$\hat{\theta}_k=\frac{\arcsin(v_{k2})+\arcsin(u_{k2})}{2} \tag{7.51}$$

7.2.4 算法仿真

在仿真实验中，假设 MIMO 雷达系统由 $M=4$ 个发射天线和 N 个接收天线构成，它们都是半波长间距的 ULA。假设远场有 $K=3$ 个目标，分别为-20°，-1°和 19°，多普勒频率分别为 200Hz，400Hz，800Hz，脉冲重复频率为 20kHz，每个波形包括 256 个编码脉冲。回波系数服从 Swelling Ⅱ模型，采集了 L 个快拍的数据。在仿真中，$\boldsymbol{C}$ 中的第(p,q)个元素可以由 $\boldsymbol{C}=0.9\mathrm{e}^{-|p-q|0.1}$ 得到。用于仿真的计算机为 HP Z840 工作站，其配置了两个 Intel(R) Xeon(R) E5-2650 v4 2.20GHz 处理器和 128GB RAM，仿真所用的软件为 Matlab R2016a，DOA 估计的精度用 RMSE 和 PSD 来进行评价。其中，PSD 定义为所有角度的估计误差的绝对值小于 0.2°则统计为成功估计，所有的曲线均是在进行了 500 次蒙特卡罗试验后绘制的。为了验证所提算法的有效性，将本节算法同矩阵填充算法（标记为 MC）和 ESPRIT-Like（不进行抑噪处理）进行比较。

首先，展示了不同 N 条件下角度估计的性能，如图 7.1 所示。其中，$N_1=4$，SNR=-10dB，$L=200$，并将本小节算法的性能同矩阵填充算法（标记为 MC）及 ESPRIT-Like 算法（直接在 $\boldsymbol{R}_z$ 的基础上利用旋转不变特性进行求解）。显然，所提算法在 $N<16$ 时 RMSE 性能劣于 MC 算法，但由于利用了信号的多维结构特性，其 RMSE 性能优于 ESPRIT-Like。从（b）可以看出，当 N 增加时，所有算法的 PSD 均会达到 100%，但是本小节算法具有同 MC 非常近似的 PSD 阈值（定义见前面章节）。此外，从（c）图可以看出，所提算法的计算复杂度更低，特别是当 N 较大的情况时，这种优势更加明显。

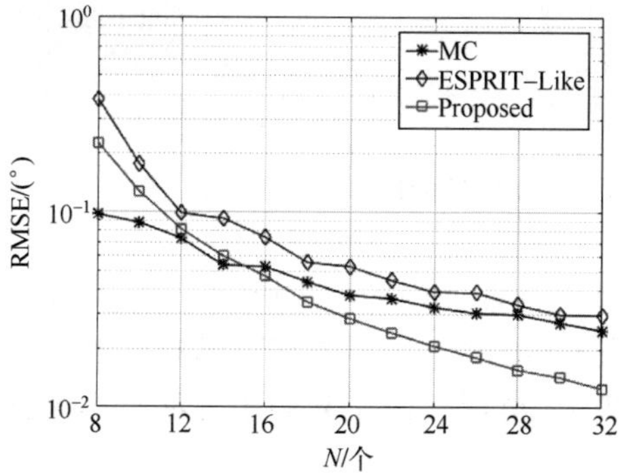

(a) RMSE与N

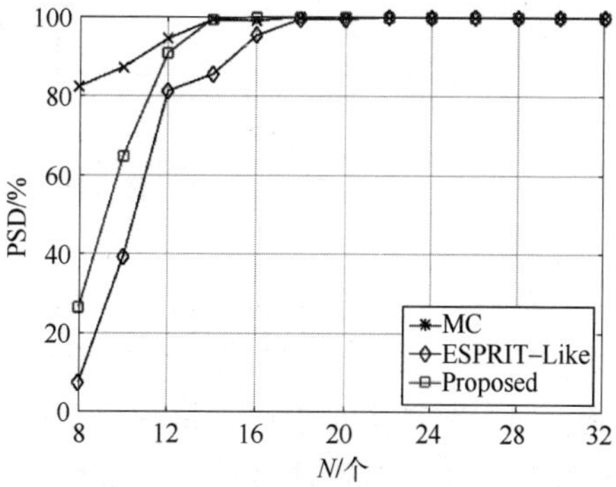

(b) PSD与N

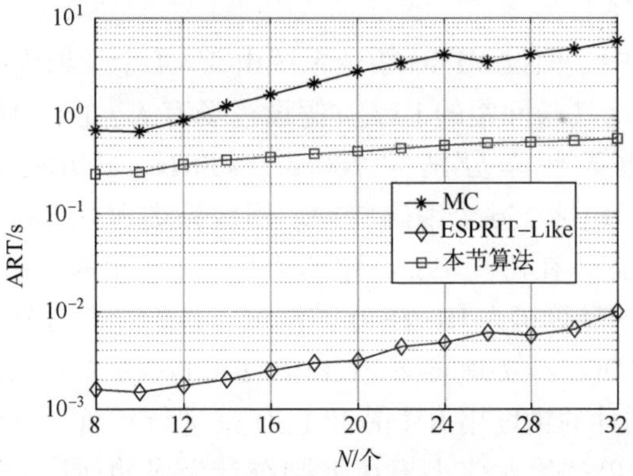

(c) 平均运行时间与N

图 7.1　各方法在不同 N 下的性能比较

其次，展示了不同 SNR 条件下角度估计的性能比较，如图 7.5 所示。其中，$N=24$，$N_1=6$，$L=200$。显然，本小节算法具有比 MC 和 ESPRIT-Like 更好的 RMSE。同时，其提供比 MC 和 ESPRIT-Like 更低的 PSD 阈值。因此，在 DOA 估计方面，本节算法性能更优异。

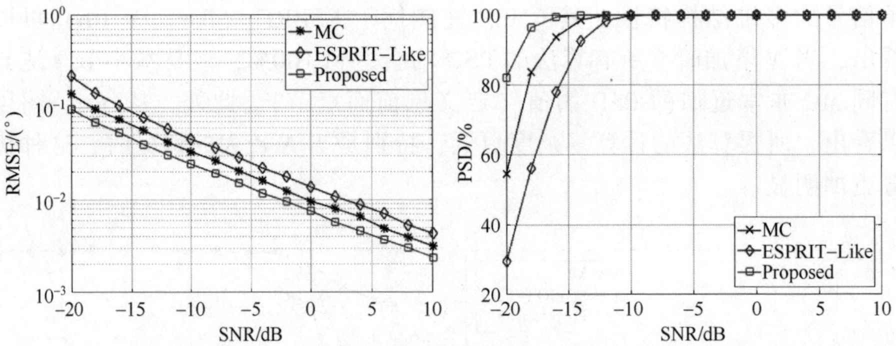

图 7.2　各方法在 SNR 不同下的性能比较

最后，展示了不同 L 条件下角度估计的性能，如图 7.3 所示。其中，$N=24$，$N_1=6$，SNR=-15dB。可以看到，当 $L<80$ 时，本小节算法具有最差的性能，即本节算法对小快拍很敏感。但是当 $L>80$ 时，由于利用了数据的多维结构特性，本小节算法性能达到最优。

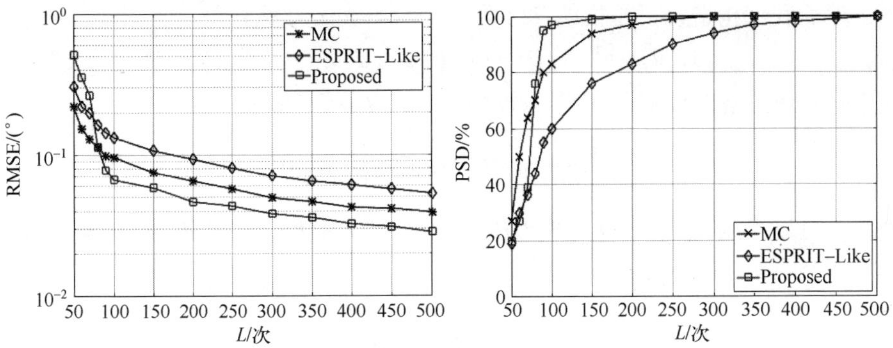

图 7.3　各方法在 L 不同下的性能比较

7.3　基于 RD-MUSIC 的高效 DOA 估计算法

由上述小节内容可知，非正交发射波形会引起有色噪声，从而导致现有算法性能下降，因而对色噪声进行噪声抑制是处理非正交发射波形带来的问题的核心。尽管矩阵填充方法无需波形相关矩阵的先验信息，但其计算复杂度过高，并不适用于实时计算。此外，矩阵填充算法和 QALS 算法均需要大样本的假设前提，在小快拍场景时，算法性能并不理想。基于上述空域互协方差抑制框架，本节介绍一种 RD-MUSIC 算法[5]，具有复杂度低、估计精度高等特点。

7.3.1　RD-MUSIC 算法

仍然考虑 7.2.1 中的信号模型，并考虑使用空域互协方差法进行色噪声抑制，得到式（7.38）中的互协方差矩阵。通过对$\hat{\boldsymbol{R}}_z$ 进行奇异值分解，可以得到信号子空间和噪声子空间。已知 $\boldsymbol{U}_s$ 和 $\boldsymbol{U}_n$ 分别为 $\boldsymbol{A}_2$ 的值域空间和零空间。令$\tilde{\boldsymbol{a}}_t(\theta_k)=\boldsymbol{C}^{\mathrm{T}}\boldsymbol{a}_t(\theta_k)$，通过优化下式可估计出 DOA：

$$\min\left[\tilde{\boldsymbol{a}}_t(\theta)\otimes\boldsymbol{a}_{r,2}(\theta)\right]^{\mathrm{H}}\boldsymbol{U}_n\boldsymbol{U}_n^{\mathrm{H}}\left[\tilde{\boldsymbol{a}}_t(\theta)\otimes\boldsymbol{a}_{r,2}(\theta)\right] \tag{7.52}$$

在传统的 MUSIC 算法中，设置一个包含所有可能方向的网格，然后通过搜索式（7.52）的峰值得到 DOA。但是，由于$\tilde{\boldsymbol{a}}_t(\theta)$是未知的，这种方法无法进行。实际上，式（7.52）也可以表示为

$$\min_{\theta}\tilde{\boldsymbol{a}}_t^{\mathrm{H}}(\theta)\underbrace{\left[\boldsymbol{I}_M\otimes\boldsymbol{a}_{r,2}(\theta)\right]^{\mathrm{H}}\boldsymbol{U}_n\boldsymbol{U}_n^{\mathrm{H}}\left[\boldsymbol{I}_M\otimes\boldsymbol{a}_{r,2}(\theta)\right]}_{Q(\theta)}\tilde{\boldsymbol{a}}_t(\theta) \tag{7.53}$$

式中：$\boldsymbol{I}_M$ 是 $M\times M$ 维的单位矩阵。显然，式（7.53）是一个二次优化问题。为了避免无效解$\tilde{\boldsymbol{a}}_t(\theta)=\boldsymbol{0}$，这里考虑添加约束 $\boldsymbol{d}^{\mathrm{H}}\tilde{\boldsymbol{a}}_t(\theta)=\alpha$，其中，$\alpha$ 为一个常数，$\boldsymbol{d}=[1,0,\cdots,0]^{\mathrm{T}}$。因此，式（7.53）中的问题就变成了

$$\min_{\theta}\tilde{\boldsymbol{a}}_t^{\mathrm{H}}(\theta)\boldsymbol{Q}(\theta)\tilde{\boldsymbol{a}}_t(\theta)\quad \text{s.t.},\ \boldsymbol{d}^{\mathrm{H}}\tilde{\boldsymbol{a}}_t(\theta)/\alpha=1 \tag{7.54}$$

然后我们构造以下拉格朗日函数

$$\mathbf{L}(\theta)=\widetilde{\boldsymbol{a}}_t^{\mathrm{H}}(\theta)\boldsymbol{Q}(\theta)\widetilde{\boldsymbol{a}}_t(\theta)-\lambda(\boldsymbol{d}^{\mathrm{H}}\widetilde{\boldsymbol{a}}_t(\theta)/\alpha-1) \tag{7.55}$$

式中：λ 是拉格朗日乘子。使导数$\partial\mathbf{L}(\theta)/\widetilde{\boldsymbol{a}}_t^{\mathrm{H}}(\theta)$等于零，

$$\frac{\partial\mathbf{L}(\theta)}{\partial\widetilde{\boldsymbol{a}}_t(\theta)}=2\boldsymbol{Q}(\theta)\widetilde{\boldsymbol{a}}_t(\theta)+\frac{\lambda}{\alpha}\boldsymbol{d}=0 \tag{7.56}$$

因此，可以得到$\widetilde{\boldsymbol{a}}_t(\theta)=u\boldsymbol{Q}^{-1}(\theta)\boldsymbol{d}/\alpha$，其中，$\mu$ 为常数。联合 $\boldsymbol{d}^{\mathrm{H}}\widetilde{\boldsymbol{a}}_t(\theta)=\alpha$，$\mu=\alpha^2/(\boldsymbol{d}^{\mathrm{H}}\boldsymbol{Q}^{-1}(\theta)\boldsymbol{d})$。可得

$$\widetilde{\boldsymbol{a}}_t(\theta)=\frac{\alpha^2\boldsymbol{Q}^{-1}(\theta)\boldsymbol{d}}{\boldsymbol{d}^{\mathrm{H}}\boldsymbol{Q}^{-1}(\theta)\boldsymbol{d}} \tag{7.57}$$

将它代入式（7.56）得到

$$\hat{\theta}=\arg\min\frac{|\alpha^4|}{\boldsymbol{d}^{\mathrm{H}}\boldsymbol{Q}^{-1}(\theta)\boldsymbol{d}} \tag{7.58}$$

由于 α 是一个常数，则式（7.57）中的谱峰搜索可表示为

$$\hat{\theta}=\arg\max\boldsymbol{d}^{\mathrm{H}}\boldsymbol{Q}^{-1}(\theta)\boldsymbol{d} \tag{7.59}$$

7.3.2 算法分析

应强调以下几点：

（1）在存在正交波形的情况下，$\boldsymbol{C}=\boldsymbol{I}$，因此，该方法也适用于具有正交波形的情况。

（2）本节方法不需要对 $\boldsymbol{C}$ 有先验知识。

（3）该算法适用于任意 MIMO 流形，而前面小节中接收天线的几何形状必须是均匀线阵（ULA）。

（4）在遇到基于 ULA 的阵列结构时，可以将 ESPRIT-Like 算法应用于 $\boldsymbol{R}_z$，实现大致的 DOA 估计，这有助于缩小 RD-MUSIC 方法的搜索范围。

7.3.3 仿真结果

为了说明所提方法的有效性，进行了 500 次蒙特卡罗试验。假设 MIMO 雷达系统由 $M=4$ 个发射天线和 N 个接收天线构成，它们都是半波长间距的 ULA。$K=3$ 个目标分别为$-20°$,$-1°$和 $19°$。回波系数服从高斯信号模型，采集了 100 个快拍数据。在仿真中忽略了传输波形的真实形式，使用式（7.31）中的数据模型。在仿真中，将 SNR 定义为 $\mathrm{SNR}=10\lg\|\sigma_b^2\|/\|\sigma^2\|$，其中，$\sigma_b^2$ 是 $\boldsymbol{b}(\tau)$的平均功率。$\boldsymbol{C}$ 中的第(p,q)个元素可以由 $\boldsymbol{C}=\mathrm{e}^{-|p-q|\rho}$得到，$\rho=0.1$ 是相关参数。本小节方法的搜索范围为$[-25°,25°]$，其搜索间隔为 0.01°，N_1 设置为 3。用于运行模拟的计算机为 HP Z840 工作站，其配置了两个 Intel(R)

Xeon(R) E5-2650 v4 2.20GHz 处理器和 128GB RAM，仿真软件为 Matlab R2016a。性能评估采用均方根误差（RMSE）和平均运行时间。

在第一个例子中，当信噪比固定在-10dB 时，评估了不同 N 下所提方法的 DOA 估计性能。在此基础上，对 MC 方法、QALS 方法和 CRB 的性能进行了比较。结果如图 7.4 所示。从图 7.4（a）可以看出，所提出的 RD-MUSIC 方法的 RMSE 可能比 MC（$N \leqslant 16$ 时）方法差，这是由于所提方法的有效孔径部分损失。由于 MUSIC 的自由度大于 ESPRIT 的自由度，当 N 大于阈值（例如 $N \geqslant 20$）时，该方法可能优于 MC 方法。因为张量结构已经被利用，QALS 方法的 RMSE 非常接近所提出的算法。然而，如图 7.4（b）所示，MC 方法和 QALS 方法的计算效率都很低，特别是当 N 相对较大时。

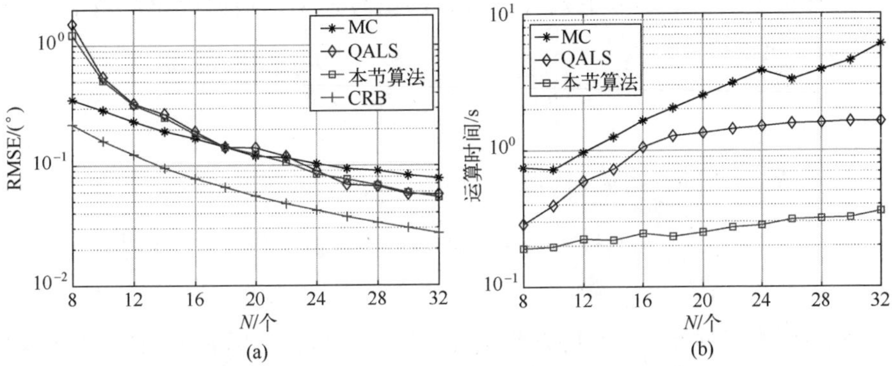

图 7.4 各方法在 N 不同下的性能比较

在第二个例子中，测试了在不同 SNR 下的 DOA 估计性能，其中设 N 为 16。结果如图 7.5 所示。结果表明，当信噪比大于-5dB 时，RD-MUSIC 方法比 MC 方法和 QALS 方法具有更好的 RMSE。此外，该算法的运行时间远小于所比较的算法，证明了该估计算法的计算效率高于现有算法。

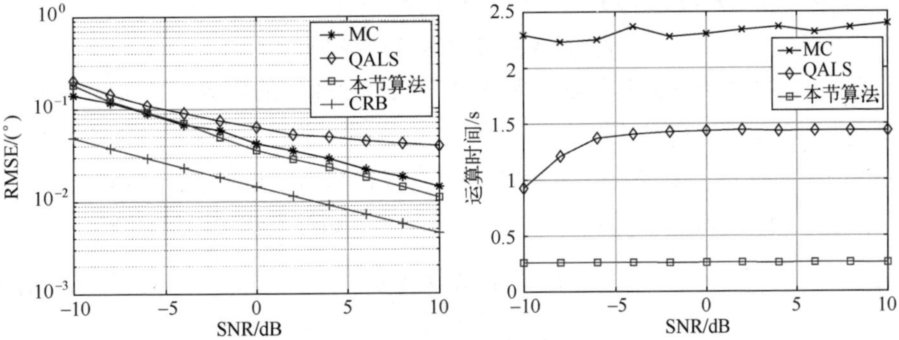

图 7.5 各方法在 SNR 不同下的性能比较

7.4　一种改进的 ESPRIT 快速算法

空域互协方差法会引起阵列孔径损失，从而带来参数估计的性能下降。受启发于前面章节的时域互协方差原理，本小节介绍一种改进的 ESPRIT 的算法[6]。其采用时域互协方差进行色噪声抑制，并利用 ESPRIT 进行 DOA 估计。相比 RD-MUSIC，其具有更小的计算复杂度和更高的估计精度。

7.4.1　时域互协方差抑噪

仍然考虑 7.2.1 小节中式（7.29）的信号模型。根据假设，当 $\tau_1-\tau_2=\Delta\neq 0$ 时，可以得到

$$E\{\boldsymbol{w}(t,\tau_1)\boldsymbol{w}^{\mathrm{H}}(t,\tau_2)\}=\boldsymbol{0} \tag{7.60}$$

因此，可以得到

$$\begin{aligned}\boldsymbol{R}_{n1}&=E\{\boldsymbol{n}(\tau_1)\boldsymbol{n}^{\mathrm{H}}(\tau_2)\}\\&=\int_{T_p}\int_{T_p}[\boldsymbol{s}(t_1)\boldsymbol{s}^{\mathrm{H}}(t_2)]^*\otimes E\{\boldsymbol{w}(t_1,\tau_1)\boldsymbol{w}^{\mathrm{H}}(t_2,\tau_2)\}\mathrm{d}t_1\mathrm{d}t_2\\&=\boldsymbol{0}\end{aligned} \tag{7.61}$$

这意味着匹配阵列噪声的互协方差矩阵为零。然后，考虑 $\boldsymbol{b}(\tau)$ 的互协方差矩阵。由于 $\tau_1-\tau_2=\Delta\neq 0$，可以得到

$$E\{b_k(\tau_1)b_k^*(\tau_2)\}=\mathrm{e}^{\mathrm{j}2\pi f_k\Delta}\cdot E\{\beta_k(\tau_1)\beta_k(\tau_2)\}=\gamma_k \tag{7.62}$$

因为 $\beta_k(\tau)\geqslant 0$，$E\{\beta_k(\tau_1)\beta_k(\tau_2)\}\neq 0$，所以 γ_k 是一个非零常数。联合前文的假设，可以得到

$$E\{\boldsymbol{b}(\tau_1)\boldsymbol{b}^{\mathrm{H}}(\tau_2)\}=\boldsymbol{B} \tag{7.63}$$

式中：$\boldsymbol{B}=\mathrm{diag}\{\gamma_1,\gamma_2,\cdots,\gamma_K\}$，进一步可得

$$\boldsymbol{R}=E\{\boldsymbol{y}(\tau_1)\boldsymbol{y}^{\mathrm{H}}(\tau_2)\}=\boldsymbol{ABA}^{\mathrm{H}} \tag{7.64}$$

显然，可以从新的互协方差矩阵 $\boldsymbol{R}$ 去除空间有色噪声的影响。在实际应用中，通过 L 次快拍可以得到 $y(\tau_1),y(\tau_2),\cdots,y(\tau_L)$。设 $\boldsymbol{Y}_1$ 和 $\boldsymbol{Y}_2$ 表示度量矩阵，其中包含了前 $L-1$ 个快拍数据和后 $L-1$ 个快拍数据，$\boldsymbol{Y}_1=[\boldsymbol{y}(\tau_1),\boldsymbol{y}(\tau_2),\cdots,\boldsymbol{y}(\tau_{L-1})]$，$\boldsymbol{Y}_2=[\boldsymbol{y}(\tau_2),\boldsymbol{y}(\tau_3),\cdots,\boldsymbol{y}(\tau_L)]$。然后通过下式可以估计 $\boldsymbol{R}$，

$$\hat{\boldsymbol{R}}=\frac{1}{L-1}\boldsymbol{Y}_1\boldsymbol{Y}_2^{\mathrm{H}} \tag{7.65}$$

通过 $\hat{\boldsymbol{R}}$ 的奇异值分解，可以得到信号子空间。

7.4.2 基于 ESPRIT 的 DOA 估计

通过对$\hat{\boldsymbol{R}}$进行奇异值分解，可以得到信号子空间 $\boldsymbol{E}_s$ 和噪声子空间 $\boldsymbol{E}_n$。显然，$\boldsymbol{E}_s$ 与 $\boldsymbol{A}$ 张成相同的子空间，即

$$\boldsymbol{E}_s = \boldsymbol{A}\boldsymbol{T} \tag{7.66}$$

式中：$\boldsymbol{T}$ 为一个 $K \times K$ 的非奇异矩阵。尽管发射方向向量受到波形相关矩阵的影响，但不会影响其接收方向向量。利用接收方向向量的旋转不变性即可获得 DOA。具体地，定义 $\boldsymbol{J}_{N1}$ 和 $\boldsymbol{J}_{N2}$ 两个选择矩阵，分别选择了 $\boldsymbol{a}_r(\theta_k)$ 的前 $N-1$ 行和后 $N-1$ 行。显然，这里存在以下旋转不变性：

$$[\boldsymbol{I}_M \otimes \boldsymbol{J}_{N1}][(\boldsymbol{C}^{\mathrm{T}}\boldsymbol{a}_t(\theta_k)) \otimes \boldsymbol{a}_r(\theta_k)]\mathrm{e}^{-\mathrm{j}\pi\sin\theta_k} = [\boldsymbol{I}_M \otimes \boldsymbol{J}_{N2}][(\boldsymbol{C}^{\mathrm{T}}\boldsymbol{a}_t(\theta_k)) \otimes \boldsymbol{a}_r(\theta_k)] \tag{7.67}$$

因此，

$$[\boldsymbol{I}_M \otimes \boldsymbol{J}_{N1}]\boldsymbol{A}\boldsymbol{\Phi} = [\boldsymbol{I}_M \otimes \boldsymbol{J}_{N2}]\boldsymbol{A} \tag{7.68}$$

式中：$\boldsymbol{\Phi}_r = \mathrm{diag}(\mathrm{e}^{-\mathrm{j}\pi\sin\theta_1}, \mathrm{e}^{-\mathrm{j}\pi\sin\theta_2}, \cdots, \mathrm{e}^{-\mathrm{j}\pi\sin\theta_K})$。将式（7.68）中的 $\boldsymbol{A}$ 用 $\boldsymbol{E}_s\boldsymbol{T}^{-1}$ 代替，则有

$$[\boldsymbol{I}_M \otimes \boldsymbol{J}_{N1}]\boldsymbol{E}_s\boldsymbol{T}^{-1}\boldsymbol{\Phi}\boldsymbol{T} = [\boldsymbol{I}_M \otimes \boldsymbol{J}_{N2}]\boldsymbol{E}_s \tag{7.69}$$

等效地，

$$\boldsymbol{T}^{-1}\boldsymbol{\Phi}\boldsymbol{T} = ([\boldsymbol{I}_M \otimes \boldsymbol{J}_{N1}]\boldsymbol{E}_s)^{\dagger}[\boldsymbol{I}_M \otimes \boldsymbol{J}_{N2}]\boldsymbol{E}_s \tag{7.70}$$

计算式（7.70）的右边可以得到 $\boldsymbol{T}^{-1}\boldsymbol{\Phi}\boldsymbol{T}$ 的估计值，对其进行特征值分解，令 λ_k 表示第 k 个特征值。那么，第 k 个 DOA 可以通过下式获得

$$\hat{\theta}_k = -\mathrm{angle}(\lambda_k) \tag{7.71}$$

7.4.3 仿真结果

为了说明本节算法的有效性，进行了 500 次蒙特卡罗试验。假设 MIMO 雷达系统由 M 个发射阵元和 N 个接收阵元构成，它们都是半波长间距的均匀线阵。假设远场有 $K=3$ 个目标，DOA 分别为$-5°$, $-1°$和 $2°$，多普勒频移分别是 0.01，0.02 和 0.04。回波幅度系数服从信号 Swerling Ⅱ模型，采集了 $L=500$ 个快拍数据。$\boldsymbol{C}$ 中的第(p,q)个元素为 $\boldsymbol{C}(p,q)=\lambda\mathrm{e}^{-|p-q|\beta}$，在仿真中，将 SNR 定义为 $\mathrm{SNR}=10\lg\|\sigma_b^2\|/\|\lambda\|$，其中，$\sigma_b^2$ 是 $\boldsymbol{b}(\tau)$的平均功率。DOA 估计的精度用 RMSE 来进行评价，并将本节算法同 ESPRIT-Like 算法（不进行抑噪处理）、MUSIC-like 算法（RD-MUSIC）、矩阵填充算法（标记为 MC），以及 CRB 进行比较。

首先，检验了本节算法在不同 SNR 下 DOA 估计的 RMSE 性能。其中，$M=N=8$，$\lambda=1$，$\beta=0.1$。结果如图 7.6 所示。从仿真结果可以看出，所提算

法在 SNR>0dB 时，具有和 ESPRIT-Like 算法非常近似的估计性能，但其在 SNR<0 时具有更优的估计性能。相比之下，MUSIC 算法在 SNR 小于 15dB 时会面临失效，而 MC 算法性能明显劣于本小节算法。

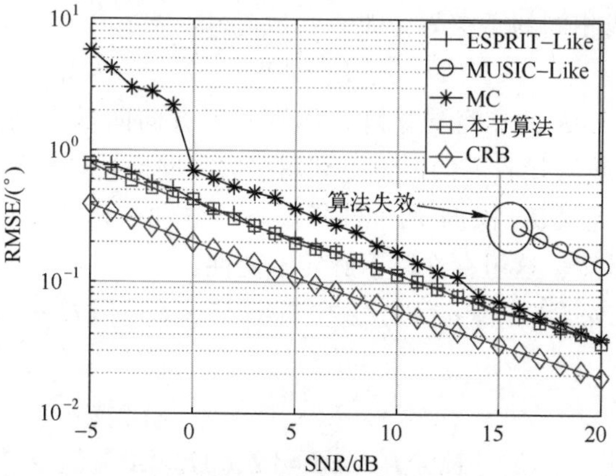

图 7.6　不同 SNR 条件下 RMSE 性能比较

在第二个仿真实验中，测试了所有算法的 RMSE 性能和平均运算时间随接收阵元数目 N 的变化曲线。其中，SNR = 5dB，其他仿真条件同上一个仿真实验，仿真结果如图 7.7 所示。仿真结果表明，当 $N \leqslant 13$ 时，MUSIC 算法会失效。在 N<10 时，所提算法具有最优的 RMSE 性能。当 N>10 后，所提算法和 MC 算法、ESPRIT 算法具有非常近似的 RMSE 性能。从图（b）结果可知，本节所提算法的计算复杂度和 ESPRIT-Like 非常近似，且二者的复杂度均远小于 MUSIC 和 MC 算法。

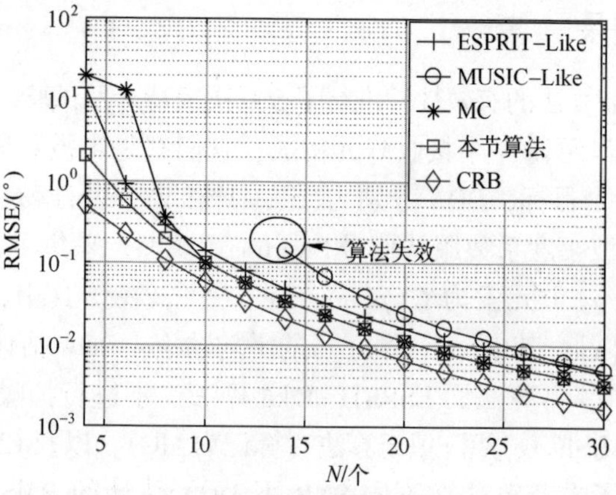

(a) RMSE与N

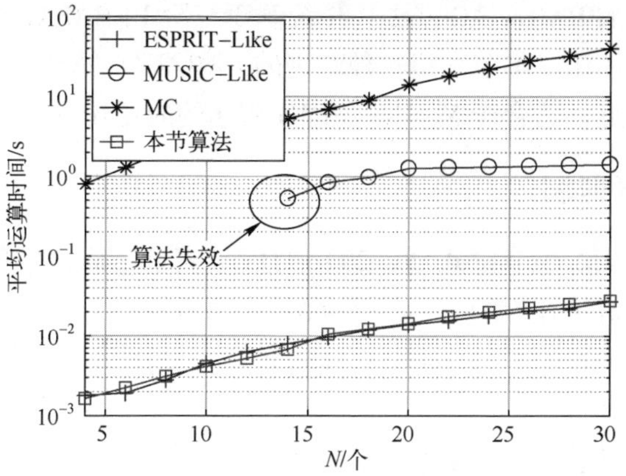

(b) 平均运算时间与N

图 7.7　不同 N 条件下的性能比较

最后，测试了所有算法的 RMSE 性能随波形相关系数 β 的变化关系。其中，$M=N=8$，$\lambda=1$，SNR=5dB，仿真结果如图 7.8 所示。仿真结果表明，随着 β 的增大，所有算法的 RMSE 性能均会得到改善，但当 $\beta>1$ 后，所有算法的 RMSE 性能基本不再变化。因为当 $\beta\gg1$ 时，波形相关矩阵可以近似为一个单位矩阵（正交发射波形）。因此，波形相关性越低，算法的估计精度越高。同时应该注意，所提算法的性能始终优于 MC 算法。

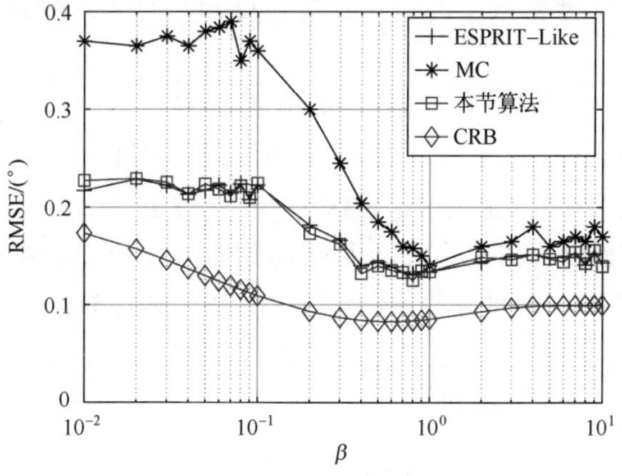

图 7.8　不同 β 条件下 RMSE 性能比较

7.5　面向 Massive-MIMO 雷达的估计算法

在空间有色噪声的存在下，传统的基于子空间的算法可能会出现明显的退化。此外，直接的 PARAFAC 方法（传统基于三阶 PARAFAC 分解的算法）也不能很好地发挥作用。本节介绍一种改进的 PARAFAC 算法[7]，其具有低复杂度和高精度的特点，适合于 Massive MIMO 雷达的应用场景。

7.5.1 色噪声抑制

仍然考虑 7.2.1 小节中式（7.29）的信号模型。假设空间有色噪声是时域不相关的，即对于任意的 $\tau_1-\tau_2=\Delta\neq 0$，于是有

$$E\{\boldsymbol{w}(t,\tau_1)\boldsymbol{w}^{\mathrm{H}}(t,\tau_2)\}=\boldsymbol{0} \tag{7.72}$$

因此，就可以得到

$$\begin{aligned}\boldsymbol{R}_{n1}&=E\{\boldsymbol{n}(\tau_1)\boldsymbol{n}^{\mathrm{H}}(\tau_2)\}\\&=E\{\int_{T_p}\int_{T_p}[\boldsymbol{s}^*(t)\otimes\boldsymbol{w}(t,\tau)][\boldsymbol{s}^{\mathrm{T}}(t)\otimes\boldsymbol{w}^{\mathrm{H}}(t,\tau)]\mathrm{d}t_1\mathrm{d}t_2\}\\&=\int_{T_p}\int_{T_p}[\boldsymbol{s}(t_1)\boldsymbol{s}^{\mathrm{H}}(t_2)]^*\otimes E\{\boldsymbol{w}(t_1,\tau_1)\boldsymbol{w}^{\mathrm{H}}(t_2,\tau_2)\}\mathrm{d}t_1\mathrm{d}t_2\\&=\boldsymbol{0}\end{aligned} \tag{7.73}$$

可以得到不同脉冲的匹配阵列噪声是不相关的。因为 $\beta_k(\tau)>0$，所以 $E\{\beta_k(\tau_1)\beta_k(\tau_2)\}\neq 0$。因此，可以得到

$$E\{b_k(\tau_1)b_k^*(\tau_2)\}=\mathrm{e}^{\mathrm{j}2\pi f_k\Delta}\cdot E\{\beta_k(\tau_1)\beta_k(\tau_2)\}=\gamma_k \tag{7.74}$$

式中：γ_k 是一个非零常数。由式（7.74）可知，回波系数具有时间相关性。因此，可得

$$E\{\boldsymbol{b}(\tau_1)\boldsymbol{b}^{\mathrm{H}}(\tau_2)\}=\boldsymbol{\Gamma} \tag{7.75}$$

式中：$\boldsymbol{\Gamma}=\mathrm{diag}\{\gamma_1,\gamma_2,\cdots,\gamma_K\}$。根据以上结论，我们有

$$\boldsymbol{R}=E\{\boldsymbol{y}(\tau_1)\boldsymbol{y}^{\mathrm{H}}(\tau_2)\}=\boldsymbol{A}\boldsymbol{\Gamma}\boldsymbol{A}^{\mathrm{H}} \tag{7.76}$$

很明显，空间有色噪声的影响可以从 $\boldsymbol{y}(\tau)$ 的时域互相关中去除。实际上，可以通过对 $\boldsymbol{y}(\tau)$ 的 L 个瞬时时刻 $\tau=T_s,2T_s,\cdots,LT_s$ 进行抽样，得到其样本数据矩阵 $\boldsymbol{Y}=[\boldsymbol{y}(T_s),\boldsymbol{y}(2T_s),\cdots,\boldsymbol{y}(LT_s)]\in\mathbb{C}^{MN\times L}$，其中，$T_s$ 为采样间隔。令 $\Delta=T_s$，$\boldsymbol{R}$ 可以通过以下方式得到

$$\hat{\boldsymbol{R}}=\boldsymbol{Y}_1\boldsymbol{Y}_2^{\mathrm{H}}/(L-1) \tag{7.77}$$

式中：$\boldsymbol{Y}_1$ 和 $\boldsymbol{Y}_2$ 分别由 $\boldsymbol{Y}$ 的前 $L-1$ 列和后 $L-1$ 列组成。

7.5.2 改进的 PARAFAC 分解

通常，$K=MN$，因此 $\boldsymbol{R}$ 是低秩矩阵。根据前面章节的预备知识，$\boldsymbol{R}$ 可以重新排列为四阶张量 $\mathbf{R}\in\mathbb{C}^{M\times N\times M\times N}$，具体地

$$\mathbf{R}=\sum_{k=1}^{K}(\gamma_k\widetilde{\boldsymbol{a}}_t(\theta_k))\circ\boldsymbol{a}_r(\theta_k)\circ\widetilde{\boldsymbol{a}}_t^*(\theta_k)\circ\boldsymbol{a}_r^*(\theta_k)\tag{7.78}$$

式中：$\widetilde{\boldsymbol{a}}_t(\theta_k)=\boldsymbol{C}^{\mathrm{T}}\boldsymbol{a}_t(\theta_k)$。实际上，$\boldsymbol{R}$ 是 $\mathbf{R}$ 的多模展开。对$\widetilde{\boldsymbol{A}}_t$ 和 $\boldsymbol{A}_r$ 的估计可以近似转化为如下优化问题

$$\min_{\mathbf{R}}\|\hat{\mathbf{R}}-\mathbf{R}\|_F$$

$$\text{s.t. }\mathbf{R}=\sum_{k=1}^{K}(\gamma_k\widetilde{\boldsymbol{a}}_t(\theta_k))\circ\boldsymbol{a}_r(\theta_k)\circ\widetilde{\boldsymbol{a}}_t^*(\theta_k)\circ\boldsymbol{a}_r^*(\theta_k)\tag{7.79}$$

$\widetilde{\boldsymbol{A}}_t=[\widetilde{\boldsymbol{a}}_t(\theta_1),\widetilde{\boldsymbol{a}}_t(\theta_2),\cdots,\widetilde{\boldsymbol{a}}_t(\theta_K)]$，$\boldsymbol{A}_r=[\boldsymbol{a}_r(\theta_1),\boldsymbol{a}_r(\theta_2),\cdots,\boldsymbol{a}_r(\theta_K)]$，$\breve{\boldsymbol{A}}_t=\widetilde{\boldsymbol{A}}_t\boldsymbol{\Gamma}$。$\mathbf{R}$ 的模 $n(n=1,2,3,4)$ 矩阵展开形式分别为

$$\begin{cases}\boldsymbol{R}_1=[\mathbf{R}]_{(1)}=\breve{\boldsymbol{A}}_t\ [\boldsymbol{A}_r\odot\widetilde{\boldsymbol{A}}_t^*\odot\boldsymbol{A}_r^*]^{\mathrm{T}}\\ \boldsymbol{R}_2=[\mathbf{R}]_{(2)}=\boldsymbol{A}_r\ [\widetilde{\boldsymbol{A}}_T^*\odot\boldsymbol{A}_r^*\odot\breve{\boldsymbol{A}}_t]^{\mathrm{T}}\\ \boldsymbol{R}_3=[\mathbf{R}]_{(3)}=\breve{\boldsymbol{A}}_t^*\ [\boldsymbol{A}_r^*\odot\breve{\boldsymbol{A}}_t\odot\boldsymbol{A}_r]^{\mathrm{T}}\\ \boldsymbol{R}_4=[\mathbf{R}]_{(4)}=\boldsymbol{A}_r^*\ [\breve{\boldsymbol{A}}_t\odot\boldsymbol{A}_r\odot\widetilde{\boldsymbol{A}}_t^*]^{\mathrm{T}}\end{cases}\tag{7.80}$$

故（7.79）将中的拟合问题转化为如下联合优化问题

$$\begin{cases}\min\limits_{\breve{\boldsymbol{A}}_t}\|\hat{\boldsymbol{R}}_1-\breve{\boldsymbol{A}}_t\ [\boldsymbol{A}_r\odot\widetilde{\boldsymbol{A}}_t^*\odot\boldsymbol{A}_r^*]^{\mathrm{T}}\|_F\\ \min\limits_{\boldsymbol{A}_r}\|\hat{\boldsymbol{R}}_2-\boldsymbol{A}_r\ [\widetilde{\boldsymbol{A}}_T^*\odot\boldsymbol{A}_r^*\odot\breve{\boldsymbol{A}}_t]^{\mathrm{T}}\|_F\\ \min\limits_{\widetilde{\boldsymbol{A}}_t^*}\|\hat{\boldsymbol{R}}_3-\widetilde{\boldsymbol{A}}_t^*\ [\boldsymbol{A}_r^*\odot\breve{\boldsymbol{A}}_t\odot\boldsymbol{A}_r]^{\mathrm{T}}\|_F\\ \min\limits_{\boldsymbol{A}_r^*}\|\hat{\boldsymbol{R}}_4-\boldsymbol{A}_r^*\ [\breve{\boldsymbol{A}}_t\odot\boldsymbol{A}_r\odot\widetilde{\boldsymbol{A}}_t^*]^{\mathrm{T}}\|_F\end{cases}\tag{7.81}$$

式中：$\hat{\boldsymbol{R}}_n=[\hat{\mathbf{R}}]_{(n)}(n=1,2,3,4)$。因此，$\breve{\boldsymbol{A}}_t$，$\boldsymbol{A}_r$，$\widetilde{\boldsymbol{A}}_t^*$，$\boldsymbol{A}_r^*$ 的 LS 解为

$$\begin{cases}\hat{\boldsymbol{A}}_{tt}=\hat{\boldsymbol{R}}_1\ ([\boldsymbol{A}_r\odot\widetilde{\boldsymbol{A}}_t^*\odot\boldsymbol{A}_r^*]^{\mathrm{T}})^{\dagger}\\ \hat{\boldsymbol{A}}_r=\hat{\boldsymbol{R}}_2\ ([\widetilde{\boldsymbol{A}}_T^*\odot\boldsymbol{A}_r^*\odot\breve{\boldsymbol{A}}_t]^{\mathrm{T}})^{\dagger}\\ \hat{\boldsymbol{A}}_t^*=\hat{\boldsymbol{R}}_3\ ([\boldsymbol{A}_r^*\odot\breve{\boldsymbol{A}}_t\odot\boldsymbol{A}_r]^{\mathrm{T}})^{\dagger}\\ \hat{\boldsymbol{A}}_r^*=\hat{\boldsymbol{R}}_4\ ([\widetilde{\boldsymbol{A}}_t\odot\boldsymbol{A}_r\odot\breve{\boldsymbol{A}}_t^*]^{\mathrm{T}})^{\dagger}\end{cases}\tag{7.82}$$

如 7.2.3 小节所述，上述问题的求解被称为一个 QALS 过程。QALS 采用重复迭代的方法进行因子矩阵的拟合计算，直到满足某些收敛条件。初始化矩阵 $\boldsymbol{\Gamma}$，$\widetilde{\boldsymbol{A}}_t$，$\boldsymbol{A}_r$ 可以随机生成，也可以由现有算法（如 MUSIC，ESPRIT，PM）进行初始化，以加快收敛速度。然而，QALS 还存在收敛速度慢这一问题。需

要强调的是，对于三阶平行因子分解模型，存在著名的快速算法——COMFAC算法。COMFAC 算法的最大优势就是计算更加简单，这启发了未来可以开发更高效的 **R** 分解算法。

根据第二章的预备知识，通过定义 $O_1=\{1\}$，$O_2=\{2\}$，$O_3=\{3,4\}$，**R** 可以重新排列为三阶张量 $\mathbf{R}_{\text{new}}\in\mathbb{C}^{M\times N\times MN}$，即

$$\mathbf{R}_{\text{new}}=\sum_{k=1}^{K}\widetilde{\boldsymbol{a}}_t(\theta_k)\circ\boldsymbol{a}_r(\theta_k)\circ(\gamma_k\boldsymbol{a}^*(\theta_k)) \tag{7.83}$$

显然，(7.83) 给出了 $\boldsymbol{R}_{\text{new}}$ 的三线性分解模型。因此，式 (7.5.8) 中的优化转换为

$$\min_{\boldsymbol{R}_{\text{new}}}\|\hat{\boldsymbol{R}}_{\text{new}}-\boldsymbol{R}_{\text{new}}\|_F$$

$$\text{s. t. }\ \mathbf{R}_{\text{new}}=\sum_{k=1}^{K}\widetilde{\boldsymbol{a}}_t(\theta_k)\circ\boldsymbol{a}_r(\theta_k)\circ(\gamma_k\boldsymbol{a}^*(\theta_k)) \tag{7.84}$$

式中：$\hat{\boldsymbol{R}}_{\text{new}}$ 为 $\boldsymbol{R}_{\text{new}}$ 的估计。令 $\overline{\boldsymbol{A}}=\boldsymbol{A}^*\boldsymbol{\Gamma}$，$\boldsymbol{R}_{\text{new}}$ 可以用 $n(n=1,2,3)$ 的矩阵展开形式表示为

$$\begin{cases}\mathbf{Z}_1=[\mathbf{R}_{\text{new}}]_{(1)}=\widetilde{\boldsymbol{A}}_t[\boldsymbol{A}_r\odot\overline{\boldsymbol{A}}]^{\mathrm{T}}\\ \mathbf{Z}_2=[\mathbf{R}_{\text{new}}]_{(2)}=\boldsymbol{A}_r[\overline{\boldsymbol{A}}\odot\widetilde{\boldsymbol{A}}_t]^{\mathrm{T}}\\ \mathbf{Z}_3=[\mathbf{R}_{\text{new}}]_{(3)}=\overline{\boldsymbol{A}}_t[\widetilde{\boldsymbol{A}}\odot\boldsymbol{A}_r]^{\mathrm{T}}\end{cases} \tag{7.85}$$

类似地，(7.84) 中的问题进行转化成

$$\begin{cases}\min\limits_{\widetilde{\boldsymbol{A}}_t}\|\hat{\boldsymbol{Z}}_1-\widetilde{\boldsymbol{A}}_t[\boldsymbol{A}_r\odot\overline{\boldsymbol{A}}]^{\mathrm{T}}\|_F\\ \min\limits_{\boldsymbol{A}_r}\|\hat{\boldsymbol{Z}}_2-\boldsymbol{A}_r[\overline{\boldsymbol{A}}\odot\widetilde{\boldsymbol{A}}_t]^{\mathrm{T}}\|_F\\ \min\limits_{\overline{\boldsymbol{A}}}\|\hat{\boldsymbol{Z}}_3-\overline{\boldsymbol{A}}_t[\widetilde{\boldsymbol{A}}_t\odot\boldsymbol{A}_r]^{\mathrm{T}}\|_F\end{cases} \tag{7.86}$$

式中：$\hat{\boldsymbol{Z}}_n=[\hat{\mathbf{R}}_{\text{new}}]_{(n)}(n=1,2,3)$。因此，$\widetilde{\boldsymbol{A}}_t$，$\boldsymbol{A}_r$，$\overline{\boldsymbol{A}}$ 的 LS 解分别为

$$\begin{cases}\hat{\boldsymbol{A}}_t=\hat{\boldsymbol{Z}}_1([\boldsymbol{A}_r\odot\overline{\boldsymbol{A}}]^{\mathrm{T}})^{\dagger}\\ \hat{\boldsymbol{A}}_r=\hat{\boldsymbol{Z}}_2([\overline{\boldsymbol{A}}\odot\widetilde{\boldsymbol{A}}_t]^{\mathrm{T}})^{\dagger}\\ \hat{\boldsymbol{A}}=\hat{\boldsymbol{Z}}_3([\widetilde{\boldsymbol{A}}_t\odot\boldsymbol{A}_r]^{\mathrm{T}})^{\dagger}\end{cases} \tag{7.87}$$

COMFAC 算法可以提高 (7.87) 的计算速度。在 COMFAC 算法中，首先将高维三阶张量压缩为较小的三阶张量。然后在压缩空间中进行拟合操作，只需若干个 ALS 步骤算法即可收敛。最后，再将低维解恢复到高维空间。

当 COMFAC 运行结束后，再利用 7.2.3 节的 LS 算法，即可获得 DOA 的

估计，在此不再赘述。

7.5.3　算法分析

(1) 相关备注。

读者应该注意以下几点：

① 由于 $\boldsymbol{I}$ 是 $\boldsymbol{C}$ 的一个特例，因此该算法也适用于正交波形的情况。

② 本小节方法不需要波形相关矩阵的先验知识。从这个角度来看，本小节的方法比预白化的方案更加灵活。

③ 本小节算法适用于任意接收阵列流形（根据接收阵列流形构造拟合矩阵）。然而，ESPRIT 方法仅适用于基于 ULA 的接收天线配置。

④ 面对高速隐身目标时会出现闪烁回波系数的情况，此时本小节算法将无法正常工作。

(2) 可辨识性。

平行因子算法的可识别性一般由平行因子分解的因子矩阵的 k-秩约束条件给出。容易分析得出，该算法能识别的最大目标数为$\frac{M+N+MN-2}{2}$。在表 7.1 中，总结了本小节算法的可识别性同 ESPRIT-Like、MC 方法和 QALS 方法的比较。可以看出，本小节方法的可识别性可能比 ESPRIT-Like 算法和 MC 方法差。

表 7.1　各种算法的比较

方法	可识别性	灵活性	复杂度
MC	$MN-N$	低	高
ESPRIT-Like	$MN-N$	低	低
QALS	$(2M+N-3)/2$	高	高
Proposed	$(M+N+MN-2)/2$	高	低

(3) 灵活性和复杂度。

ESPRIT 只适用于 ULA，而本小节算法和 QALS 方法适用于任意阵列流形。综上所述，本小节的算法和 QALS 方法比其他算法具有更大的灵活性。

在 MC 算法中，其主要复杂度是对低秩矩阵的重构，其复杂度（复数乘法数）为 $O(M^3N^3)$。ESPRIT-Like 算法和 COMFAC 算法中的初始值都需要奇异值分解，因此，我们从特征分解的角度来分析所有算法的复杂度。对于一个 $m\times n$ 矩阵，奇异值分解需要 $O(mn^2)$ 的复数乘法。因此，ESPRIT 的复杂性相当于 $O(M^3N^3)$。虽然 QALS 方法不需要 SVD 操作，但是在收敛前需要多次迭代。在 COMFAC 算法中，SVD 的复杂度为 $O(MK^2+NK^2+MNK^2)$。从这个角度来看，提出的算法在计算复杂度上更有吸引力，特别是对于大规模 MIMO 配置。表 7.1 总结了各种算法的灵活性和复杂度。

7.5.4 仿真结果

为了验证算法的有效性，在不同的条件下进行了 200 次蒙特卡罗试验。在仿真中，本小节考虑一个配置 M 个发射天线和 N 个接收天线的单基地 MIMO 雷达，它们都是 ULA。假设有 $K=3$ 个不相关目标分别位于 $-22°,-1°,19°$，它们的多普勒频率偏移 $\{f_k/f_s\}_{k=1}^{K}$ 分别为 0.1,0.2,0.4。反射振幅满足目标模型分别为 $\beta_{1,\tau}=0.6$，$\beta_{2,\tau}=1$，$\beta_{3,\tau}=0.9$。仿真中设置 $\sigma^2=1$ 并且快拍数记为 L。$\boldsymbol{C}$ 中的第 (p,q) 个元素可以由 $\boldsymbol{C}(p,q)=\lambda e^{-|p-q|\alpha}$ 得到，α 是相关参数。将仿真中的信噪比定义为 $\mathrm{SNR}=10\lg\|\sigma_s^2\|/\|\boldsymbol{\lambda}\|$，其中，$\sigma_s^2$ 是反射系数的平均功率，$\boldsymbol{\lambda}=0.9$。用于运行模拟的计算机为配置了两个 Intel(R) Xeon(R) E5-2650 v4 2.20GHz 处理器和 128GB RAM 的 HP Z840 工作站。采用三种指标进行算法性能评估。第一个是 RMSE，其具体的定义可参照前面章节的内容；第二个是 PSD，当所有估计的 DOA 的绝对误差都小于 0.3°，即认为试验成功；第三是平均运行时间（ART）。为了进行算法性能比较，仿真增加了 MC 方法、ESPRIT-Like 方法、QALS 算法和克拉美罗界（CRB）的性能。

首先，本小节测试了各方法在不同 SNR 下的性能表现，如图 7.9 所示。其中假设 $M=4$，$N=12$，$L=500$，$\beta=0.1$。从图 7.9（a）可以看出，随着 SNR 的增加，所有的 RMSE 都得到了改善，而 QALS 方法由于存在孔径损失，所以它的 RMSE 性能最差。从图 7.9（b）中可以看出，在高 SNR 水平下，所有的方法都能达到 100% PSD。当信噪比下降时，每种方法的 PSD 在某一点开始下降，该点即 SNR 阈值。值得注意的是，本小节算法提供了更低的 SNR 阈值。从图 7.9（c）可以看出，本小节算法比 MC 方法和 QALS 方法的计算效率更高，这与我们的理论分析是一致的。

在第二个例子中，本小节比较了不同算法在不同的接收阵元数目 N 的性能，其中，假设 $M=8$，$L=500$，$\beta=0.1$，$\mathrm{SNR}=-10\mathrm{dB}$，结果如图 7.10 所示。图 7.10（a）表明 ESPRIT-Like 方法和 MC 方法具有非常接近的 RMSE 性能。与图 7.9 相似，如图 7.10（a）和图 7.10（b）所示，本小节方法具有更低的 RMSE 和更低的 PSD 阈值门限。另外，在图 7.10（c）中可以观察到，本节方法的 ART 几乎不随 N 的变化而变化。而其他方法的 ART 则随着 N 的增加而增加，且该算法的平均运算时间与 ESPRIT-Like 方法会越来越接近。结果表明，该算法适用于大规模 MIMO 系统。

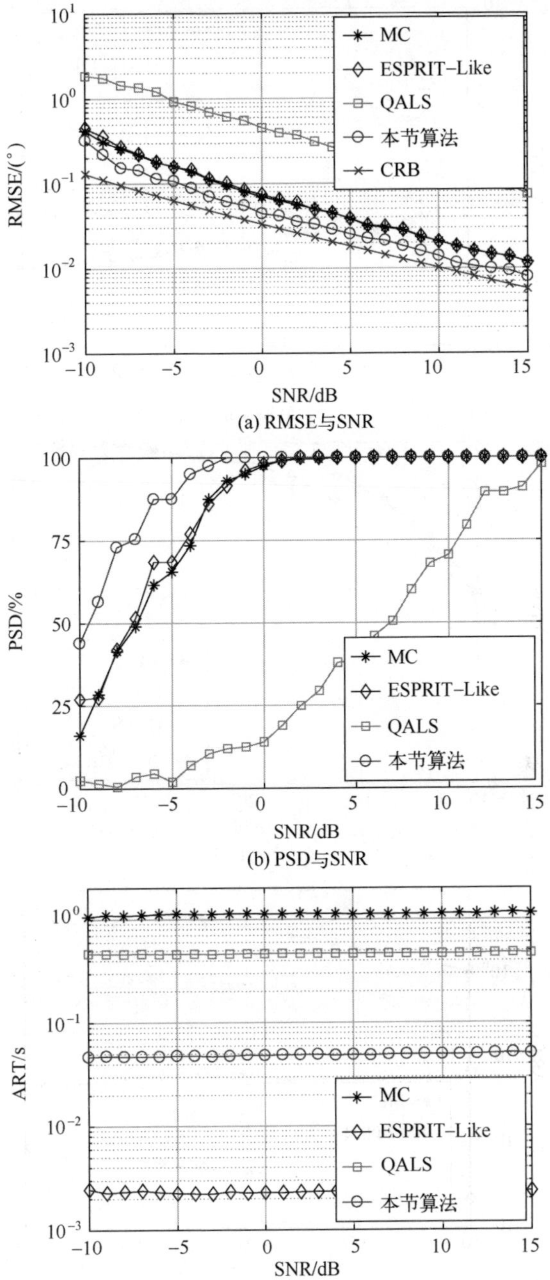

(a) RMSE与SNR

(b) PSD与SNR

(c) ART与SNR

图 7.9　不同 SNR 条件下算法性能比较

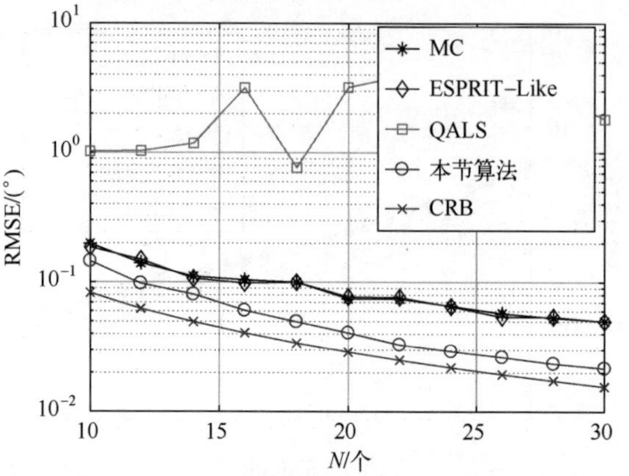

(a) RMSE与N

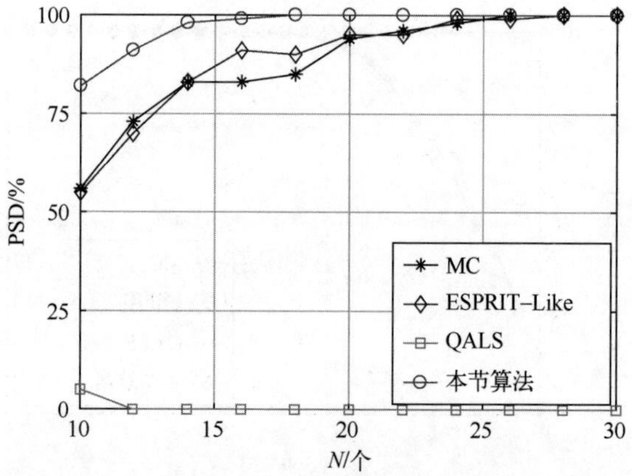

(b) PSD与N

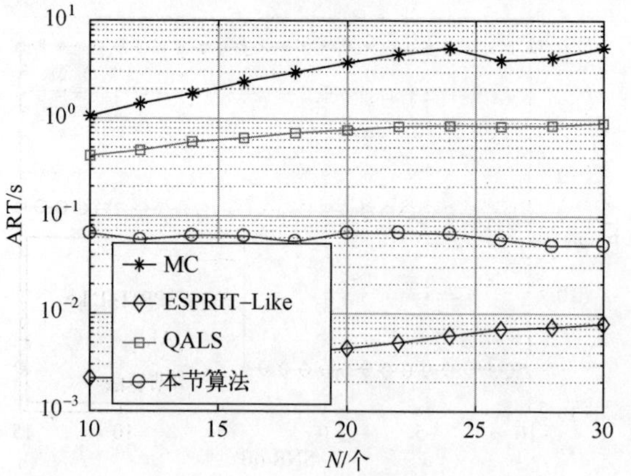

(c) ART与N

图 7.10　不同 N 条件下算法性能比较

在第三个例子中，本小节计算了在不同快拍数 L 下各种算法的性能，其中假设 $M=4$，$N=12$，$\beta=0.1$ 和 SNR = 0dB。如图 7.11 所示，与所有比较算法相比，本小节方法的 RMSE 性能更好。而且，与所有比较算法相比，本小节方法的 PSD 阈值更低，如图 7.11（b）所示。此外，与 QALS 方法和 MC 法相比，本小节方法具有更高的计算效率，如图 7.11（c）所示。

在第四个例子中，模拟了不同波形相关系数下的性能，其中，$M=4$，$N=12$，$L=500$，SNR = −5dB。如图 7.12（a）和图 7.12（b）所示，可以观察到，在 RMSE 和 PSD 方面，本小节的方法优于所有比较的方法。值得注意的是，所有方法的性能都随着 α 的改进而提高。这是因为当 $\alpha\gg1$ 时，$\boldsymbol{C}\approx\lambda\boldsymbol{I}$，非理想波形所引起的影响会被消除。图 7.12（c）表明，本小节方法比 QALS 方法和 MC 方法更高效。

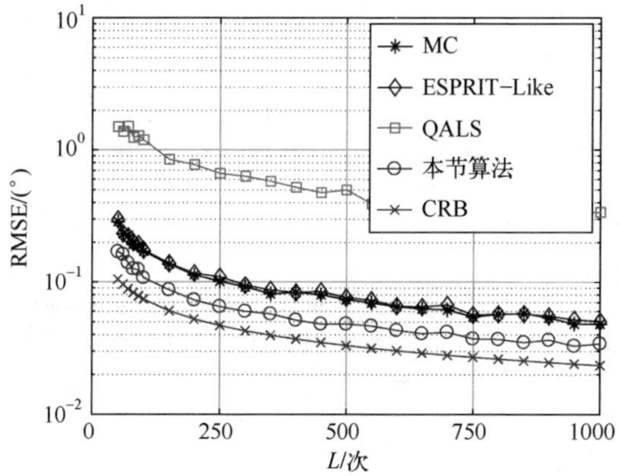

(a) RMSE与L

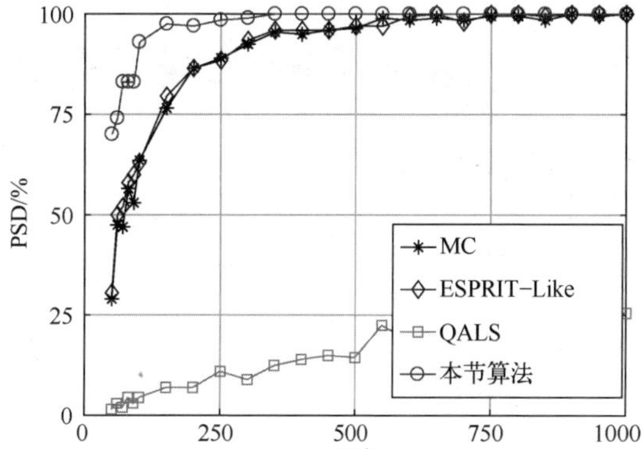

(b) PSD与L

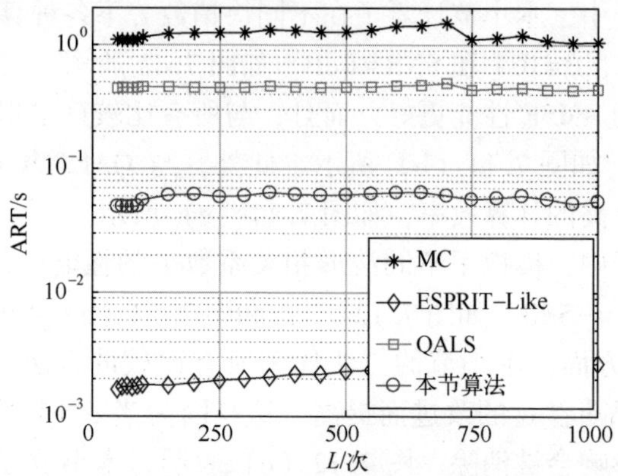

(c) ART与L

图 7.11 不同 L 条件下算法性能比较

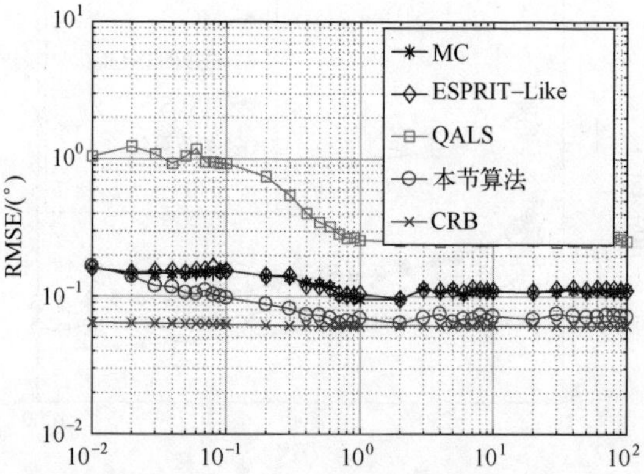

(a) RMSE与α

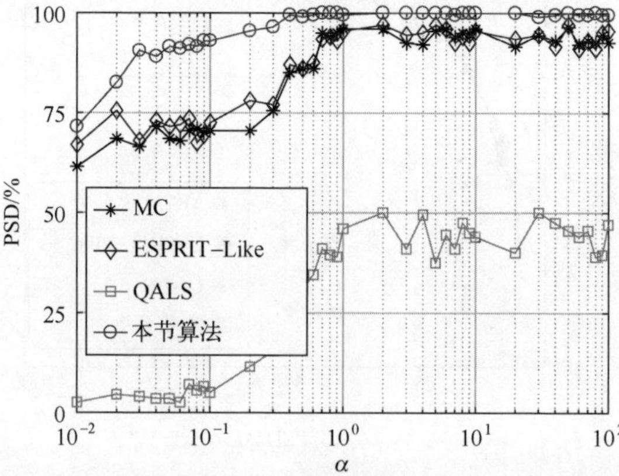

(b) PSD与α

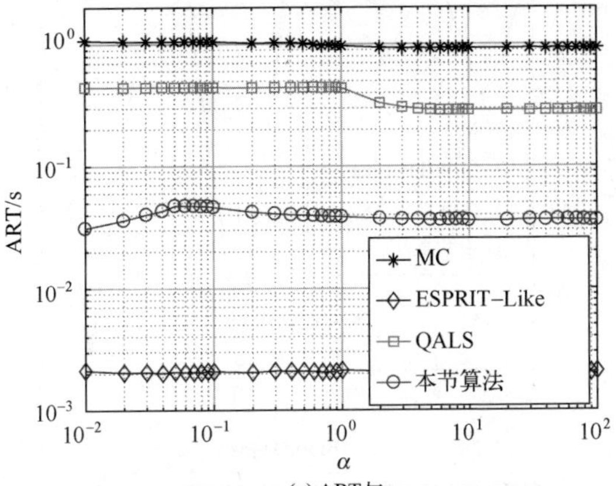

(c) ART与α

图 7.12　不同 α 条件下算法性能比较

最后，比较了所有算法在不同发射天线数 M 下的性能。假设 $N=12$，$L=1000$，$\alpha=0.1$，SNR = 0。结果如图 7.13 所示。可以看出，似乎所有方法的 RMSE 和 PSD 都随着 M 的增加而变差，而 ART 则随着 M 的增加而增加。一方面，这是由于非理想的发射方向矩阵的列高度相关，因此，较大的 M 并不能帮助估计更准确的接收方向矩阵。另一方面，M 只是与发射方向矩阵相关，而所有的算法均是从接收方向矩阵中获得 DOA 的估计值，因而 M 的变化对 DOA 估计没有影响。

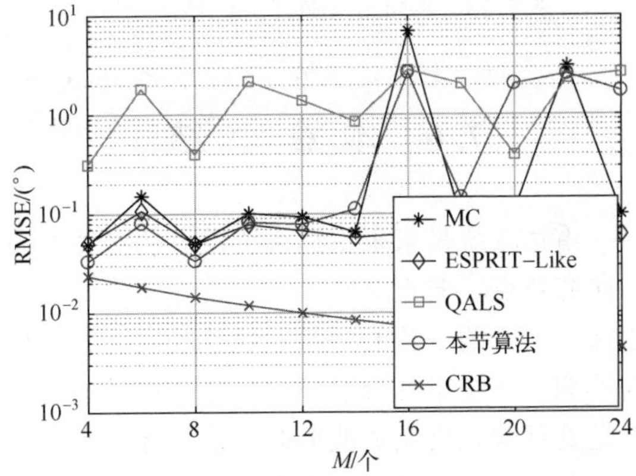

(a) RMSE与M

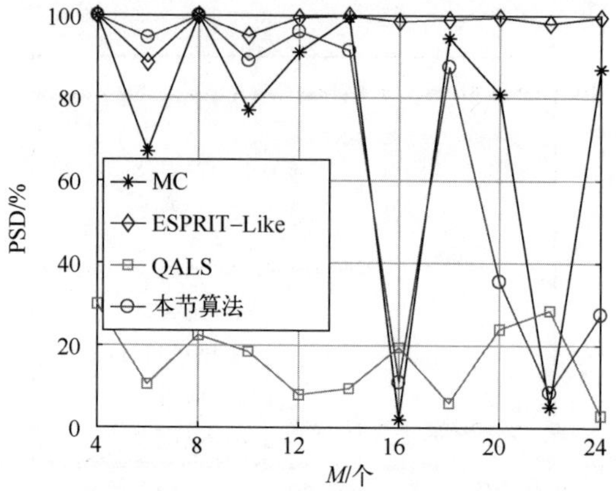

(b) PSD与M

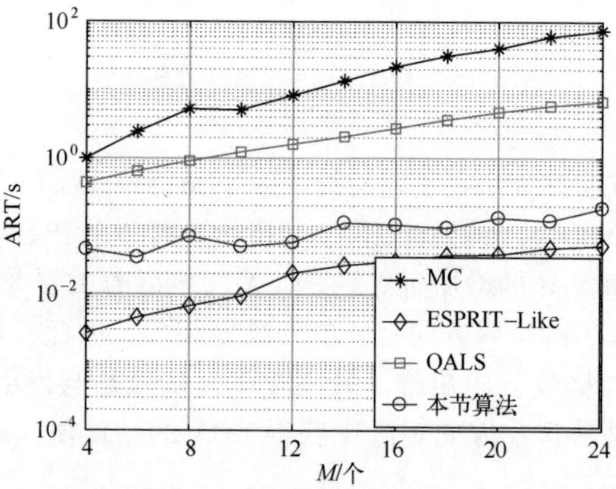

(c) ART与M

图 7.13　不同 M 条件下算法性能比较

7.6 本章小结

一体化通信——雷达系统是未来雷达系统发展的必然方向之一，也是目前学术界和工程界的研究热点。非正交发射波形是一体化通信——雷达系统的典型特点，其给雷达探测带来两个新的问题：扰动的发射方向矩阵和空域有色噪声。由于色噪声的影响，传统矩阵分解和张量分解算法的性能可能会下降，因而对色噪声的抑制是处理非正交发射波形的首要任务。本章主要介绍了非正交发射波形条件下 MIMO 雷达角度估计的主要算法。但是应该注意到，目前还未有算法关注双基地 MIMO 雷达中的非正交发射波形问题。在未来，应该对双基地 MIMO 雷达的估计问题投入更多的精力与时间。

参考文献

[1] LETAIEF K B, CHEN W, SHI Y, et al. The roadmap to 6G: AI empowered wireless networks [J]. IEEE Communications Magazine, 2019, 57 (8): 84-90.

[2] ZHENG G. DOA estimation in MIMO radar with non-perfectly orthogonal waveforms [J]. IEEE Communications Letters, 2016, 21 (2): 414-417.

[3] LIAO B. Fast angle estimation for MIMO radar with nonorthogonal waveforms [J]. IEEE Transactions on Aerospace & Electronic Systems, 2018, 54 (4): 2091-2096.

[4] RUAN N, WEN F, AI L, et al. A PARAFAC decomposition algorithm for DOA estimation in colocated MIMO radar with imperfect waveforms [J]. IEEE ACCESS, 2019, 7, 14680-14688.

[5] WEN F. Computationally efficient DOA estimation algorithm for MIMO radar with imperfect waveforms [J]. IEEE Communications Letters, 2019, 23 (6): 1037-1040.

[6] MAO C, WEN F, ZHANG Z, et al. New Approach for DOA Estimation in MIMO radar with Non-orthogonal Waveforms [J]. IEEE Sensors Letters, 2019, 3 (7): 7001104.

[7] WEN F, MAO C, ZHANG G. Direction finding in MIMO radar with large antenna arrays and nonorthogonal waveforms [J]. Digital Signal Processing, 2019, 94: 75-83.

第 8 章　基于机器学习的 MIMO 雷达稳健角度估计算法

对于 MIMO 雷达角度估计问题而言，目标的角度在空域往往表现出高度的稀疏性，因而目标角度估计问题可以表示为一个分类（稀疏重构）问题。然而，低信噪比条件会破坏稀疏重构模型中信号的稀疏特性，使得信号由稀疏变成近似稀疏，而近似稀疏信号的重构目前是一个公开的难题。如果只考虑信号整体的稀疏性，现有算法很难精确重构原始信号。除了稀疏性外，信号的某些特性，如统计特性、结构特性等可以用来辅助描述信号的特征。信号的这些结构特征往往可以加速重构算法收敛，且能为精确重构稀疏信号提供额外的信息，而这些特征往往被大多数现有算法所忽略。在低信噪比条件下，利用信号的统计特性及结构特性以提高重构性能显得尤为重要。此外，随着机器学习的飞速发展，基于深度学习的 DOA 估计方法逐渐成为研究热点。这种数据驱动的方法不依赖于阵列和信号的先验信息，对实际工程应用中普遍存在的未知互耦、有色噪声等具有良好的鲁棒性。相当多现有的深度学习方法将 DOA 估计视为数据分类问题，这意味着网络的估计精度会受到网格间距的影响。

本节的相关框架为传统的 MIMO 雷达目标定位提供一个新的研究思路。本章将介绍几种基于机器学习框架的单基地 MIMO 雷达 DOA 估计算法。其中，基于贝叶斯框架的 DOA 估计算法重点强调利用目标特征的结构稀疏特性来提高参数估计的精度、减小算法迭代的计算复杂度，而基于深度神经网络的 MIMO 雷达 DOA 估计框架侧重于网络结构的设计、特征选取。

8.1　结构相关 SBL 算法及其在 CS-MIMO 雷达 DOA 估计中的应用

SBL 算法可等价为加权迭代的 L1 范数最小化算法，其依据信息向量中系数的先验分布引入稀疏性，建立压缩测量向量的最大后验估计器并确定其稀疏解。当感知矩阵的列与列相关性很强时，大多数已知的重构算法性能会大大下降，但 SBL 算法仍然保持较好的性能。本节首先介绍传统 MSBL 算法，然后推导基于结构相关的多任务 SBL 算法。

8.1.1 MSBL 算法

考虑一个 MMV 模型，其可以被表述为

$$\boldsymbol{Y}=\boldsymbol{\Theta}\boldsymbol{S}+\boldsymbol{N} \tag{8.1}$$

式中：$\boldsymbol{Y}=[\boldsymbol{y}_{\cdot 1},\boldsymbol{y}_{\cdot 2},\cdots,\boldsymbol{y}_{\cdot L}]$是 $M\times L$ 维测量样本（$\boldsymbol{y}_{\cdot l}$表示 $\boldsymbol{Y}$ 中的第 l 个列向量）；$\boldsymbol{\Theta}$ 是 $M\times N$ 维感知矩阵；$\boldsymbol{S}=[\boldsymbol{s}_{\cdot 1},\boldsymbol{s}_{\cdot 2},\cdots,\boldsymbol{s}_{\cdot L}]$为 $N\times L$ 维稀疏向量矩阵，且 $\boldsymbol{s}_{\cdot 1}$，$\boldsymbol{s}_{\cdot 2},\cdots,\boldsymbol{s}_{\cdot L}$有相同的行稀疏特性，即稀疏向量的支撑相同，只是系数的大小不同。$\boldsymbol{N}=[\boldsymbol{n}_{\cdot 1},\boldsymbol{n}_{\cdot 2},\cdots,\boldsymbol{n}_{\cdot L}]$为 $M\times L$ 维测量白噪声矩阵，噪声方差均为 σ。

如果 $M<N$ 且 $\text{rank}(\boldsymbol{\Theta})=M$，则称 $\boldsymbol{\Theta}$ 是过完备的，此时重构式（8.1）中的稀疏向量问题是一个病态的逆问题。MMV 模型优化求解常用行稀疏松弛的形式计算实际矩阵的行稀疏性，即采用 $L_{p,q}(\boldsymbol{S})=\sum\limits_{m}\|\boldsymbol{S}(m,:)\|_q^p$ 替代行稀疏性的测量，其中，$p\leqslant 1$，$q\geqslant 1$，$\|\boldsymbol{S}(m,:)\|_q=\left(\sum\limits_{n}|\boldsymbol{S}(m,n)|^q\right)^{1/q}$。在感知矩阵 $\boldsymbol{\Theta}$ 满足 RIP 的条件下，MMV 模型优化求解等价于

$$\hat{\boldsymbol{S}}=\arg\min_{\boldsymbol{S}}\{L(\boldsymbol{S})+\lambda\|\boldsymbol{\Theta}\boldsymbol{S}-\boldsymbol{Y}\|_F^2\} \tag{8.2}$$

式中：λ 为一个平衡稀疏度与噪声容限的参数。此时，式（8.2）仍然是一个欠定问题，虽然有许多算法来优化求解上式，但是大多数算法在如何选取 λ 仍然是一个比较含糊的问题。即使在 λ 为最优的条件下，上述优化获得的稀疏信号难以保证就是对原始信号的最优估计。从概念上来说，如果对式（8.2）采用 $\exp[-(\cdot)]$变换，可以获得一类贝叶斯信号模型。从而导致以 λ 为独立变量、以 $p(\boldsymbol{S})\propto\exp[-L(\boldsymbol{S})]$为先验条件的似然函数 $p(\boldsymbol{Y}|\boldsymbol{S})$。此时可以将该优化问题等效为优化如下贝叶斯模型

$$\begin{aligned}S(\lambda)&=\arg\max_{S}p(\boldsymbol{Y}|\boldsymbol{S})p(\boldsymbol{S})\\&=\arg\max_{S}\frac{p(\boldsymbol{Y}|\boldsymbol{S})p(\boldsymbol{S})}{p(\boldsymbol{Y})}\\&=\arg\max_{S}p(\boldsymbol{S}|\boldsymbol{Y})\end{aligned} \tag{8.3}$$

即求解一个最大后验概率的问题。

SBL 算法的出发点是利用信号和噪声的统计特性。假设噪声服从方差为 σ^2 的高斯分布，对每一对$(\boldsymbol{y}_{\cdot l},\boldsymbol{s}_{\cdot l})$，由贝叶斯原理可得如下似然模型

$$p(\boldsymbol{y}_{\cdot l}|\boldsymbol{s}_{\cdot l})=(2\pi\sigma^2)^{-\frac{M}{2}}\exp\left(-\frac{1}{2\sigma^2}\|\boldsymbol{y}_{\cdot l}-\boldsymbol{\Theta}\boldsymbol{s}_{\cdot l}\|_2^2\right) \tag{8.4}$$

定义 $\boldsymbol{s}_{n\cdot}$为矩阵 $\boldsymbol{S}$ 的第 n 行，假设 $\boldsymbol{s}_{n\cdot}(n=1,2,\cdots,N)$服从均值为 0，方差为 γ_n 的 L 维高斯分布，即 $p(\boldsymbol{s}_{n\cdot};\gamma_n)\cong N(0,\gamma_i\boldsymbol{I})$。综合考虑每一行的先验知识，可得 $\boldsymbol{S}$

的先验分布为

$$p(\boldsymbol{S};\boldsymbol{\gamma})=\prod_{i=1}^{M}p(\boldsymbol{s}_{n\cdot};\gamma_i) \tag{8.5}$$

式中：$\boldsymbol{\gamma}=[\gamma_1,\gamma_2,\cdots,\gamma_N]$。基于上述条件和贝叶斯准则，$\boldsymbol{S}$ 的第 l 列 $\boldsymbol{s}_{\cdot l}$ 仍然是一个高斯过程，其条件概率密度为

$$\begin{aligned}p(\boldsymbol{s}_{\cdot l}\mid\boldsymbol{y}_{\cdot l};\boldsymbol{\gamma})&=\frac{p(\boldsymbol{s}_{\cdot l},\boldsymbol{y}_{\cdot l};\boldsymbol{\gamma})}{\int p(\boldsymbol{s}_{\cdot l},\boldsymbol{y}_{\cdot l};\boldsymbol{\gamma})\mathrm{d}\boldsymbol{s}_{\cdot l}}\\&\cong N(\boldsymbol{\mu}_{\cdot l},\boldsymbol{\Sigma})\end{aligned} \tag{8.6}$$

上式中的均值和协方差分别为

$$\begin{aligned}&[\boldsymbol{\mu}_{\cdot 1},\boldsymbol{\mu}_{\cdot 2},\cdots,\boldsymbol{\mu}_{\cdot L}]=\boldsymbol{\Gamma}\boldsymbol{\Theta}^{\mathrm{T}}\boldsymbol{\Sigma}_y^{-1}\boldsymbol{Y}\\&\boldsymbol{\Sigma}=\boldsymbol{\Gamma}-\boldsymbol{\Gamma}\boldsymbol{\Theta}^{\mathrm{T}}\boldsymbol{\Sigma}_y^{-1}\boldsymbol{\Theta}\boldsymbol{\Gamma}\end{aligned} \tag{8.7}$$

式中：$\boldsymbol{\Gamma}=\mathrm{diag}(\boldsymbol{\gamma})$，$\boldsymbol{\Sigma}_y\cong\sigma^2\boldsymbol{I}+\boldsymbol{\Theta}\boldsymbol{\Gamma}\boldsymbol{\Theta}^{\mathrm{T}}$。基于上述假设，当 $\boldsymbol{\gamma}$ 被估计出来后，$\boldsymbol{S}$ 的最大后验估计也就随即可以获得。$\boldsymbol{\gamma}$ 的估计通常采用第Ⅱ类最大似然估计或者 EM（Expectation Maximization）算法来求解。MSBL 算法中采用 EM 方法对 $\boldsymbol{\gamma}$ 进行更新

$$\gamma_n^{\mathrm{new}}=\frac{1}{L}\boldsymbol{\mu}_{n\cdot}\boldsymbol{\mu}_{n\cdot}^{\mathrm{T}}+\boldsymbol{\Sigma}_{nn},\quad \forall n=1,2,\cdots,N \tag{8.8}$$

由于 $\boldsymbol{\gamma}$ 中包含着 N 个未知的超参数，γ_n 与解的 $\boldsymbol{S}$ 的行稀疏性密切相关，当 $\gamma_n=0$ 时，相应的 $\boldsymbol{s}_{n\cdot}$ 便为0。因此 γ_i 的学习规则是算法中最核心的部分。稀疏贝叶斯学习的过程，也就是算法自迭代计算 $\boldsymbol{\gamma}$ 的过程。MSBL 算法首先会将 $\boldsymbol{\gamma}$ 初始化为某个常数向量，在算法运行中，绝大部分的 γ_n 将会变成 0（无噪声情况下）或者趋于 0（有噪声情况下）。上述模型在计算参数时均将噪声系数 σ 视为一个已知参数，实际过程中 σ 往往未知，其在迭代过程中可通过如下方法进行估计

$$(\sigma^2)^{\mathrm{new}}=\frac{\|\boldsymbol{Y}-\boldsymbol{\Theta}\boldsymbol{S}\|_F^2}{L\left(M-N+\sum_{n=1}^{N}\boldsymbol{\Sigma}_{nn}/\gamma_n\right)} \tag{8.9}$$

式中：$\boldsymbol{S}$ 为稀疏矩阵的估计值，往往用其估计的均值来代替。由上述过程可知，MSBL 算法通过贝叶斯模型利用系数向量间同步的稀疏特性，因而算法往往会获得较好的重构效果。综上，MSBL 算法（含噪声情况）可以总结如下。

步骤 1：初始化 $\boldsymbol{\gamma}$，一般令 $\boldsymbol{\gamma}=\boldsymbol{1}$ 或者为一随机向量。

步骤 2：计算式（8.7）中的均值和方差。

步骤 3：通过式（8.8）更新 $\boldsymbol{\gamma}$，并通过式（8.9）更新 σ^2。

步骤 4：重复步骤 2 和步骤 3 直到 $\boldsymbol{\gamma}$ 收敛于一个比较稳定的值 $\boldsymbol{\gamma}^*$。

步骤 5：计算式（8.7）中$[\boldsymbol{\mu}_{\cdot 1},\boldsymbol{\mu}_{\cdot 2},\cdots,\boldsymbol{\mu}_{\cdot L}]$，并当作 $\boldsymbol{S}$ 的估计值输出。

8.1.2　基于结构相关的多任务 MCS 算法[1]

考虑一个典型的 SMV 模型

$$\boldsymbol{g}=\boldsymbol{B}\boldsymbol{w}+\boldsymbol{e} \tag{8.10}$$

式中：$\boldsymbol{B}\in\mathbb{C}^{M\times N}$为感知矩阵；$\boldsymbol{e}\in\mathbb{C}^{M\times 1}$为观测高斯白噪声，其方差为 σ_e^2。由多个不同的感知矩阵观测一慢变稀疏信号可表述如下

$$\boldsymbol{g}^l=\boldsymbol{B}^l\boldsymbol{w}^l+\boldsymbol{e}^l \quad l=1,2,\cdots,L \tag{8.11}$$

式中：$\boldsymbol{B}^l$ 为第 l 个感知矩阵；$\boldsymbol{w}^l\in\mathbb{C}^{N\times 1}$为第 l 个观测时信号的稀疏表示系数向量；$\boldsymbol{e}^l$ 为第 l 维测量噪声；L 为总的测量向量维数。上述 L 个观测过程中稀疏表示系数 $\boldsymbol{w}^1,\boldsymbol{w}^2,\cdots,\boldsymbol{w}^L$ 有相同的稀疏性，即每个稀疏向量 $\boldsymbol{w}^1,\boldsymbol{w}^2,\cdots,\boldsymbol{w}^L$ 中非零元素的位置相同，只是系数的大小不同。在上述假设下，由多个观测过程构成一个多任务稀疏重构问题。特别地，当 $L=1$ 时，式（8.11）构成一个 SMV 模型；而当 $\boldsymbol{B}^1=\boldsymbol{B}^2=\cdots=\boldsymbol{B}^L$ 时，式（8.11）构成一个 MMV 模型，因而 SMV 模型和 MMV 模型均为多任务稀疏重构问题的一种特殊情况。

贝叶斯学习框架采用参数化的概率模型对系统求解，为求解稀疏的结构信息提供了一种非常灵活的数学方法。利用贝叶斯框架对稀疏信号的统计特性和稀疏块内结构特性进行建模，构造如下三个矩阵：压缩信号矩阵 $\boldsymbol{Y}=[\boldsymbol{g}^1,\boldsymbol{g}^2,\cdots,\boldsymbol{g}^L]$，稀疏源矩阵 $\boldsymbol{X}=[\boldsymbol{w}^1,\boldsymbol{w}^2,\cdots,\boldsymbol{w}^L]$，观测噪声矩阵 $\boldsymbol{E}=[\boldsymbol{e}^1,\boldsymbol{e}^2,\cdots,\boldsymbol{e}^L]$。假设稀疏源矩阵的每一行 $\boldsymbol{X}_{n\cdot}(n=1,2,\cdots,N)$ 是相互独立的，第 n 个信源概率密度函数为高斯的，且满足如下相关性

$$p(\boldsymbol{X}_{n\cdot};\gamma_n,\boldsymbol{R}_n):N(0,\gamma_n\boldsymbol{R}_n),\quad n=1,2,\cdots,N \tag{8.12}$$

式中：γ_n 是控制方差特性的非负参数，其表征了稀疏向量间的统计特性。当 $\gamma_n=0$ 时，相应的 $\boldsymbol{X}_{n\cdot}=\boldsymbol{0}$。$\boldsymbol{R}_n$ 为稀疏源 $\boldsymbol{X}_{n\cdot}$ 的协方差矩阵，是一个正定矩阵，其具有对称的特性，且其表征稀疏源 $\boldsymbol{X}_{n\cdot}$ 的结构相关特性。本小节信源的先验信息与式（8.5）不同，$\boldsymbol{R}_n$ 也是所提算法与常规贝叶斯学习算法的差异之处，其表征了稀疏信源除了满足统计特性外还存在额外的相关特性。这种特殊的相关性在实际工程中往往也很常见，如生物信号，雷达信号等，这种相关性往往能给重构算法带来性能的提升。

令 $\boldsymbol{y}=\mathrm{vec}(\boldsymbol{Y}^{\mathrm{T}})\in\mathbb{C}^{ML\times 1}$，$\boldsymbol{x}=\mathrm{vec}(\boldsymbol{X}^{\mathrm{T}})\in\mathbb{C}^{NL\times 1}$，$\boldsymbol{n}=\mathrm{vec}(\boldsymbol{E}^{\mathrm{T}})\in\mathbb{C}^{ML\times 1}$，且构造如下矩阵

$$\boldsymbol{\Theta}=\begin{bmatrix}\boldsymbol{\Theta}_1\\ \boldsymbol{\Theta}_2\\ \vdots\\ \boldsymbol{\Theta}_M\end{bmatrix},\quad \boldsymbol{\Theta}_m=\begin{bmatrix}\boldsymbol{R}_{m\cdot}^{1}\otimes\boldsymbol{I}_{1\cdot}\\ \boldsymbol{R}_{m\cdot}^{2}\otimes\boldsymbol{I}_{2\cdot}\\ \vdots\\ \boldsymbol{R}_{m\cdot}^{L}\otimes\boldsymbol{I}_{L\cdot}\end{bmatrix} \tag{8.13}$$

利用上述定义的向量和矩阵可以将式（8.11）中的多任务稀疏重构模型转换为如下 SMV 模型

$$\boldsymbol{y}=\boldsymbol{\Theta x}+\boldsymbol{n} \tag{8.14}$$

式中：$\boldsymbol{x}$ 是一个块稀疏向量，其系数中只有 K 块有值，其余 $N-K$ 块元素均为0。上式将稀疏源 $\boldsymbol{X}$ 的相关特性转换为块稀疏向量 $\boldsymbol{x}$ 中稀疏块内的结构相关特性，若式中的噪声服从参数为 $\lambda=\sigma_n^2$ 的高斯分布，则 $\boldsymbol{y}$ 的似然函数为

$$p(\boldsymbol{y}\mid\boldsymbol{x},\lambda)=\left(\frac{\lambda}{2\pi}\right)^{\frac{ML}{2}}\exp\left(-\frac{\lambda}{2}\|\boldsymbol{y}-\boldsymbol{\Theta x}\|_2^2\right) \tag{8.15}$$

上述模型直接利用 SBL 求解的困难在于求解后验概率函数会导致过学习问题，计算量非常大。由于式（8.12）中的假设存在，赋予了块稀疏向量 $\boldsymbol{x}$ 如下先验分布

$$p(\boldsymbol{x}\mid\gamma_n,\boldsymbol{R}_i)=\prod_{n=1}^{N}\left(\frac{\gamma_n}{2\pi}\right)^{\frac{L+1}{2}}\det{}^{-\frac{1}{2}}(\gamma_n\boldsymbol{R}_n)\exp\left(-\frac{\boldsymbol{x}_n^{\mathrm{T}}(\gamma_n\boldsymbol{R}_n)^{-1}\boldsymbol{x}_n}{2}\right) \tag{8.16}$$

式中：$\boldsymbol{x}_n$ 表示向量 $\boldsymbol{x}$ 的 n 块的所有元素组成的向量。由贝叶斯定理，可得 $\boldsymbol{x}$ 的条件概率函数

$$\begin{aligned}p(\boldsymbol{x}\mid\boldsymbol{y};\lambda,\gamma_i,\boldsymbol{R}_i)&=\frac{p(\boldsymbol{y}\mid\boldsymbol{x},\lambda)p(\boldsymbol{x}\mid\gamma_n,\boldsymbol{R}_i)}{p(\boldsymbol{y}\mid\lambda,\gamma_n,\boldsymbol{R}_i)}\\ &=\left(\frac{\gamma_n}{2\pi}\right)^{\frac{NL+1}{2}}\det{}^{-\frac{1}{2}}(\boldsymbol{\Sigma})\exp\left\{-\frac{[\boldsymbol{x}-\boldsymbol{\mu}]^{\mathrm{T}}(\boldsymbol{\Sigma}_n)^{-1}[\boldsymbol{x}-\boldsymbol{\mu}]}{2}\right\}\end{aligned} \tag{8.17}$$

其均值和协方差分别为

$$\begin{cases}\boldsymbol{\mu}=(\lambda\boldsymbol{\Gamma}^{-1}+\boldsymbol{\Theta}^{\mathrm{T}}\boldsymbol{\Theta})^{-1}\boldsymbol{\Theta}^{\mathrm{T}}\boldsymbol{y}=\boldsymbol{\Gamma\Theta}^{\mathrm{T}}(\lambda\boldsymbol{I}+\boldsymbol{\Theta\Gamma\Theta}^{\mathrm{T}})^{-1}\boldsymbol{y}\\ \boldsymbol{\Sigma}=\left(\boldsymbol{\Gamma}^{-1}+\dfrac{1}{\lambda}\boldsymbol{\Theta}^{\mathrm{T}}\boldsymbol{\Theta}\right)^{-1}=\boldsymbol{\Gamma}-\boldsymbol{\Gamma\Theta}^{\mathrm{T}}(\lambda\boldsymbol{I}+\boldsymbol{\Theta\Gamma\Theta}^{\mathrm{T}})^{-1}\boldsymbol{\Theta\Gamma}\end{cases} \tag{8.18}$$

式中：$\boldsymbol{\Gamma}=\mathrm{diag}[\gamma_1\boldsymbol{R}_1,\gamma_2\boldsymbol{R}_2,\cdots,\gamma_n\boldsymbol{R}_n]$ 表示将矩阵 $\gamma_1\boldsymbol{R}_1,\gamma_2\boldsymbol{R}_2,\cdots,\gamma_n\boldsymbol{R}_n$ 排成对角块的形式。

$\boldsymbol{x}$ 的稀疏性由 $\boldsymbol{\Gamma}$ 中的 γ_n 控制，在贝叶斯学习过程中，如果 $\gamma_n=0$，则将感知矩阵 $\boldsymbol{\Theta}$ 中与 $\boldsymbol{x}$ 的 n 块系数相应的列删除。如果准确估计出参数 λ 和 $\boldsymbol{\Gamma}$，则

能获得上述后验概率函数，从而获得对 $\boldsymbol{x}$ 的估计。为了估计上述参数，构造如下对数似然函数

$$L(\lambda,\boldsymbol{\Gamma})=\log p(\boldsymbol{y}\mid\lambda,\boldsymbol{\Gamma})=\log p(\boldsymbol{y}\mid\boldsymbol{x},\lambda)p(\boldsymbol{x}\mid\boldsymbol{\Gamma})\propto-\boldsymbol{y}^{\mathrm{T}}\boldsymbol{C}\boldsymbol{y}-\log|\boldsymbol{C}| \tag{8.19}$$

式中：$\boldsymbol{C}=\lambda\boldsymbol{I}+\boldsymbol{\Theta}\boldsymbol{\Gamma}\boldsymbol{\Theta}^{\mathrm{T}}$。通过 EM 算法，上述似然函数可以逐步估计出各个参数。EM 算法将 $\boldsymbol{x}$ 视为已知的变量，采用迭代的方式对似然函数进行最大化处理，其优化目标为最大化如下函数

$$D(\lambda,\boldsymbol{\Gamma})=E\{\log p(\boldsymbol{y}\mid\lambda,\boldsymbol{\Gamma})\}=E\{\log p(\boldsymbol{y}\mid\boldsymbol{x},\lambda)\}+E\{p(\boldsymbol{x}\mid\boldsymbol{\Gamma})\} \tag{8.20}$$

首先来推导 EM 迭代中最优 $\boldsymbol{\Gamma}$ 参数。假设所有稀疏源所含的结构相关性相同，即 $\boldsymbol{R}_1=\boldsymbol{R}_2=\cdots=\boldsymbol{R}_N=\boldsymbol{R}$，注意到上式中的前一项与 γ_n 和 $\boldsymbol{R}$ 无关，因此式（8.19）中的优化函数可以简化为如下优化函数

$$D(\gamma_n,\boldsymbol{R})=-\frac{L}{2}\log(\boldsymbol{\Lambda})-\frac{N}{2}\log(|\boldsymbol{R}|)-\frac{1}{2}\mathrm{tr}\{(\boldsymbol{\Lambda}^{-1}\otimes\boldsymbol{R}^{-1})(\boldsymbol{\Sigma}+\boldsymbol{\mu}\boldsymbol{\mu}^{\mathrm{T}})\} \tag{8.21}$$

上式对 γ_n 求导，并令导数为零，可得第 $d+1$ 次迭代过程中最优 γ_n 为

$$(\gamma_n)_{d+1}=\frac{\mathrm{tr}\{\boldsymbol{R}_d^{-1}[(\boldsymbol{\Sigma}_n)_d+(\boldsymbol{\mu}_n)_d(\boldsymbol{\mu}_n)_d^{\mathrm{T}}]\}}{L} \tag{8.22}$$

式中：$\boldsymbol{R}_d$、$(\boldsymbol{\Sigma}_n)_d$ 及 $(\boldsymbol{\mu}_n)_d$ 分别表示相应的参数在第 d 次迭代过程的估计值，其中 $\boldsymbol{\Sigma}_n\in\mathbb{C}^{L\times L}$ 为对角矩阵 $\boldsymbol{\Sigma}$ 的第 n 块，$\boldsymbol{\mu}_n\in\mathbb{C}^{L\times 1}$ 为 $\boldsymbol{\mu}$ 的第 n 块。同理，式（8.21）对 $\boldsymbol{R}$ 求导并令导数为零，可得第 $d+1$ 次迭代过程中最优结构相关性参数 $\boldsymbol{R}$ 为

$$\boldsymbol{R}_{d+1}=\frac{1}{N}\sum_{n=1}^{N}\frac{\boldsymbol{\Sigma}_d+\boldsymbol{\mu}_d\boldsymbol{\mu}_d^{\mathrm{T}}}{(\gamma_n)_d} \tag{8.23}$$

式中：$\boldsymbol{\Sigma}_d$、$\boldsymbol{\mu}_d$ 及 $(\gamma_n)_d$ 均为在第 d 次迭代过程相关参数的最优估计值。

类似的，要估计噪声方差参数 λ，认为 $\boldsymbol{\Gamma}$ 参数已知，将优化函数式（8.21）中与 λ 无关后一项去除，优化函数简化为

$$D(\lambda)=-\frac{ML}{2}\log\lambda-\frac{1}{2\lambda}\{\|\boldsymbol{y}-\boldsymbol{\Theta}\boldsymbol{x}\|_2^2+\mathrm{tr}(\boldsymbol{\Sigma}\boldsymbol{\Theta}^{\mathrm{T}}\boldsymbol{\Theta})\} \tag{8.24}$$

采用迭代的方式求第 $d+1$ 次迭代过程中最优的 λ 值时，假设第 d 次迭代后已经获得其他参数的最优值，可将上式进一步简化。对上式进行求导，并令导数为零可得第 $d+1$ 次迭代的最优 λ 为

$$\lambda_{d+1}=\frac{\|\boldsymbol{y}-\boldsymbol{\Theta}\boldsymbol{x}_d\|_2^2+\lambda_d[NL-\mathrm{tr}(\boldsymbol{\Sigma}_d\boldsymbol{\Gamma}_d^{-1})]}{ML} \tag{8.25}$$

式中：$\boldsymbol{x}_d$、$\boldsymbol{\Sigma}_d$ 及 $\boldsymbol{\Gamma}_d$ 均为在第 d 次迭代过程相关参数的最优估计值。

综上所述，现将本小节算法的步骤总结为如下：

步骤 1：将多任务压缩数据 $\boldsymbol{g}^1,\boldsymbol{g}^2,\cdots,\boldsymbol{g}^L$ 构成矩阵 $\boldsymbol{Y}$，并向量化为向量 $\boldsymbol{y}$；按照式（8.13）构造 SMV 模型的感知矩阵 $\boldsymbol{\Theta}$。

步骤 2：初始化结构性参数 $\boldsymbol{R}=\boldsymbol{I}$，初始化解向量的系数全为 1，即 $\boldsymbol{x}_0=\boldsymbol{1}$。

步骤 3：按式（8.22）、式（8.23）和式（8.25）分别更新参数 γ_n、$\boldsymbol{R}$ 和 λ。如果 γ_n 小于某个设定的阈值，则将 γ_n 置零，并将感知矩阵中相应的列剔除，相应的系数向量块也置零。

步骤 4：按式（8.18）计算均值和方差。

步骤 5：若迭代次数达到预设的最大次数或者相邻两次迭代过程中 $\boldsymbol{x}$ 的变化小于某个预设的阈值，则迭代终止，否则继续步骤 3 和步骤 4。

步骤 6：输出 $\boldsymbol{x}$，还原稀疏向量 $\boldsymbol{w}^1,\boldsymbol{w}^2,\cdots,\boldsymbol{w}^L$。

此外，将所提算法应用于单基地 CS-MIMO 雷达 DOA 估计中。利用目标 RCS 系数的稀疏性和结构特性建模，使用所提算法精确重构目标位置信息，进一步验证了所提算法的有效性。

8.1.3 CS-MIMO 雷达信号模型

如图 8.1 所示，假设 MIMO 雷达的天线由 M 个发射阵元和 N 个接收阵元构成，且阵元均随机分布在 x 轴上（允许重叠）。发射阵元和接收阵元所构成的阵元孔径分别为 Z_{TX} 和 Z_{RX}（相对波长已做归一化处理），天线阵元的总孔径 $Z=Z_{\mathrm{TX}}+Z_{\mathrm{RX}}$。假设第 m 个发射阵元处于 x 方向上的 $Z\zeta_m/2$ 位置，第 n 个接收阵元定位于 $Z\xi_n/2$ 位置。其中 ζ_m 在 $[-Z_{\mathrm{TX}}/Z,Z_{\mathrm{TX}}/Z]$ 范围内，ξ_n 在 $[-Z_{\mathrm{RX}}/Z,Z_{\mathrm{RX}}/Z]$ 范围内。假设位置 ζ 与 ξ 均是一个独立同分布的随机变量，其分别由 $p(\zeta)$ 和 $p(\xi)$ 描述。

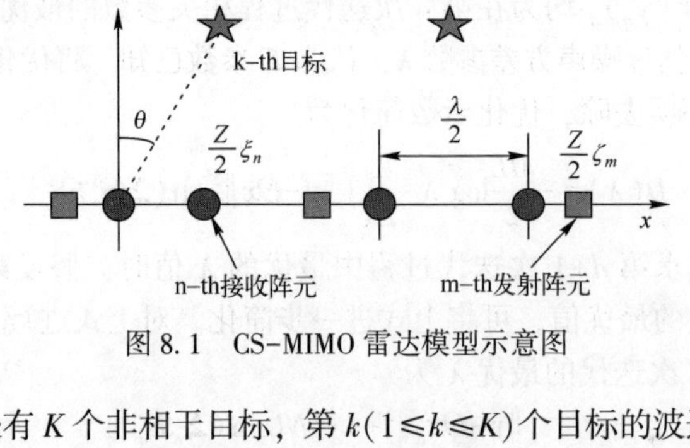

图 8.1　CS-MIMO 雷达模型示意图

假设远场处有 K 个非相干目标，第 $k(1\leqslant k\leqslant K)$ 个目标的波达角（Direction-of-Arrival，DOA）为 θ_k。此外，假设发射阵元发射 L 个理想正交波形（处理期间 θ_k 为常数），在接收端采用匹配滤波器分离出目标信息。则第 n 个匹配滤波器的输出结果为

$$\boldsymbol{y}_n^{(l)} = \sum_{k=1}^{K} \exp(\mathrm{j}\pi Z\theta_k\xi_n)\boldsymbol{c}(\theta_k)s_k^{(l)} + \boldsymbol{e}_n^{(l)}, \quad l=1,2,\cdots,L \tag{8.26}$$

式中：$\boldsymbol{y}_n^{(l)} \in \mathbb{C}^{M\times 1}$为匹配滤波器对第 l 个脉冲的输出结果；$\boldsymbol{c}(\theta_k)=[\exp(\mathrm{j}\pi Z\theta_k\zeta_1),\exp(\mathrm{j}\pi Z\theta_k\zeta_2),\cdots,\exp(\mathrm{j}\pi Z\theta_k\zeta_M)]^{\mathrm{T}} \in \mathbb{C}^{M\times 1}$为发射导引向量；$s_k^{(l)}$ 为第 k 个目标在第 l 个发射波形照射下的 RCS 系数；$\boldsymbol{e}_n^{(l)} \in \mathbb{C}^{M\times 1}$为高斯白噪声向量。

定义 $\boldsymbol{b}(\theta_k)=[\exp(\mathrm{j}\pi Z\theta_k\xi_1),\exp(\mathrm{j}\pi Z\theta_k\xi_2),\cdots,\exp(\mathrm{j}\pi Z\theta_k\xi_N)]^{\mathrm{T}} \in \mathbb{C}^{N\times 1}$为接收导引向量，且定义接收方向矩阵为 $\boldsymbol{B}(\boldsymbol{\theta})=[\boldsymbol{b}(\theta_1),\boldsymbol{b}(\theta_2),\cdots,\boldsymbol{b}(\theta_K)]$，发射方向矩阵为 $\boldsymbol{C}(\boldsymbol{\theta})=[\boldsymbol{c}(\theta_1),\boldsymbol{c}(\theta_2),\cdots,\boldsymbol{c}(\theta_K)]$。将接收数据堆叠成 $\boldsymbol{Y}=[\boldsymbol{Y}_1,\boldsymbol{Y}_2\cdots,\boldsymbol{Y}_N]^{\mathrm{T}} \in \mathbb{C}^{MN\times L}$，其中 $\boldsymbol{Y}_n=[\boldsymbol{y}_n^{(1)},\boldsymbol{y}_n^{(2)},\cdots,\boldsymbol{y}_n^{(L)}] \in \mathbb{C}^{M\times L}$，$n=1,2,\cdots,N$。因此，接收信号模型可以表述为

$$\boldsymbol{Y}=\widetilde{\boldsymbol{A}}(\boldsymbol{\theta})\boldsymbol{S}^{\mathrm{T}}+\boldsymbol{E} \tag{8.27}$$

上式中$\widetilde{\boldsymbol{A}}(\boldsymbol{\theta})=\boldsymbol{B}(\boldsymbol{\theta})\odot\boldsymbol{C}(\boldsymbol{\theta}) \in \mathbb{C}^{MN\times K}$为虚拟的方向矩阵，$\boldsymbol{S}=[\boldsymbol{S}_1,\boldsymbol{S}_2,\cdots,\boldsymbol{S}_K] \in \mathbb{C}^{L\times K}$为信源矩阵，其中，$\boldsymbol{S}_k=[s_k^1,s_k^2,\cdots,s_k^L]^{\mathrm{T}} \in \mathbb{C}^{L\times 1}$，$\boldsymbol{E} \in \mathbb{C}^{MN\times L}$为噪声矩阵。

假设目标所在的角度没有不确定性，通过在一个均匀的网格上离散化目标所处的 DOA 位置，例如将所有可能的方向离散化为 G 个均匀的角度$[\varphi_1,\varphi_2,\cdots,\varphi_G]$（$K\ll G$），这样就可以获得 DOA 估计的一个过完备字典 $\boldsymbol{A}(\boldsymbol{\varphi})=[\boldsymbol{a}(\varphi_1),\boldsymbol{a}(\varphi_2),\cdots,\boldsymbol{a}(\varphi_G)] \in \mathbb{C}^{MN\times G}$，其中，$\boldsymbol{a}(\varphi_g)=\boldsymbol{b}(\varphi_g)\otimes\boldsymbol{c}(\varphi_g)$，$g=1,2,\cdots,G$。因而式（8.27）中的 DOA 估计问题可以重新被表示为

$$\boldsymbol{Y}=\boldsymbol{A}(\boldsymbol{\varphi})\boldsymbol{X}+\boldsymbol{E}, \quad \boldsymbol{X}_{g\cdot}=\begin{cases}\boldsymbol{S}_k^{\mathrm{T}}, & \varphi_g=\theta_k \\ \boldsymbol{0}, & \text{其他}\end{cases} \tag{8.28}$$

显然，$\boldsymbol{X}$ 是一个行稀疏矩阵。我们的目标就是利用接收的数据 $\boldsymbol{Y}$ 和给定的过完备字典 $\boldsymbol{A}(\boldsymbol{\varphi})$恢复 $\boldsymbol{\theta}$，也就是重构出 $\boldsymbol{X}$ 的支撑 $\mathrm{supp}(\boldsymbol{X})$，注意到 $K<MN<G$，因而式（8.28）是一个稀疏逆问题，且构成一个 MMV 模型。

8.1.4　结构化 SBL 算法[2]

通过离散化目标所有可能的方向获得 DOA 估计的一个过完备字典 $\boldsymbol{A}=[\boldsymbol{a}(\varphi_1),\boldsymbol{a}(\varphi_2),\cdots,\boldsymbol{a}(\varphi_G)] \in \mathbb{C}^{MN\times G}$，其中虚拟导向向量为 $\boldsymbol{a}(\varphi_g)=\boldsymbol{b}(\varphi_g)\otimes\boldsymbol{c}(\varphi_g)$，$g=1,2,\cdots,G$。在含噪声情况下，式（8.27）中的 DOA 估计问题可以重新被表示为如下 MMV 问题

$$\boldsymbol{Y}=\boldsymbol{A}\boldsymbol{X}+\boldsymbol{E} \tag{8.29}$$

式中：$\boldsymbol{X}$ 是目标 RCS 系数，它一个行稀疏矩阵，根据其非零行位置即可获得目标的 DOA。由于式（8.18）~式（8.25）中的 SMV 模型维数过高，因此算法的效率非常低下。由于此时的信号模型与 MSBL 算法所对应的信号模型相

同，可以借助 MSBL 的框架增加在多任务稀疏重构算法在测量矩阵相同的条件下算法的收敛速度。参考式（8.7）可知使用 MSBL 准则更新矩阵形式的协方差与均值方法为

$$\begin{cases}(\boldsymbol{\Sigma}_{\mathrm{X}})_{d+1}=(\boldsymbol{\Lambda}_d^{-1}+\dfrac{1}{\lambda_d}\boldsymbol{A}^{\mathrm{T}}\boldsymbol{\Lambda}_d)\\ \boldsymbol{X}_{d+1}=\boldsymbol{H}_d\boldsymbol{Y}\end{cases}\tag{8.30}$$

式中：$\boldsymbol{\Lambda}_d=\mathrm{diag}(\boldsymbol{\gamma}_d)$；$\boldsymbol{H}_d=\boldsymbol{\Lambda}_d\boldsymbol{A}^{\mathrm{T}}(\lambda_d\boldsymbol{I}+\boldsymbol{A}\boldsymbol{\Lambda}_d\boldsymbol{A}^{\mathrm{T}})^{-1}$。在多任务稀疏重构算法中的测量矩阵均相同的条件下式（8.18）中的 $\boldsymbol{\Gamma}=\boldsymbol{\Lambda}\otimes\boldsymbol{R}$，利用近似 $[\lambda\boldsymbol{I}_{\mathrm{GL}}+\boldsymbol{A}(\boldsymbol{\Lambda}\otimes\boldsymbol{R})\boldsymbol{A}^{\mathrm{T}}]^{-1}=[\lambda\boldsymbol{I}_{\mathrm{MNL}}+(\boldsymbol{A}\boldsymbol{\Lambda}\boldsymbol{A}^{\mathrm{T}})\otimes\boldsymbol{R}]^{-1}\approx(\lambda\boldsymbol{I}_{\mathrm{MN}}+\boldsymbol{A}\boldsymbol{\Lambda}\boldsymbol{A}^{\mathrm{T}})^{-1}\otimes\boldsymbol{R}^{-1}$ 后，式（8.18）中的协方差矩阵可以近似为（将式（8.29）中的模型代入式（8.11），更正 8.1 节中对应的公式）

$$\begin{aligned}\boldsymbol{\Sigma}&=\boldsymbol{\Lambda}\otimes\boldsymbol{R}-(\boldsymbol{\Lambda}\otimes\boldsymbol{R})(\boldsymbol{A}^{\mathrm{T}}\otimes\boldsymbol{I})[\lambda\boldsymbol{I}+\boldsymbol{A}(\boldsymbol{\Lambda}\otimes\boldsymbol{R})\boldsymbol{A}^{\mathrm{T}}]^{-1}(\boldsymbol{A}\otimes\boldsymbol{I})(\boldsymbol{\Lambda}\otimes\boldsymbol{R})\\&\approx\boldsymbol{\Lambda}\otimes\boldsymbol{R}-(\boldsymbol{\Lambda}\boldsymbol{A}^{\mathrm{T}}\otimes\boldsymbol{R})[(\lambda\boldsymbol{I}+\boldsymbol{A}\boldsymbol{\Lambda}\boldsymbol{A}^{\mathrm{T}})^{-1}\otimes\boldsymbol{R}^{-1}](\boldsymbol{A}\boldsymbol{\Lambda}\otimes\boldsymbol{R})\\&=[\boldsymbol{\Lambda}-\boldsymbol{\Lambda}\boldsymbol{A}^{\mathrm{T}}(\lambda\boldsymbol{I}+\boldsymbol{A}\boldsymbol{\Lambda}\boldsymbol{A}^{\mathrm{T}})^{-1}\boldsymbol{A}\boldsymbol{\Lambda}]\otimes\boldsymbol{R}=\boldsymbol{\Sigma}_X\otimes\boldsymbol{R}\end{aligned}\tag{8.31}$$

因此，$\boldsymbol{\Sigma}$ 矩阵的第 g 块（沿对角线大小为 $L\times L$ 的矩阵）可以表示为 $\boldsymbol{\Sigma}_g=(\boldsymbol{\Sigma}_X)_{gg}\boldsymbol{R}$，所以式（8.23）相关性参数 $\boldsymbol{R}$ 的学习准则可以简化为

$$\boldsymbol{R}_{d+1}=\left(\frac{1}{G}\sum_{g=1}^{G}\frac{[(\boldsymbol{\Sigma}_X)_{gg}]_d}{(\gamma_g)_d}\right)\boldsymbol{R}_d+\frac{1}{G}\sum_{g=1}^{G}\frac{(\boldsymbol{X}_{g\cdot}^{\mathrm{T}})_d(\boldsymbol{X}_{g\cdot})_d}{(\gamma_g)_d}\tag{8.32}$$

类似地，此时参数 λ 的学习准则也可以进行近似处理。将式（8.18）中的 $\boldsymbol{\Sigma}$ 代入式（8.25），并合并常数项后有

$$\begin{aligned}\lambda&=\frac{\|\boldsymbol{y}-\boldsymbol{A}\boldsymbol{x}\|_2^2+\lambda\mathrm{Tr}\{(\boldsymbol{\Lambda}\otimes\boldsymbol{R})(\boldsymbol{A}\otimes\boldsymbol{I}_L)^{\mathrm{T}}\boldsymbol{C}^{-1}(\boldsymbol{A}\otimes\boldsymbol{I}_L)\}}{\mathrm{MNL}}\\&\approx\frac{\|\boldsymbol{Y}-\boldsymbol{A}\boldsymbol{X}\|_F^2}{\mathrm{MNL}}+\frac{\lambda\mathrm{Tr}\{(\boldsymbol{\Lambda}\otimes\boldsymbol{R})(\boldsymbol{A}^{\mathrm{T}}\otimes\boldsymbol{I})\boldsymbol{C}^{-1}\otimes\boldsymbol{R}(\boldsymbol{A}\otimes\boldsymbol{I})\}}{\mathrm{MNL}}\\&=\frac{\|\boldsymbol{Y}-\boldsymbol{A}\boldsymbol{X}\|_F^2}{\mathrm{MNL}}+\frac{\lambda\mathrm{Tr}\{\boldsymbol{A}^{\mathrm{T}}\boldsymbol{\Lambda}\boldsymbol{A}\boldsymbol{C}^{-1}\}}{\mathrm{MN}}\end{aligned}\tag{8.33}$$

根据式（8.31）可以对式（8.22）的前半部分近似为 $\mathrm{tr}\{\boldsymbol{R}^{-1}\boldsymbol{\Sigma}_g\}/L\approx\mathrm{tr}\{\boldsymbol{R}^{-1}(\boldsymbol{\Sigma}_X)_{gg}\boldsymbol{R}\}/\mathrm{L}=(\boldsymbol{\Sigma}_X)_{gg}$。此外，$\boldsymbol{\mu}_g$ 可以用 $\boldsymbol{X}_{g\cdot}$ 来表示，因此式（8.22）也可以近似表示为

$$\begin{aligned}(\gamma_n)_{d+1}&=\frac{\mathrm{tr}\{\boldsymbol{R}_d^{-1}(\boldsymbol{\mu}_g)_d(\boldsymbol{\mu}_g)_d^{\mathrm{T}}\}}{L}+(\boldsymbol{\Sigma}_X)_{gg}\\&=\frac{(\boldsymbol{X}_{g\cdot})_d\boldsymbol{R}_d^{-1}(\boldsymbol{X}_{g\cdot})_d^{\mathrm{T}}}{L}+(\boldsymbol{\Sigma}_X)_{gg}\end{aligned}\tag{8.34}$$

式（8.30）、式（8.32）~式（8.34）构成在近似假设下基于贝叶斯模型的 CS-MIMO 雷达参数学习过程，相比基于多任务稀疏重构算法的参数学习过程，近似假设后的参数学习计算过程全部由高维空间转移到低维空间，因而算法的效率会大大提高。所提算法相比 MSBL 算法多了一个信号的结构参数 $\boldsymbol{R}$，它帮助参数在每次迭代过程中估计更加精确，因此相比 MSBL 而言，使用更少的迭代步数所提算法就可以收敛。由于所提算法利用了信号间的相关特性，因而相对 MSBL 算法，所提算法重构精度更高。

在 MMV 模型下基于结构相关的贝叶斯学习算法的步骤可以总结为如下：

步骤 1：按照式（8.29）构造 MMV 模型的接收信号 $\boldsymbol{Y}$ 和感知矩阵 $\boldsymbol{\Theta}$。

步骤 2：初始化结构性参数 $\boldsymbol{R}=\boldsymbol{I}$，初始化解矩阵的系数全为 1，即 $\boldsymbol{X}_0=\boldsymbol{1}$。

步骤 3：按式（8.32）、式（8.33）和式（8.34）分别更新参数 γ_n、$\boldsymbol{R}$ 和 λ。如果 γ_n 小于某个设定的阈值，则将 γ_n 置零。

步骤 4：按式（8.30）计算均值和方差。

步骤 5：若迭代次数达到预设的最大次数或者相邻两次迭代过程中 $\boldsymbol{X}$ 的变化小于某个预设的阈值，则迭代终止，否则继续步骤 3 和步骤 4。

步骤 6：输出 $\boldsymbol{X}$。

8.1.5 仿真结果及分析

为验证所提重构算法的有效性，利用 MATLAB 对 CS-MIMO 雷达 DOA 估计进行仿真计算。在仿真实验中，发射阵元和接收阵元均位于一条直线上随机分布，阵元的孔径为 $Z=250$。目标 RCS 稀疏满足相关系数为 $\beta=0.9$ 的 AR 过程，主要对比的算法有经典的 MUSIC 算法、压缩感知常用的 OMP 算法、FOCUSS 算法与 MSBL 算法，所有仿真算法都进行 1000 次蒙特卡罗仿真。仿真主要以支撑重构的成功率和程序的平均运行时间作为评价标准，其中，单次仿真实验中支撑重构正确则定义该次重构成功。除非特别指定，仿真中发射阵元数目 M 和接收阵元数目 N 均为 6，SNR = 10dB，接收快拍为 $L=5$，目标所处的角度为 $\boldsymbol{\theta}=[15°,40°,65°]$。

图 8.2 体现在了所有算法在不同信噪比下算法性能的比较。根据图 8.2 可知，随着信噪比上升，所有的算法将会获得较好的性能，但是所提的算法重构精度最高。相比 MSBL 算法，本节算法在运行时间上更具吸引力，这是由于本论文所提的算法在利用统计信息时利用了信号间的结构信息。根据仿真结果，OMP 算法的重构成功率较差，这是由于基向量间的相关性较大的原因造成的，以及 OMP 算法在原子挑选的过程中的残差更新所造成的，在保证剩余残差同已选原子正交的同时，使得信息丢失从而重构不精确。此外，传统的 MUSIC

算法由于快拍数较小，子空间的正交性不强从而估计精度也不高。

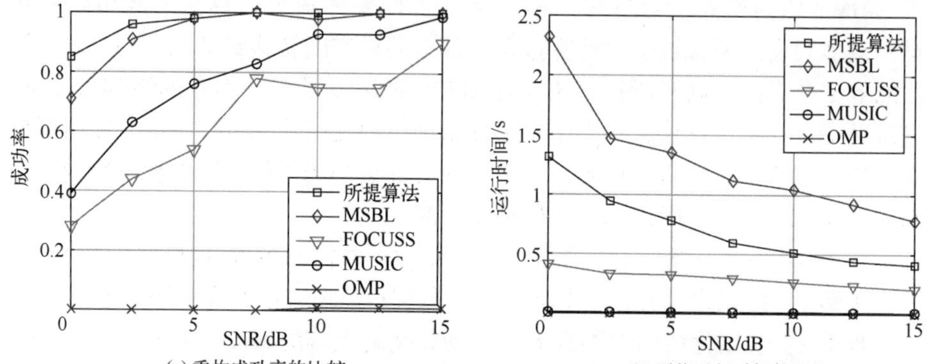

(a) 重构成功率的比较　　(b) 平均运行时间的比较

图 8.2　不同信噪比下各种算法比较

不同稀疏度下不同算法性能的对比如图 8.3 所示。在单次仿真实验中，目标随机分布在 0~90°的角度空间中。从仿真结果可以看出贝叶斯类算法可以辨识更多的目标，且本论文所提的算法要比 MSBL 算法和其他算法估计精度更高。本论文算法可以看作是对 MSBL 算法一种扩展，可以用所提算法直接求解 MSBL 算法求解的模型，且在稀疏信号具有结构特性的条件下所提算法具有更快的收敛速度和更高的估计精度。

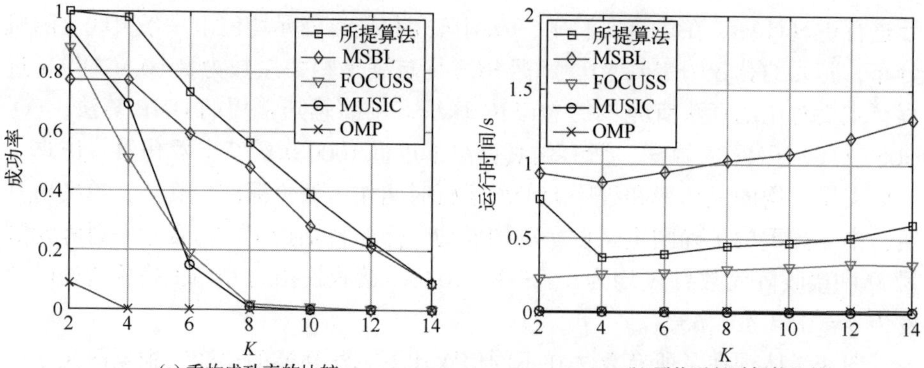

(a) 重构成功率的比较　　(b) 平均运行时间的比较

图 8.3　不同 K 条件下各种算法比较

所有的算法在不同发射阵元数目下性能对比如图 8.4 所示。根据仿真结果，随着发射阵元数的增加，角度估计精度随之增加，在相同的重构成功率下，所提算法需要更少的阵元数目，且在相同的假设条件下，只需要 5 根接收天线即可使算法保持稳定（成功率在 95%以上），仿真结果和 CS 理论是一致的，CS 理论指出，测量的维数增加会为稀疏重构提供更多信息，从而使得重构精度提高。

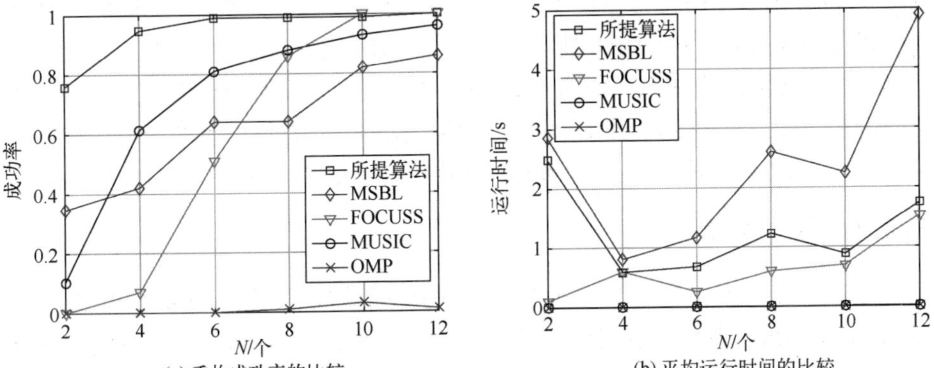

(a) 重构成功率的比较　　(b) 平均运行时间的比较

图 8.4　不同 N 条件下各种算法比较

所有的算法在不同快拍数下的性能对比如图 8.5 所示。根据仿真结果，随着快拍数的增加，角度估计精度随之增加。但是当快拍数达到一个临界值后(在所提的算法中，临界值为 5)，由多测量向量所带来的优势消失。因而在实际工程中合理的选择快拍数非常重要，因为快拍数太小会使得估计精度不高，而快拍数太大会使得算法的计算量增加。

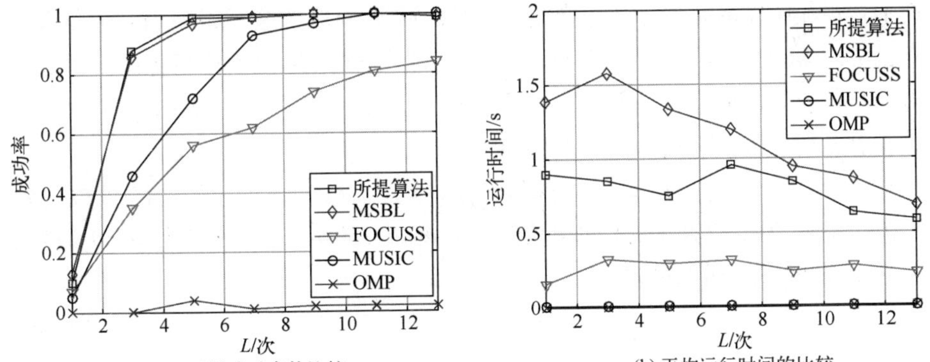

(a) 重构成功率的比较　　(b) 平均运行时间的比较

图 8.5　不同 L 条件下各种算法比较

8.2　单基地 MIMO 雷达基于 SBL 的离网格 DOA 估计算法

在基于谱搜索的优化重构算法中，经常需要预先设定一定数量的网格。显然，真实的目标角度与所预设的网格可能存在一定的差距，也称为离网格（Off-Grid）问题。一般来说，网格越精细，Off-Grid 出现的可能性越小。然而，数量过多的网格将会导致计算复杂度的急剧增加。文献［3］提出一种基于 SBL 的 Off-Grid 阵列 DOA 估计算法，并在业内引起强烈的共鸣。然而，由于 MIMO 雷达的虚拟孔径，其将面临高维数据处理，原始 Off-Grid 算法将不适合 MIMO 雷达。考虑到单基地 MIMO 雷达数据的冗余特性，本章介绍一种低复杂度 SBL 算法，其适用于存在 Off-Grid 效应的单基地 MIMO 雷达 DOA 估计。

8.2.1 信号模型

假设一个窄带单基地 MIMO 雷达由一个发射均匀线阵（ULA），以及一个接收 ULA 构成，其中，发射阵元和接收阵元分别为 M_1 和 M_2 个。假设发射阵列发出 M_1 组归一化正交脉冲波形 $\{p_{m_1}(t)\}_{m_1=1}^{M_1}$，即

$$\int_{T_p} p_{m_1}(t)p_{m_2}^*(t)\,\mathrm{d}t = \delta(m_1 - m_2) \tag{8.35}$$

式中：t 为快时间指数（在一个雷达脉冲内的时间指数）；T_p 代表脉冲持续时间；上标$(\cdot)^*$为共轭算子；$\delta(\cdot)$为克罗内克 delta 算子。假设有 K 个远场目标，接收天线阵列接收到的反射回波可表示为

$$\boldsymbol{r}(t,\tau) = \sum_{k=1}^{K} s_k(\tau)\boldsymbol{a}_r(\theta_k)\boldsymbol{a}_t^{\mathrm{T}}(\theta_k)\boldsymbol{p}(t) + \boldsymbol{w}(t,\tau) \tag{8.36}$$

式中：τ 为慢时间指数（脉冲指数）；$s_k(\tau)$代表相应的复反射系数；θ_k 为第 k 个目标的 DOA；$\boldsymbol{a}_t(\theta_k) \in \mathbb{C}^{M_1\times 1}$ 与 $\boldsymbol{a}_r(\theta_k) \in \mathbb{C}^{M_2\times 1}$ 分别表示第 k 个目标的发射导向向量与接收导向向量；$\boldsymbol{p}(t)=[p_1(t),p_2(t),\cdots,p_{M_1}(t)]^{\mathrm{T}}$ 为波形向量。$\boldsymbol{w}(t,\tau)$ 代表方差为 σ^2 的高斯白噪声向量，即

$$E\{\boldsymbol{w}(t_1,\tau)\boldsymbol{w}^{\mathrm{H}}(t_2,\tau)\} = \sigma^2\boldsymbol{I}\delta(t_1-t_2) \tag{8.37}$$

式中：$E\{\cdot\}$为期望算子；$\boldsymbol{I}$ 为单位矩阵；$\boldsymbol{a}_t(\theta_k)$的第 m_1 个元素与 $\boldsymbol{a}_r(\theta_k)$的第 m_2 个元素可以分别表示为

$$a_{m_1}(\theta_k) = \mathrm{e}^{\frac{-\mathrm{j}2\pi(m_1-1)d\cos(\theta_k)}{\lambda}} \tag{8.38}$$

$$a_{m_2}(\theta_k) = \mathrm{e}^{\frac{-\mathrm{j}2\pi(m_2-1)d\cos(\theta_k)}{\lambda}} \tag{8.39}$$

式中：d 为阵元间距；λ 为波长。$\boldsymbol{w}(t,\tau)$ 与 $\boldsymbol{p}(t)$ 相匹配，有：

$$\begin{aligned}\boldsymbol{x}(\tau) &= \mathrm{vec}\left(\int_{T_p} \boldsymbol{r}(t,\tau)\boldsymbol{p}^{\mathrm{H}}(t)\,\mathrm{d}t\right)\\ &= \sum_{k=1}^{K}[\boldsymbol{a}_t(\theta_k)\otimes\boldsymbol{a}_r(\theta_k)]s_k(\tau) + \boldsymbol{e}(\tau)\\ &= \boldsymbol{A}\boldsymbol{s}(\tau) + \boldsymbol{e}(\tau)\end{aligned} \tag{8.40}$$

式中：vec(·)代表向量化算子；上标(·)^{H} 为共轭转置算子；⊗代表克罗内克积；$\boldsymbol{e}(\tau)=\mathrm{vec}\left(\int_{T_p}\boldsymbol{w}(t,\tau)\boldsymbol{p}^{\mathrm{H}}(t)\mathrm{d}t\right)$ 为匹配的噪声向量。$\boldsymbol{A}=[\boldsymbol{a}_t(\theta_1)\otimes\boldsymbol{a}_r(\theta_1),\cdots,\boldsymbol{a}_t(\theta_k)\otimes\boldsymbol{a}_r(\theta_k)]\in\mathbb{C}^{M_1M_2\times K}$为导向向量矩阵，$\boldsymbol{s}(\tau)=[s_1(\tau),s_2(\tau),\cdots,s_k(\tau)]^{\mathrm{T}}$ 为复反射系数向量。易得，$\boldsymbol{e}(\tau)$仍然是方差为 σ^2 的高斯白噪声向量，即

$$E\{\boldsymbol{e}(\tau)\boldsymbol{e}^{\mathrm{H}}(\tau)\}=\sigma^2\boldsymbol{I} \tag{8.41}$$

在雷达系统中，自由度（DOF）是一个重要的指标。单基地 MIMO 雷达的 DOF 为 M_1+M_2-1，即在 $\boldsymbol{A}$ 的每列中只有 M_1+M_2-1 个不同元素，因此 $\boldsymbol{A}$ 中存在冗余，增加了后续参数估计的计算复杂度。接下来，将尝试通过 SBL 框架来估计 DOA 参数。然而由于基于冗余信号 $\boldsymbol{x}(\tau)$的信号处理计算量很大，因此可以采取一些措施减轻负担。为了这个目的，连续应用了降维变换和预白化处理。

8.2.2　降维变换

首先，定义如下的降维变换矩阵 $\boldsymbol{C}\in\mathbb{C}^{M_1M_2\times(M_1+M_2-1)}$：

$$\boldsymbol{C}=\begin{bmatrix}
1 & 0 & \cdots & 0 & 0 & \cdots & 0 & \\
0 & 1 & \cdots & 0 & 0 & \cdots & 0 & \\
\vdots & \vdots & & \vdots & \vdots & & 0 & \}M_1\\
0 & 0 & \cdots & 1 & 0 & 0 & 0 & \\
0 & 1 & 0 & \cdots & 0 & \cdots & 0 & \\
0 & 0 & 1 & \cdots & 0 & \cdots & 0 & \\
\vdots & \vdots & \vdots & & \vdots & & \vdots & \}M_1\\
0 & 0 & 0 & \cdots & 1 & \cdots & 0 & \\
\vdots & \vdots & \vdots & & \vdots & & \vdots & \\
0 & \cdots & 0 & 1 & 0 & \cdots & 0 & \\
0 & \cdots & 0 & 0 & 1 & \cdots & 0 & \\
\vdots & & \vdots & \vdots & \vdots & & \vdots & \}M_1\\
0 & \cdots & 0 & 0 & 0 & \cdots & 1 &
\end{bmatrix} \tag{8.42}$$

易得

$$\boldsymbol{A}=\boldsymbol{C}\boldsymbol{B} \tag{8.43}$$

式中：$\boldsymbol{B}=[\boldsymbol{b}(\theta_1),\boldsymbol{b}(\theta_2),\cdots,\boldsymbol{b}(\theta_K)]\in\mathbb{C}^{N\times K}$，$N\triangleq M_1+M_2-1$。$\boldsymbol{b}(\theta_k)$的第 n 个元素可以表示为

$$b_n(\theta_k)=\mathrm{e}^{\frac{-\mathrm{j}2\pi(n-1)d\cos(\theta_k)}{\lambda}} \tag{8.44}$$

虽然 $\boldsymbol{C}$ 有效减少了 $\boldsymbol{A}$ 的冗余，但是将 $\boldsymbol{C}^{\mathrm{H}}$ 左乘 $\boldsymbol{x}(\tau)$ 会使噪声不再均匀。为了避免这种影响，加权矩阵 $\boldsymbol{F}$ 可以被定义为

$$\begin{aligned}\boldsymbol{F}&=\boldsymbol{C}^{\mathrm{H}}\boldsymbol{C}\\&=\mathrm{diag}(1,2,\cdots,\underbrace{M,\cdots,M,\cdots}_{|M_1-M_2|+1},2,1)\\&=\boldsymbol{F}^{\mathrm{H}}\end{aligned}\tag{8.45}$$

式中：$\mathrm{diag}(\cdot)$ 为对角化算子；$M\triangleq\min(M_1,M_2)$。之后将 $\boldsymbol{F}^{-1/2}\boldsymbol{C}^{\mathrm{H}}$ 左乘 $\boldsymbol{x}(\tau)$ 可以得到：

$$\begin{aligned}\boldsymbol{y}(\tau)&=\boldsymbol{F}^{-1/2}\boldsymbol{C}^{\mathrm{H}}\boldsymbol{x}(\tau)\\&=\boldsymbol{F}^{-1/2}\boldsymbol{C}^{\mathrm{H}}\boldsymbol{A}\boldsymbol{s}(\tau)+\boldsymbol{F}^{-1/2}\boldsymbol{C}^{\mathrm{H}}\boldsymbol{e}(\tau)\\&=\boldsymbol{F}^{-1/2}\boldsymbol{C}^{\mathrm{H}}\boldsymbol{C}\boldsymbol{B}\boldsymbol{s}(\tau)+\boldsymbol{F}^{-1/2}\boldsymbol{C}^{\mathrm{H}}\boldsymbol{e}(\tau)\\&=\underbrace{\boldsymbol{F}^{-1/2}\boldsymbol{B}\boldsymbol{s}(\tau)}_{\text{信号}}+\underbrace{\boldsymbol{F}^{-1/2}\boldsymbol{C}^{\mathrm{H}}\boldsymbol{e}(\tau)}_{\text{噪声}}\end{aligned}\tag{8.46}$$

现在关注上式的噪声部分，其协方差可以表示为

$$\boldsymbol{F}^{-1/2}\boldsymbol{C}^{\mathrm{H}}E\{\boldsymbol{e}(\tau)\boldsymbol{e}^{\mathrm{H}}(\tau)\}\boldsymbol{C}\boldsymbol{F}^{-1/2}=\sigma^2\boldsymbol{I}\tag{8.47}$$

这证明经过降为变换后噪声的统计特性不变，依旧为高斯噪声。对于不相干目标有：

$$\boldsymbol{R}_s=E\{\boldsymbol{s}(\tau)\boldsymbol{s}^{\mathrm{H}}(\tau)\}=\mathrm{diag}(\beta_1,\beta_2,\cdots,\beta_K)\tag{8.48}$$

式中：$\beta_k(k=1,2,\cdots,K)$ 为第 k 个目标反射系数的协方差。最后，$\boldsymbol{y}(\tau)$ 的协方差可以表示为

$$\begin{aligned}\boldsymbol{R}_y&=E\{\boldsymbol{y}(\tau)\boldsymbol{y}^{\mathrm{H}}(\tau)\}\\&=\boldsymbol{F}^{-1/2}\boldsymbol{B}\boldsymbol{R}_s\boldsymbol{B}^{\mathrm{H}}\boldsymbol{F}^{-1/2}+\sigma^2\boldsymbol{I}\end{aligned}\tag{8.49}$$

在实际工程中，设 L 个采样 $\boldsymbol{y}_1,\boldsymbol{y}_2,\cdots,\boldsymbol{y}_L$ 可用，其中，$\boldsymbol{y}_l\triangleq\boldsymbol{y}(\tau)|_{\tau=lT_s}$。$\boldsymbol{R}_y$ 可以通过下式进行估计：

$$\hat{\boldsymbol{R}}_y=\frac{1}{L}\sum_{l=1}^{L}\boldsymbol{y}_l\boldsymbol{y}_l^{\mathrm{H}}\tag{8.50}$$

8.2.3 预白化

式（8.46）中的数据模型相对于式（8.40）更加简洁同时消除了冗余，然而由于噪声协方差欠定，基于式（8.46）的离网格 SBL 框架将无法直接用于 DOA 估计。在这一节中，将使用预白化将噪声协方差标准化。定义误差矩阵：

$$\Delta\boldsymbol{R}_y=\boldsymbol{R}_y-\hat{\boldsymbol{R}}_y\tag{8.51}$$

于是有：

$$\begin{aligned}\mathrm{vec}(\Delta\boldsymbol{R}_y) &= \mathrm{vec}(\boldsymbol{F}^{-1/2}\boldsymbol{C}^{\mathrm{H}}(\boldsymbol{R}_x-\hat{\boldsymbol{R}}_x)\boldsymbol{C}\boldsymbol{F}^{-1/2}) \\ &= ((\boldsymbol{F}^{-1/2}\boldsymbol{C}^{\mathrm{H}})^{*}\boldsymbol{F}^{-1/2}\boldsymbol{C}^{\mathrm{H}})\mathrm{vec}(\Delta\boldsymbol{R}_x) \\ &= \boldsymbol{Q}\mathrm{vec}(\Delta\boldsymbol{R}_x)\end{aligned} \tag{8.52}$$

式中：$\boldsymbol{R}_x$ 和 $\hat{\boldsymbol{R}}_x$ 分别代表 $\boldsymbol{x}(\tau)$ 的协方差及其估计；$\Delta\boldsymbol{R}_x=\boldsymbol{R}_x-\hat{\boldsymbol{R}}_x$；$\boldsymbol{Q}=(\boldsymbol{F}^{-1/2}\boldsymbol{C}^{\mathrm{H}})^{*}\boldsymbol{F}^{-1/2}\boldsymbol{C}^{\mathrm{H}}$。已经证明，$\mathrm{vec}(\Delta\boldsymbol{R}_x)$服从渐进高斯分布，由于高斯分布也称为正态分布，渐进高斯分布可以用 AsN 来表示，即

$$\mathrm{vec}(\Delta\boldsymbol{R}_x)\sim\mathrm{AsN}(\boldsymbol{0},\boldsymbol{\Gamma}_x) \tag{8.53}$$

式中：$\boldsymbol{\Gamma}_x=(\boldsymbol{R}_x^{\mathrm{T}}\otimes\boldsymbol{R}_x)/L$，同时其可以近似为 $\hat{\boldsymbol{\Gamma}}_x=(\hat{\boldsymbol{R}}_x^{\mathrm{T}}\otimes\hat{\boldsymbol{R}}_x)/L$。相应的 $\mathrm{vec}(\Delta\boldsymbol{R}_y)$也满足下面的渐进高斯分布：

$$\mathrm{vec}(\Delta\boldsymbol{R}_y)\sim\mathrm{AsN}(\boldsymbol{0},\boldsymbol{\Gamma}_y) \tag{8.54}$$

式中：$\boldsymbol{\Gamma}_y=\boldsymbol{Q}\hat{\boldsymbol{\Gamma}}_x\boldsymbol{Q}^{\mathrm{H}}$。令 $\boldsymbol{W}=\boldsymbol{R}_y^{-1/2}$，则加权协方差向量$\sqrt{L}(\boldsymbol{W}^{*}\otimes\boldsymbol{W})\mathrm{vec}(\Delta\boldsymbol{R}_y)$服从渐进标准正态分布，即

$$\sqrt{L}(\boldsymbol{W}^{*}\otimes\boldsymbol{W})\mathrm{vec}(\Delta\boldsymbol{R}_y)\sim\mathrm{AsN}(\boldsymbol{0},\boldsymbol{I}) \tag{8.55}$$

上式揭示了$\sqrt{L}\boldsymbol{W}\Delta\boldsymbol{R}_y\boldsymbol{W}^{\mathrm{H}}$ 的元素相互独立并且服从标准正态分布。所以有

$$\begin{aligned}\boldsymbol{Z} &= \sqrt{L}\boldsymbol{W}(\hat{\boldsymbol{R}}_y-\sigma^2\boldsymbol{I})\boldsymbol{W}^{\mathrm{H}} \\ &= \sqrt{L}\boldsymbol{W}(\boldsymbol{F}^{1/2}\boldsymbol{B}\boldsymbol{R}_s\boldsymbol{B}^{\mathrm{H}}\boldsymbol{F}^{1/2}+\Delta\boldsymbol{R}_y)\boldsymbol{W}^{\mathrm{H}} \\ &= \boldsymbol{G}\boldsymbol{B}\boldsymbol{D}+\boldsymbol{N}\end{aligned} \tag{8.56}$$

式中：$\boldsymbol{G}=\boldsymbol{W}\boldsymbol{F}^{1/2}$；$\boldsymbol{D}=\sqrt{L}\boldsymbol{R}_s\boldsymbol{B}^{\mathrm{H}}\boldsymbol{F}^{1/2}\boldsymbol{W}^{\mathrm{H}}$；$\boldsymbol{N}=\sqrt{L}\boldsymbol{W}\Delta\boldsymbol{R}_y\boldsymbol{W}^{\mathrm{H}}$。对于 $\boldsymbol{D}$ 而言，其协方差可以表示为

$$\begin{aligned}\boldsymbol{\Gamma}_d &= L\boldsymbol{R}_s\boldsymbol{B}^{\mathrm{H}}\boldsymbol{F}^{1/2}\boldsymbol{R}_y^{-1}\boldsymbol{F}^{1/2}\boldsymbol{B}\boldsymbol{R}_s^{\mathrm{H}}/M \\ &= L\boldsymbol{R}_s\boldsymbol{B}^{\mathrm{H}}\boldsymbol{F}^{1/2}(\boldsymbol{F}^{1/2}\boldsymbol{B}\boldsymbol{R}_s\boldsymbol{B}^{\mathrm{H}}\boldsymbol{F}^{1/2}+\sigma^2\boldsymbol{I})^{-1}\boldsymbol{F}^{1/2}\boldsymbol{B}\boldsymbol{R}_s^{\mathrm{H}}/M \\ &\approx L\boldsymbol{R}_s\boldsymbol{B}^{\mathrm{H}}(\boldsymbol{B}\boldsymbol{R}_s\boldsymbol{B}^{\mathrm{H}})^{\dagger}\boldsymbol{B}\boldsymbol{R}_s^{\mathrm{H}}/M \\ &= L\boldsymbol{R}_s/M\end{aligned} \tag{8.57}$$

式中：上标 † 代表伪逆算子，由于可以忽略噪声，这种近似可以成立。上式表明 $\boldsymbol{D}$ 的行之间不相关。

8.2.4　Off-grid SBL 算法

实际上，可以认为空域中的目标是稀疏的。由所有可能的 DOA 方向上可以构成一个固定的 DOA 网格 $\varphi_1,\varphi_2,\cdots,\varphi_P(K<N\ll P)$。由此，可以得到一个字典矩阵 $\boldsymbol{\Psi}=[\boldsymbol{b}(\varphi_1),\boldsymbol{b}(\varphi_2),\cdots,\boldsymbol{b}(\varphi_P)]$。需要注意的是，距离 $\theta_1,\theta_2,\cdots,\theta_K$ 最近的有 K 个网格 $\varphi_{\Omega_1},\varphi_{\Omega_2},\cdots,\varphi_{\Omega_K}$，$\{\Omega_k\}_{k=1}^{K}$是集合$\{1,2,\cdots,P\}$中的关联索引。

$\boldsymbol{Z}$ 的离格 DOA 估计表示模型可以表示为

$$\begin{aligned}\boldsymbol{Z} &= \boldsymbol{G}(\boldsymbol{\Psi}+\boldsymbol{\Phi})\boldsymbol{X}+\boldsymbol{N}\\ &= \boldsymbol{\Theta X}+\boldsymbol{N}\end{aligned} \tag{8.58}$$

式中：$\boldsymbol{\Phi}$ 为 $\boldsymbol{\Psi}$ 的离格扰动，$\boldsymbol{\Theta}=(\boldsymbol{\Psi}+\boldsymbol{\Phi})$。通过 $\boldsymbol{b}(\varphi_p)$ 对 $\varphi_p(p\in\{1,2,\cdots,P\})$ 的一阶微分近似 $\boldsymbol{\Phi}$，即

$$\boldsymbol{\Phi}=\left[\alpha_1\frac{\partial\boldsymbol{b}(\varphi_1)}{\partial\varphi_1},\alpha_2\frac{\partial\boldsymbol{b}(\varphi_2)}{\partial\varphi_2},\cdots,\alpha_P\frac{\partial\boldsymbol{b}(\varphi_P)}{\partial\varphi_P}\right] \tag{8.59}$$

式中：α_p 为真实 DOA $\theta_k(k\in\{1,2,\cdots,K\})$ 与其最相近的网格 φ_p 之间的网格间距，$\boldsymbol{X}$ 为稀疏系数矩阵，有

$$\begin{cases}\alpha_p=\varphi_p-\theta_k, & \boldsymbol{X}_{p,g}=\boldsymbol{D}_{k,g}, & \text{if } \varphi_p=\varphi_{\Omega_k}\\ \alpha_p=0, & \boldsymbol{X}_{p,g}=\boldsymbol{0}, & \text{其他}\end{cases} \tag{8.60}$$

式中：$\boldsymbol{X}_{p,g}$ 代表 $\boldsymbol{X}$ 的第 p 行，其余同理。在式（8.58）中 $\boldsymbol{Z}$ 和 $\boldsymbol{\Psi}$ 为已知。一旦得到了 $\boldsymbol{X}$ 的支撑集和网格间距 $\alpha_p(p=1,2,\cdots,P)$，就可以实现 DOA 估计。因此，DOA 估计与以下优化问题相关：

$$\arg\min_{\boldsymbol{X},\boldsymbol{\Phi}}\|\boldsymbol{Z}-\boldsymbol{\Theta X}\|_F^2+\varepsilon f(\boldsymbol{X}) \tag{8.61}$$

式中：$f(\boldsymbol{X})$ 是稀疏性的惩罚项，它随着不同的稀疏恢复策略的改变而变化。在本算法中，Off-grid SBL 框架被用来解决式（8.61）中的优化问题。

Off-grid SBL 是一种基于线性系统和加性高斯噪声模型的统计方法。在详细推导 OGSBL 算法之前，给出以下假设：

（1）对 $\boldsymbol{X}$ 作多层先验假设。$\boldsymbol{X}$ 的行是高斯过程并共同享有结构化先验 $\boldsymbol{H}\in\mathbb{C}^{P\times P}$。$\boldsymbol{X}_{p,g}(p=1,2,\cdots,P)$ 的密度可以由下式给出：

$$p(\boldsymbol{X}_{p,g};\gamma_p,\boldsymbol{H})\sim N(\boldsymbol{0},\gamma_p\boldsymbol{H}) \tag{8.62}$$

（2）假设 γ_p 服从 Gamma 先验分布：

$$p(\gamma_p)\sim\boldsymbol{\Gamma}(\gamma_p\mid 1,\rho) \tag{8.63}$$

式中：ρ 为经验系数。在本算法中，设置 $\rho\to 0.01$。

（3）假设网格间距 α_p 服从均匀分布：

$$p(\alpha_p)\sim U([-1/2r,1/2r]) \tag{8.64}$$

式中：r 为均匀网格 $\varphi_1,\varphi_2,\cdots,\varphi_P$ 的网格间距。

为了探究 $\boldsymbol{X}$ 的行稀疏特性，将式（8.58）中的矩阵模型转化为向量版本：

$$\boldsymbol{z}=\boldsymbol{Yx}+\boldsymbol{n} \tag{8.65}$$

式中：$\boldsymbol{z}=\text{vec}(\boldsymbol{Z}^{\mathrm{T}})$；$\boldsymbol{Y}=\boldsymbol{\Theta}\otimes\boldsymbol{I}$；$\boldsymbol{x}=\text{vec}(\boldsymbol{X}^{\mathrm{T}})$；$\boldsymbol{n}=\text{vec}(\boldsymbol{N}^{\mathrm{T}})$。根据假设（1），$\boldsymbol{x}$ 的先验为

$$p(\boldsymbol{x};\boldsymbol{\gamma},\boldsymbol{H}) \sim N(\boldsymbol{0},\boldsymbol{\Sigma}_0) \tag{8.66}$$

式中：$\boldsymbol{\gamma}=[\gamma_1,\gamma_2,\cdots,\gamma_P]^{\mathrm{T}}$；$\boldsymbol{\Sigma}_0=\boldsymbol{\Sigma}\otimes\boldsymbol{H}$；$\boldsymbol{\Sigma}=\mathrm{diag}(\gamma_1,\gamma_2,\cdots,\gamma_P)$。在以上假设条件下，$z$ 的高斯似然为

$$p(\boldsymbol{z}\mid\boldsymbol{x};\boldsymbol{\Upsilon})=\left(\frac{1}{\pi}\right)^{N2}\mathrm{e}^{-\|z-\boldsymbol{\Upsilon}\boldsymbol{x}\|_2^2} \tag{8.67}$$

根据贝叶斯法则，仍为高斯的后验概率密度 $p(\boldsymbol{x}\mid\boldsymbol{y})$ 可以表示为

$$p(\boldsymbol{x}\mid z;\boldsymbol{\Upsilon},\boldsymbol{\gamma})=N(\boldsymbol{\mu}_x,\boldsymbol{\Sigma}_x) \tag{8.68}$$

其中，

$$\begin{cases}\boldsymbol{\mu}_x=\boldsymbol{\Sigma}_x\boldsymbol{\Upsilon}^{\mathrm{H}}z\\ \boldsymbol{\Sigma}_x=(\boldsymbol{\Upsilon}^{\mathrm{H}}\boldsymbol{\Upsilon}+\boldsymbol{\Sigma}_0)^{-1}\end{cases} \tag{8.69}$$

这里采用 EM 策略更新超参数 $\boldsymbol{\Lambda}=\{\boldsymbol{\gamma},\boldsymbol{\Phi},\boldsymbol{H}\}$。为了实现这个目标，尝试最大化 $p(\boldsymbol{z};\boldsymbol{\Lambda})$，或者等价于最小化$-\ln p(\boldsymbol{z};\boldsymbol{\Lambda})$。EM 策略的代价函数为

$$\begin{aligned}f(\boldsymbol{\Lambda})&=\mathrm{E}_{\boldsymbol{x}\mid z;\boldsymbol{\Lambda}^{(\mathrm{old})}}[\ln p(z,\boldsymbol{x};\boldsymbol{\Lambda})]\\&=\mathrm{E}_{\boldsymbol{x}\mid z;\boldsymbol{\Lambda}^{(\mathrm{old})}}[\ln p(z\mid\boldsymbol{x};\boldsymbol{\Phi})]+\mathrm{E}_{\boldsymbol{x}\mid z;\boldsymbol{\Lambda}^{(\mathrm{old})}}[\ln \boldsymbol{p}(z;\boldsymbol{\gamma},\boldsymbol{H})]\end{aligned} \tag{8.70}$$

式中：$\boldsymbol{\Lambda}^{(\mathrm{old})}$代表上一次迭代的参数集。

为了更新其中的某一超参数，EM 策略将除待更新的超参数之外的所有超参数视为隐藏变量。因此可以通过将 $f(\boldsymbol{\Lambda})$ 对非隐藏变量的导数置零来得到超参数的更新规则。利用这种方法，$\boldsymbol{\gamma}$ 和 $\boldsymbol{H}$ 的学习规则分别为

$$\gamma_p=\frac{-N+\sqrt{N^2+4\rho\mathrm{Tr}[\boldsymbol{H}^{-1}(\boldsymbol{\Sigma}_x^p+\boldsymbol{\mu}_x^p(\boldsymbol{\mu}_x^p)^{\mathrm{H}})]}}{2\rho} \tag{8.71}$$

和

$$\boldsymbol{H}=\left\{\sum_{p=1}^{P}\frac{\boldsymbol{\Sigma}_x^p+\boldsymbol{\mu}_x^p(\boldsymbol{\mu}_x^p)^{\mathrm{H}}}{\gamma_p}\right\}\Big/P \tag{8.72}$$

式中：$\mathrm{Tr}(\cdot)$为矩阵的迹；$\boldsymbol{\mu}_x^p$ 代表第 p 个块（大小为 $M\times1$）。由于式（8.69）、式（8.71）和式（8.72）是在高维空间中交替更新的，因此迭代计算效率低下。本研究结合 MSBL 思想推导出一个快速版本。它计算原始空间中的均值矩阵和协方差矩阵为

$$\begin{cases}\widetilde{\boldsymbol{X}}=\widetilde{\boldsymbol{\Sigma}}\boldsymbol{\Theta}^{\mathrm{H}}\boldsymbol{Z}\\ \widetilde{\boldsymbol{\Sigma}}=(\boldsymbol{\Theta}^{\mathrm{H}}\boldsymbol{\Theta}+\boldsymbol{\Sigma})^{-1}\end{cases} \tag{8.73}$$

可以推导出 γ_p 的学习规则为

$$\gamma_p=\frac{-M+\sqrt{M^2+4\rho[\widetilde{\boldsymbol{\Sigma}}_{p,p}+\hat{\boldsymbol{X}}_{p,\mathrm{g}}^{*}\boldsymbol{H}^{-1}\widetilde{\boldsymbol{X}}_{p,\mathrm{g}}^{\mathrm{H}}]}}{2\rho} \tag{8.74}$$

式中：$\widetilde{\boldsymbol{\Sigma}}_{p,p}$代表$\widetilde{\boldsymbol{\Sigma}}$的第$(p,p)$个元素。$\boldsymbol{H}$ 的学习规则为

$$\boldsymbol{H}=\frac{\widetilde{\boldsymbol{H}}+\eta\boldsymbol{I}}{\|\widetilde{\boldsymbol{H}}+\eta\boldsymbol{I}\|_F} \tag{8.75}$$

有

$$\widetilde{\boldsymbol{H}}=\sum_{p=1}^{P}\frac{\boldsymbol{X}_{p,\mathrm{g}}^{\mathrm{T}}\boldsymbol{X}_{p,\mathrm{g}}^{*}}{\gamma_p} \tag{8.76}$$

式中：$\|\cdot\|_F$ 为矩阵的 F 范数；η，p 为确保 $\boldsymbol{H}$ 正定的平衡参数；这里根据经验设定为 $\eta=2\|\widetilde{\boldsymbol{H}}\|_F$。最后，$\boldsymbol{\Phi}$ 可以被重写为

$$\boldsymbol{\Phi}=\boldsymbol{B}'\mathrm{diag}(\alpha_1,\alpha_2,\cdots,\alpha_P) \tag{8.77}$$

式中：$\boldsymbol{B}'=\left[\frac{\partial\boldsymbol{b}(\varphi_1)}{\partial\varphi_1},\frac{\partial\boldsymbol{b}(\varphi_2)}{\partial\varphi_2},\cdots,\frac{\partial\boldsymbol{b}(\varphi_p)}{\partial\varphi_p}\right]$已知。令 $\boldsymbol{a}=[\alpha_1,\alpha_2,\cdots,\alpha_p]^{\mathrm{T}}$，显而易见 $\boldsymbol{\Phi}$ 的更新依赖 $\boldsymbol{a}$，$\boldsymbol{a}$ 可以通过求解下式更新：

$$\arg\min_{\alpha_p\in[-1/2r,1/2r]}\boldsymbol{a}^{\mathrm{T}}\boldsymbol{T}\boldsymbol{a}-2\boldsymbol{v}^{\mathrm{T}}\boldsymbol{a} \tag{8.78}$$

有

$$\boldsymbol{T}=\mathrm{real}\left[(\widetilde{\boldsymbol{B}}'^{\mathrm{H}}\widetilde{\boldsymbol{B}}')^{*}\left(\widetilde{\boldsymbol{\Sigma}}+\sum_{m=1}^{M}\widetilde{\boldsymbol{X}}_{\mathrm{g},m}\widetilde{\boldsymbol{X}}_{\mathrm{g},m}^{\mathrm{H}}\right)\right] \tag{8.79}$$

$$\begin{aligned}\boldsymbol{v}=&\frac{1}{M}\mathrm{real}\left[\sum_{m=1}^{M}\mathrm{diag}(\widetilde{\boldsymbol{X}}_{\mathrm{g},m}^{*})(\widetilde{\boldsymbol{B}}')^{\mathrm{H}}(\boldsymbol{Z}_{\mathrm{g},m}-\widetilde{\boldsymbol{B}}\widetilde{\boldsymbol{X}}_{\mathrm{g},m})\right]\\&-\frac{1}{M}\mathrm{real}[\mathrm{diag}(\widetilde{\boldsymbol{B}}'^{\mathrm{H}}\widetilde{\boldsymbol{B}}\widetilde{\boldsymbol{\Sigma}})]\end{aligned} \tag{8.80}$$

式中：$\mathrm{real}(\cdot)$ 为实值化算子；$\widetilde{\boldsymbol{B}}'=\boldsymbol{G}\boldsymbol{B}'$；$\widetilde{\boldsymbol{B}}=\boldsymbol{G}\boldsymbol{B}$；$\widetilde{\boldsymbol{X}}_{\mathrm{g},m}$ 代表$\widetilde{\boldsymbol{X}}$的第 m 列。式（8.80）中后一个 $\mathrm{diag}(\cdot)$返回的是一个列向量。这里建议，在 $\boldsymbol{T}$ 可逆的情况下通过下式更新 $\boldsymbol{a}$：

$$\boldsymbol{a}=\boldsymbol{T}^{-1}\boldsymbol{v} \tag{8.81}$$

否则要通过下式逐一对 $\boldsymbol{a}$ 中元素进行更新，即

$$\widetilde{\boldsymbol{a}}_p=\frac{\boldsymbol{v}_p-(\boldsymbol{T}_{p,\mathrm{g}})_{-p}\boldsymbol{a}_{-p}}{\boldsymbol{T}_{p,p}} \tag{8.82}$$

然后计算：

$$\boldsymbol{a}_p=\begin{cases}\widetilde{\boldsymbol{a}}_p, & \widetilde{\boldsymbol{a}}_p\in[-r/2,r/2]\\-r/2, & \widetilde{\boldsymbol{a}}_p<-r/2\\r/2, & \text{其他}\end{cases} \tag{8.83}$$

式中：$\boldsymbol{a}_{-p}$表示用 $\boldsymbol{a}$ 中第 p 个元素以外的其他元素构成的向量。在达到收敛条件之前，如迭代次数达到预定值或者 B 的相对残差小于给定阈值，迭代将持续进行。更多的算法细节详见参考文献［3］。

为了帮助读者理解，列出了本节 SBL 的主要步骤：

步骤 1：根据式（8.42）构造 $\boldsymbol{C}$，并利用式（8.46）得到非冗余的 $\boldsymbol{y}(\tau)$；
步骤 2：通过式（8.50）估计协方差矩阵 $\boldsymbol{R}_y$，并根据式（8.56）得到 $\boldsymbol{Z}$；
步骤 3：构建 $\boldsymbol{B}$ 和 $\boldsymbol{B}'$。初始化 $\boldsymbol{a}$，$\boldsymbol{H}$ 和 $\boldsymbol{\gamma}$；
步骤 4：根据式（8.73）更新 $\widetilde{\boldsymbol{X}}$ 的均值和 $\widetilde{\boldsymbol{\Gamma}}$ 的协方差矩阵；
步骤 5：利用式（8.74）和式（8.75）分别更新 γ_p 和 $\boldsymbol{H}$；
步骤 6：通过式（8.81）或式（8.83）更新网格；
步骤 7：重复步骤 4 到步骤 6 直到收敛。

8.2.5　相关说明

（1）显然本节所提算法与 MUSIC 算法不同，本节算法不需要目标数量的先验信息。

（2）需要指出的是，本节的 SBL 算法仅适用于具有 ULA 几何结构的单基地 MIMO 雷达系统，否则将无法工作。

（3）图 8.6 展示了参考文献［3］中 SBL 框架的图形化模型和本节改进的 SBL 算法的图形化模型。在图中，圆圈表示参数或信号，矩形表示超参数。结果表明，参考文献［3］中的 SBL 需要对噪声进行必要的学习，但在本节所提出的算法中并不需要这个过程。此外，本节的算法中给出了一个块参数 $\boldsymbol{H}$，这有助于加速收敛。

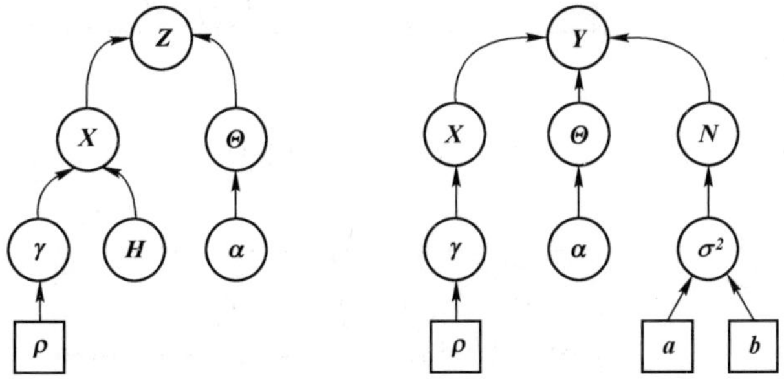

(a) 参考文献[3]中SBL框架示意图　　(b) 本节算法的SBL框架示意图

图 8.6

8.2.6　仿真结果

在本节中，为了验证改进的 OGSBL 估计器的有效性，进行了数值仿真。考虑一个单基地 MIMO 雷达系统，它配置有 M 个发射天线的 ULA 和 N 个接收天线的 ULA，间隔均为半波长。假设有 K 个不相关信源，反射系数满足

Swerling Ⅱ模型，假设快拍数为 L。在仿真中，网格间距为 Δ，SNR 被定义为 $\text{SNR}=10\lg\|\boldsymbol{x}(\tau)-\boldsymbol{e}(\tau)\|^2/\|\boldsymbol{e}(\tau)\|^2[\text{dB}]$，其中，$\boldsymbol{e}(\tau)$为式（8.40）中的信号。在示例 2~示例 5 中，$K=3$，目标 DOA 被分别设置为 31.2°，60.3°和 120.5°。仿真是在具有 2 个英特尔 Xeon 至强 E5-2650 v4 2.20GHz CPU 和 128GB 内存的惠普 Z840 工作站上进行的。

示例 1：在 $M=6$，$N=8$，$L=200$，$\Delta=4°$，SNR=10dB 的情况下对比所提算法与经典的复杂的（RC）MUSIC 的空间谱。图 8.7 和图 8.8 分别为 $K=2$ 和 $K=4$ 时的结果。可以看出，虽然两种算法都能正常工作，但所提算法得到的旁瓣比 MUSIC 算法低得多。此外，如图所示，由于本节所提出算法中的网格可以自适应更新，而 MUSIC 算法中的网格是固定的，所以所提算法的谱峰更接近真实的 DOA。

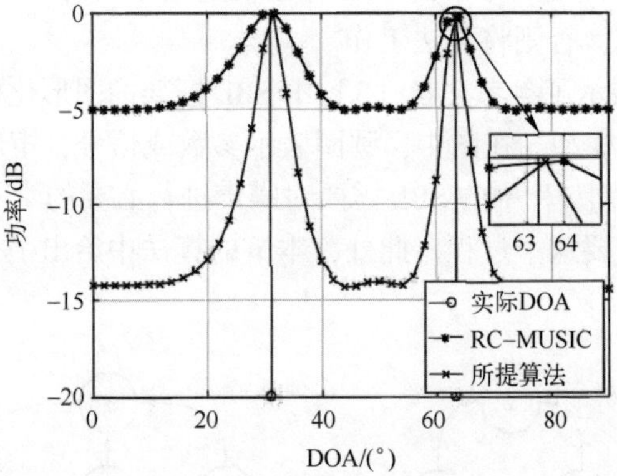

图 8.7　$K=2$ 时的空间谱对比

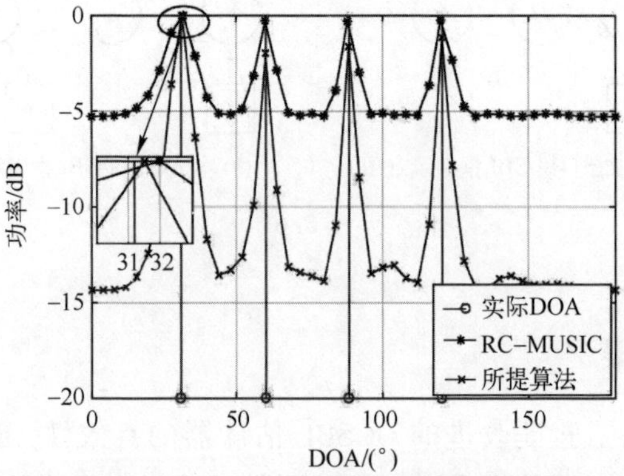

图 8.8　$K=4$ 时的空间谱对比

示例 2：通过 RMSE 来检验所提算法的性能，并设置 $M=6$，$N=8$，$L=200$，$\Delta=4°$。为了全面比较算法性能，选用了基于降复杂度 ESPRIT（用 ESPRIT 标记），降复杂度 MUSIC（用 MUSIC 标记），Off-grid(OG)SBL[3]以及 CRB 的性能。所有曲线均基于 500 次蒙特卡罗试验。从图 8.9 中可以观察到 MUSIC 算法拥有比 ESPRIT 更佳的 RMSE 性能，因为在 MUSIC 中利用了更多的 DOF。此外，MUSIC 的 RMSE 性能随着 SNR 的增加而提高，较小的搜索间隔 Δ 也使 DOA 估计得更加准确。显然，OGSBL 和所提算法都具有非常接近的 RMSE 性能，并且两者估计的 RMSE 均远低于 RC-MUSIC。它们的卓越性能得益于二者的网格可以在迭代期间更新，而网格在 MUSIC 中是固定的。

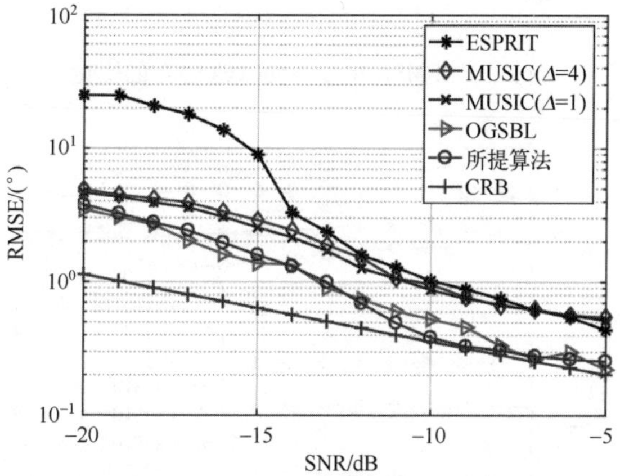

图 8.9　算法 RMSE 随信噪比变化的对比

示例 3：对比 OGSBL，MUSIC 与所提算法在不同 Δ 下的性能，这里设置 $M=6$，$N=8$，$L=200$。考察 2 个不同的性能，一个是 RMSE，另一个是平均运行时间。此外，还增加了 ESPRIT 作为对比。结果如图 8.10 和图 8.11 所示。显然，由于不需要迭代计算，MUSIC 和 ESPRIT 需要更少的运行时间。其中，ESPRIT 由于闭式解的原因，复杂度最低。但是在 RMSE 性能上比 SBL 类方法（OGSBL 和所提算法）差。而且，如图 8.11 所示，更小的 Δ 带来了更重的计算负担。此外，与 OGSBL 算法相比，所提算法的复杂度降低了一个数量级。这种改进受益于两个方面：一方面，所提算法中的降复杂度技术有助于在不损害 MIMO 雷达 DOF 的前提下降低数据维度。另一方面，所提算法中的预白化方法直接确定了噪声方差，从而减少了迭代中需要估计的参数数量。值得注意的是，如图 8.10 所示，所提算法在低 SNR 时与 OGSBL 的 RMSE 很接近，但它可能在高 SNR 的情况下比 OGSBL 性能更差，这是因为式（8.57）是近似成立的。

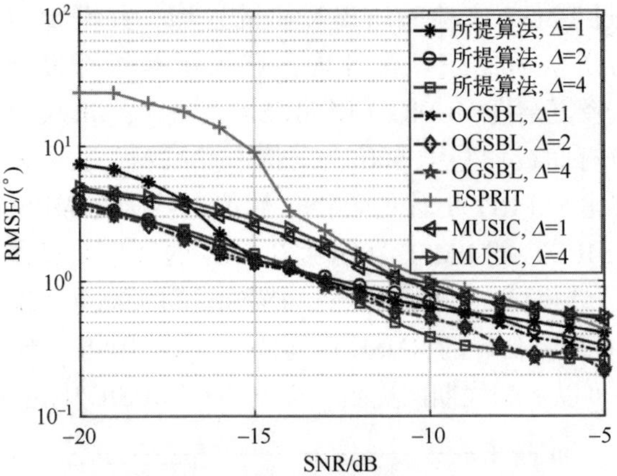

图 8.10　RMSE 在 Δ 不同时随 SNR 的变化

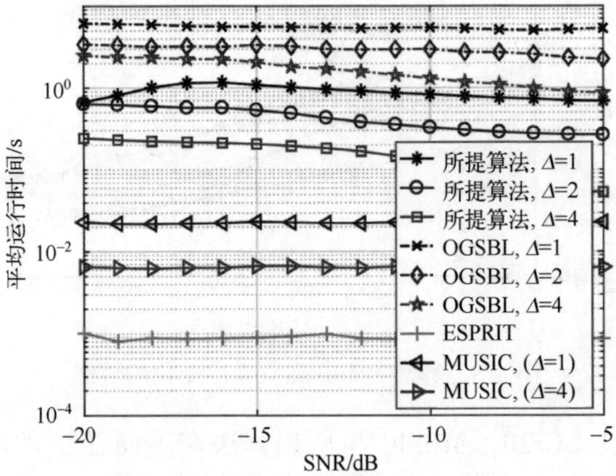

图 8.11　平均运行时间在 Δ 不同时随 SNR 的变化

示例 4：在 N 不同的情况下重复性能对比，并设置 $M=6$，$L=200$，$\Delta=4°$。图 8.12 和图 8.13 为性能曲线。如图 8.12 所示，由于较大的 N 意味着 MIMO 雷达的有效孔径更大，DOA 估计精度会随着 N 的增大而提高。与示例 3 类似，算法的平均运行时间随 N 的增加而增加，但当 SNR>−9dB 时，各个算法不同 N 情况下对应的平均运行时间非常接近。

示例 5：在 L 不同的情况下测试算法性能，并设置 $M=6$，$N=8$，$\Delta=4°$。RMSE 和平均运行时间分别如图 8.14 和图 8.15 所示。可以看到，L 越大，所需要的计算量越小，运行时间则越短。此外，结果表明，快拍数 L 越大 RMSE 也就越低，这是因为 L 越大，噪声模型越准确。

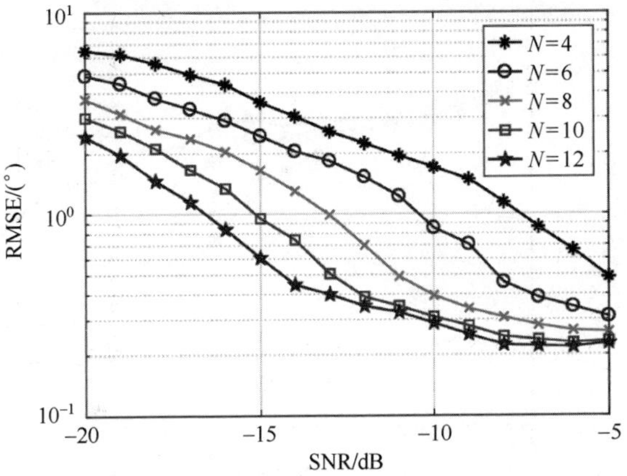

图 8.12　RMSE 在 N 不同时随 SNR 的变化

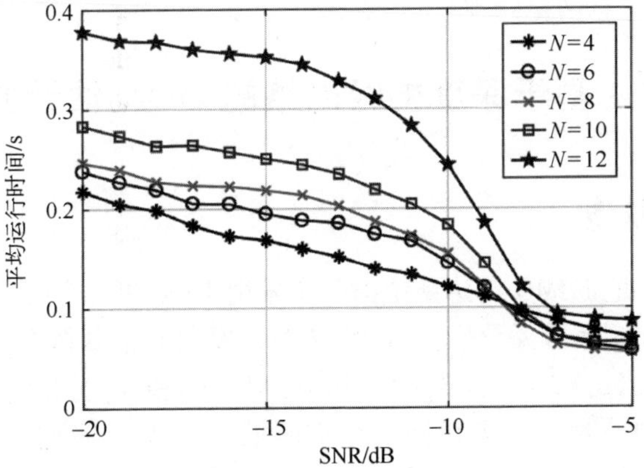

图 8.13　平均运行时间在 N 不同时随 SNR 的变化

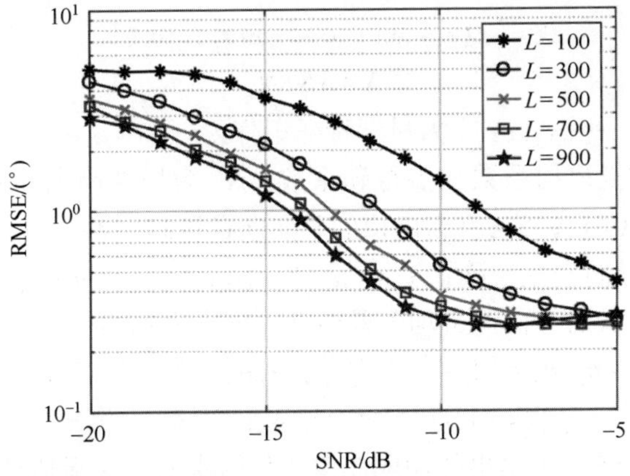

图 8.14　RMSE 在 L 不同时随 SNR 的变化

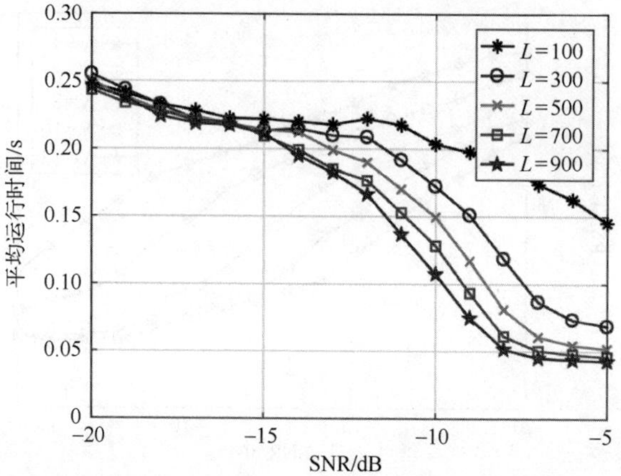

图 8.15　平均运行时间在 L 不同时随 SNR 的变化

8.3　基于深度神经网络的 DOA 估计方法

8.3.1　信号模型

假设一个共址 MIMO 雷达系统由一个发射 ULA 和一个接收 ULA 构成，其中，发射阵元和接收阵元分别为 N 和 M 个。发射和接收阵列中相邻天线之间的间距均为半波长，$d_t = d_r = \lambda_0/2$，其中，d_t，d_r 和 λ_0 分别为发射阵元间距、接收阵元间距和波长。考虑在同一个空间域中有 K 个不同方向的远场目标。发射阵列同时发射 N 个正交窄带波形，接收阵列接收目标反射的回波信号。接收到的数据可以表示为

$$\boldsymbol{X}=[\boldsymbol{x}(t_1),\boldsymbol{x}(t_2),\cdots,\boldsymbol{x}(t_L)]\in\mathbb{C}^{MN\times L} \tag{8.84}$$

$$\boldsymbol{X}=\boldsymbol{AS}+\boldsymbol{N}_o \tag{8.85}$$

式中：$\boldsymbol{S}=[\boldsymbol{s}_1(t),\cdots,\boldsymbol{s}_K(t)]^{\mathrm{T}}$ 为目标特征矩阵；$\boldsymbol{s}_k(t)=\beta_k \mathrm{e}^{\mathrm{j}2\pi f_{dk}t}$；$\beta_k$ 和 f_{dk} 分别表示第 k 个目标的复反射系数和多普勒系数；$\boldsymbol{N}_o$ 为加性高斯白噪声矩阵，其协方差为 $\sigma^2\boldsymbol{I}_{MN}$，$\boldsymbol{A}=(\boldsymbol{A}_R\odot\boldsymbol{A}_T)$ 为虚拟的导向向量矩阵；$\boldsymbol{A}_T=[a_t(\theta_1),a_t(\theta_2),\cdots,a_t(\theta_K)]$ 为发射导向向量矩阵；$\boldsymbol{A}_R=[a_r(\theta_1),a_r(\theta_2),\cdots,a_r(\theta_K)]$ 为接收导向向量矩阵，接收和发射导向向量均为酉向量，分别表示为

$$\boldsymbol{a}_r(\theta)=[1,\mathrm{e}^{\mathrm{j}2\pi d_r \sin(\theta)/\lambda_0},\cdots,\mathrm{e}^{\mathrm{j}2\pi d_r (M-1)\sin(\theta)/\lambda_0}]^{\mathrm{T}} \tag{8.86}$$

$$\boldsymbol{a}_t(\theta)=[1,\mathrm{e}^{\mathrm{j}2\pi d_t \sin(\theta)/\lambda_0},\cdots,\mathrm{e}^{\mathrm{j}2\pi d_t (N-1)\sin(\theta)/\lambda_0}]^{\mathrm{T}} \tag{8.87}$$

对于式（8.85）中给出的 MIMO 雷达数据模型，目标估计的自由度为 $M+N-1$，对于传统基于子空间的方法，自由度为 $M+N-2$，而且当目标数量接近

理论自由度的上限时，传统方法的性能会急剧恶化。同时，作为阵列信号处理中最常用的二阶统计量之一的协方差受到快拍数量的限制。因此，当快拍数量很少时，许多基于协方差的 DOA 估计方法表现不佳甚至完全失效。

8.3.2　网络结构

传统方法需要对大规模稠密矩阵做求逆和特征值解，或需要大量的迭代来求解凸优化和最大似然估计。实际工程中硬件条件有限，计算量过大的传统算法难以部署。为了解决这些问题，本节提出了一种基于深度学习网络的 DOA 估计框架。所提出的网络结构如图 8.16 所示，分为四部分：数据预处理、目标数检测、自动编码器去噪和并行 DAG 网络。

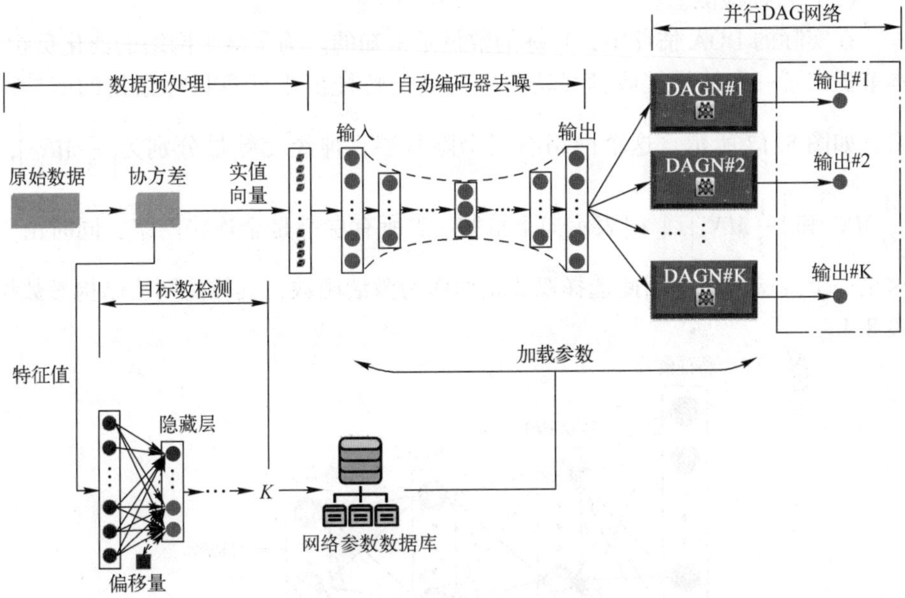

图 8.16　整体网络结构示意图

数据预处理部分负责将原始数据转化为协方差矩阵，并计算其特征值和协方差的实值列向量。列向量用于后续的目标检测和降噪。自动编码器网络，基于“由大到小再由小到大”的结构，将输入向量压缩到较低维度，提取原始输入中的主要成分，然后通过解码器还原到原始的维度。这个过程使自动编码器能够减少噪声对接收数据的影响，减轻后续网络的泛化负担。并行 DAG 网络利用 CNN+BiLSTM 复合网络强大的特征提取能力确保了较高的鲁棒性，并实现最终的 DOA 估计任务。

(1) 数据预处理。

数据的理论协方差由下式给出：

$$\boldsymbol{R}=E\{\boldsymbol{X}\boldsymbol{X}^{\mathrm{H}}\}=\boldsymbol{A}\boldsymbol{R}_s\boldsymbol{A}^{\mathrm{H}}+\sigma^2\boldsymbol{I}_{MN} \tag{8.88}$$

式中：$\boldsymbol{R}_s=E\{\boldsymbol{S}\boldsymbol{S}^{\mathrm{H}}\}$为信号协方差，仅当信号完全不相关时，该矩阵才是对角矩阵。σ^2 为噪声的功率。数据协方差矩阵具有厄米结构，这意味着上三角或下三角的实部和虚部足够作为深度学习网络的输入，令

$$\bar{\boldsymbol{r}}=[\boldsymbol{R}_{1,2},\boldsymbol{R}_{1,3},\cdots,\boldsymbol{R}_{1,M},\cdots,\boldsymbol{R}_{2,M},\cdots,\boldsymbol{R}_{M-1,M}]^{\mathrm{T}} \tag{8.89}$$

式中：$\boldsymbol{R}_{i,j}$代表 $\boldsymbol{R}$ 中第 i 行第 j 列的元素。网络的实值输入向量可以表示为

$$\boldsymbol{r}=\frac{[\Re\mathrm{e}\{\bar{\boldsymbol{r}}^{\mathrm{T}}\},\mathrm{diag}\{\boldsymbol{R}\},\Im\mathrm{m}\{\bar{\boldsymbol{r}}^{\mathrm{T}}\}]^{\mathrm{T}}}{\|\boldsymbol{R}\|_F} \tag{8.90}$$

(2) 目标检测。

在实际的 DOA 估计中，目标的数量是未知的。为了减少网络的泛化负担，本节提出了一个使用接收信号协方差矩阵的特征值来计算目标数量的前馈网络，如图 8.17 所示。这个网络有三个隐藏层，神经元数量分别为$\left\lfloor\frac{2}{3}MN\right\rfloor$，$\left\lfloor\frac{4}{9}MN\right\rfloor$和$\left\lfloor\frac{1}{3}MN\right\rfloor$，$\lfloor\cdot\rfloor$表示向下取整。$T$ 所有层都是全连接网络，同时由于这是一个浅层网络，因此选择双曲正切作为激活函数，具体的网络结构参数见表 8.1。

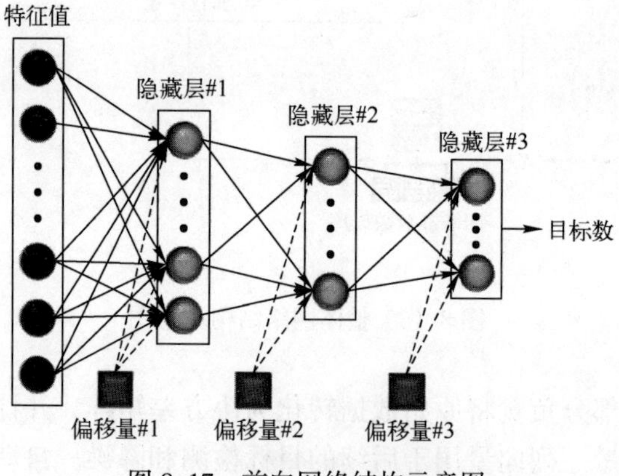

图 8.17　前向网络结构示意图

表 8.1　前向网络结构

层	大小	激活函数
全连接层	$\left\lfloor\frac{2}{3}MN\right\rfloor$	Tanh

续表

层	大小	激活函数
全连接层	$\left\lfloor \frac{4}{9}MN \right\rfloor$	Tanh
全连接层	$\left\lfloor \frac{1}{3}MN \right\rfloor$	Tanh
全连接层	1	Tanh

（3）自动编码器网络。

由于实际可用样本受到快拍数量和其他未知干扰的限制，故只能获得数据协方差矩阵的最大似然估计（MLE）：

$$\hat{\boldsymbol{R}}=\frac{\boldsymbol{X}\boldsymbol{X}^{\mathrm{H}}}{L}=\boldsymbol{A}(\boldsymbol{R}_s-\widetilde{\boldsymbol{R}}_s)\boldsymbol{A}^{\mathrm{H}}+\sigma^2\boldsymbol{I}_{MN}-\widetilde{\boldsymbol{R}}_N+\widetilde{\boldsymbol{R}}_{\mathrm{els}} \tag{8.91}$$

式中：$\widetilde{\boldsymbol{R}}_s$，$\widetilde{\boldsymbol{R}}_N$ 和$\widetilde{\boldsymbol{R}}_{\mathrm{els}}$取决于信源、噪声和其他未知因素之间的相关性。显然，理论和实际样本协方差值之间存在差异，这可以由以下距离度量表示：

$$\boldsymbol{D}=\|\boldsymbol{R}-\hat{\boldsymbol{R}}\|_F \tag{8.92}$$

如图 8.18 和图 8.19 中的曲线所示，快拍数量与 SNR 越小“距离”越大。为了减少这个“距离”，本节采用了自动编码器的架构，如图 8.16 所示。表 8.2 为自动编码器网络的具体参数。而经过自动编码器处理的结果如图 8.18 和图 8.19 中的曲线所示，较之原始数据“距离”更小。

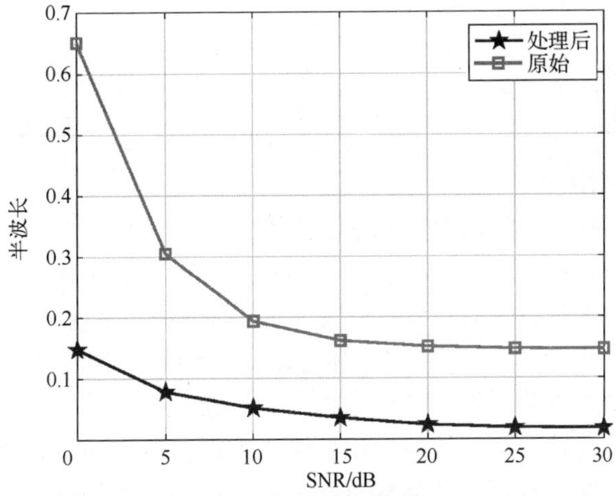

图 8.18 “距离”随 SNR 变化

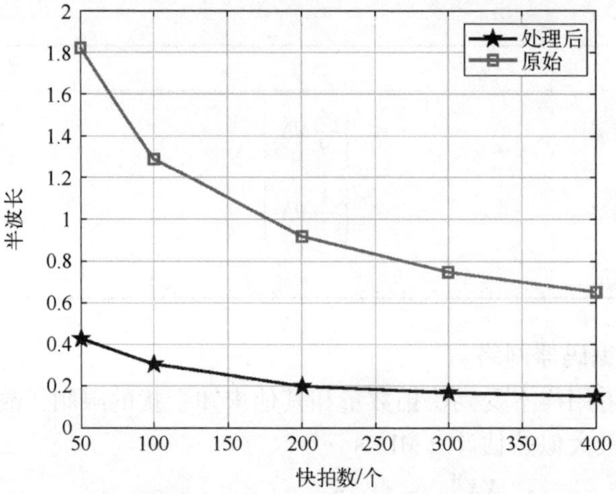

图 8.19 “距离”随快拍数变化

表 8.2 自动编码器网络结构

层	大 小	激活函数
全连接层	1200	ReLU
全连接层	1000	ReLU
全连接层	800	ReLU
全连接层	100	ReLU
全连接层	200	ReLU
全连接层	300	ReLU
全连接层	800	ReLU
全连接层	1000	ReLU
全连接层	1200	ReLU

（4）平行网络。

DAGN 是一种用于深度学习的神经网络，各个层排列为有向无环图。如图 8.20 所示，它具有复杂的架构，其中各层具有来自多个层的输入和多个层的输出。DAGN 中各层的主要参数见表 8.3。该网络将实值协方差信号向量重新排列为矩阵，并将其转换为一个$[MN,MN,1]$维的序列。在后续的卷积处理中，数据经过序列折叠层得到二维数据并进行卷积运算。

在卷积层，滑动卷积滤波器应用于输入数据。该层通过在垂直和水平方向沿输入移动滤波器，计算滤波器权重和输入的点积并添加偏置。使用最大池化操作对结果进行下采样，该操作将输入划分为一些池化区域并计算每个区域的最大值。为了加速卷积神经网络的训练并降低它们对网络初始化参数的敏感性，本节在卷积层和修正线性单元（ReLU）层之间使用了批量归一化层，这些层会对小批量中的每个输入通道进行标准化计算。接下来通过应用一个序列展开层来恢复输入数据的序列结构。

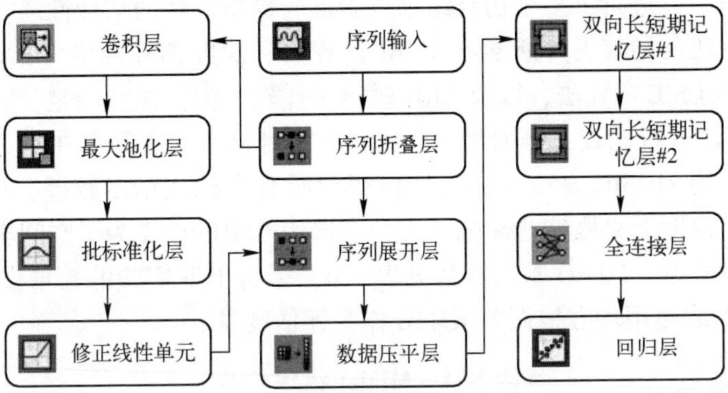

图 8.20　DAGN 结构示意图

表 8.3　DAGN 每层的参数

序列输入	输入大小	10×10×1
	标准化	0 均值
卷积	滤波器数量	64
	滤波器大小	2×2
	步幅	[1,1]
	填充大小	[0,0,0,0]
最大池化	池大小	2×2
	步幅	[1,1]
	填充大小	[0,0,0,0]
双向长短期记忆网络 1	隐含单元数量	64
	状态激活函数	Tanh
	门激活函数	Sigmoid
双向长短期记忆网络 2	隐含单元数量	128
	状态激活函数	Tanh
	门激活函数	Sigmoid
回归	损失函数	MSE

通过使用两个 BiLSTM 层来提取数据时间维度上的特征，并利用一个扁平化层来将输入的空间维度折叠到通道维度中。最后，在回归层中计算 DOA 估

计的均方误差（MSE）损失。

8.3.3 网络训练与仿真

在本节中，进行了多个仿真结果以验证所提出方法的估计性能。此外，将所提出的方法与稀疏贝叶斯学习（SBL）算法、深度神经网络（DNN）、广义 MUSIC（GMUSIC）算法，以及 CRB 进行了比较。值得注意的是，之所以选择 GMUSIC 方法进行比较，是因为本节的测试针对目标源之间存在相关性的一般情况，传统的 MUSIC 方法往往无法检测到所有目标或精度较差，但 GMUSIC 可以在很大程度上克服这些缺陷。因此，选用 GMUSIC 作为子空间类算法的代表更具有说服力。MIMO 雷达参数见表 8.4。蒙特卡罗实验的数量设置为 200，DOA 估计性能使用均方根误差 RMSE 作为评估度量。

表 8.4　MIMO 雷达参数

参　数	数　值	参　数	数　值
M	5	d_r/λ_o	0.5
N	2	d_t/λ_o	0.5

（1）训练数据生成。

在这部分，有标签的训练数据是针对有网格和无网格两种情况生成的。实验平台是一台具有 Intel i9-9900K CPU、RTX2080 Super GPU 和 32GB RAM 的个人电脑。

（2）有网格训练数据生成。

为了证明所提出方法的优越性，考虑角度区间在 $-30\sim30°$ 之间三个目标的情况。为了保证子空间方法可以对 DOA 做出正确估计，假设目标之间的角度间隔不小于 5°，网格间距等于 1°。为了不失一般性，将角度区间分成三等份，每个区间内随机生成一个目标角度 $\theta_i, i=1,2,3$。重复该过程 500000 次，生成无噪声数据和添加了 0~30dB 信噪比的 AWGN 数据。

（3）无网格训练数据生成。

为了展示算法的有效性，共选择 $M+N-1$ 个（等于 MIMO 自由度上限）目标。目标均匀分布在 $-60°\sim60°$。并利用 0~1 均匀分布的随机数来生成无网格随机角度数据，无网格数据集大小为 500000。

（4）目标检测训练数据生成与仿真。

目标数量、DOA 和 SNR 分别从 1 到 $M+N-1$、$-60°\sim60°$ 和 0~30dB 中随机选择。目标检测网络的训练如图 8.21 所示，在第 1224 个循环时达到了最佳验证性能 0.0052753。

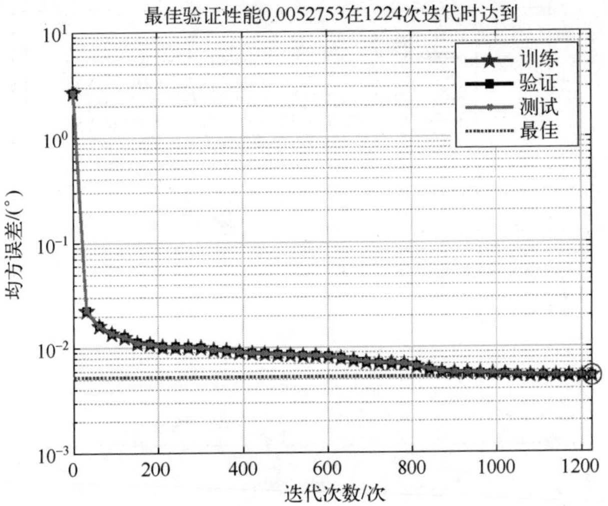

图 8.21　随循环数变化的 MSE

如图 8.22 所示，实验测试了网络在不同目标数以及多种 SNR 条件下的估计性能。

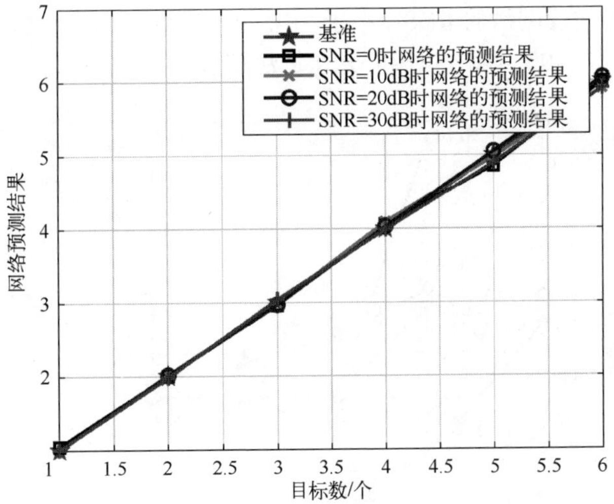

图 8.22　随目标数以及 SNR 变化的网络目标数预测结果

由于目标数量不可能是十进制的，假设预测误差服从均匀分布 $U(-0.5,0.5)$，就近取整可以用于标准化网络的输出。图 8.23 展示了归一化后的网络预测结果，表明所提出的目标检测网络可以以 100% 的准确度预测目标数量。

（5）有网格情况下的仿真。

这一部分分别验证 SNR 和快拍数变化时网络的性能。首先设快拍数为

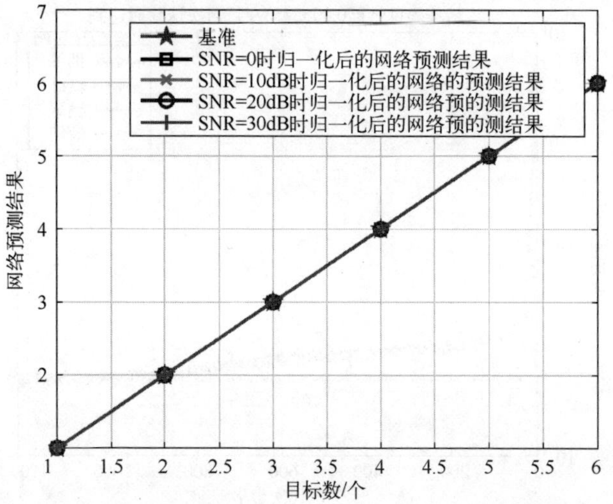

图 8.23 归一化后的随目标数以及 SNR 变化的网络目标数预测结果

400，三个目标分别为 $\theta_1=-17°$，$\theta_2=0°$，$\theta_3=18°$。所提出的网络在不同 SNR 值下与 SBL、GMUSIC，以及 DNN 进行了比较，如图 8.24 所示。在低 SNR 下，所提出的 DOA 估计网络的 RMSE 小于 SBL、GMUSIC 和 DNN 算法，而在高信噪比下，性能与 SBL、GMUSIC 和 DNN 算法相近。

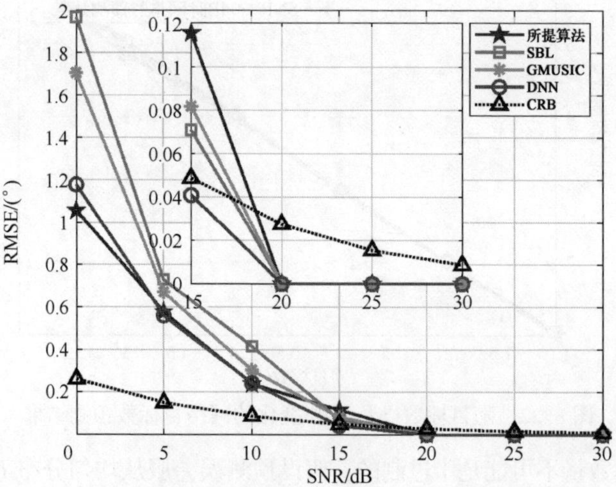

图 8.24 高斯白噪声环境下 DOA 的 RMSE 随 SNR 变化的情况

如图 8.25 所示，所提出的方法优于所有其他比较方法，这表明所提出的方法对快拍数量的敏感性低于其他比较方法。

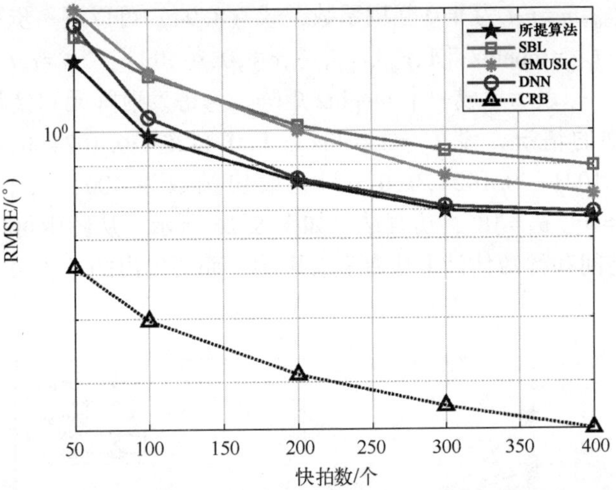

图 8.25　高斯白噪声环境下 DOA 的 RMSE 随快拍数变化的情况

（6）存在未知互耦情况下的仿真。

上一节的阵列流型矩阵是基于没有任何阵列误差的假设而得到的，同时还要满足阵元彼此独立。当考虑阵元受到互耦效应的影响时，尤其在阵元高频工作状态，阵元间相互独立的假设将不能成立。同时，互耦影响随阵元间距的减小而变大。互耦效应引起的未知互耦系数会对阵列流型矩阵的模型造成影响，使其产生偏差。存在偏差的阵列流型使得依赖导向矩阵模型精确的子空间类等方法性能下降。另一方面，由于在稀疏类 DOA 估计方法中，完备字典的建立基于导向矩阵的形式，而未知互耦将会影响字典建立的准确性，因此也会导致稀疏类算法的重构精度下降。

存在未知互耦的情况下，MIMO 雷达阵列的导向向量会发生变化。互耦状态下 MIMO 雷达的接收数据模型可以写成：

$$\boldsymbol{X}_c=\boldsymbol{A}_c\boldsymbol{S}+\boldsymbol{N} \tag{8.93}$$

式中：$\boldsymbol{A}_c=\boldsymbol{C}_r\boldsymbol{A}_r\odot\boldsymbol{A}_t\boldsymbol{C}_t$；$\boldsymbol{C}_r$ 和 $\boldsymbol{C}_t$ 分别为接收阵列和发射阵列的互耦系数矩阵，这些矩阵可以表示为

$$\boldsymbol{C}_m=\begin{bmatrix} c_{m0} & c_{m1} & \cdots & c_{mk} & \cdots & 0 \\ c_{m1} & c_{m0} & c_{m1} & \cdots & & \vdots \\ \vdots & c_{m1} & c_{m0} & & & c_{mk} \\ c_{mk} & \cdots & & & c_{m1} & \vdots \\ \vdots & & \cdots & c_{m1} & c_{m0} & c_{m1} \\ 0 & \cdots & c_{mk} & \cdots & c_{m1} & c_{m0} \end{bmatrix} m=r,t \tag{8.94}$$

式中：$\{c_{mv}\}_{v=0}^{k}, m=r,t$ 为非 0 互耦系数，式（8.94）可以进一步写为

$$C_m = \text{topelitz}\{[1, c_{m1}, c_{m2}, \cdots, c_{mk}, 0, \cdots, 0]\}, \quad m=r,t \tag{8.95}$$

式中：topelitz{·}表示生成一个 toeplitz 矩阵。考虑发射阵元和接收阵元之间均存在未知互耦的情况，设 C_r = topelitz{[1, 0.1125 − j0.1024, 0, 0, 0]}，C_t = topelitz{[1, 0.1021 − j0.1024, 0, 0, 0]}，设快拍数为 400，三个目标分别为 $\theta_1=-17°$，$\theta_2=0°$，$\theta_3=18°$，仿真结果如图 8.26 所示。从图中可以看出，阵元的互耦对子空间和稀疏估计方法有显著影响，而所提出的方法表现出了良好的鲁棒性。

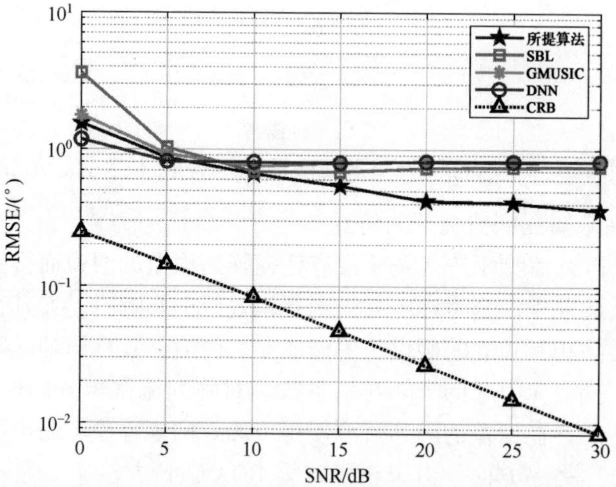

图 8.26　未知互耦环境下 DOA 的 RMSE 随 SNR 变化的情况

（7）有色噪声情况下的仿真。

为了进一步验证所提出方法的稳健性，考虑如下有色噪声模型：

$$N_c(k) = N(k) + 0.5N(k-1) \tag{8.96}$$

式中：$N(k)$ 为 AWGN。

图 8.27 为有色噪声环境下，快拍为 100 时，估计 DOA 的 RMSE 曲线随信噪比的变化。从中可以看出，所提出的方法比 SBL、GMUSIC 和 DNN 的性能更好，对有色噪声的稳健性更高。

（8）无网格情况下满自由度仿真。

MIMO 雷达的自由度上限为 $M+N-1$，在本文的雷达系统中等于 6。为了充分证明所提出方法的优越性，本小节在−60°～60°之间共创建了 6 个区间，并随机生成了 6 个无网格目标。当目标数量等于 MIMO 的理论检测极限时，只有所提出的 DOA 估计方法可以正常工作。图 8.28 展示了 $M+N-1$ 无网格目标情

况下的估计 DOA 的 RMSE 随 SNR 变化的曲线。可以证实，所提出的方法在自由度有限的条件下可以做出较为准确的估计。

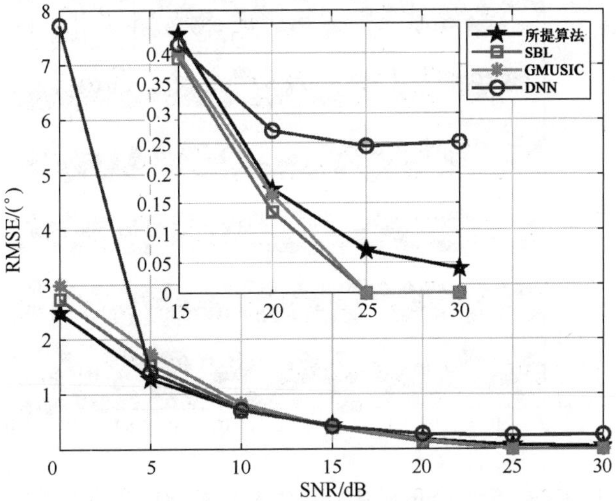

图 8.27　有色环境下 DOA 的 RMSE 随 SNR 变化的情况

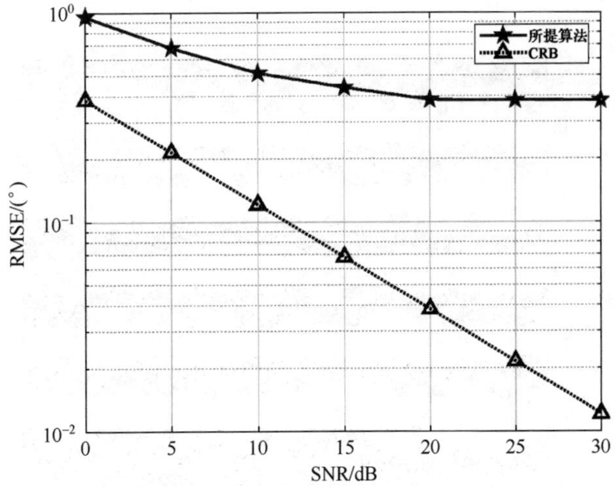

图 8.28　满自由度情况下 DOA 的 RMSE 随 SNR 变化的情况

图 8.29～图 8.32 展示了信噪比为 5dB、10dB、15dB 和 20dB 时网络预测的 DOA 和目标真实 DOA 的分布情况。显然，真实 DOA 和估计 DOA 之间的差异很小。因此，当目标数量接近目标自由度时，该方法可用于估计 DOA。

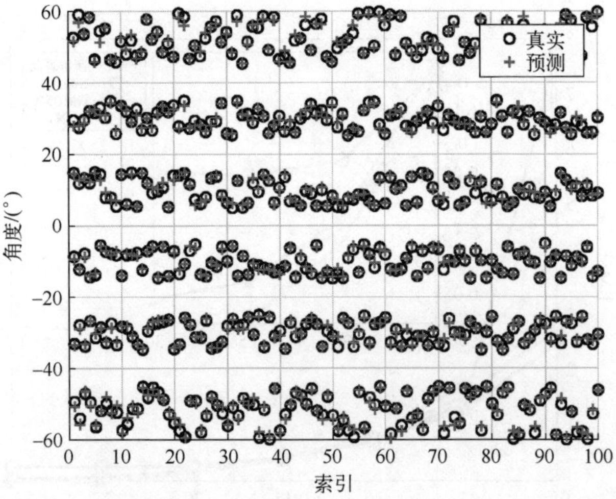

图8.29 SNR=5dB时真实DOA和预测DOA的分布情况

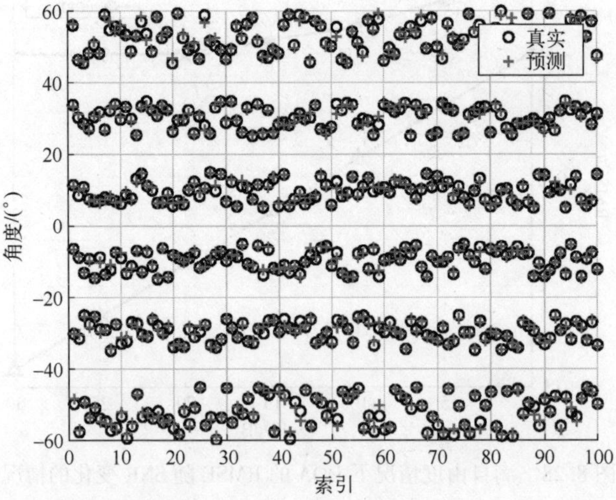

图8.30 SNR=10dB时真实DOA和预测DOA的分布情况

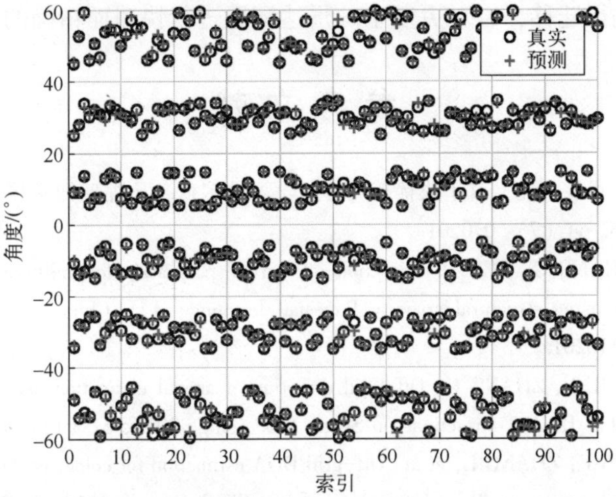

图 8.31　SNR = 15dB 时真实 DOA 和预测 DOA 的分布情况

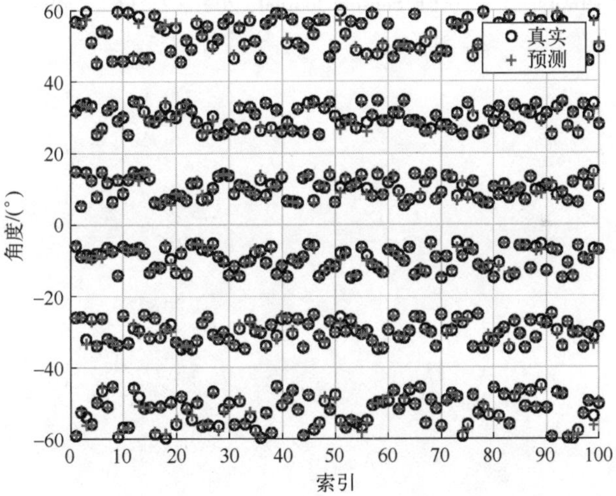

图 8.32　SNR = 20dB 时真实 DOA 和预测 DOA 的分布情况

8.4　本章小结

机器学习作为一种分类方法在近年来受到越来越多的关注，在 MIMO 雷达中也获得了部分应用。本章主要介绍了几种基于机器学习的单基地 MIMO 雷达 DOA 估计算法。其中，基于 SBL 的 DOA 估计算法侧重于贝叶斯框架下参数的自学习过程，而深度神经网络侧重于网络的参数学习方法和预测。未来，相关框架可适当进行迁移，以对更复杂的雷达配置进行快速而精确的参数估计。

参考文献

[1] 文方青，张弓，贲德．基于块稀疏贝叶斯学习的多任务压缩感知重构算法［J］．物理学报，2015，64（7）：070201.

[2] WEN F，ZHANG G，BEN D. Direction-of-arrival estimation for multiple-input multiple-output radar using structural sparsity Bayesian learning［J］. Chinese Physics B，2015，24（11）：110201.

[3] YANG Z，XIE L，ZHANG C. Off-grid direction of arrival estimation using sparse Bayesian inference［J］. IEEE Transactions on Signal Processing，2013，61（1）：38-43.

[4] LIU T，WEN F，ZHANG L，et al. Off-grid DOA estimation for colocated MIMO radar via reduced-complexity sparse Bayesian learning［J］. IEEE Access，2019，7：99907-99916.

[5] CONG J，WANG X，HUANG M，et al. Robust DOA estimation method for MIMO radar via deep neural networks［J］. IEEE Sensors Journal，2021，21（6）：7498-7507.